# 육군 부사관

## 군장학생

필기평가

www.goseowon.co.kr

# Preface

최근 들어 부사관은 기존 하사, 중사, 상사, 원사의 4계급 체계에 원사 위 현사 계급을 새로 도입하면서 5계급 체계로 확립됨에 따라 인력 비율의 효율성과 업무의 전문성을 더욱 갖추게 되었다. 군의 중추 역할을 하는 부사관은 스스로 명예심을 추구하여 빛남으로 자긍심을 갖게 되고, 사회적인 인간으로서 지켜야 할 도리를 지각하면서 행동할 수 있어야 하며, 개인보다는 상대를 배려할 줄 아는 공동체 의식을 견지하며 매사 올바른 사고와 판단으로 건설적인 제안을 함으로써 내가 속한 부대와 군에 기여하는 전문성을 겸비한 인재들이다. 또한 부사관은 국가공무원으로서 안정된 직장, 군 경력과 목돈 마련, 자기발전의 기회 제공, 전문분야에서의 근무가능, 그 밖의 다양한 혜택 등으로 해마다 그 경쟁은 치열해지고 있으며 수험생들에게는 선발전형에 대한 철저한 분석과 꾸준한 자기관리가 요구되고 있다.

이에 본서는 현재 시행되고 있는 시험유형과 출제기준을 분석하여 다음과 같은 구성으로 출간하였다. 먼저 PART 1에는 공간능력, 언어능력, 자료해석, 지각속도로 구성되는 지적능력평가를 수록하여 각 영역별로 어떤 문제들이 출제되는지 살펴볼 수 있도록 하였고, PART 2 국사에서는 육군 간부로서 반드시 알아야 할 한국 근·현대사를 바탕으로 국군의 역사에 대한 기본소양 및 실무 지식을 습득할 수 있도록 하였다. PART 3에는 지적능력평가 및 국사에 대한 실력평가 모의고사를 수록하여 자신의 실력을 점검해볼 수 있도록 하였으며, PART 4에는 직무성격검사 및 상황판단능력평가를 수록하여 간부선발 기준의 요소를 미리 확인하고 시험에 응할 수 있도록 하였다. 마지막으로 PART 5에서는 최근 시행되고 있는 다면적 인성검사의 개요와 예시를 수록하여 필기평가 준비를 위한 최종 마무리가 될 수 있도록 하였다.

"진정한 노력은 결코 배반하지 않는다." 본서가 수험생 여러분의 목표를 이루는 데 든든한 동반자가 되기를 바란다.

# Structure

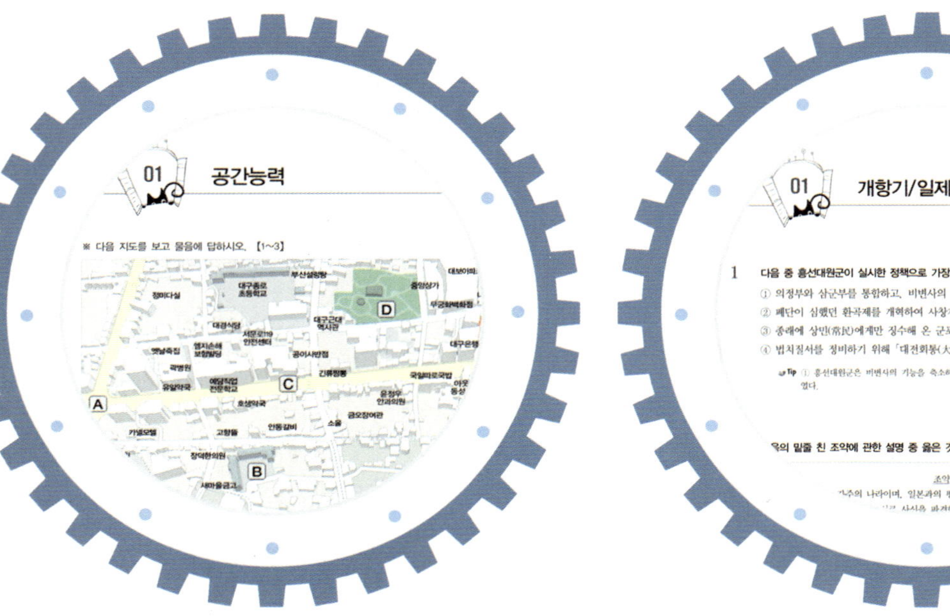



**지적능력평가**

예시문제를 통해 각 영역별 출제유형을 파악할 수 있도록 하였으며, 다양한 출제예상문제를 상세한 해설과 함께 수록하여 혼자서도 쉽게 공부할 수 있도록 하였습니다.

**국사**

한국 근·현대사에 대한 전반적인 흐름을 알기 쉽도록 단원을 분류하였으며, 난이도별 다양한 출제예상문제를 수록하였습니다.

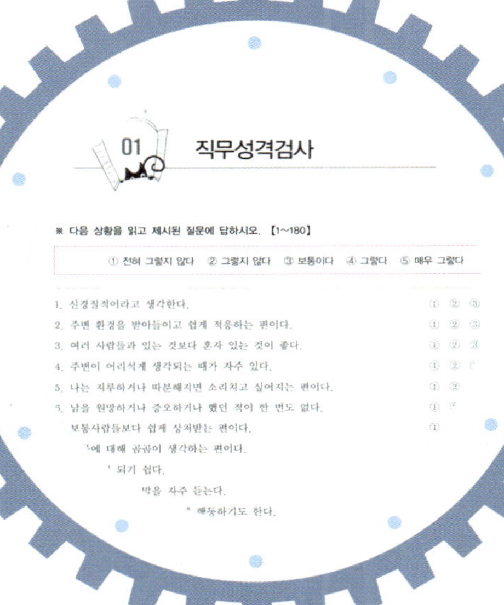


## 실력평가 모의고사

유형을 익힌 뒤 실전 문제의 유형으로 구성된 모의고사를 통해 자신의 실력을 점검해 볼 수 있도록 하였습니다. 또한 자세한 해설을 통해 부족한 부분도 확실하게 학습할 수 있도록 하였습니다.

## 직무성격검사 및 상황판단능력평가

지적능력평가와 마찬가지로 직무성격검사와 상황판단능력평가도 핵심 출제예상문제들로 구성하여 필기고사에 철저하게 대비할 수 있도록 하였습니다.

# Contents

# Information

## 전문대/전문의무부사관 군장학생



### ❶ 지원 및 임관자격

#### ① 지원대상

ㄱ. 전문대 재학생(남자) 중 2학년(3년제 대학은 3학년) 재학생

※ 전문대에는 2년제 및 3년제 전문대와 폴리텍 대학을 포함

ㄴ. 전문의무부사관은 3년제 전문대의 의무보건계열 전문대학의 임상병리과, 방사선과, 치위생과 2학년(남, 여) 재학생

#### ② 연령 : 임관일 기준 만 18세~27세 이하

※ 예비역 : 30세 이하 중 과거 군복무 기간을 고려 연령 연장

| 구분 | 1년 미만 복무자 | 1년 이상 2년 미만 복무자 | 2년 이상 복무자 |
| --- | --- | --- | --- |
| 지원 연령 | 만 28세까지 | 만 29세까지 | 만 30세까지 |

#### ③ 부사관 임관자격(군인사법 제10조 1항) : 사상이 건전하고 소행이 단정하며 체력이 강건한 자 중에서 선발

#### ④ 지원자격 제한자 및 임관 결격사유 해당자

ㄱ. 임관결격 사유(군인사법 제10조 2항)

- 대한민국 국적을 가지지 아니한 사람 또는 대한민국 국적과 외국 국적을 함께 가지고 있는 사람
- 금치산자와 한정치산자
- 파산선고를 받은 사람으로서 복권되지 아니한 사람
- 금고 이상의 형을 선고받고 그 집행이 종료되거나 집행을 받지 아니하기로 확정된 후 5년을 경과하지 아니한 사람
- 금고 이상의 형의 집행유예를 선고 받고 그 유예기간 중에 있거나 그 유예기간이 종료된 날부터 2년이 지나지 아니한 사람
- 자격정지 이상의 형의 선고유예를 받고 그 유예기간 중에 있는 사람
- 탄핵이나 징계에 의하여 파면되거나 해임처분을 받은 날부터 5년이 지나지 아니한 사람
- 법률에 따라 자격이 정지되거나 상실된 사람

ㄴ. 지원자격 제한자(육규107 인력획득 및 임관규정)

- 중징계 처분을 받은 자
- 탈영 삭제되었던 자
- 선발과정시 임관 결격사유를 은닉한 사실이 있는 자
- 이중 또는 대리 입대한 사실이 있는 자
- 부사관 양성교육과정(훈련소, 부사교, 특교단) 교육 중 퇴교한 사실이 있는 자(단, 질병 및 성적, 가사사정으로 인한 퇴교자는 제외)

ⓒ 선발취소 사유(군장학생 규정 제13조)

- 군인사법 제10조 제2항(임관결격사유) 각 호의  어느 하나에 해당하는 경우
- 음주운전, 상습도박, 성범죄 행위 등 품행이 불량한 경우
- 성적이 현저히 불량한 경우(70% 미만) * 학기말 평균 성적 100분의 70% 미만자(규칙)
- 전학 등의 제한 (선발권자의 허가 없이 교육기간이나 전공학부 또는 전공학과를 옮길 수 없다.)
- 질병이나 그 밖의 심신장애로 휴학기간 또는 입영연기 기간이 1년을 초과한 경우
- 퇴학 또는 제적된 경우

## ❷ 복무기간 및 장학금

### ① 복무기간

- ㉠ 전문대 부사관 : 5년[의무복무 4년, 가산복무(장학금 수혜기간) 1년]
- ㉡ 전문의무부사관 : 5년[의무복무 3년, 가산복무(장학금 수혜기간) 2년]

### ② 장학금 : 장학금은 입학금, 교재비, 회비 등을 제외하고 실등록금 전액을 지급한다.

- ㉠ 전문(폴리텍)대 군장학생 : 2학년 등록금(3년제 대학 : 3학년 등록금)
- ㉡ 전문의무부사관 군장학생 : 2학년, 3학년 등록금(2년 지급)

## ❸ 세부계획

### ① 선발요소 및 배점

| 구분 | 계 | 1차 평가(60점) | | 2차 평가(40점) | | | | | |
|---|---|---|---|---|---|---|---|---|---|
| | | 필기평가 | 직무수행<br>능력평가 | 대학성적 | 체력평가 | 면접평가 | 인성검사<br>(심층) | 신원조사 | 신체검사 |
| 배점 | 100점 | 30점 | 30점 | 10점 | 10점<br>(합·불) | 20점<br>(합·불) | 합·불 | 적·부 | 합·불 |

※ 필기평가 점수(30점)의 40%(12점) 미만자는 1차 선발에서 불합격 처리
※ 대학성적은 매 학기말(1학년 1학기~2학년 1학기) 백분율 70% 미만시 불합격 처리

### ② 필기평가 세부사항

| 구분 | 지적능력평가 | 국사 | 상황판단능력평가 | 직무성격검사 | 인성검사 |
|---|---|---|---|---|---|
| 내용 | 21.6점<br>(언어능력 8.1 / 자료해석 8.1 /<br>공간능력 2.7 / 지각속도 2.7) | 3점 | 5.4점 | − | MMPI-Ⅱ 검사 |

※ 인성검사 결과(A, B, C, D, I)를 참고로 2차 평가시 심층면접 후 합·불 판정

# 전투부사관 군장학생 ※ 2015년 선발 기준

## ❶ 지원 및 임관자격

① **지원자격** : 협약된 4곳의 전투부사관학과 1학년 재학생

  ※ 협약대학 : 대덕대학, 원광보건대학, 영진전문대학, 전남과학대학

② **연령** : 임관일 기준 만 18세~27세 이하

  ※ 예비역 : 30세 이하 중 과거 군복무 기간을 고려 연령 연장

| 구분 | 1년 미만 복무자 | 1년 이상 2년 미만 복무자 | 2년 이상 복무자 |
|---|---|---|---|
| 지원 연령 | 만 28세까지 | 만 29세까지 | 만 30세까지 |

③ **부사관 임관자격**(군인사법 제10조 1항) : 사상이 건전하고 소행이 단정하며 체력이 강건한 자 중에서 선발

④ **지원자격 제한자 및 임관 결격사유 해당자**

  ㉠ **임관결격 사유**(군인사법 제10조 2항)

  • 대한민국 국적을 가지지 아니한 사람 또는 대한민국 국적과 외국 국적을 함께 가지고 있는 사람

  • 금치산자와 한정치산자

  • 파산선고를 받은 사람으로서 복권되지 아니한 사람

  • 금고 이상의 형을 선고받고 그 집행이 종료되거나 집행을 받지 아니하기로 확정된 후 5년을 경과하지 아니한 사람

  • 금고 이상의 형의 집행유예를 선고 받고 그 유예기간 중에 있거나 그 유예기간이 종료된 날부터 2년이 지나지 아니한 사람

  • 자격정지 이상의 형의 선고유예를 받고 그 유예기간 중에 있는 사람

  • 탄핵이나 징계에 의하여 파면되거나 해임처분을 받은 날부터 5년이 지나지 아니한 사람

  • 법률에 따라 자격이 정지되거나 상실된 사람

  ㉡ **지원자격 제한자**(육규107 인력획득 및 임관규정)

  • 중징계 처분을 받은 자

  • 탈영 삭제되었던 자

  • 선발과정시 임관 결격사유를 은닉한 사실이 있는 자

  • 이중 또는 대리 입대한 사실이 있는 자

  • 부사관 양성교육과정(훈련소, 부사교, 특교단) 교육 중 퇴교한 사실이 있는 자(단, 질병 및 성적, 가사사정으로 인한 퇴교자는 제외)

ⓒ 선발취소 사유(군장학생 규정 제13조)

- 음주운전, 상습도박, 성범죄 행위 등 품행이 불량한 경우

- 성적이 현저히 불량한 경우(70% 미만) * 학기 말 평균 성적 100분의 70% 미만자(규칙)

- 전학규정 위반

- 질병이나 그 밖의 심신장애로 휴학기간 또는 입영연기 기간이 1년을 초과한 경우

- 퇴학 또는 제적된 경우
  ※ 최종합격이 되었더라도 입영 전에 졸업불가 등 임관 결격사유에 해당되는 경우에는 합격을 취소함.

## ❷ 장학금 지급 및 복무기간

① **장학금 지급시기 / 기간** : 1학년 2학기, 2학년 2학기 / 2년
  ※ 장학금은 실 등록금(2개 학년 분) 전액 지급(입학금, 교재비, 회비 등 제외)

② **복무기간** : 임관 후 6년(의무복무 4년＋장학금 수혜기간 2년)
  ※ 최종 선발된 인원은 임관 후 접적부대(GOP/해·강안)에서 근무

## ❸ 세부계획

① **선발요소 및 배점**

| 구분 | 계 | 1차 평가(40점) | | 2차 평가(60점) | | | | | |
| --- | --- | --- | --- | --- | --- | --- | --- | --- | --- |
| | | 필기평가 | 직무수행<br>능력평가 | 대학성적 | 체력평가 | 면접평가 | 인성검사<br>(심층) | 신원조사 | 신체검사 |
| 배점 | 100점 | 30점 | 10점 | 10점 | 20점<br>(합·불) | 30점<br>(합·불) | 합·불 | 적·부 | 합·불 |

  ※ 필기평가 점수(30점)의 40%(12점) 미만자는 불합격 적용, 체력평가는 전 종목 합·불 적용

② **필기평가 세부사항**

| 구분 | 지적능력평가 | 국사 | 상황판단능력평가 | 직무성격검사 | 인성검사 |
| --- | --- | --- | --- | --- | --- |
| 내용 | 21.6점<br>(언어능력 8.1 / 자료해석 8.1 /<br>공간능력 2.7/ 지각속도 2.7) | 3점 | 5.4점 | – | MMPI-Ⅱ 검사 |

  ※ 인성검사 결과(A, B, C, D, I)를 참고로 2차 평가시 심층면접 후 합·불 판정

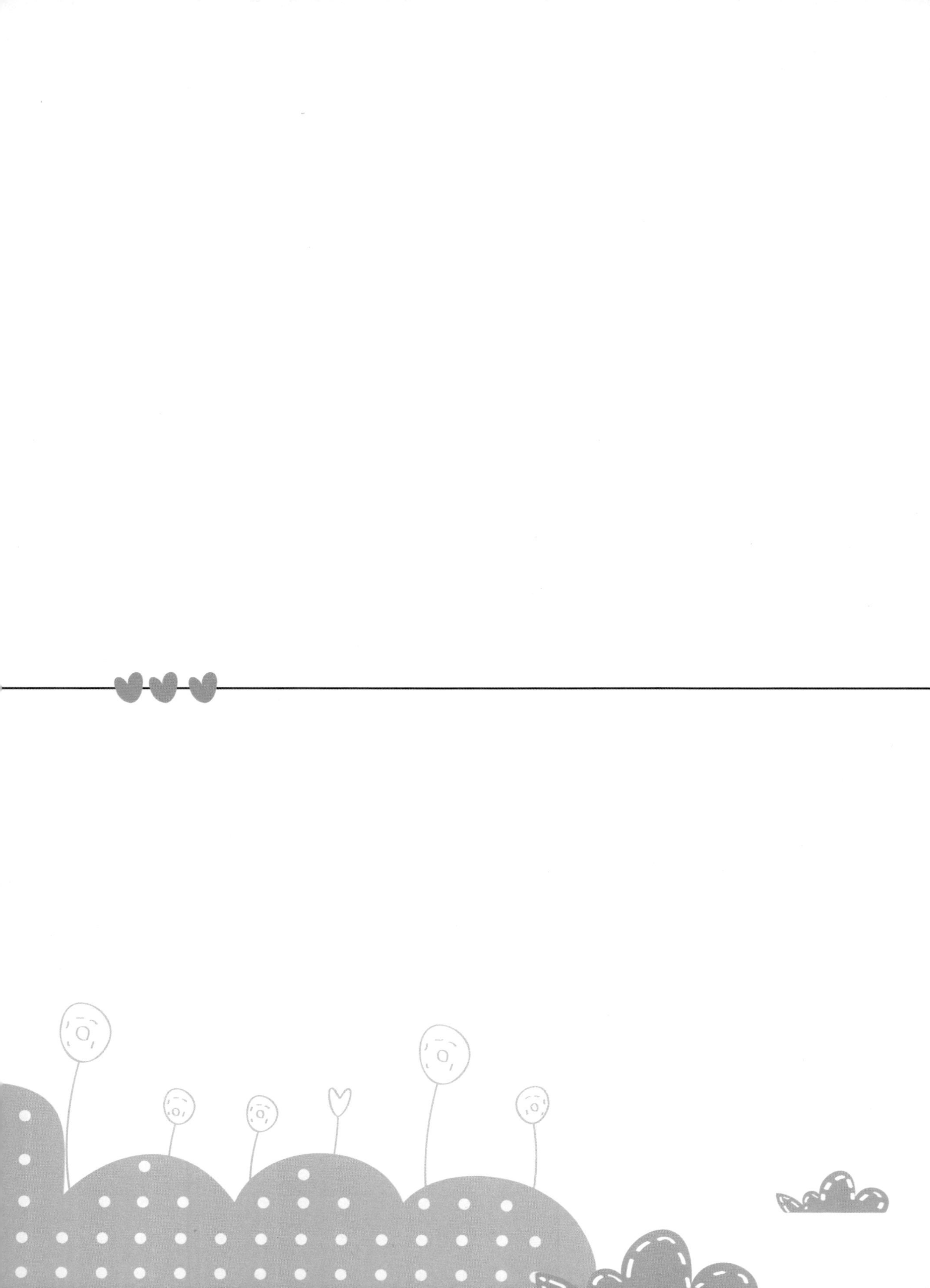

# KIDA 간부선발도구
# 예시문(필기고사)

 **공간능력, 언어능력, 자료해석, 지각속도, 직무성격검사, 상황판단능력평가**

군 간부선발 시 적용하고 있는 필기고사 내용 중 지원자들이 생소하게 생각하고 있는
지적능력평가의 예문이며, 문항 수와 제한시간은 다음과 같습니다.

| 구분 | 공간능력 | 언어능력 | 자료해석 | 지각속도 | 직무성격검사 | 상황판단능력평가 |
| --- | --- | --- | --- | --- | --- | --- |
| 문항 수 | 18문항 | 25문항 | 20문항 | 30문항 | 180문항 | 15문항 |
| 시간 | 10분 | 20분 | 25분 | 3분 | 30분 | 20분 |

※ 본 예시문은 간부선발고사 지적능력평가 예문으로 각 과정별 평가 난이도 및 문항 수는 차후 변경
  가능함을 공지합니다.

# 01 공간능력

**공간능력 검사**는 주어진 지도를 보고 목표지점의 위치와 방향을 정확하게 찾아낼 수 있는 능력을 측정하는 검사이다. 추상적이고 시각적인 이미지를 생성하고 유지하고 조작하는 능력을 측정하고자 한다. 지도상에서 개인의 위치 및 주위의 환경을 인식하고 감지하는 능력을 측정함으로써 공간에 대한 빠른 이해력(공간시각화)과 심상회전 능력(공간관계)을 동시에 측정함으로써 보다 완전한 공간추리능력을 측정하는 문항으로 개발하였다. 특히 지도 및 문제 위에 낙서를 하거나 검사지를 상·하·좌·우 방향으로 돌려보아서는 안 된다는 점에 유의해야 한다.

※ 다음 지도를 보고 물음에 답하시오. 【1~3】

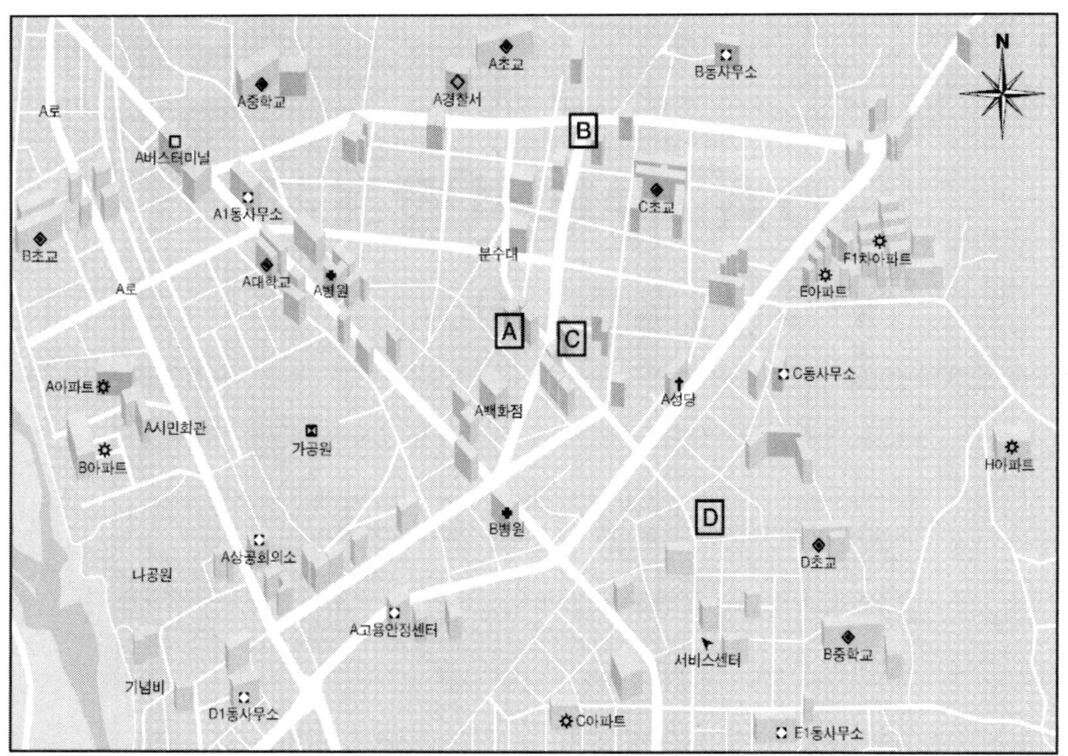

 **위 지도의** A, B, C, D **중 당신이 서 있는 곳은 어디인가?**

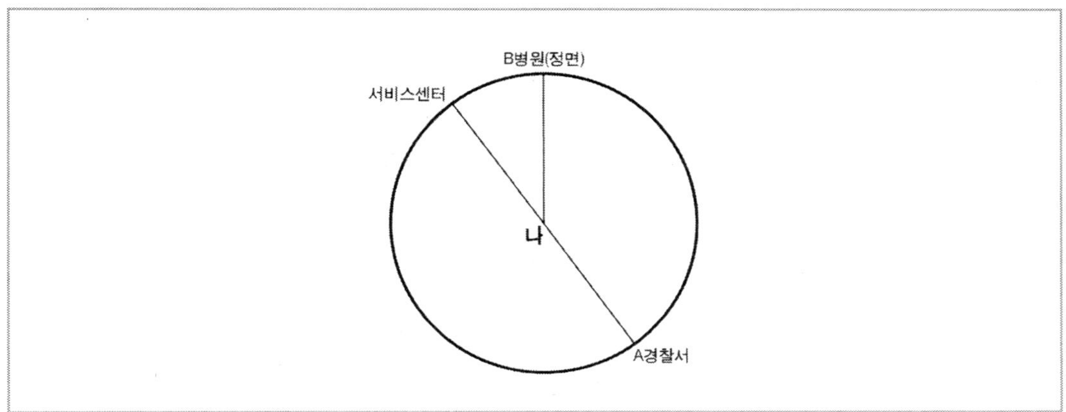


① A                    ② B

답 C                    ④ D

✋ TIP 문제 1의 원에서 제시된 것처럼 지도에서 '나(본인)'의 위치에서 볼 때, 정면에 B병원이 보이고 제시된 원에서 보이는 것과 유사한 각도로 좌측상단에 서비스센터가 보이고 우측하단에 A경찰서가 보인다면 '나'는 지도에 표시된 A, B, C, D 중에서 어디에 서있는 것인지 표시하는 문제이다.

왼쪽에 제시된 해답이 표시되어 있는 지도를 보면 '나'가 C 지점에 있을 때 문제 1의 원에서 보이는 것과 동일하게 각 지점이 보이는 것을 확인할 수 있다.

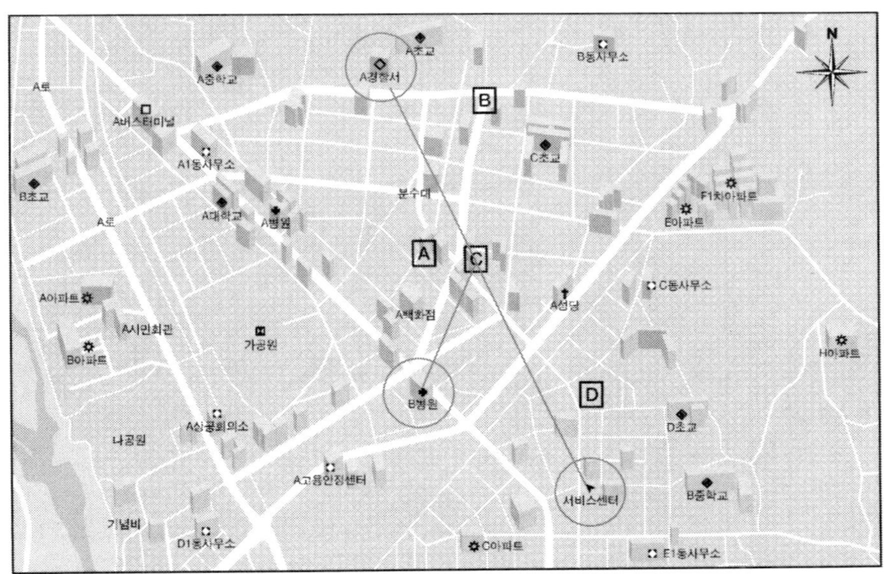

 당신이 A백화점에서 가공원을 정면으로 바라볼 때 서비스센터는 ㄱ, ㄴ, ㄷ, ㄹ 중 어디에 있는가?

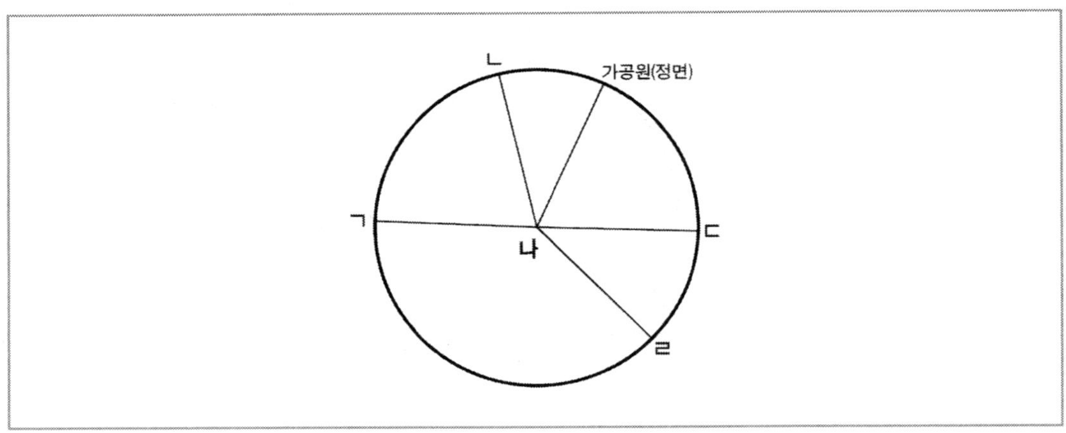



**답** ① ㄱ      ② ㄴ

③ ㄷ      ④ ㄹ

TIP 문제 2는 '나(본인)'이 A백화점에서 서서 정면으로 가공원을 바라보고 있다고 가정했을 때, 문제에 제시된 원에서 보이는 ㄱ, ㄴ, ㄷ, ㄹ 중에서 서비스센터는 '나'의 어느 위치에 있는지 찾는 문제이다. 해답이 표시되어있는 지도를 보면 서비스센터는 ㄱ 지점에 있음을 확인할 수 있다. 본 문제는 지도에 표시된 A, B, C, D와 상관없이 문제에서 제시된 원에 표시되어 있는 ㄱ, ㄴ, ㄷ, ㄹ 중에서 정답을 찾는 문제이다.

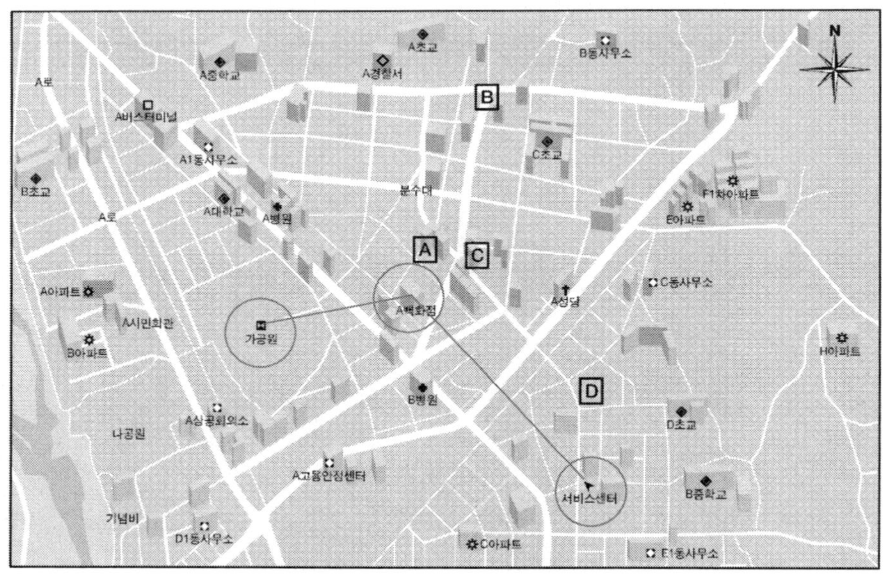

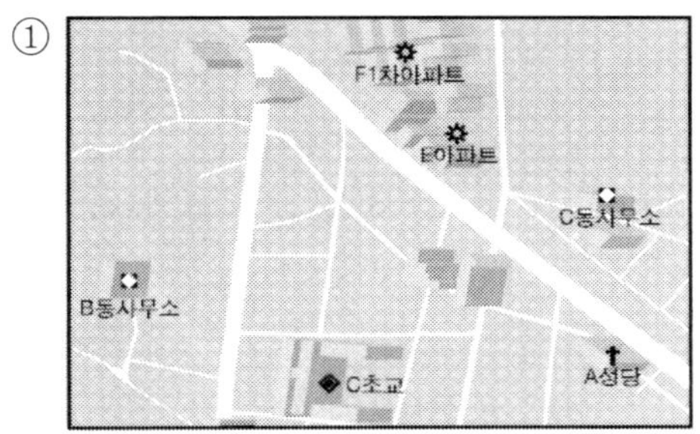


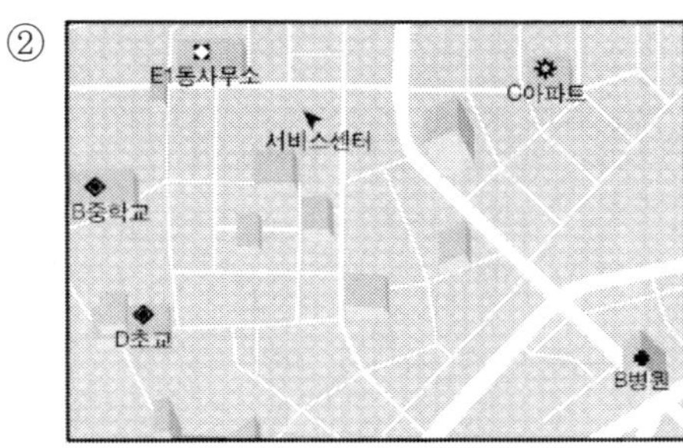

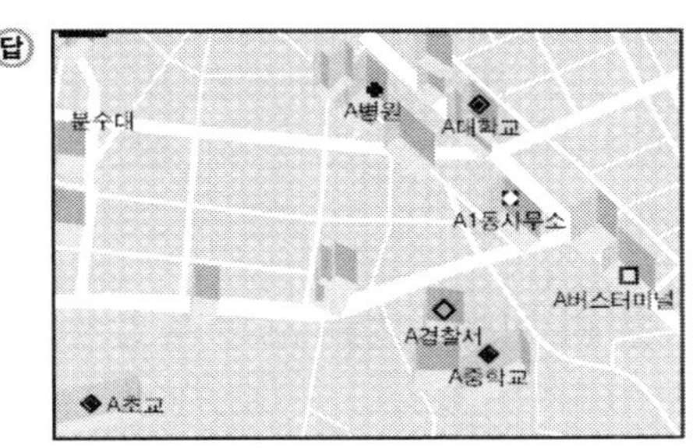


▶TIP 위의 지도에 표시된 것처럼 ①번 보기는 지도의 우측 위쪽 일부분을 왼쪽으로 90도 회전한 것이고, ②번 보기는 우측 아래쪽 일부분을 180도 회전한 것이고, ③번 보기는 좌측 아래쪽 일부분을 오른쪽으로 90도 회전한 것이고, ④번 보기는 좌측 위쪽 일부분을 180도 회전한 것이다. ④에서 A경찰서의 위치가 잘못되었다는 것을 알 수 있다.

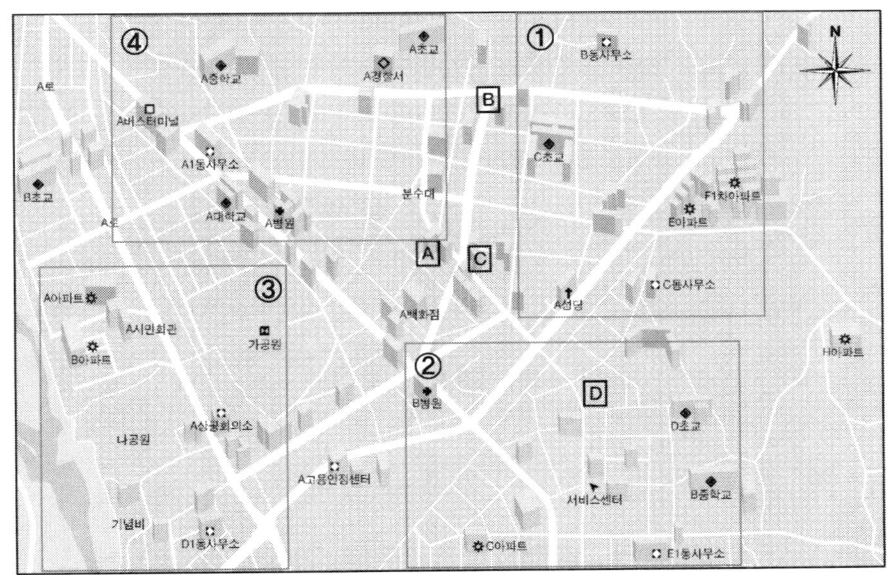

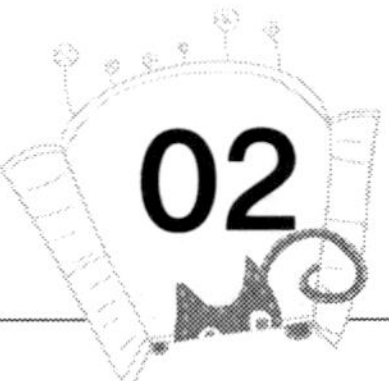

# 02 언어능력

언어능력 검사는 언어로 제시된 자료를 논리적으로 추론하고 분석하는 능력을 측정하기 위한 검사로, 어휘력 검사와 언어논리 및 독해 검사로 구성되어 있다. 어휘력 검사는 문맥에 가장 적합한 어휘를 찾아내는 문제로 구성되어 있으며, 언어논리 검사와 독해력 검사는 글의 전반적인 흐름을 파악하고 논리적 구조를 올바르게 분석한 것을 고르거나 배열하는 문제로 구성되어 있다.

## 1. 어휘력

풍부한 어휘를 갖고, 이를 활용하면서 그 단어의 의미를 정확히 이해하고, 이미 알고 있는 단어와 문장 내에서의 쓰임을 바탕으로 단어의 의미를 추론하고 의사소통 시 정확한 표현력을 구사할 수 있는 능력을 측정한다. 일반적인 문항 유형에는 동의/반의어 찾기, 어휘 찾기, 어휘 의미 찾기, 문장완성을 들 수 있는데, 많은 검사들이 동의(유의)/반의어, 또는 어휘(의미)찾기를 활용하고 있다.

**문제** **다음 중 아래의 밑줄 친 ㉠과 같은 의미로 사용된 것은?**

> 우리는 매일 밤 잠자리에 들 때, 피부를 감싸고 있는 옷들을 모두 벗을 뿐 아니라, 이와 비슷하게 자신의 의식도 벗어서 한쪽 구석에 치워 둔다고 할 수 있다. 신체적인 측면에서 보면 잠든다는 것은 평온하고 안락한 자궁 안의 시절로 되돌아가는 것이나 다름없다. 마찬가지로 잠자는 사람들의 정신 상태를 ㉠보면 의식의 세계에서 거의 완전히 물러나 있으며, 외부에 대한 관심도 정지되는 것으로 보인다.

① 한 사람이 이득을 <u>보면</u> 손해를 보는 사람도 반드시 생기게 마련이다.

② 지금 창 밖을 <u>보면</u> 빨갛게 하늘을 물들이며 산 뒤로 넘어가는 해를 볼 수 있다.

**답** 현재 우리나라의 현실을 <u>보면</u> 예전에 비해서 비약적 발전을 했다는 것을 알게 된다.

④ 남편이 시앗을 <u>보면</u> 돌부처 같은 마나님도 돌아앉게 마련이다.

⑤ 일요일에 장을 <u>보면</u> 일주일 동안 걱정 없이 끼니를 마련할 수 있다.

> **Tip** 밑줄 친 ㉠은 '대상의 내용이나 상태를 알기 위하여 살피다'의 뜻으로 사용되었다.
> ① 어떤 일을 당하거나 겪거나 얻어 가지다.
> ② 눈으로 대상의 존재나 형태적 특징을 알다.
> ④ 어떤 관계의 사람을 얻거나 맞다.
> ⑤ 물건을 팔거나 사다.

## 2. 언어논리

글을 읽고 사실을 확인하고, 글의 배열 순서 및 시간의 흐름과 그 중심 개념을 파악하며, 글 흐름의 방향을 알 수 있으며 대강의 줄거리를 요약할 수 있는 능력을 평가한다.

**문제** **다음 글에서 추론할 수 있는 진술로 가장 옳은 것은?**

> 문화 원형 콘텐츠이면서 관광 콘텐츠로서 박물관은 소장품의 전시를 통해 박물관의 재정과 자생력을 확보할 수 있다. 동시에 박물관은 지역 공동체나 국가의 홍보 및 경제 활성화의 원동력이며, 더 나아가 직업을 창출하고 고용을 증대시킨다. 이러한 맥락에서 프레이(Bruno Frey)는 메트로폴리탄 박물관, 보스톤 순수 미술관, 워싱턴의 국립 박물관 시카고 미술원, 구겐하임 미술관, 프라도 박물관, 대영 박물관, 루브르 박물관, 에르미타주 박물관, 우피치 박물관, 스미소니언 박물관 등을 '슈퍼스타박물관'이란 용어로 표현했으며, 이들 박물관의 문화 관광 효과가 지역뿐만 아니라 국가 경제에 미치는 파급 효과를 강조했다.

① 박물관은 그 나라의 미래의 모습을 보여주는 타임머신이다.
② 박물관은 우리가 살아왔던 발자취이자 우리의 정신 문화의 현현(顯現)이다.
③ 박물관은 그 자체로 거대한 학교이면서 훌륭한 스승이다.
❹ 박물관은 이 세상에서 가장 청정한 공장이다.
⑤ 박물관은 가장 오래된 공간이면서 가장 최신의 공간이다.

> **TIP** 박물관은 지역 공동체나 국가의 홍보, 경제 활성화, 작업 창출과 고용 증대를 통해 국가 경제에 큰 파급 효과를 가져온다고 설명하고 있다. 이를 통해 추론할 수 있는 내용은 ④이다.

# 03 자료해석



**자료해석 검사**는 주어진 통계표, 도표, 그래프 등을 이용하여 문제를 해결하는데 필요한 정보를 파악하고 분석하는 능력을 알아보기 위한 검사이다.

**문제** 다음은 A공기업에 근무하는 여성수와 여성비율에 따른 동향을 나타낸 표이다. 이 통계 자료로부터 얻을 수 있는 정보 중 옳은 것을 모두 고르면?

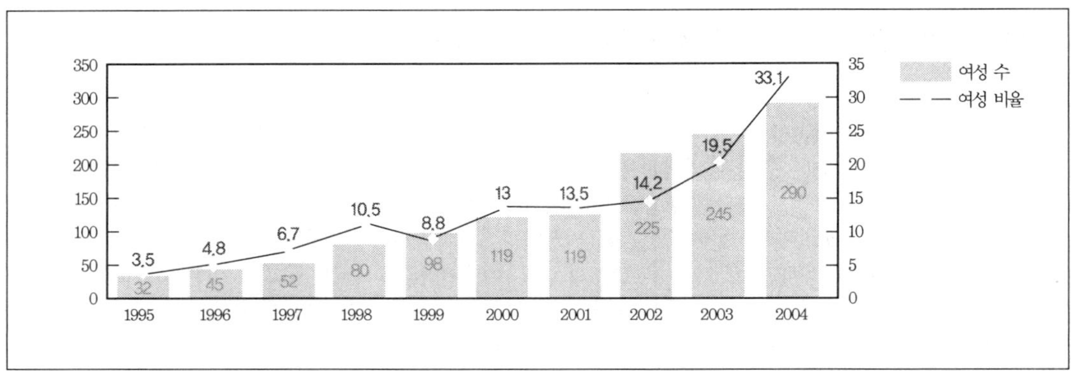


㉠ A공기업은 2001년에는 여성을 뽑지 않았다.
㉡ 1999년에는 여성에 비해 남성을 많이 뽑은 것으로 예측해볼 수 있다.
㉢ 전년대비 여성 비율은 2004년에 가장 많이 늘어났다.
㉣ 전년대비 A공기업 총 종사자가 가장 많이 늘어난 해는 2002년도이다.
㉤ A공기업의 총 근무자 수는 지속적으로 증가하고 있다.

① ㉠, ㉡

② ㉡, ㉣, ㉤

③ ㉠, ㉢, ㉣

답 ㉢, ㉣

TIP ㉠㉡ 퇴직자가 있을 수 있기 때문에 자료만으로는 알 수 없다.
　　㉤ A공기업의 총 근무자 수는 증가와 감소를 반복하고 있다.

※ A공기업 총 근무자 수

| 1995 | 1996 | 1997 | 1998 | 1999 | 2000 | 2001 | 2002 | 2003 | 2004 |
|------|------|------|------|------|------|------|------|------|------|
| 914 | 937 | 776 | 761 | 1113 | 915 | 881 | 1584 | 1256 | 876 |

# 04 지각속도

**지각속도 검사**는 지각 속도를 측정하기 위한 검사이다. 틀릴 경우 감점으로 채점하고, 풀지 않은 문제는 0점으로 채점된다. 본 검사는 총 30문제로 구성되어 있으며 제한시간은 3분이다.

**문제1** 다음 〈보기〉의 왼쪽과 오른쪽 기호의 대응을 참고하여 각 문제의 대응이 같으면 답안지에 '① 맞음'을, 틀리면 '② 틀림'을 선택하시오.

〈보기〉

| a = 강 | b = 응 | c = 산 | d = 전 |
| e = 남 | f = 도 | g = 길 | h = 아 |

1) 강 응 산 전 남 – a b c d e        **답** 맞음     ② 틀림

2) 강 남 길 도 산 – a e g f b        ① 맞음     **답** 틀림

> **TIP** a e g f c

**문제2** 다음의 〈보기〉에서 각 문제의 왼쪽에 표시된 굵은 글씨체의 기호, 문자, 숫자의 개수를 모두 세어 오른쪽 개수에서 찾으시오.

〈보기〉           〈개수〉

1) **3** 78302064206820487203873079620504067321     ① 2개   **답** 4개   ③ 6개   ④ 8개

> **TIP** 78302064206820487203873079620504067321

〈보기〉           〈개수〉

2) **ㄴ** 나의 살던 고향은 꽃피는 산골     ① 2개   ② 4개   **답** 6개   ④ 8개

> **TIP** 나의 살던 고향은 꽃피는 산골

# 05 직무성격검사

초급 간부 선발용 **직무성격검사**는 총 180문항으로 이루어져있으며, 평가시간은 30분이다. 초급 간부에게 요구되는 역량과 관련된 성격 요인들을 측정할 수 있도록 개발되었다. 가끔 지원자를 당황하게 하는 문제들도 있으므로 당황하지 말고 솔직하게 대답하는 것이 좋다. 너무 의식하면서 답을 하게 되면 일관성이 떨어질 수 있기 때문이다.

## 1. 주의사항

- 응답을 하실 때는 자신이 앞으로 되기 바라는 모습이나 바람직하다고 모습을 생각하여 응답하지 마시고, 평소에 자신이 생각하는 바를 최대한 솔직하게 것이 좋습니다.
- 총 180문항을 30분 내에 응답해야 합니다. 한 문항을 지나치게 깊게 마시고, 머릿속에 떠오르는 대로 "OMR답안지"에 바로바로 응답하시기 바랍니다.
- 본 검사는 귀하의 의견이나 행동을 나타내는 문항으로 구성되어 있습니다. 각각의 문항을 읽고 그 문항이 자기 자신을 얼마나 잘 나타내고 있는지를, 제시한 〈응답 척도〉와 같이 응답지에 답해 주시기 바랍니다.

## 2. 응답척도

| | | | | | |
|---|---|---|---|---|---|
| '1' = 전혀 그렇지 않다 | ● | ② | ③ | ④ | ⑤ |
| '2' = 그렇지 않다 | ① | ● | ③ | ④ | ⑤ |
| '3' = 보통이다 | ① | ② | ● | ④ | ⑤ |
| '4' = 그렇다 | ① | ② | ③ | ● | ⑤ |
| '5' = 매우 그렇다 | ① | ② | ③ | ④ | ● |

## 3. 예시문제

**※ 다음 상황 읽고 제시된 질문에 답하시오.**

| ① 전혀 그렇지 않다 | ② 그렇지 않다 | ③ 보통이다 | ④ 그렇다 | ⑤ 매우 그렇다 |
| --- | --- | --- | --- | --- |

1. 조직(학교나 부대) 생활에서 여러 가지 다양한 일을 해보고 싶다.　　① ② ③ ④ ⑤

2. 아무것도 아닌 일에 지나치게 걱정하는 때가 있다.　　① ② ③ ④ ⑤

3. 조직(학교나 부대) 생활에서 작은 일에도 걱정을 많이 하는 편이다.　　① ② ③ ④ ⑤

4. 여행을 가기 전에 미리 세세한 일정을 준비한다.　　① ② ③ ④ ⑤

5. 조직(학교나 부대) 생활에서 매사에 마음이 여유롭고 느긋한 편이다.　　① ② ③ ④ ⑤

6. 친구들과 자주 다툼을 한다.　　① ② ③ ④ ⑤

7. 시간 약속을 어기는 경우가 종종 있다.　　① ② ③ ④ ⑤

8. 자신이 맡은 일은 책임지고 끝내야 하는 성격이다.　　① ② ③ ④ ⑤

9. 부모님의 말씀에 항상 순종한다.　　① ② ③ ④ ⑤

10. 외향적인 성격이다.　　① ② ③ ④ ⑤

# 06 상황판단능력평가

초급 간부 선발용 **상황판단능력평가**는 군 상황에서 실제 취할 수 있는 대응행동에 대한 지원자의 태도/가치에 대한 적합도 진단을 하는 검사이다. 군에서 일어날 수 있는 다양한 가상 상황을 제시하고, 지원자로 하여금 선택지 중에서 가장 할 것 같은 행동과 가장 하지 않을 것 같은 행동을 선택하게 하여, 지원자의 행동이 조직(군)에서 요구되는 행동과 일치하는지 여부를 판단한다. 상황판단능력평가는 인적성검사가 반영하지 못하는 해당 조직만의 직무상황을 반영할 수 있으며, 인지요인/성격요인/과거 일을 했던 경험을 모두 간접 측정할 수 있고, 군에서 추구하는 가치와 역량이 행동으로 어떻게 표출되는지를 반영한다.

## 1. 예시문제

> 당신은 소대장이며, 당신의 소대에는 음주와 관련한 문제가 있다. 특히 한 병사는 음주운전으로 인하여 민간인을 사망케 한 사고로 인해 아직도 감옥에 있고, 몰래 술을 마시고 소대원들끼리 서로 주먹다툼을 벌인 사고도 있었다. 당신은 이 문제에 대해 지대한 관심을 가지고 있으며, 병사들에게 문제의 심각성을 알리고 부대에 영향을 주기 위한 무엇인가를 하려고 한다. 이 상황에서 당신은 어떻게 할 것인가?

**문제**  **위 상황에서 당신은 어떻게 행동 하시겠습니까?**

① 음주조사를 위해 수시로 건강 및 내무검사를 실시한다.

② 알코올 관련 전문가를 초청하여 알코올 중독 및 남용의 위험에 대한 강연을 듣는다.

③ 병사들에 대하여 엄격하게 대우한다. 사소한 것이라도 위반을 하면 가장 엄중한 징계를 할 것이라고 한다.

④ 전체 부대원에게 음주 운전 사망사건으로 인하여 감옥에 가 있는 병사에 대한 사례를 구체적으로 설명해준다.

|  |  |  |
|---|---|---|
| M. 가장 취할 것 같은 행동 | ( | ① ) |
| L. 가장 취하지 않을 것 같은 행동 | ( | ③ ) |

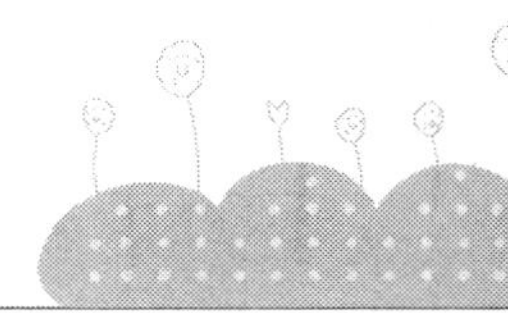

## 2. 답안지 표시방법

자신을 가장 잘 나타내고 있는 보기의 번호를 'M(Most)'에 표시하고, 자신과 가장 먼 보기의 번호를 'L(Least)'에 각각 표시합니다.

| 상황판단검사 | | | | | | | |
|:---:|:---:|:---:|:---:|:---:|:---:|:---:|:---:|
| 1 | M | ● | ② | ③ | ④ | ⑤ | ⑥ | ⑦ |
| | L | ① | ② | ● | ④ | ⑤ | ⑥ | ⑦ |

## 3. 주의사항

상황판단검사와 직무성격검사 모두 객관적인 정답이 존재하지 않으며, 대신 검사 개발당시 주제 전문가들의 의견과 후보생들을 대상으로 한 충분한 예비검사 시행 및 분석과정을 거쳐 경험적인 답이 만들어집니다. 때문에 따로 공부를 한다고 해서 성적이 오르는 분야가 아닙니다. 문제집을 통해 유형만 익힐 수 있도록 하는 것이 좋습니다.

# 지적능력평가

① 공간능력 : 1개의 지도에 3개의 문항이 한 세트로 총 6개 세트로 구성되어 있습니다. 문제는 지도상의 어느 한 지점에서 '나(본인)'가 서있다고 가정할 때, 본인이 서있는 지점과 문제에 제시된 목표지점과의 방향 및 위치관계를 파악하는 형태와 회전된 지도의 일부 중 잘못된 것을 찾는 문제로 구성되어 있습니다.

② 언어능력 : 독해력, 문장추리력, 어휘력 등을 측정합니다. 문항유형은 글의 주제를 파악하는 내용, 글을 읽고 내용과 일치/불일치하는 사실을 파악하는 내용, 글의 배열 순서 및 시간의 흐름과 그 중심 개념을 파악하는 내용, 글의 전개방식을 파악하는 내용 등 다양한 유형으로 출제됩니다.

③ 자료해석 : 간단히, 사칙연산의 수리능력과 표나 그래프 자료의 해석능력을 측정하는 검사입니다. 자료해석력 문항은 도표·그래프 등 실생활에서 접할 수 있는 수치자료를 제시하고 필요한 정보를 선별적으로 판단·분석하고, 대략적인 수치를 빠르고 정확하게 계산하는 유형입니다.

④ 지각속도 : 속도검사이기 때문에 주어진 시간동안 절대 모든 문제를 풀 수 없도록 구성되어 있습니다. 대신 주어진 3분 동안 얼마나 많은 문제 정확하게 푸는가가 관건입니다. 지각속도 검사는 틀릴 경우 감점으로 채점하고, 풀지 않은 문제는 0점으로 채점되기 때문에 임의로 답하는 경우(찍는 경우) 불리할 수 있습니다.

※ 다음 지도를 보고 물음에 답하시오. 【1~3】

**1** 위 지도의 A, B, C, D 중 당신이 서 있는 곳은 어디인가?

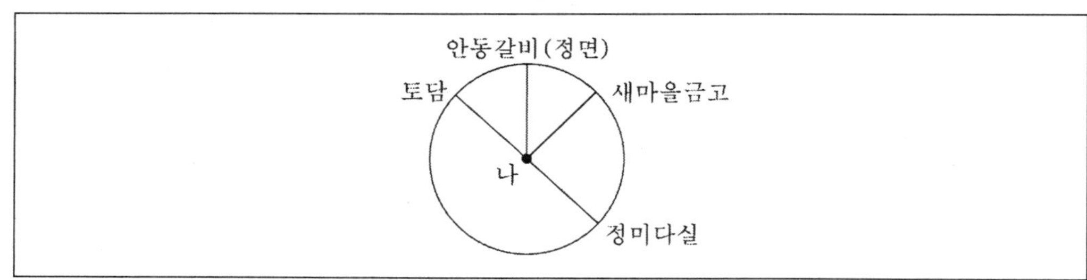

① A　　　　　　　　　　　　② B
③ C　　　　　　　　　　　　④ D


**2** 당신이 대경식당에서 대구은행을 정면으로 바라볼 때 유일약국은 ㄱ, ㄴ, ㄷ, ㄹ 중 어디에 있는가?

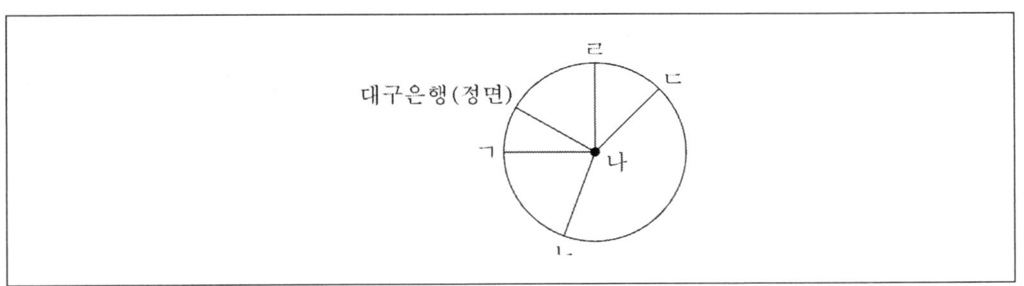


① ㄱ　　　　　　　　　　　　② ㄴ
③ ㄷ　　　　　　　　　　　　④ ㄹ


**3** 다음은 위 지도의 일부를 나타낸 것이다. 위의 지도와 다른 것은?

①
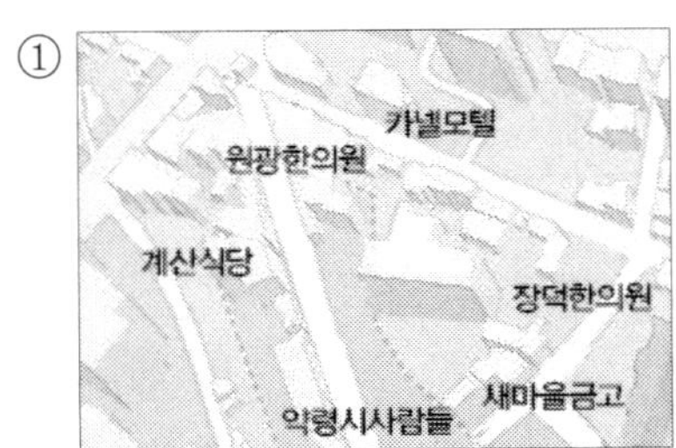


②
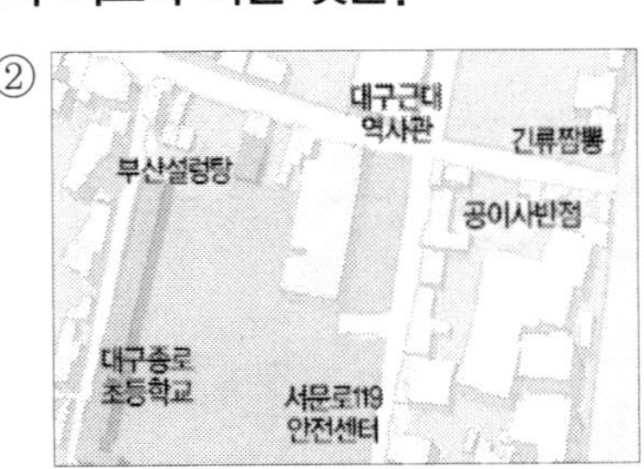


③
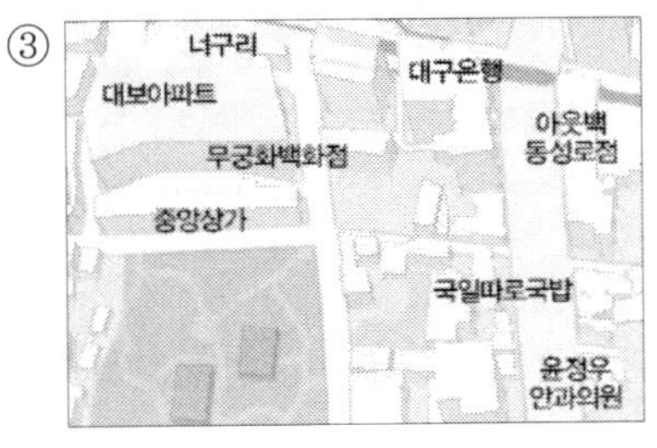


④

Answer　2.③　3.④

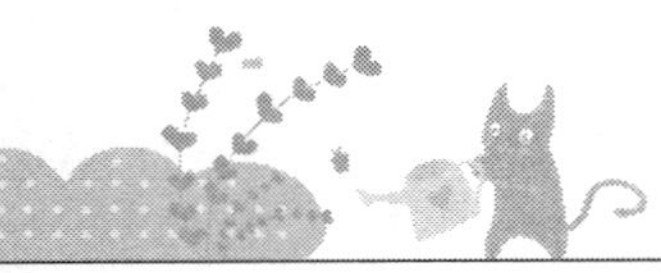



※ 다음 지도를 보고 물음에 답하시오. 【4~6】

## 4 위 지도의 A, B, C, D 중 당신이 서 있는 곳은 어디인가?

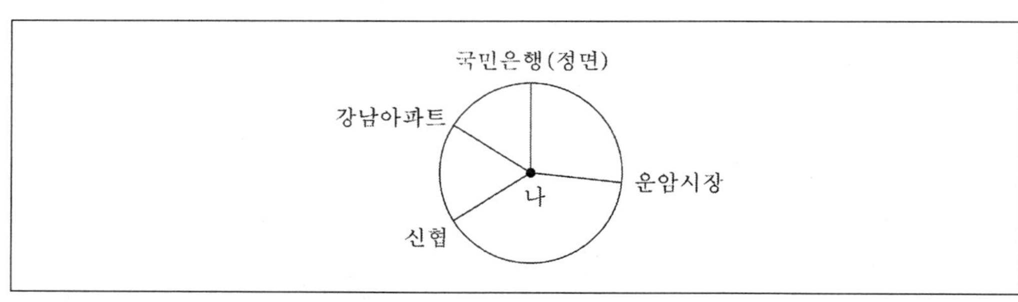


① A        ② B

③ C        ④ D

Answer 4.④

**5**  당신이 조각공원에서 현대빌딩을 정면으로 바라볼 때 리젠트 관광호텔은 ㄱ, ㄴ, ㄷ, ㄹ 중 어디에 있는가?

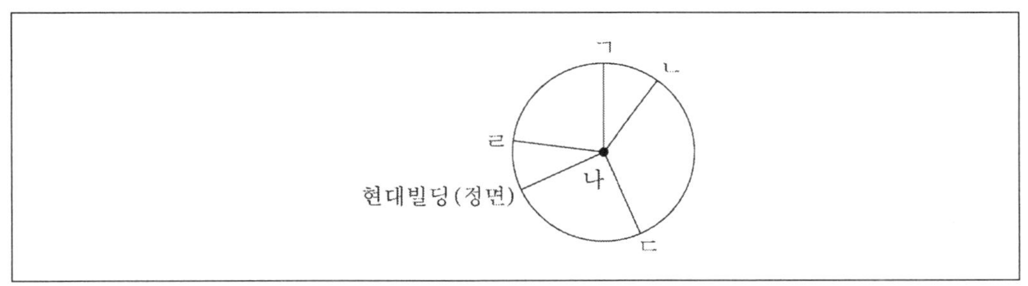


① ㄱ

② ㄴ

③ ㄷ

④ ㄹ

**6**  다음은 위 지도의 일부를 나타낸 것이다. 위의 지도와 다른 것은?

① 

② 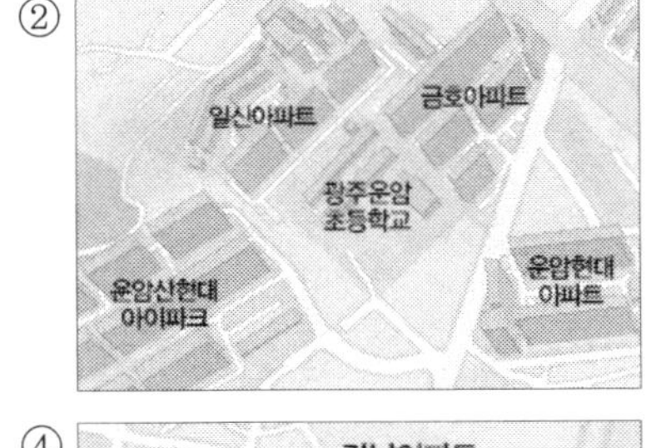


③


④ 

Answer  5.② 6.①

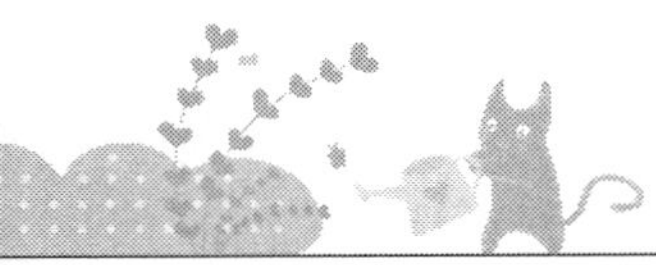



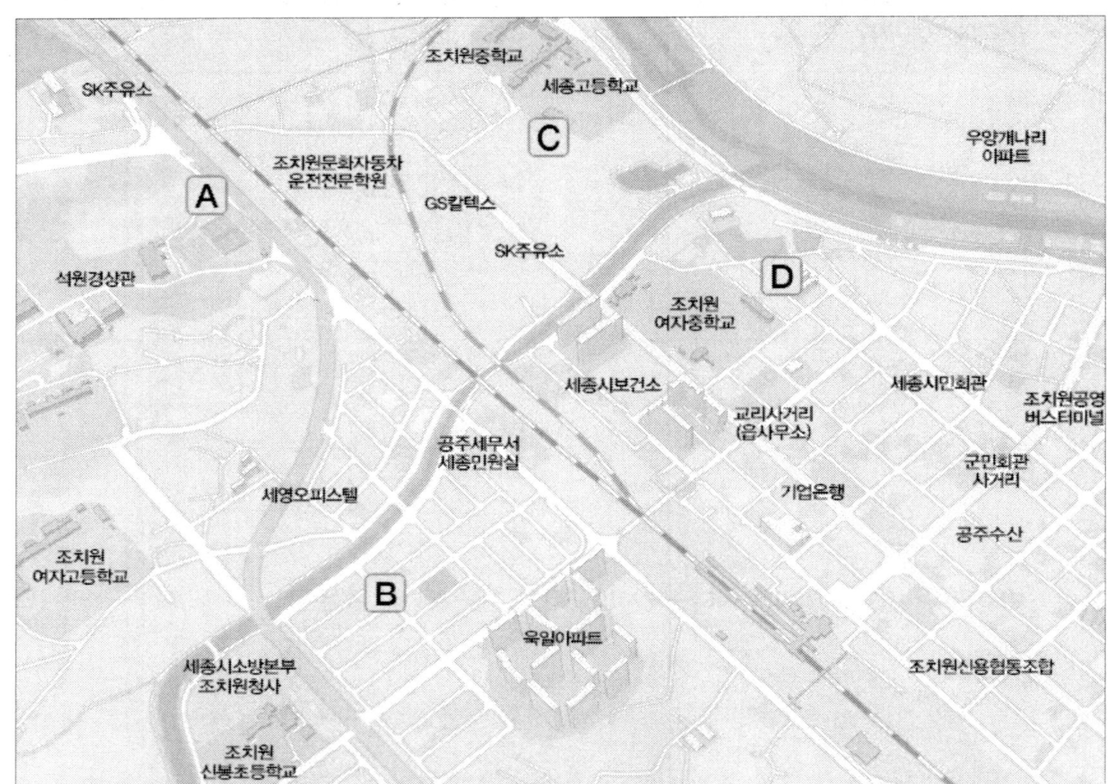


## 7  위 지도의 A, B, C, D 중 당신이 서 있는 곳은 어디인가?

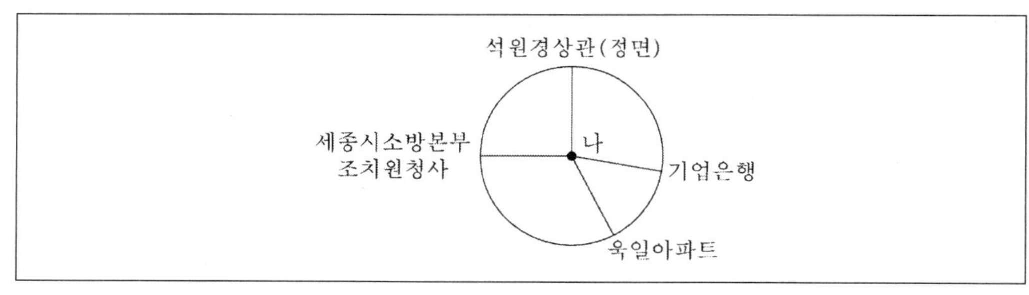


① A  
② B  
③ C  
④ D

**8** 당신이 세종시보건소에서 공주수산을 정면으로 바라볼 때 세종고등학교는 ㄱ, ㄴ, ㄷ, ㄹ 중 어디에 있는가?

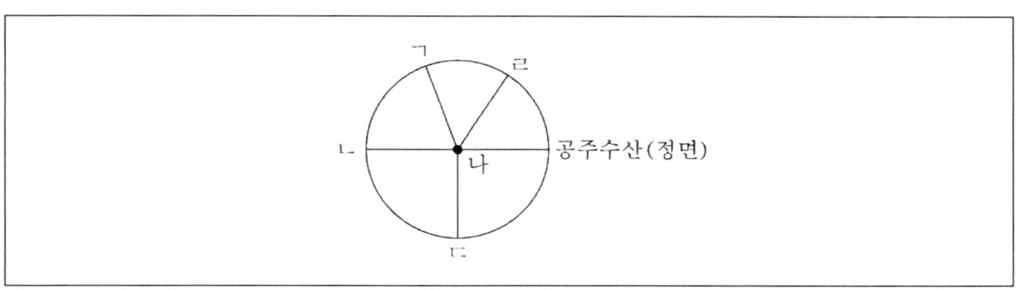


① ㄱ

② ㄴ

③ ㄷ

④ ㄹ

**9** 다음은 위 지도의 일부를 나타낸 것이다. 위의 지도와 다른 것은?

①
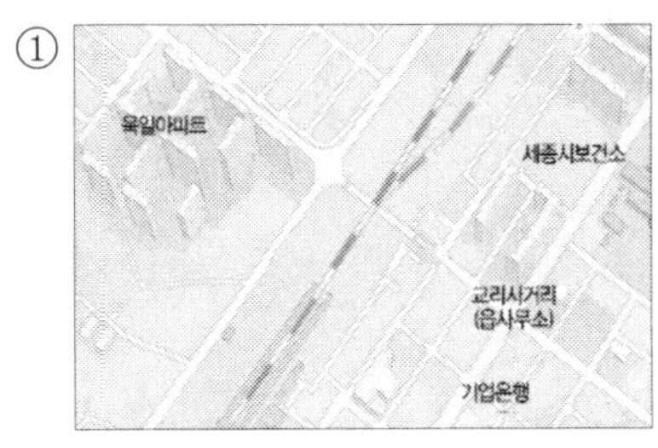


②

③
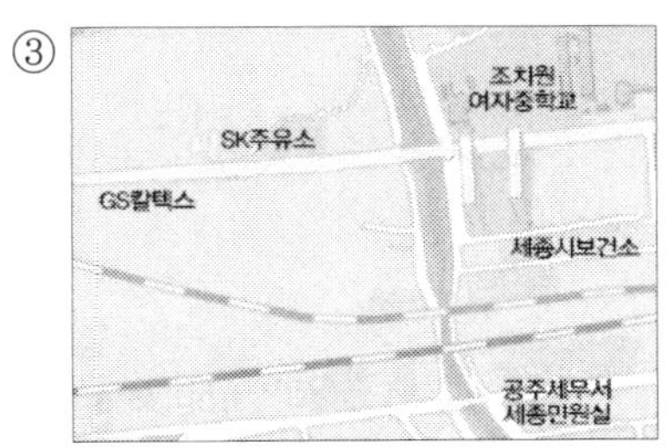


④
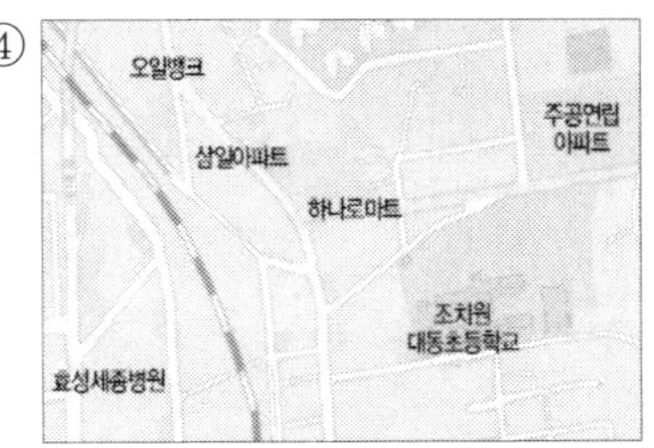


Answer  8.①  9.④

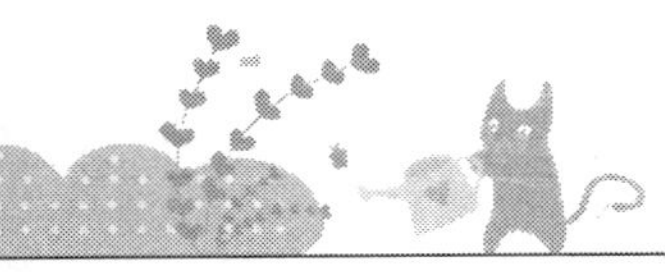



※ 다음 지도를 보고 물음에 답하시오. 【10~12】

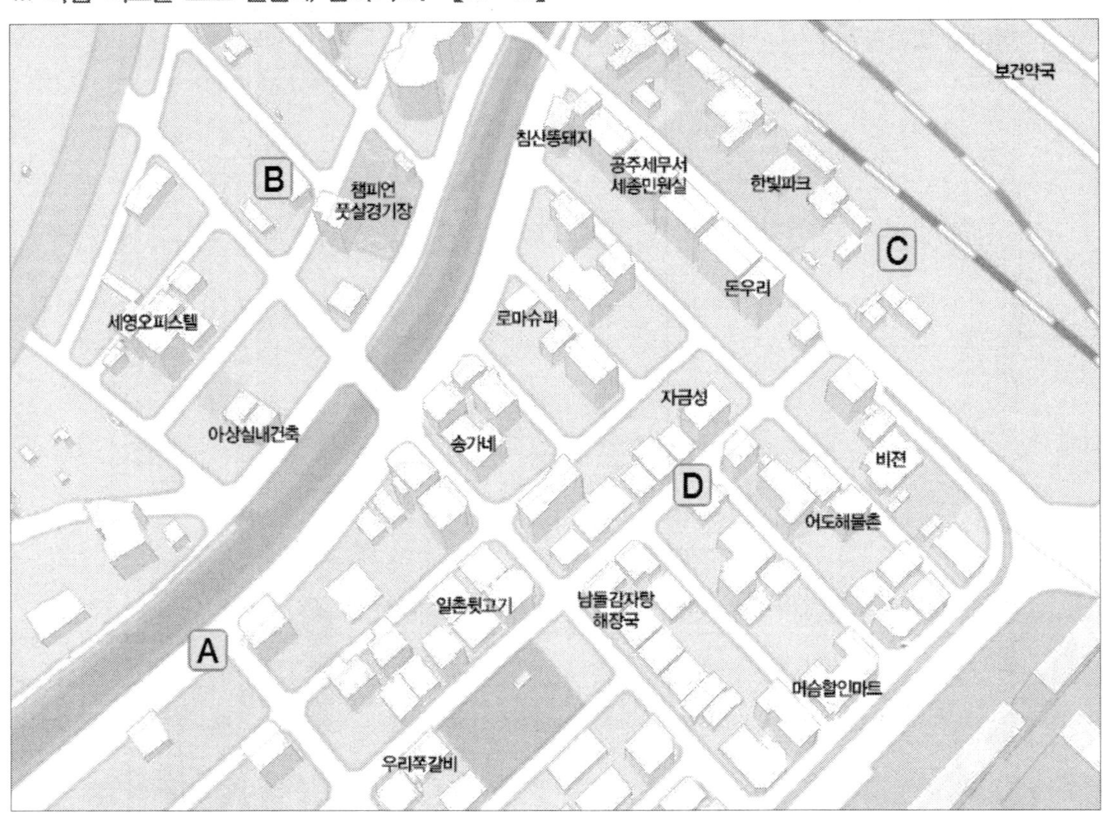


## 10  위 지도의 A, B, C, D 중 당신이 서 있는 곳은 어디인가?

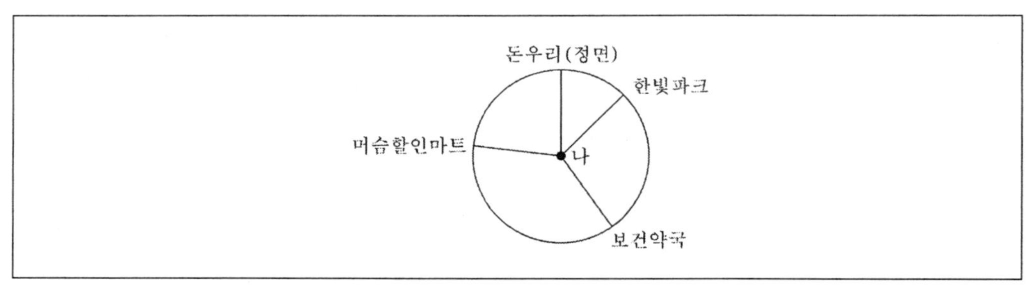


① A

② B

③ C

④ D

Answer  10.③

**11** 당신이 송가네에서 세영오피스텔을 정면으로 바라볼 때 이상실내건축은 ㄱ, ㄴ, ㄷ, ㄹ 중
어디에 있는가?

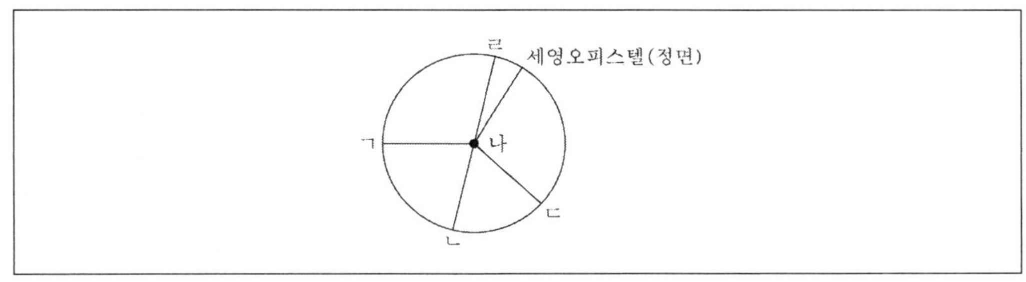


① ㄱ

② ㄴ

③ ㄷ

④ ㄹ


**12** 다음은 위 지도의 일부를 나타낸 것이다. 위의 지도와 다른 것은?

①
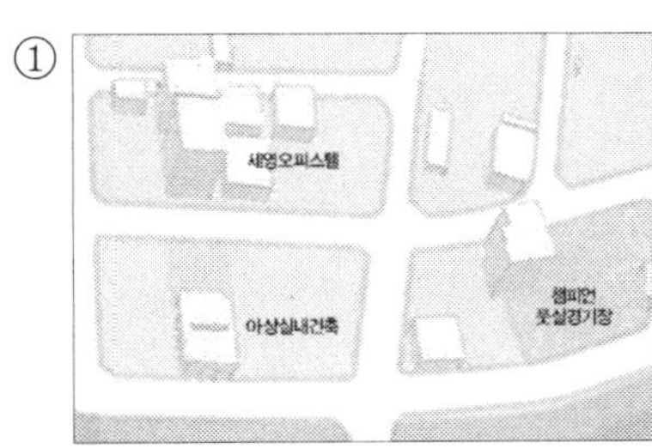


②
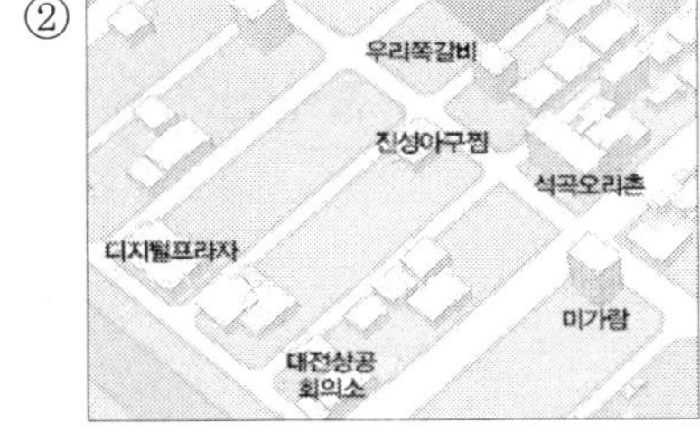


③
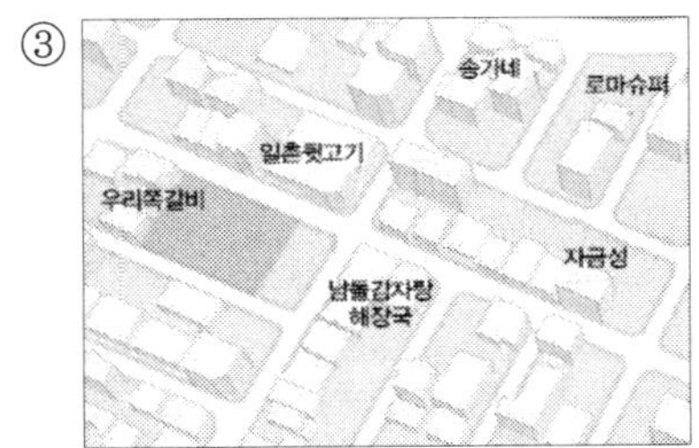


④
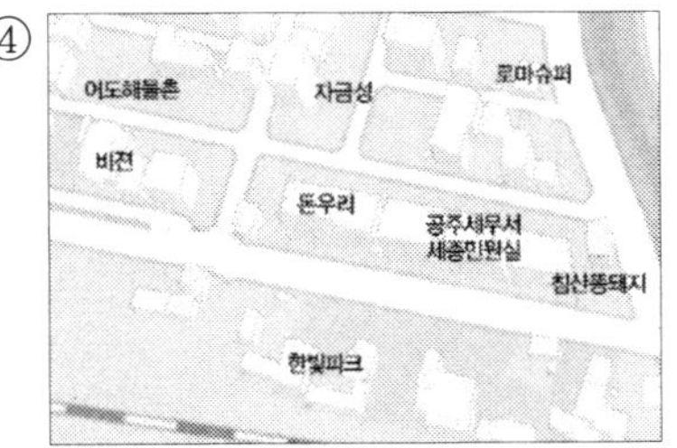

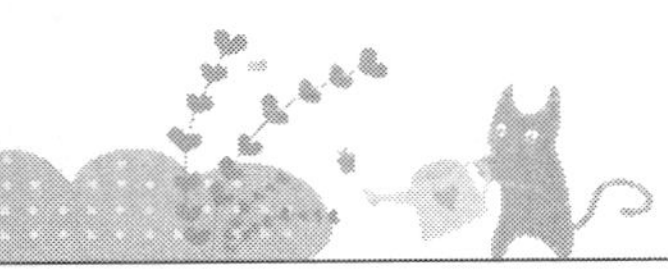



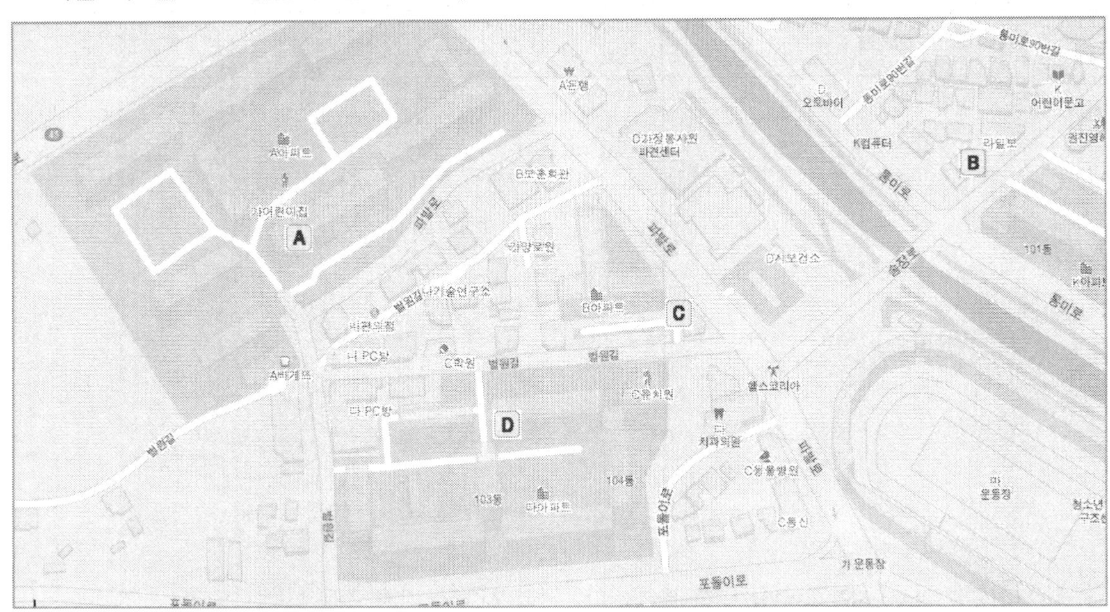

## 13  위 지도의 A, B, C, D 중 당신이 서 있는 곳은 어디인가?

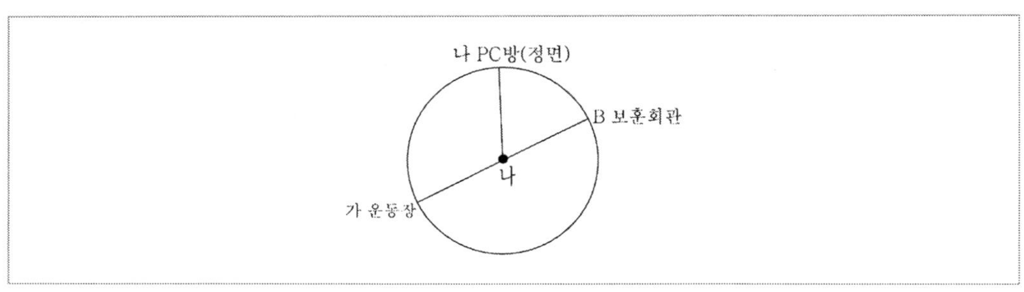


① A
② B
③ C
④ D

**14** 당신이 C학원에서 B아파트를 정면으로 바라볼 때 다아파트는 ㄱ, ㄴ, ㄷ, ㄹ 중 어디에 있는가?

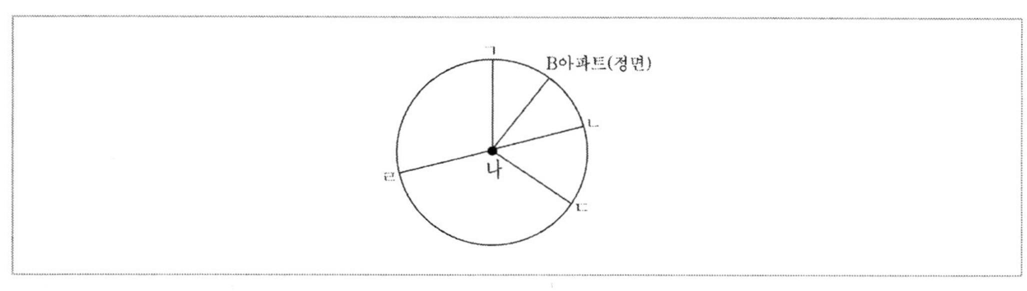


① ㄱ

② ㄴ

③ ㄷ

④ ㄹ

**15** 다음은 위 지도의 일부를 나타낸 것이다. 위 지도와 다른 것은?

① 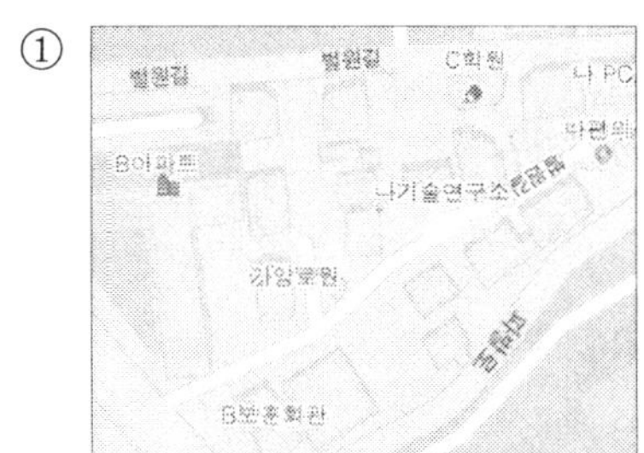

② 

③ 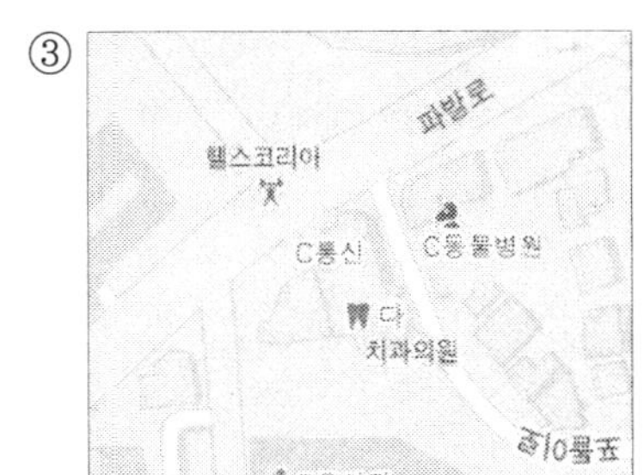

④ 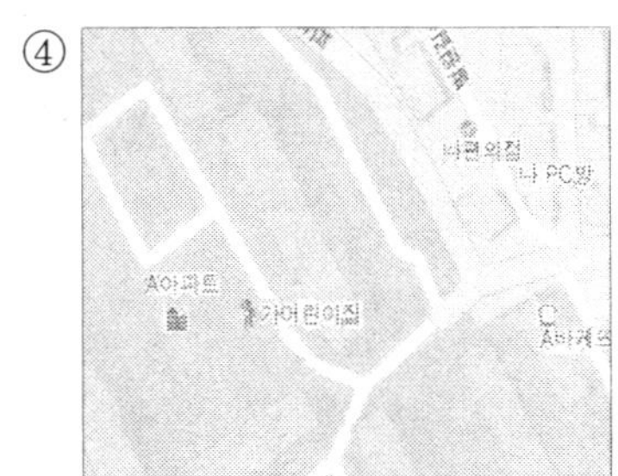

Answer 14.③ 15.③

※ 다음 지도를 보고 물음에 답하시오. 【16~18】

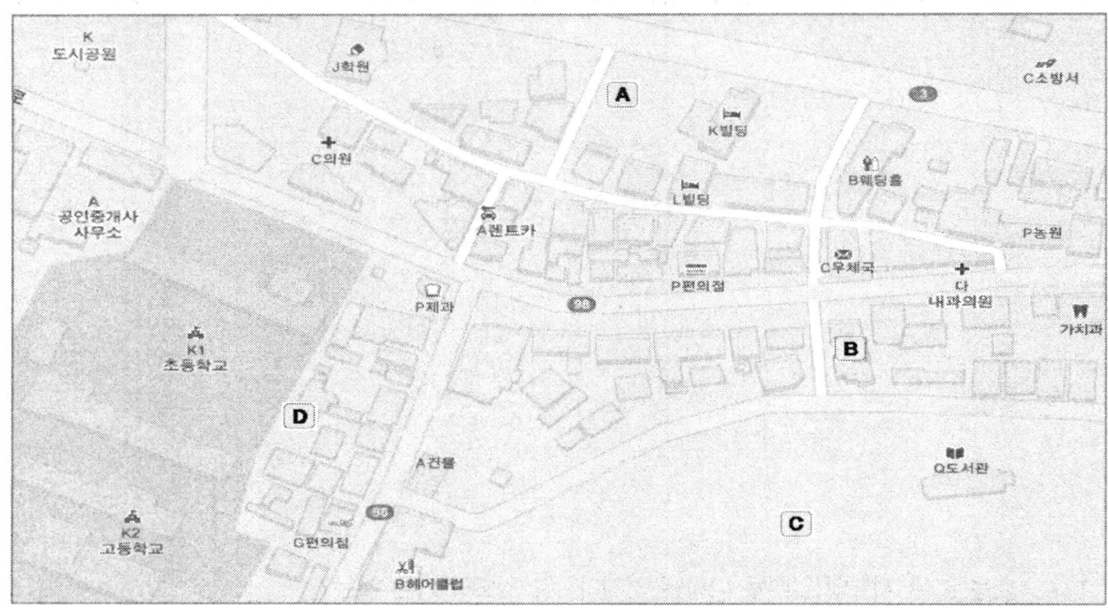


# 16 위 지도의 A, B, C, D 중 당신이 서 있는 곳은 어디인가?

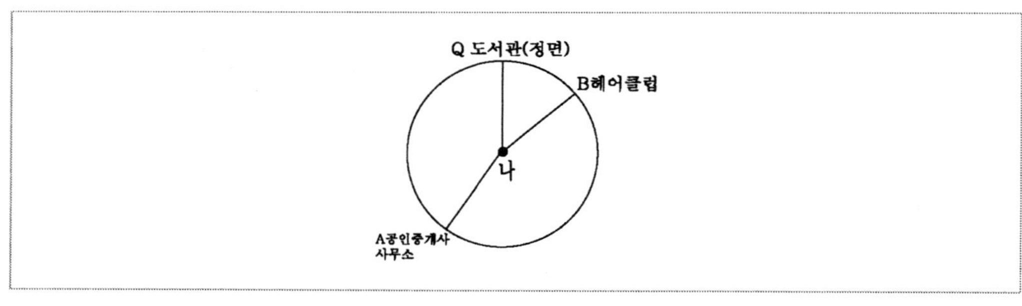


① A　　　　　② B
③ C　　　　　④ D

Answer　16.④

**17** 당신이 C우체국에서 P제과를 정면으로 바라볼 때 J학원은 ㄱ, ㄴ, ㄷ, ㄹ 중 어디에 있는가?

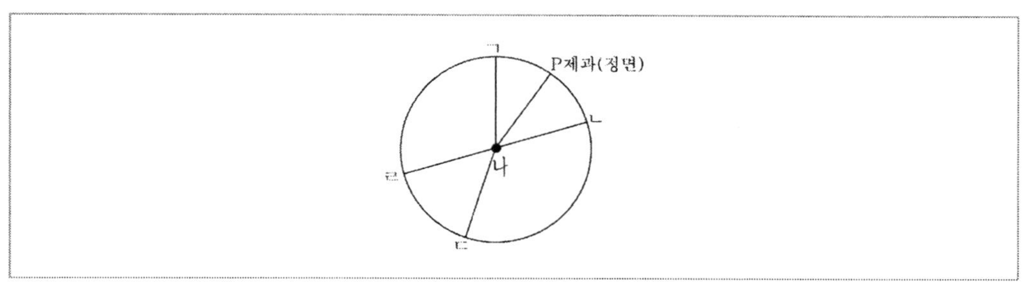


① ㄱ

② ㄴ

③ ㄷ

④ ㄹ

**18** 다음은 위 지도의 일부를 나타낸 것이다. 위 지도와 다른 것은?

① 

② 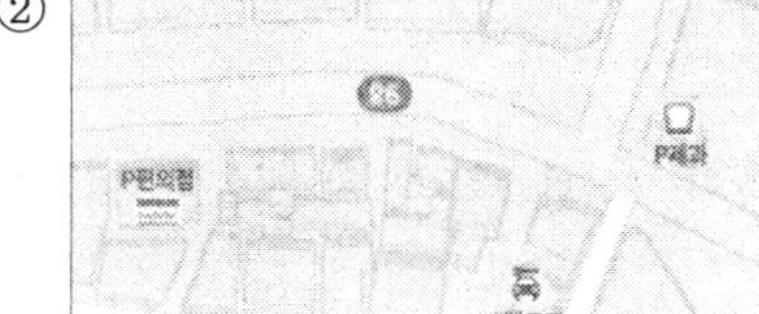


③ 

④ 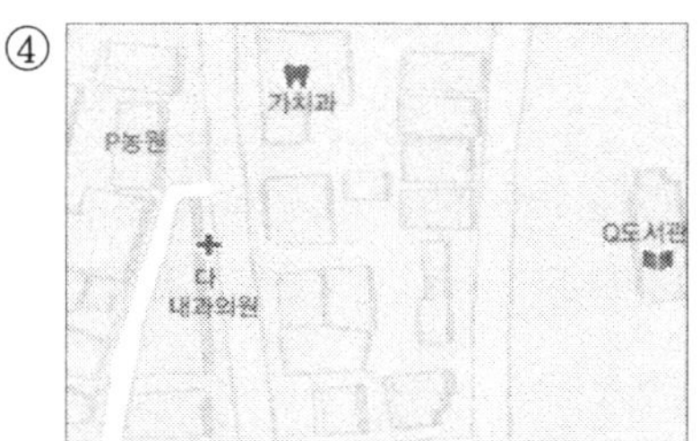

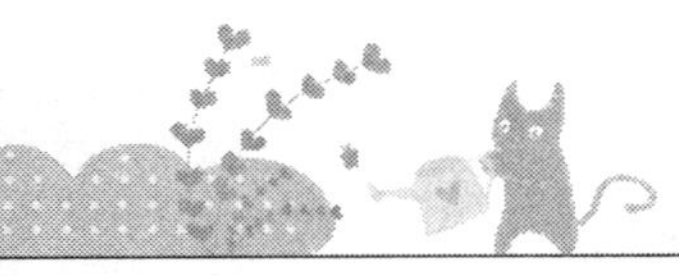



※ 다음 지도를 보고 물음에 답하시오. 【19~21】

**19**  위 지도의 A, B, C, D 중 당신이 서 있는 곳은 어디인가?

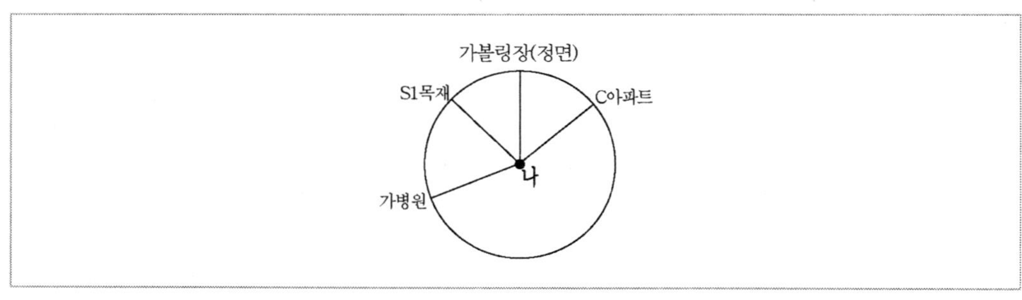


① A

② B

③ C

④ D

**20** 당신이 UPC방에서 가편의점을 정면으로 바라볼 때 A아파트는 ㄱ, ㄴ, ㄷ, ㄹ 중 어디에 있는가?

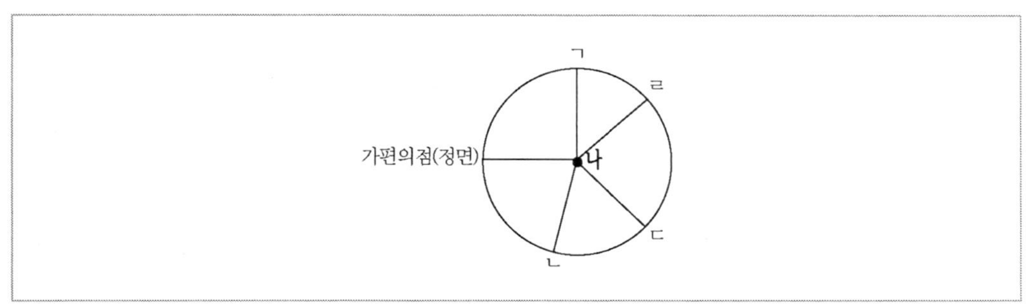


① ㄱ

② ㄴ

③ ㄷ

④ ㄹ


**21** 다음은 위 지도의 일부를 나타낸 것이다. 위 지도와 다른 것은?

① 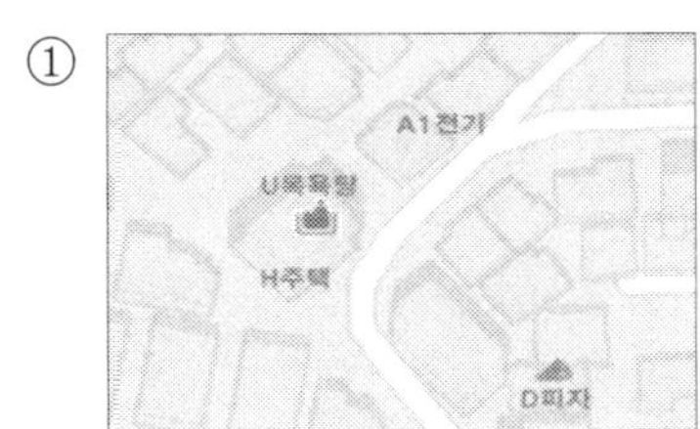


② 

③ 

④ 

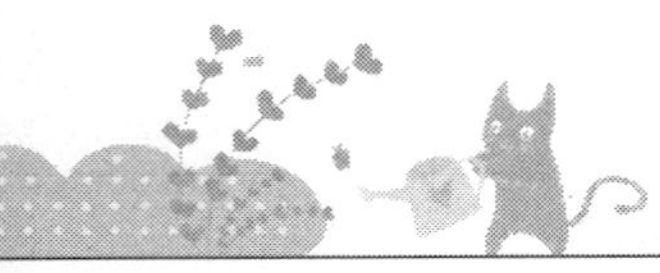

## 22 위 지도의 A, B, C, D 중 당신이 서 있는 곳은 어디인가?

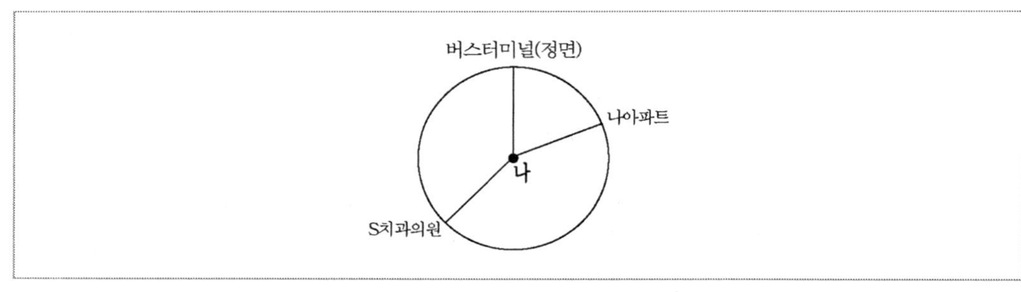


① A      ② B

③ C      ④ D

**23** 당신이 K식품에서 상공회의소를 정면으로 바라볼 때 F초등학교는 ㄱ, ㄴ, ㄷ, ㄹ 중 어디에 있는가?

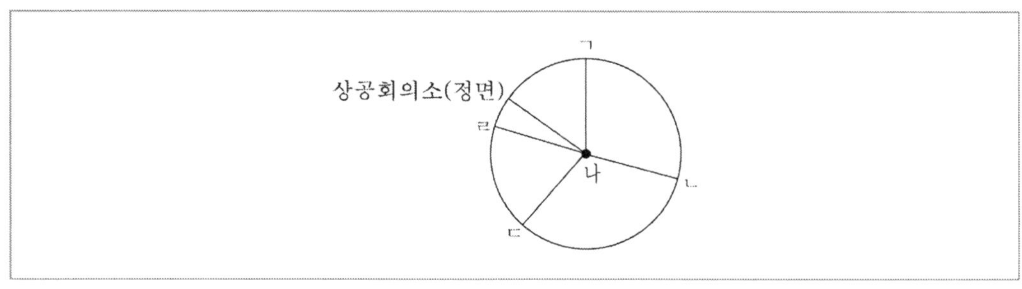


① ㄱ

② ㄴ

③ ㄷ

④ ㄹ

**24** 다음은 위 지도의 일부를 나타낸 것이다. 위 지도와 다른 것은?

①
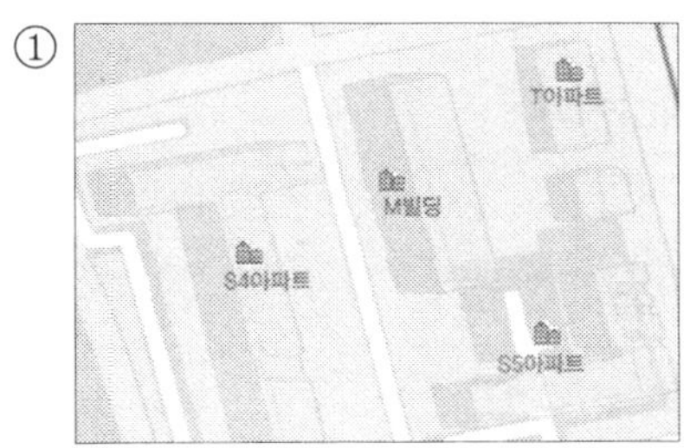


②

③

④

※ 다음 지도를 보고 물음에 답하시오. 【25~27】

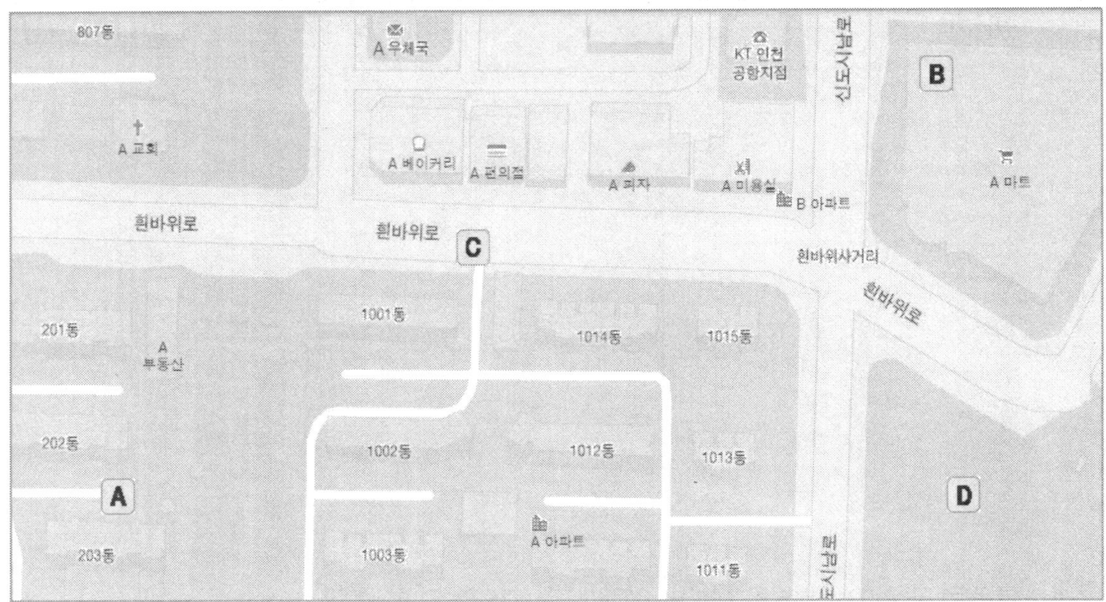


## 25 위 지도의 A, B, C, D 중 당신이 서 있는 곳은 어디인가?

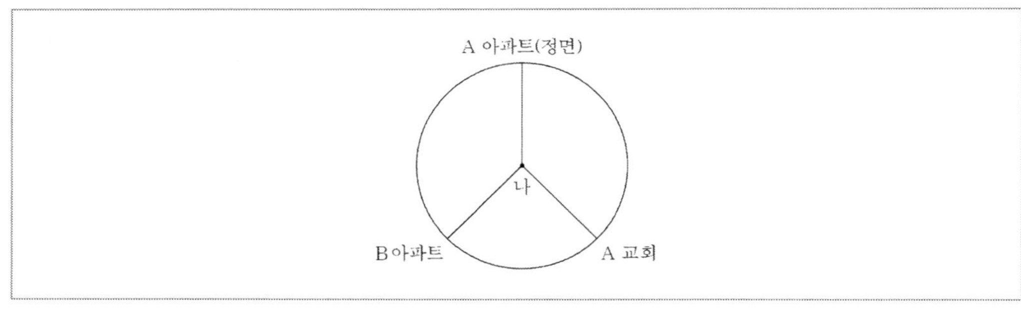


① A  ② B
③ C  ④ D

Answer 25.③

**26** 당신이 A우체국에서 A교회를 정면으로 바라볼 때 B아파트는 ㄱ, ㄴ, ㄷ, ㄹ 중 어디에 있는가?

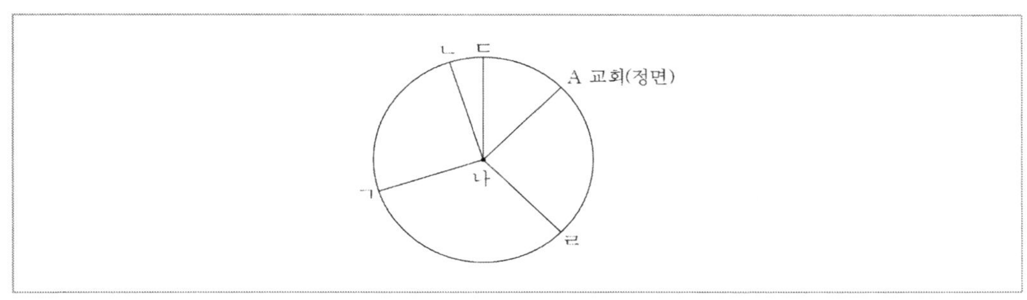


① ㄱ

② ㄴ

③ ㄷ

④ ㄹ

**27** 다음은 위 지도의 일부를 나타낸 것이다. 위 지도와 다른 것은?

①

②


③
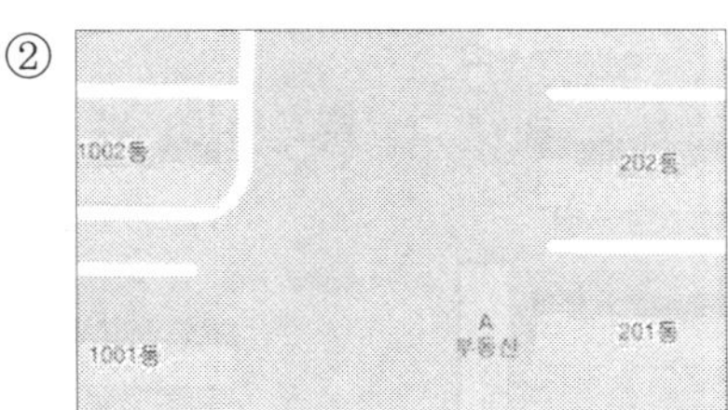


④
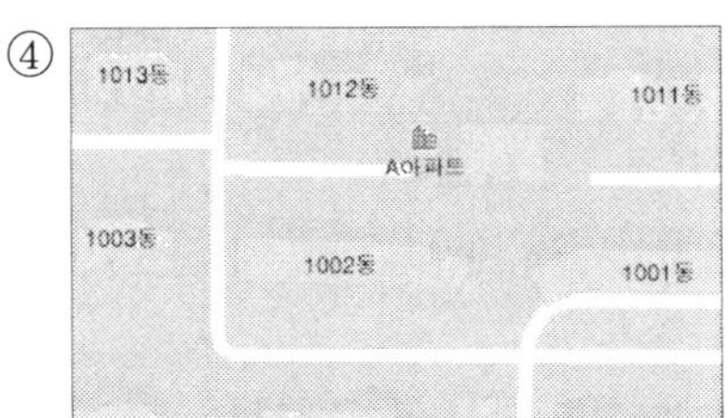

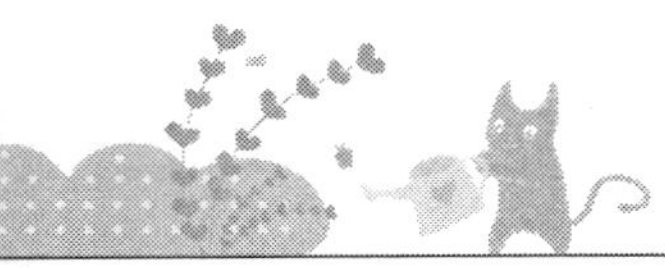



※ 다음 지도를 보고 물음에 답하시오. 【28~30】

## 28 위 지도의 A, B, C, D 중 당신이 서 있는 곳은 어디인가?

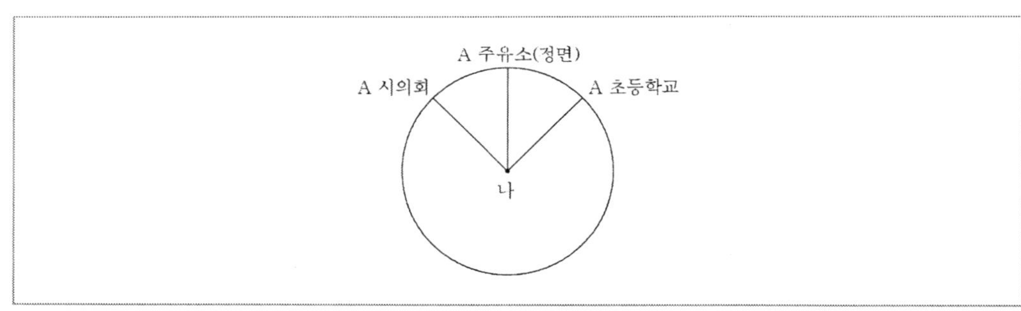



① A             ② B

③ C             ④ D

 Answer 28.①

**29** 당신이 A어린이집에서 A어학원을 정면으로 바라볼 때 A꽃농원은 ㄱ, ㄴ, ㄷ, ㄹ 중 어디에 있는가?

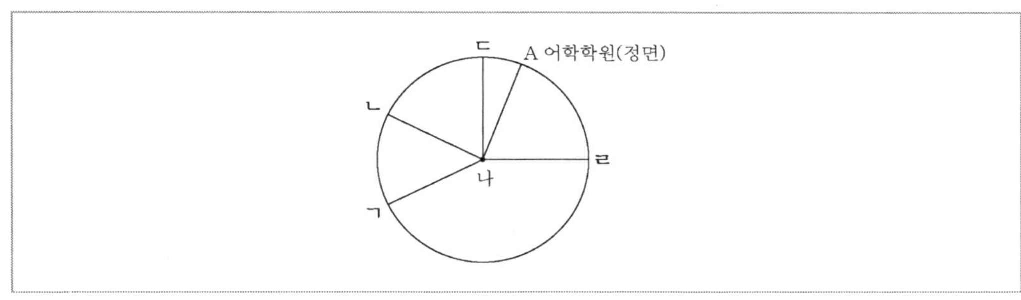


① ㄱ

② ㄴ

③ ㄷ

④ ㄹ


**30** 다음은 위 지도의 일부를 나타낸 것이다. 위 지도와 다른 것은?

① 

② 

③ 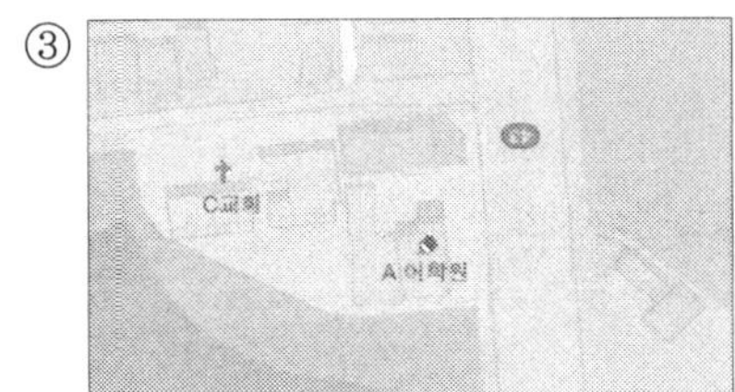

④ 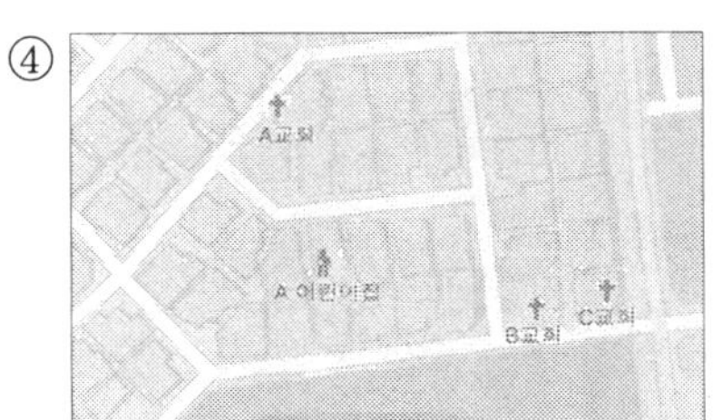

Answer  29.④  30.③

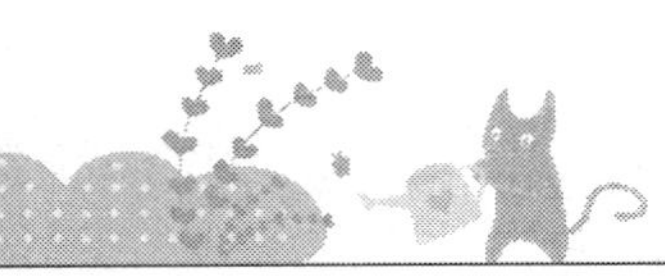



※ 다음 지도를 보고 물음에 답하시오. 【31~33】

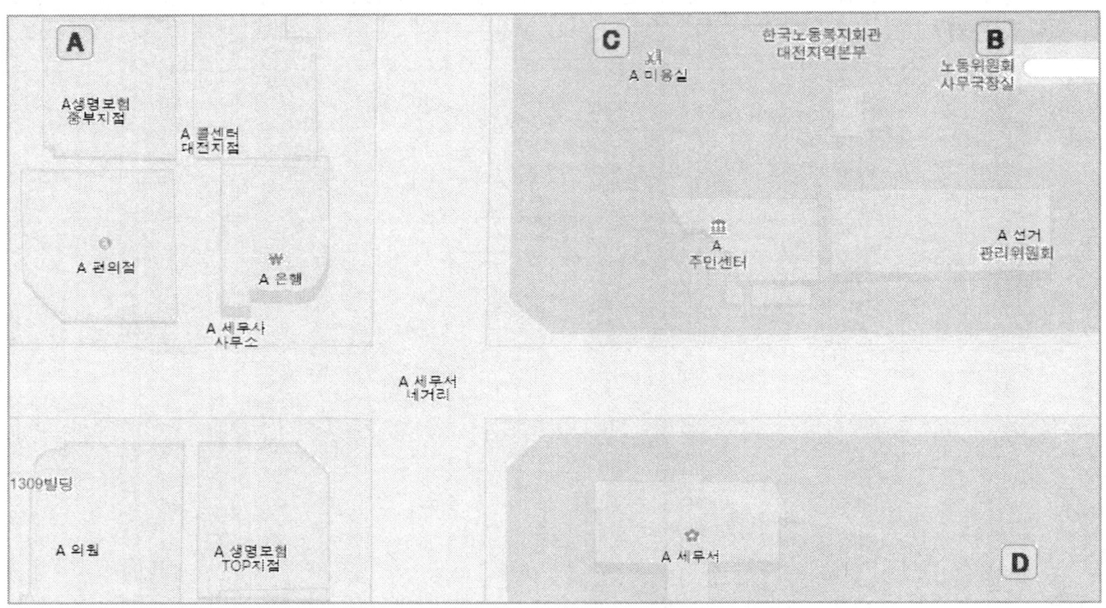


## 31  위 지도의 A, B, C, D 중 당신이 서 있는 곳은 어디인가?

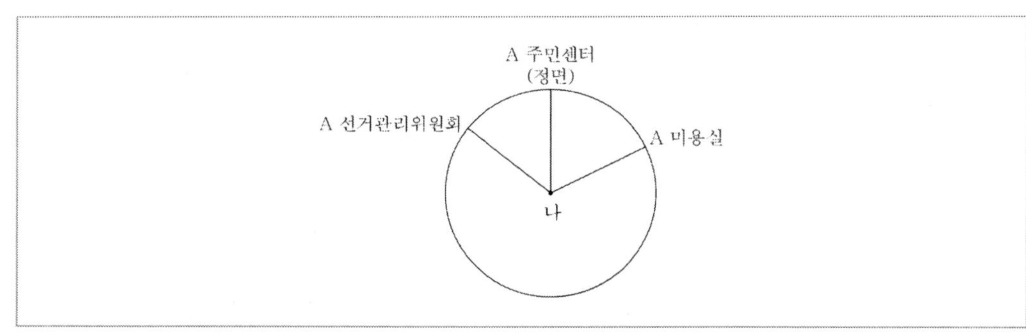


① A

② B

③ C

④ D

**32** 당신이 A은행에서 A세무서를 정면으로 바라볼 때 A편의점은 ㄱ, ㄴ, ㄷ, ㄹ 중 어디에 있는가?

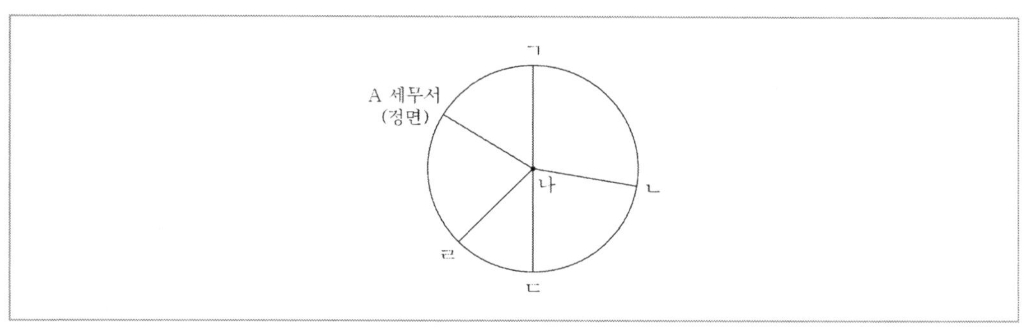


① ㄱ
② ㄴ
③ ㄷ
④ ㄹ

**33** 다음은 위 지도의 일부를 나타낸 것이다. 위 지도와 다른 것은?

①
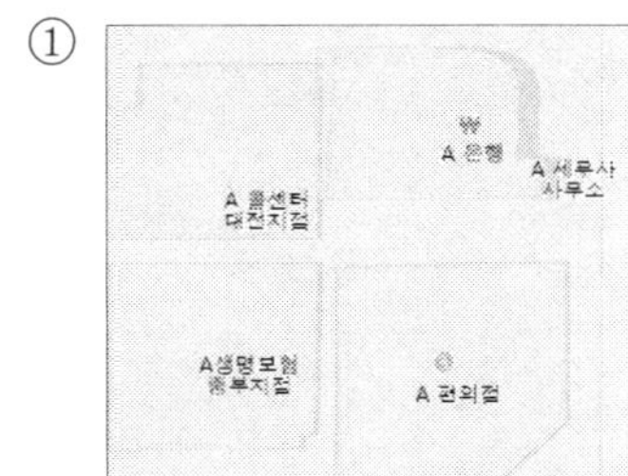

②

③
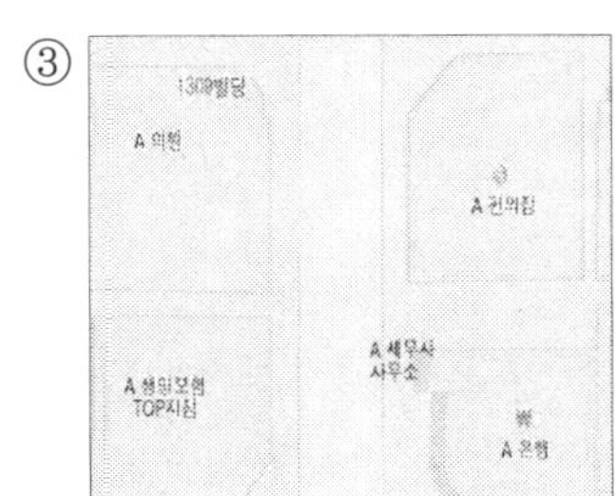

④
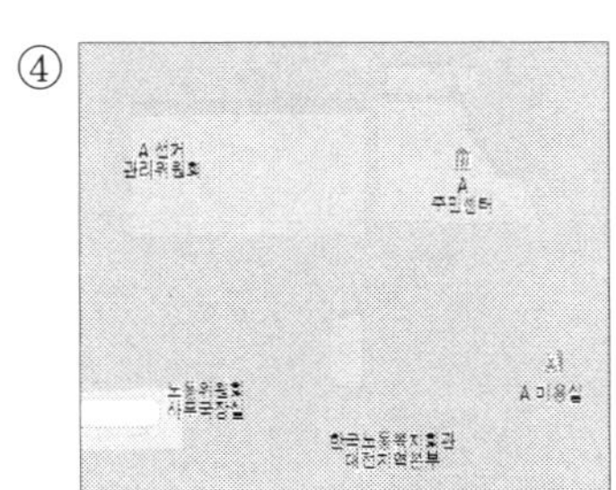

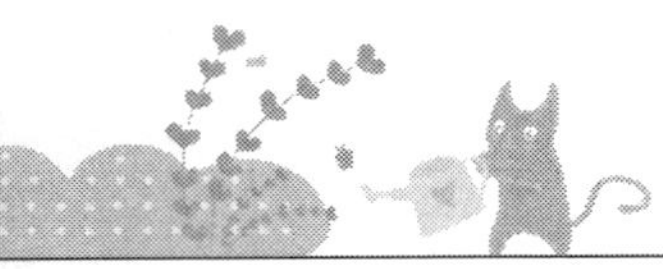



※ 다음 지도를 보고 물음에 답하시오. 【34~36】

## 34 위 지도의 A, B, C, D 중 당신이 서 있는 곳은 어디인가?

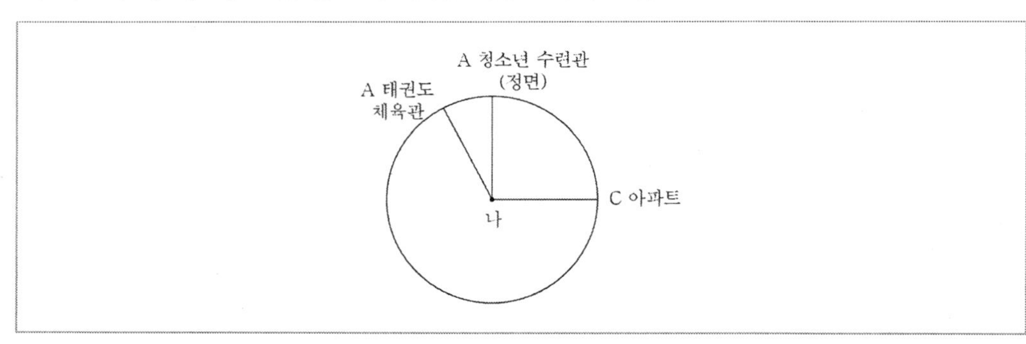


① A          ② B

③ C          ④ D

Answer   34.①

**35** 당신이 A주유소에서 A유치원을 정면으로 바라볼 때 A내과의원은 ㄱ, ㄴ, ㄷ, ㄹ 중 어디에 있는가?

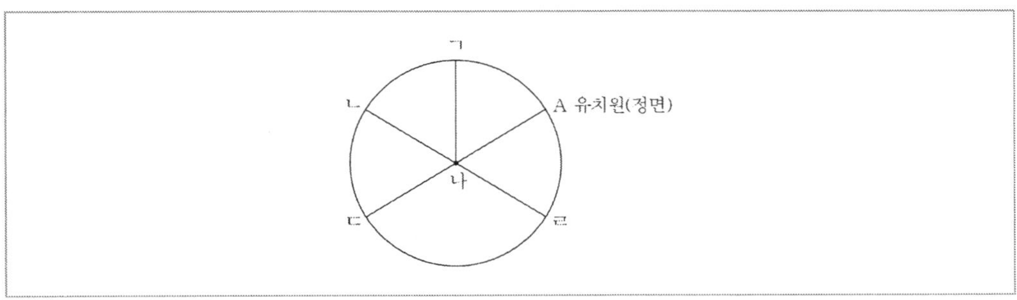


① ㄱ

② ㄴ

③ ㄷ

④ ㄹ

**36** 다음은 위 지도의 일부를 나타낸 것이다. 위 지도와 다른 것은?

① 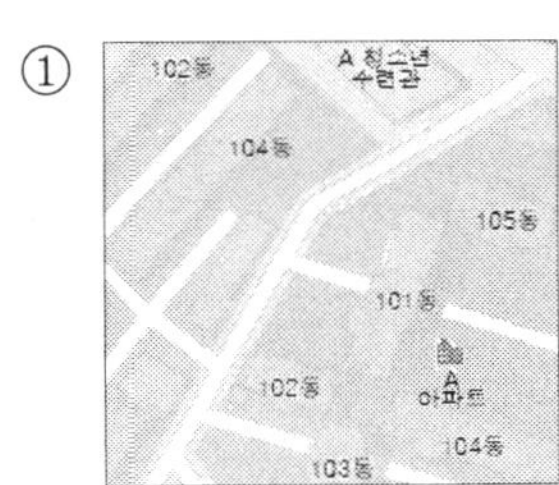


② 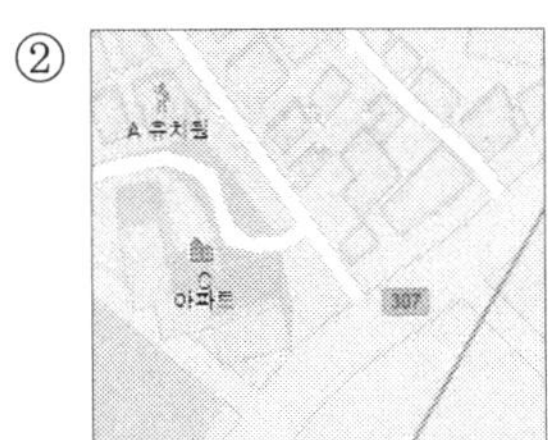


③ 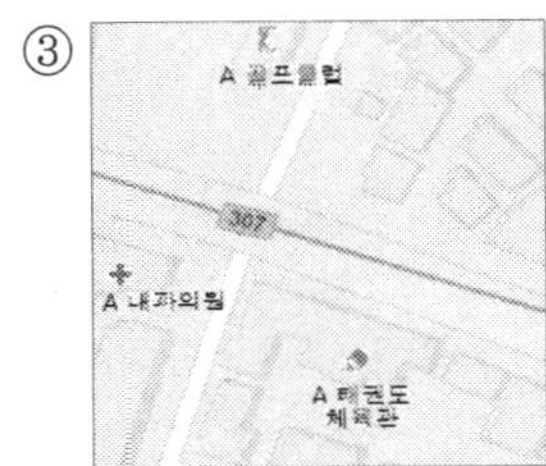


④ 

Answer  35.③  36.②

※ 다음 지도를 보고 물음에 답하시오. 【37~39】

## 37 위 지도의 A, B, C, D 중 당신이 서 있는 곳은 어디인가?

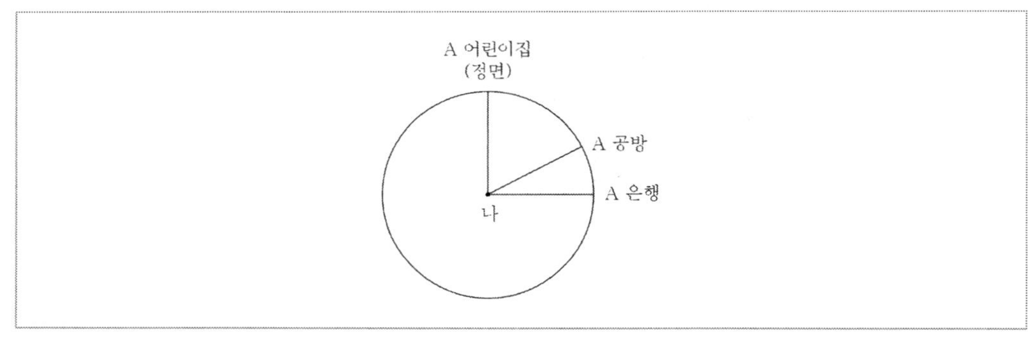


① A

② B

③ C

④ D

**38** 당신이 A은행에서 A약품 경주지점을 정면으로 바라볼 때 YMCA는 ㄱ, ㄴ, ㄷ, ㄹ 중 어디에 있는가?

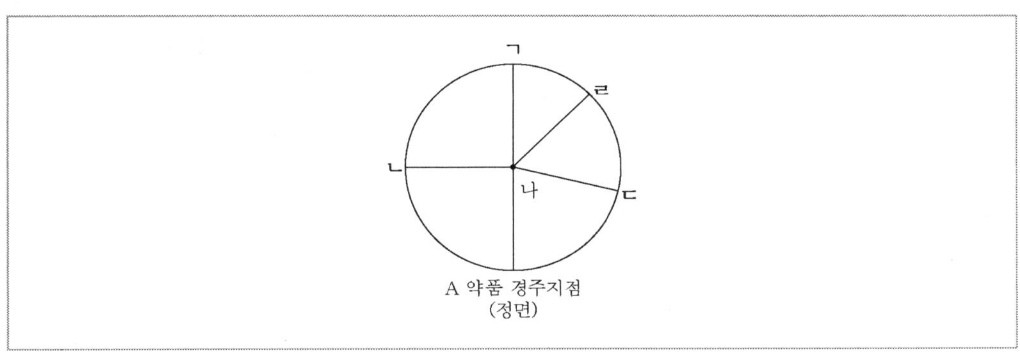


① ㄱ

② ㄴ

③ ㄷ

④ ㄹ

**39** 다음은 위 지도의 일부를 나타낸 것이다. 위 지도와 다른 것은?

① 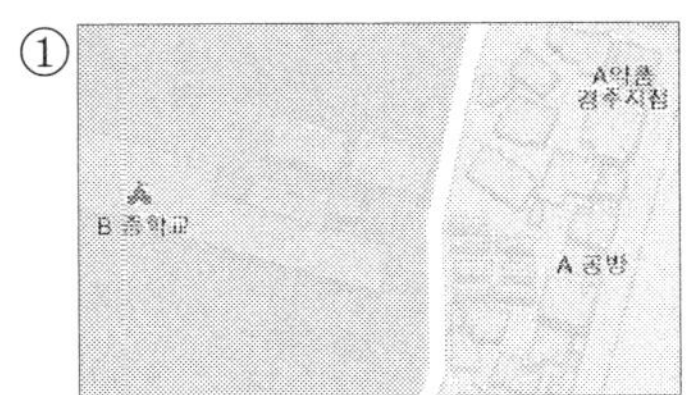

② 

③ 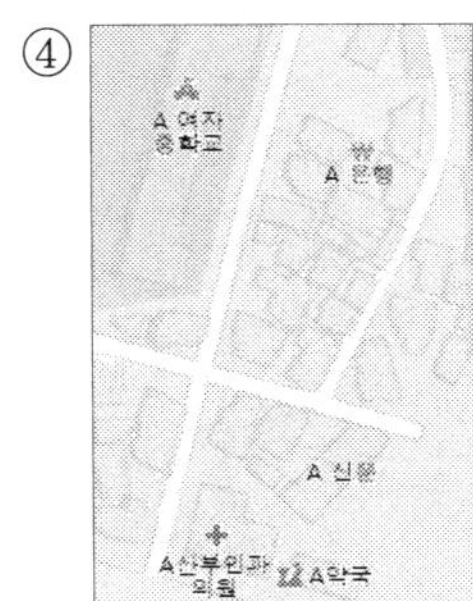

④

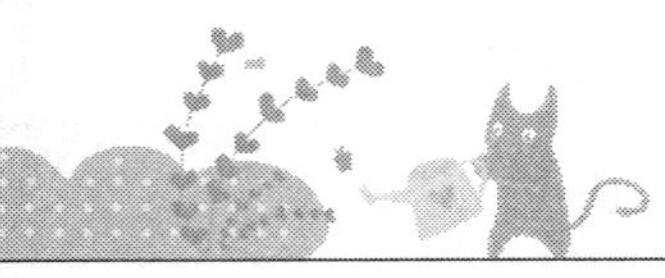

## 40 위 지도의 A, B, C, D 중 당신이 서 있는 곳은 어디인가?

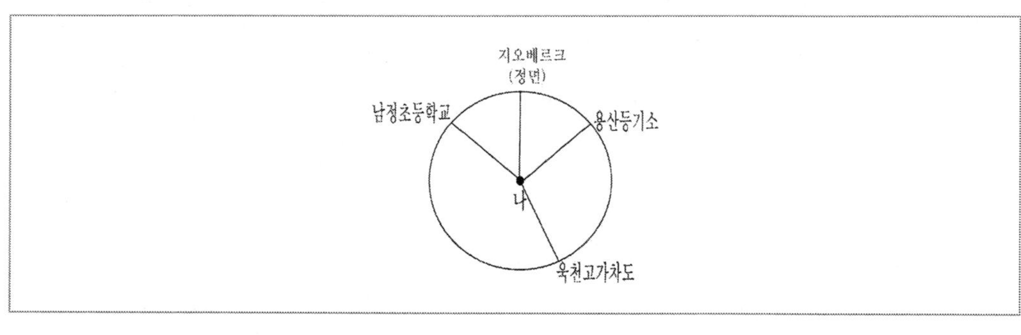


① A        ② B

③ C        ④ D

Answer　40.②

**41** 당신이 남정초등학교에서 새싹어린이집을 정면으로 바라볼 때 대성창고는 ㄱ, ㄴ, ㄷ, ㄹ 중 어디에 있는가?

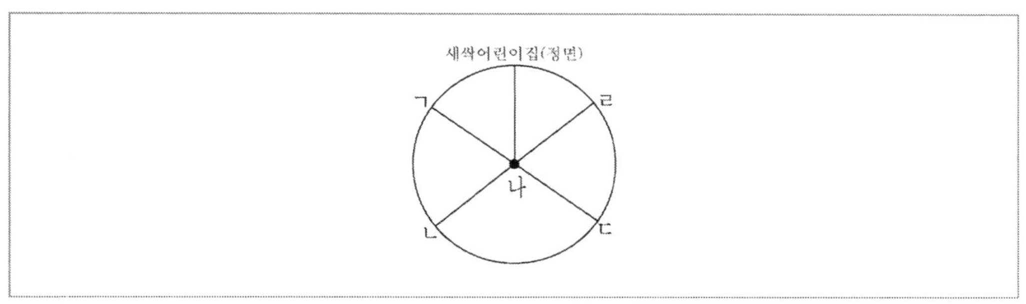


① ㄱ

② ㄴ

③ ㄷ

④ ㄹ

**42** 다음은 위 지도의 일부를 나타낸 것이다. 위 지도와 다른 것은?

①

②

③

④

Answer  41.②  42.④

※ 다음 지도를 보고 물음에 답하시오. 【43~45】

## 43 위 지도의 A, B, C, D 중 당신이 서 있는 곳은 어디인가?

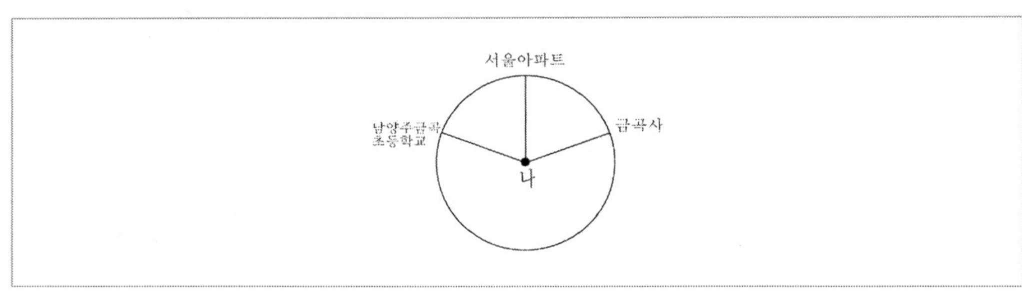


① A

② B

③ C

④ D

**44** 당신이 금곡사에서 한양아파트를 정면으로 바라볼 때 예능빌라는 ㄱ, ㄴ, ㄷ, ㄹ 중 어디에 있는가?

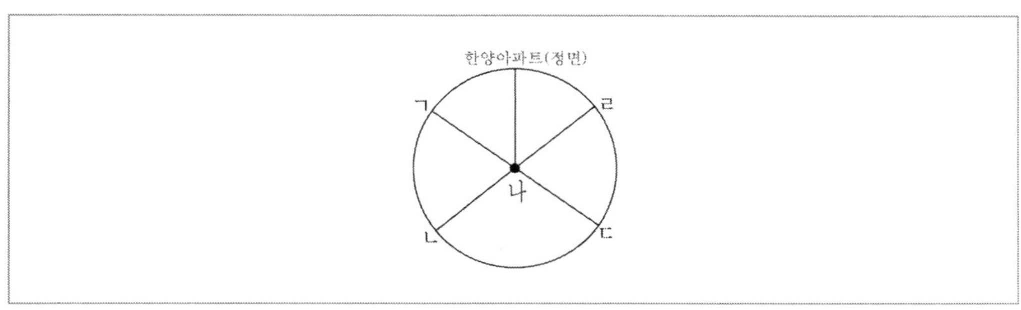


① ㄱ

② ㄴ

③ ㄷ

④ ㄹ

**45** 다음은 위 지도의 일부를 나타낸 것이다. 위 지도와 다른 것은?

① 

②


③ 

④

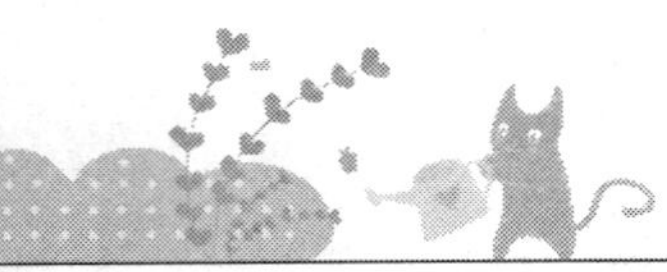



※ 다음 지도를 보고 물음에 답하시오. 【46~48】

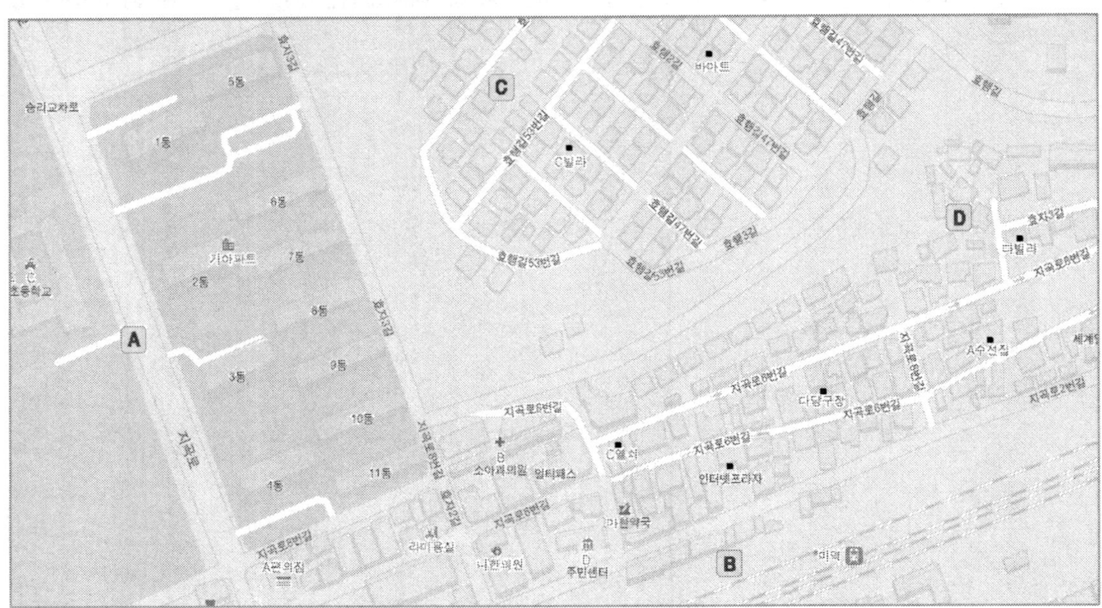


## 46 위 지도의 A, B, C, D 중 당신이 서 있는 곳은 어디인가?

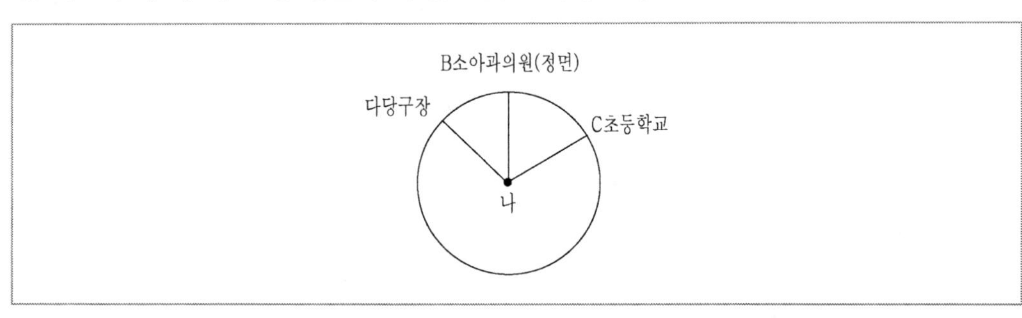


① A      ② B

③ C      ④ D

Answer 46.③

**47** 당신이 C열쇠에서 나한의원을 정면으로 바라볼 때 다빌라는 ㄱ, ㄴ, ㄷ, ㄹ 중 어디에 있는가?

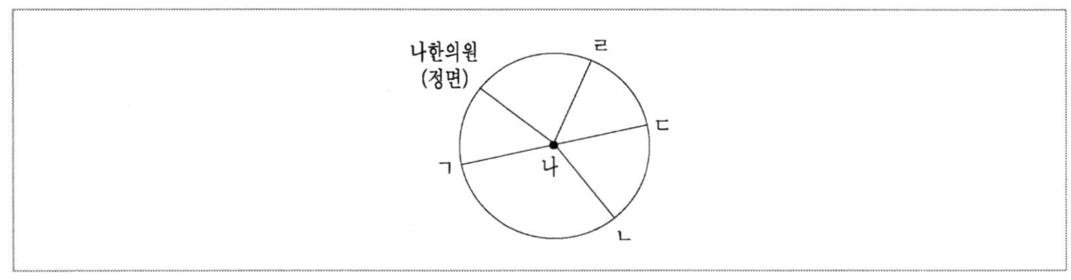


① ㄱ

② ㄴ

③ ㄷ

④ ㄹ

**48** 다음은 위 지도의 일부를 나타낸 것이다. 위의 지도와 다른 것은?

① 

②

③ 

④

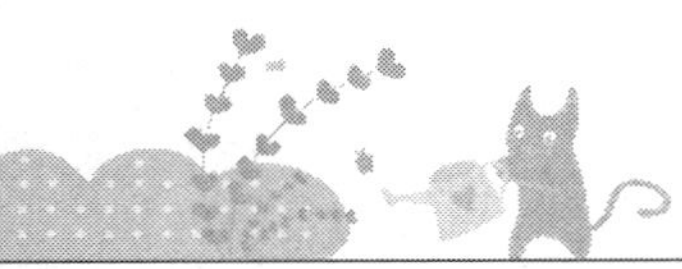

※ 다음 지도를 보고 물음에 답하시오. 【49~51】

## 49 위 지도의 A, B, C, D 중 당신이 서 있는 곳은 어디인가?

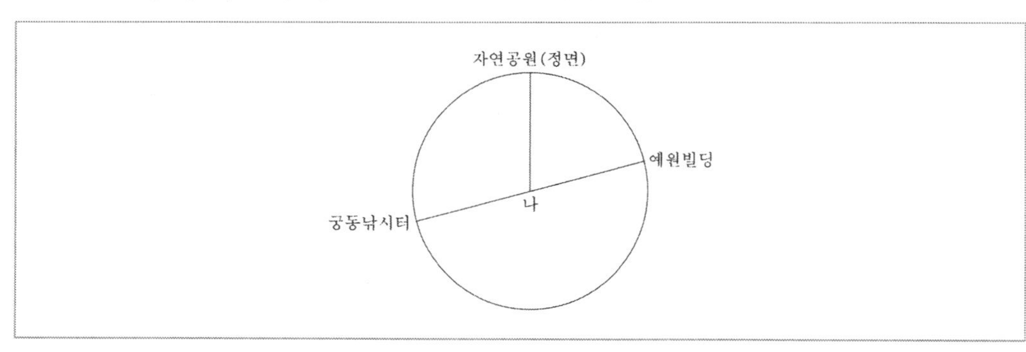


① A          ② B

③ C          ④ D

Answer 49.②

**50** 당신이 서서울생활과학고등학교에서 서울공연예술고등학교를 정면으로 바라볼 때 구로여자
정보산업고등학교는 ㄱ, ㄴ, ㄷ, ㄹ 중 어디에 있는가?

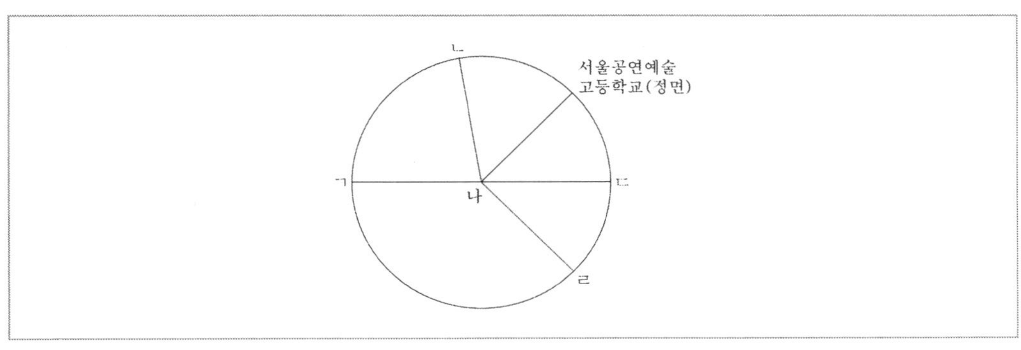


① ㄱ        ② ㄴ

③ ㄷ        ④ ㄹ

**51** 다음은 위 지도의 일부를 나타낸 것이다. 위의 지도와 다른 것을 고르시오.

①

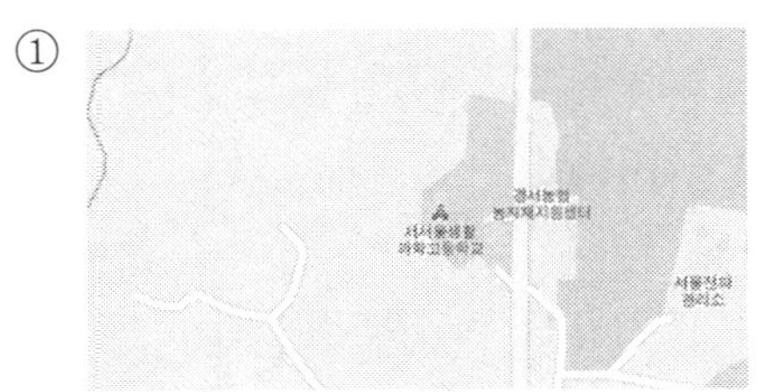

②

③

④

※ 다음 지도를 보고 물음에 답하시오. 【52~54】

## 52 위 지도의 A, B, C, D 중 당신이 서 있는 곳은 어디인가?

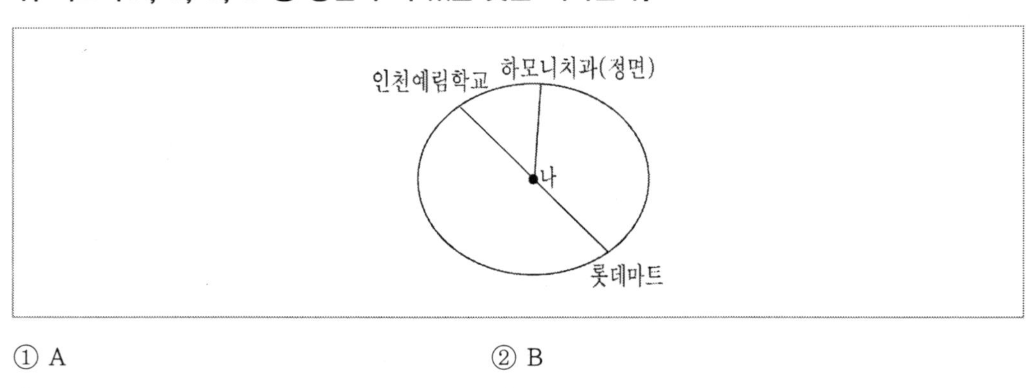


① A          ② B

③ C          ④ D

Answer　52.③

**53** 당신이 부평골프연습장에서 현대그랜드시티를 정면으로 바라볼 때 롯데시네마는 ㄱ, ㄴ, ㄷ, ㄹ 중 어디에 있는가?

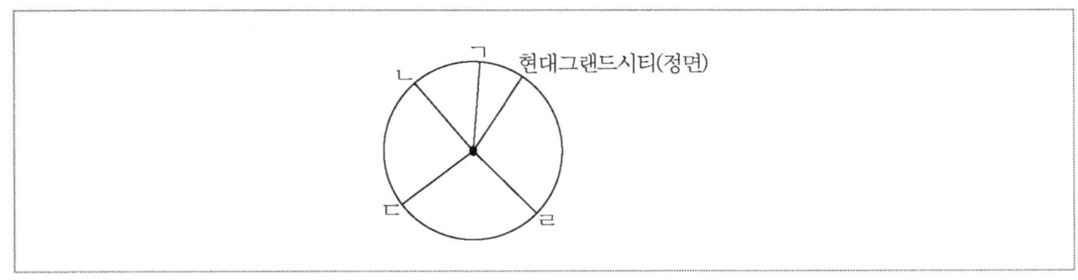


① ㄱ            ② ㄴ

③ ㄷ            ④ ㄹ

**54** 다음은 위 지도의 일부를 나타낸 것이다. 위의 지도와 다른 것은?

①

②

③

④
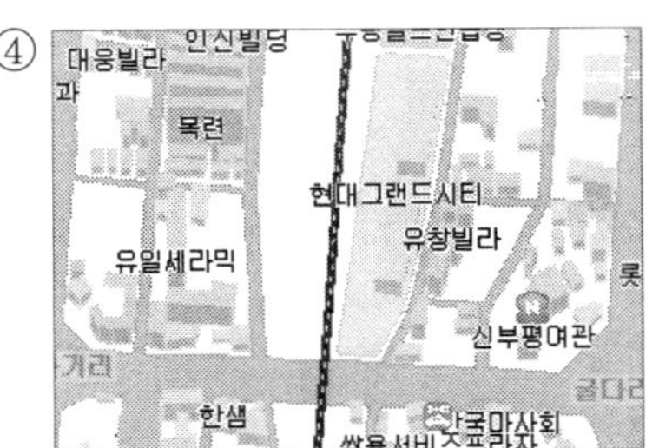

※ 다음 지도를 보고 물음에 답하시오. 【55~57】

## 55 위 지도의 A, B, C, D 중 당신이 서 있는 곳은 어디인가?

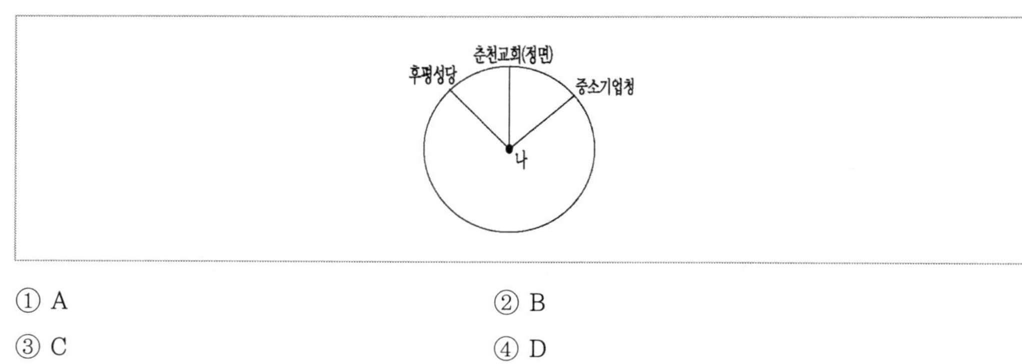



① A        ② B

③ C        ④ D

**56** 당신이 춘천기계공고에서 축협축산물판매장을 정면으로 바라볼 때 강원도시가스는 ㄱ, ㄴ, ㄷ, ㄹ 중 어디에 있는가?

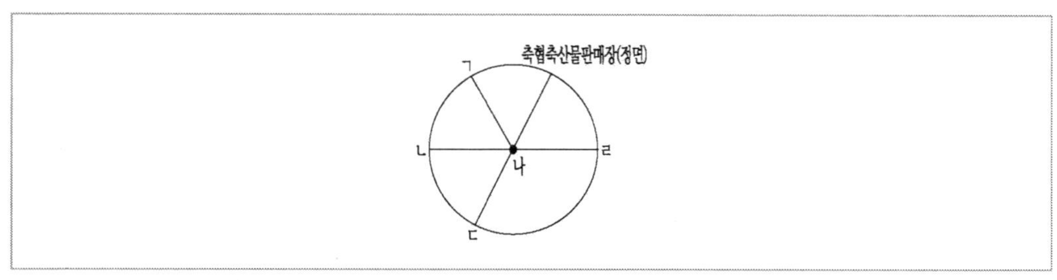


① ㄱ

② ㄴ

③ ㄷ

④ ㄹ

**57** 다음은 위 지도의 일부를 나타낸 것이다. 위의 지도와 다른 것은?

① 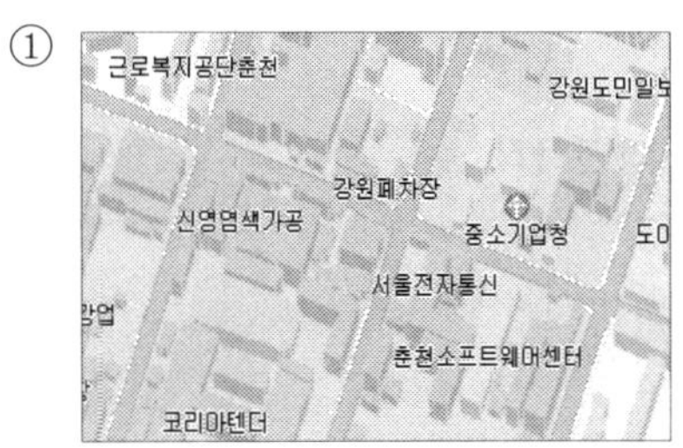


② 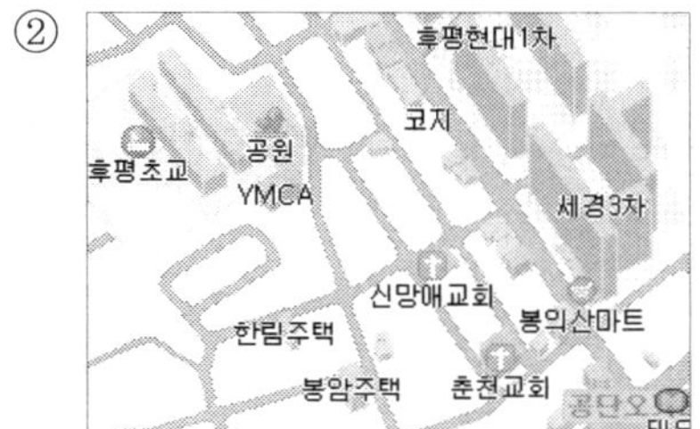


③ 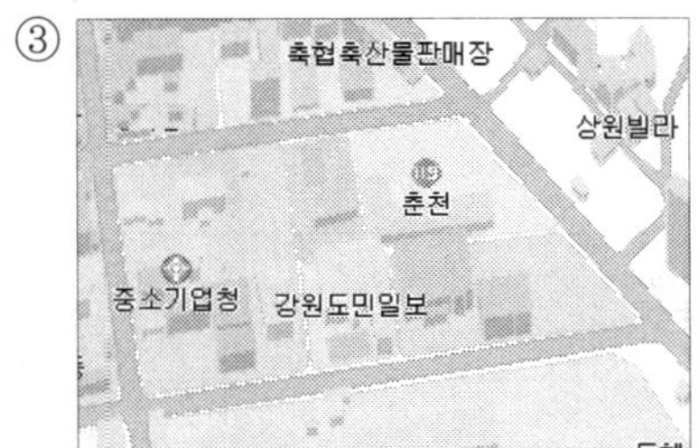


④ 

※ 다음 지도를 보고 물음에 답하시오. 【58~60】

## 58 위 지도의 A, B, C, D 중 당신이 서 있는 곳은 어디인가?

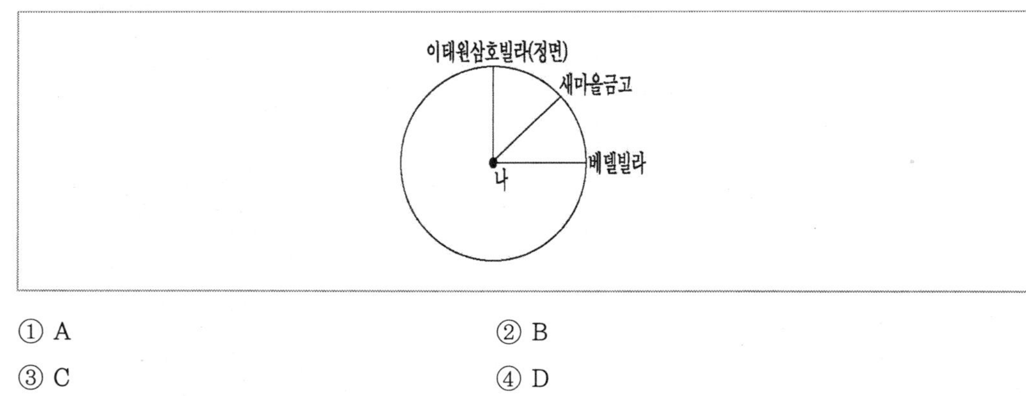


① A

② B

③ C

④ D

Answer 58.③

**59** 당신이 이태원교회에서 이태원대림을 정면으로 바라볼 때 이태원주공은 ㄱ, ㄴ, ㄷ, ㄹ 중 어디에 있는가?

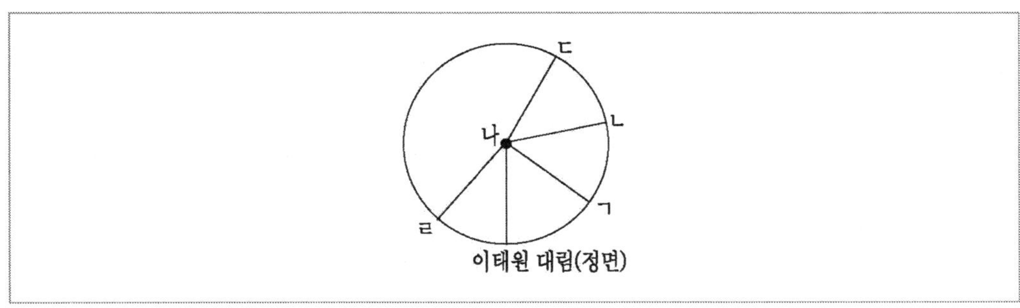


① ㄱ

② ㄴ

③ ㄷ

④ ㄹ

**60** 다음은 위 지도의 일부를 나타낸 것이다. 위의 지도와 다른 것은?

① 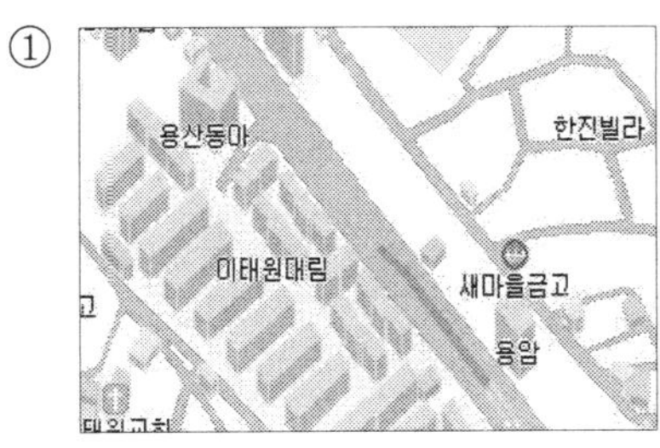


② 

③ 

④ 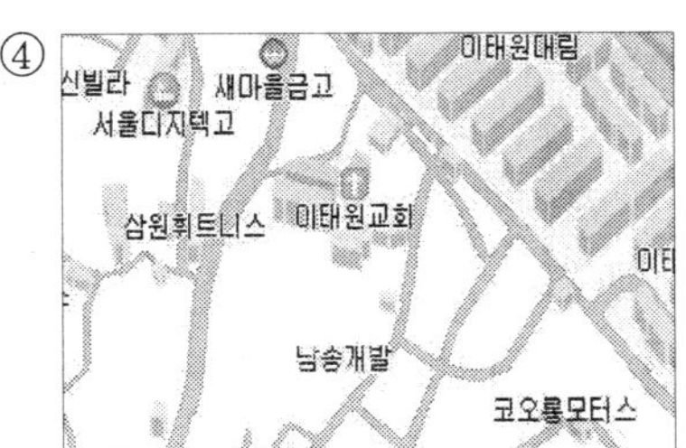

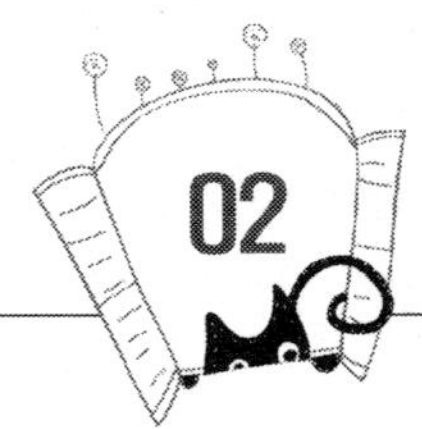

※ 다음 제시된 단어와 유사한 의미를 가진 단어를 고르시오. 【1~3】

**1**

| 제휴 |
| --- |

① 협력 　　　　　　② 소속
③ 여유 　　　　　　④ 제재
⑤ 휴전

> **Tip** 제휴 … 행동을 함께하기 위하여 서로 붙들어 돕다.
> ① 힘을 합하여 서로 돕다.
> ② 일정한 단체나 기관에 딸림 또는 딸린 곳을 말한다.
> ③ 물질적 · 공간적 · 시간적으로 넉넉하여 남음이 있는 상태를 말한다.
> ④ 일정한 규칙이나 관습의 위반에 대하여 제한하거나 금지하다.
> ⑤ 교전국이 서로 합의하여, 전쟁을 얼마 동안 멈추는 것을 말한다.

**2**

| 단결 |
| --- |

① 결속 　　　　　　② 분열
③ 합참 　　　　　　④ 결과
⑤ 단절

> **Tip** 단결 … 많은 사람이 마음과 힘을 한데 뭉치다.
> ① 뜻이 같은 사람끼리 서로 단결하다.
> ② 찢어져 나뉘다.
> ③ 합동 참모 본부(합동 참모 회의에 관한 일을 맡아보는 국방부 기관)를 줄여 이르는 말이다.
> ④ 열매를 맺음 또는 어떤 원인으로 결말이 생기다.
> ⑤ 유대나 연관 관계를 끊음을 뜻하거나, 흐름이 연속되지 아니함을 말한다.

Answer 　1.① 　2.①

**3**

연대(年代)

① 시간        ② 세기

③ 흐름        ④ 유대

⑤ 연재

> **Tip** 연대 … 지나간 시간을 일정한 햇수로 나눈 것을 말한다.
> ① 어떤 시각에서 어떤 시각까지의 사이를 말한다.
> ② 백 년을 단위로 하는 기간 또는 일정한 역사적 시대나 연대를 말한다.
> ③ 흐르는 것을 말한다.
> ④ 끈과 띠라는 뜻으로 둘 이상을 서로 연결하거나 결합하게 하는 것을 말한다.
> ⑤ 신문이나 잡지 등에 긴 글이나 만화 따위를 여러 차례로 나누어 계속하여 싣는 것을 말한다.

※ 다음 제시된 단어와 의미가 상반된 것을 고르시오. 【4~5】

**4**

해후

① 상봉        ② 이별

③ 상견        ④ 대면

⑤ 회포

> **Tip** 해후 … 오랫동안 헤어졌다가 뜻밖에 다시 만나다.
> ①③ 서로 만나다.
> ② 서로 갈리어 떨어지다.
> ④ 서로 얼굴을 마주 보고 대하다.
> ⑤ 마음속에 품은 생각이나 정을 말한다.

**5**

항거

① 굴복      ② 효시

③ 해학      ④ 함양

⑤ 항행

> **Tip** 항거 … 순종하지 아니하고 맞서서 반항하다.
> ① 힘이 모자라서 복종하다.
> ② 어떤 사물이나 현상이 시작되어 나온 맨 처음을 비유적으로 이르는 말이다.
> ③ 익살스럽고도 품위가 있는 말이나 행동을 말한다.
> ④ 능력이나 품성을 기르고 닦는다.
> ⑤ 어떤 목적지를 향하여 나아가거나 그런 과정을 비유적으로 이르는 말이다.

**6** 다음 문장의 (　) 안에 들어갈 단어로 가장 적절한 것은?

정부는 이번 일로 불법 상거래에 대한 단속 강화를 강력히 (　)했다.

① 몰락      ② 취재

③ 축적      ④ 시사

⑤ 단언

> **Tip** 어떤 것을 미리 간접적으로 표현해 준다는 의미의 '시사'가 들어가야 한다.
> ① 재물이나 세력 따위가 쇠하여 보잘것없이 되다.
> ② 작품이나 기사에 필요한 재료나 제재를 조사하여 얻다.
> ③ 지식, 경험, 자금 따위를 모아서 쌓다.
> ⑤ 주저하지 않고 딱 잘라 말하다.

**Answer** 5.① 6.④

**7**  다음 빈칸 안에 들어갈 알맞은 것은?

> 마리아 릴케는 많은 글에서 '위대한 내면의 고독'을 즐길 것을 권했다. '고독은 단 하나 뿐이며 그것은 위대하며 견뎌 내기가 쉽지 않지만, 우리가 맞이하는 밤 가운데 가장 조용한 시간에 자신의 내면으로 걸어 들어가 몇 시간이고 아무도 만나지 않는 것, 바로 이러한 상태에 이를 수 있도록 노력해야 한다'고 언술했다. 고독을 버리고 아무하고나 값싼 유대감을 맺지 말고, 우리의 심장의 가장 깊숙한 심실(心室) 속에 ______을 꽉 채우라고 권면했다.

① 이로움          ② 고독

③ 흥미          ④ 사랑

⑤ 행복

> **Tip** 고독을 즐기라고 권했으므로 '심실 속에 고독을 채우라'가 어울린다. 따라서 빈칸에 들어갈 알맞은 것은 고독이다.

※ 다음 제시된 단어와 같은 관계가 되도록 (　) 안에 적당한 단어를 고르시오. 【8~10】

**8**

> 쌀 : 밥 : 물 / 동물 : 화석 : (　)

① 조개          ② 공룡

③ 토양          ④ 고사리

⑤ 석유

> **Tip** 쌀이 밥이 되기 위해서는 구성성분으로써 물이 필요하고(쌀은 물을 흡수), 동물이 화석이 되기 위해서는 구성성분으로써 토양이 필요하다(토양은 화석의 틀이 됨).

**Answer** 7.② 8.③

**9**

> 빵 : 밀가루 / 가구 : ( )

① 책상　　　　　　② 침대
③ 서랍　　　　　　④ 나무
⑤ 집

　　Tip　밀가루는 빵의 원료이다. 나무는 가구의 원료이다.


**10**

> 형광등 : 전기 / 자동차 : ( )

① 석유　　　　　　② 타이어
③ 도로　　　　　　④ 속도
⑤ 자전거

　　Tip　형광등은 전기로 인해 빛을 낼 수 있다. 자동차는 석유로 인해 운행할 수 있다.


**11**　다음 문장의 ( ) 안에 들어갈 단어로 가장 적절한 것은?

> 인생도 관리를 얼마나 잘하느냐에 따라서 ( )이냐 실패냐가 결정된다.

① 성공　　　　　　② 성취
③ 탈각　　　　　　④ 경질
⑤ 완성

　　Tip　문맥상 '실패'에 반대되는 말이 와야 하므로 '성공'이 적절하다.
　　　　② 목적한 바를 이루다.
　　　　③ 잘못된 생각이나 나쁜 상황에서 벗어나다.
　　　　④ 어떤 직위에 있는 사람을 다른 사람으로 바꾸다.
　　　　⑤ 완전히 다 이루다.

Answer　9.④　10.①　11.①

**12** 아래에 제시된 글에서 발견할 수 있는 오류에 해당하는 것은?

> 그녀는 도서관 옆에 산다. 그러니 그녀는 책과 가까이 지낸다. 그러므로 그녀는 지식이 많을 것이다.

① 두 사건 사이에는 인과관계가 없는데 두 사건이 시간적으로 선후관계가 성립한다고 생각하여 한 사건이 다른 사건의 원인이라 여기고 있다.
② 연민 때문에 어떤 주장을 받아들이고 있다.
③ 둘 이상의 의미를 가진 말을 애매하게 사용함으로써 생기는 오류이다.
④ 어떤 사람을 인신공격하고 있다.
⑤ 반론의 가능성이 있는 요소를 원천적으로 비난하여 봉쇄하고 있다.

  **Tip** ③ 책과 가까이 지냄의 의미가 도서관 옆에 산다는 것인지 책을 많이 읽는다는 것인지 애매하게 사용하였다.

**13** 갑, 을 병, 정, 무가 달리기 시합을 하였다. 다음 중 알맞은 것은?

> • 병은 정보다 빨리 달렸다.
> • 정은 을보다 늦게 들어왔다.
> • 무와 병 사이에는 2명이 있다.
> • 무는 마지막으로 들어왔다.

> A : 을은 1등으로 들어왔다.
> B : 갑은 2등으로 들어왔다.

① A는 옳을 수도 있다.　　② B만 항상 옳다.
③ A, B 모두 항상 옳다.　　④ A, B 모두 옳지 않다.
⑤ A는 옳고 B는 옳지 않다.

  **Tip** 지문에서 알 수 있는 것은 '(　), 병, (　), 정, 무이며 괄호 속에는 을과 갑이 다 들어갈 수 있다.

  **Answer** 12.③ 13.①

**14** 다음의 진술로부터 도출될 수 없는 주장은?

> 어떤 사람은 신의 존재와 운명론을 믿지만, 모든 무신론자가 운명론을 거부하는 것은 아니다.

① 운명론을 거부하는 어떤 무신론자가 있을 수 있다.
② 운명론을 받아들이는 어떤 무신론자가 있을 수 있다.
③ 운명론과 무신론에 특별한 상관관계가 있는지는 알 수 없다.
④ 무신론자들 중에는 운명을 믿는 사람이 있다.
⑤ 모든 사람은 신의 존재와 운명론을 믿는다.

> **Tip** '모든 무신론자가 운명론을 거부하는 것은 아니다'에서 보면 운명론을 거부하는 무신론자도 있고, 운명론을 믿는 무신론자도 있다는 것을 알 수 있다.

**15** 다음 글에서 아래의 주어진 문장이 들어가기에 가장 알맞은 곳은?

> (가) 요즘 우리 사회에서는 정보화 사회에 대한 논의도 활발하고 그에 대한 노력도 점차 가속화되고 있다. (나) 정보화 사회에 대한 인식이나 노력의 방향이 잘못되어 있는 경우가 많다. (다) 정보화 사회의 본질은 정보기기의 설치나 발전에 있는 것이 아니라 그것을 이용한 정보의 효율적 생산과 유통, 그리고 이를 통한 풍요로운 삶의 추구에 있다. (라) 정보기기에 급급하여 이에 종속되기보다는 그것의 효과적인 사용이나 올바른 활용에 정보화 사회에 대한 우리의 논의가 집중되어야 할 것이다. (마)

> 대부분의 사람들은 정보기기를 구입하고 이를 설치해 놓는 것으로 마치 정보화 사회가 이루어지는 것처럼 여기고 있다.

① (가)    ② (나)
③ (다)    ④ (라)
⑤ (마)

## 16  다음 글에 이어질 내용으로 부적합한 것은?

> 인간은 흔히 자기 뇌의 10%도 쓰지 못하고 죽는다고 한다. 또 사람들은 천재 과학자인 아인슈타인조차 자기 뇌의 15%이상을 쓰지 못했다는 말을 덧붙임으로써 이 말에 신빙성을 더한다. 이 주장을 처음 제기한 사람은 19세기 심리학자인 윌리암 제임스로 추정된다. 그는 "보통 사람은 뇌의 10%를 사용하는데 천재는 15~20%를 사용한다." 라고 말한 바 있다. 인류학자 마가렛 미드는 한발 더 나아가 그 비율이 10%가 아니라 6%라고 수정했다. 그러던 것이 1990년대에 와서는 인간이 두뇌를 단지 1% 이하로 활용하고 있다고 했다. 최근에는 인간의 두뇌 활용도가 단지 0.1%에 불과해서 자신의 재능을 사장시키고 있다는 연구 결과도 제기됐다.

① 인간의 두뇌가 가진 능력을 제대로 발휘하지 못하도록 하는 요소가 무엇인지 연구해야 한다.

② 어른들도 계속적인 연구와 노력을 통하여 자신의 능력을 충분히 발휘할 수 있도록 해야 한다.

③ 학교는 자라나는 학생이 재능을 발휘할 수 있도록 여건을 조성해 주어야 한다.

④ 인간의 두뇌 개발을 촉진시킬 수 있는 프로그램을 개발해야 한다.

⑤ 어린 시절부터 개성적인 인간으로 성장할 수 있도록 조기교육을 실시해야 한다.

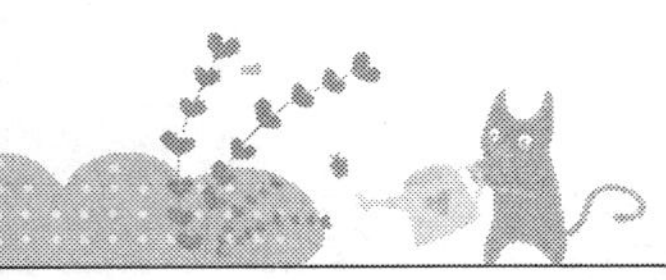

## 17 다음 글의 내용과 일치하지 않는 것은?

아침에 땀을 빼는 운동을 하면 식욕을 줄여준다는 연구결과가 나왔다. 미국 A대학 연구팀이 35명의 여성을 대상으로 이틀간 아침 운동에 따른 식욕의 변화를 측정한 결과다. 연구팀은 첫 번째 날은 45분간 운동을 시키고, 다음날은 운동을 하지 않게 하고는 음식 사진을 보여 줬다. 이때 두뇌 부위에 전극장치를 부착해 신경활동을 측정했다. 그 결과 운동을 한 날은 운동을 하지 않은 날에 비해 음식에 대한 주목도가 떨어졌다. 음식을 먹고 싶다는 생각이 그만큼 덜 든다는 얘기다. 뿐만 아니라 운동을 한 날은 하루 총 신체활동량이 증가했다. 운동으로 소비한 열량을 보충하기 위해 음식을 더 먹지도 않았다. 운동을 하지 않은 날 소모한 열량과 비슷한 열량을 섭취했을 뿐이다. 실험 참가자의 절반가량은 체질량지수(BMI)를 기준으로 할 때 비만이었는데, 이와 같은 현상은 비만 여부와 상관없이 나타났다.

① 운동을 한 날은 운동을 하지 않은 날에 비해 음식에 대한 주목도가 떨어졌다.

② 과한 운동은 신경활동과 신체활동량에 영향을 미친다.

③ 비만여부와 상관없이 아침운동은 식욕을 감소시킨다.

④ 운동을 한 날은 신체활동량이 증가한다.

⑤ 체질량지수와 실제 비만 여부와의 관계는 상관성이 떨어진다.

> **Tip** ①③④⑤는 지문에서 확인할 수 있으나 ②는 지문을 통해 알 수 없는 내용이다.

※ 다음 문장의 (    ) 안에 들어갈 알맞은 단어를 고르시오. 【18~20】

## 18

도리에서 처마 끝까지 건너지른 나무를 (     )(이)라고 한다.

① 집우새                              ② 서까래
③ 짚가리                              ④ 이엉
⑤ 기단

> **Tip** ① 초가집의 지붕이나 담을 이기 위하여 짚이나 새 따위로 엮은 물건을 이르는 말이다.
> ③ '짚단을 쌓아 올린 더미'를 이르는 말이다.
> ④ 지붕·담을 이는 데 쓰기 위하여 엮은 짚을 이르는 말이다.
> ⑤ 건물을 건립하기 위하여 지면에 흙이나 돌을 쌓고 다져서 단단하게 만들어 놓은 곳이다.

**Answer** 17.② 18.②

**19**

> 월간지에 평론을 (　　)하다.

① 계제 　　　　　　　　　　② 게재
③ 계시 　　　　　　　　　　④ 등록
⑤ 등단

> **Tip** ① 계제(階梯) : 일이 진행되는 순서나 절차, 어떤 일을 할 수 있게 된 형편이나 기회를 뜻한다.
> ② 게재(揭載) : 글이나 그림 따위를 신문·잡지 등에 실음을 이르는 말이다.
> ③ 계시(啓示) : 나아갈 길을 가르쳐 알려 줌을 이르는 말이다.
> ④ 등록(登錄) : 문서에 올림을 이르는 말이다.
> ⑤ 등단(登壇) : 어떤 사회적 분야에 처음으로 등장함을 뜻한다.

**20**

> 바다 위에 낀 짙은 안개를 (　　)(이)라 한다.

① 해거름 　　　　　　　　　② 운무
③ 햇무리 　　　　　　　　　④ 해미
⑤ 진눈깨비

> **Tip** ① 해가 서쪽으로 기울어질 때, 해가 질 무렵을 이르는 말이다.
> ② 구름과 안개를 이르는 말이다.
> ③ 햇빛이 대기 속의 수증기에 비치어 해의 둘레에 둥그렇게 나타나는 빛깔 있는 테두리를 이르는 말이다.
> ⑤ 비가 섞여 내리는 눈을 말한다.

**Answer** 19.② 20.④

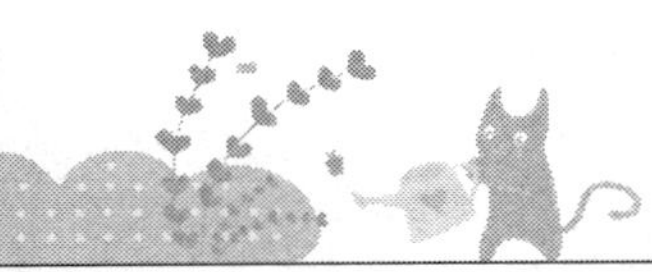



※ 다음 밑줄 친 부분과 가장 유사한 의미로 쓰인 것을 고르시오. 【21~22】

**21**

> 아랫방은 그래도 해가 든다. 아침결에 책보만한 해가 <u>들었다가</u> 오후에 손수건만해지면서 나가버린다. 해가 영영 들지 않는 윗방이 즉 내 방인 것은 말할 것도 없다. 이렇게 볕 드는 방이 아내 방이요, 볕 안 드는 방이 내방이요 하고 아내와 둘 중에 누가 정했는지 나는 기억하지 못한다. 그러나 나에게는 불평이 없다.

① 꽃은 해가 잘 <u>드는</u> 데 심어야 한다.

② 나는 가방을 <u>들고</u> 따라갔다.

③ 이 칼은 매우 잘 <u>든다</u>.

④ 올 해는 풍년이 <u>들었다</u>.

⑤ 이 나물 반찬도 좀 <u>들어</u> 보세요.

> **Tip** 밑줄 친 '들다'는 '빛, 볕, 물 따위가 안으로 들어오다'의 의미이다.
> ① '빛, 볕, 물 따위가 안으로 들어오다'의 의미로 쓰였다.
> ② '손에 가지다'의 의미로 쓰였다.
> ③ '날이 날카로워 물건이 잘 베어지다'의 의미로 쓰였다.
> ④ '어떤 일이나 기상 현상이 일어나다'의 의미로 쓰였다.
> ⑤ '먹다(음식 따위를 입을 통하여 배 속에 들여보내다)'의 높임말을 뜻한다.

**22**

> 가족들은 모두 멀리 여행을 떠나고 나 혼자 집을 보고 있는데, 오늘따라 낯선 <u>손님</u>들이 많이 찾아와서 제대로 공부를 할 수 없었다.

① 손을 꼽다.　　　　　　　　② 손을 겪다.

③ 손이 놀다.　　　　　　　　④ 손이 비다.

⑤ 손을 끊다.

> **Tip** 관용어 표현에 관한 문제이다. 밑줄 친 손님의 '손'과 가장 의미가 비슷한 것은 ② '손을 겪다'의 '손'이다.
> ① 손가락 ② 손님 ③④ 일이 없어 쉼 ⑤ 교제나 거래 관계

**Answer** 21.① 22.②

※ 다음 문장의 빈칸에 공통으로 들어갈 단어로 가장 알맞은 것을 고르시오. 【23~24】

**23**

> • 우리의 문화에는 유교 문화가 깊이 (　　)해 있다.
> • 오랜 기간 비가 와서 건물 내벽이 (　　)으로 얼룩이 졌다.

① 침윤                ② 침전
③ 침식                ④ 침강
⑤ 침하

> **Tip**　① '차차 젖어 들어가다'라는 뜻이다.
> ② 액체 속에 존재하는 작은 고체가 액체 바닥에 쌓이는 일을 말한다.
> ③ 비, 하천, 빙하, 바람 따위의 자연 현상이 지표를 깎는 일을 말한다.
> ④ 밑으로 가라앉는 것을 의미한다.
> ⑤ 가라앉아 내림을 뜻하며 침강과 비슷한 말이다.

**24**

> • 자발적 시민 참여를 통한 사회복지 증진도 (　　)할 예정이다.
> • 직원들 간의 친목 (　　)를 위해 주말에 야유회를 가기로 했다.
> • 관광객의 편익 (　　)를 최우선으로 해야 한다.

① 협의(協議)          ② 상의(詳議)
③ 도모(圖謀)          ④ 합의(合意)
⑤ 협상(協商)

> **Tip**　① 여러 사람이 모여 서로 의논하는 것을 의미한다.
> ② 상세하게 의논함을 이르는 말이다.
> ③ 어떤 일을 이루려고 대책과 방법을 세움을 의미한다.
> ④ 서로 의견이 일치함을 뜻한다.
> ⑤ 어떤 목적에 부합되는 결정을 하기 위하여 여럿이 서로 의논함을 의미한다.

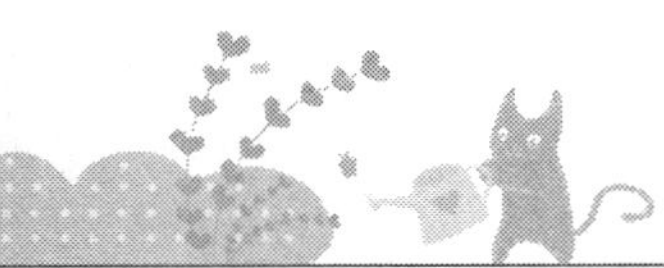

※ 다음 제시된 문장의 밑줄 친 부분과 같은 의미로 쓰인 것을 고르시오. 【25~26】

**25**

> 어렵사리 책을 <u>손</u>에 넣었다.

① 엄마는 <u>손</u>이 크시다.
② 우리 집이 남의 <u>손</u>에 들어갔다.
③ 식사 전에는 반드시 <u>손</u>을 씻어야 한다.
④ 김장철에는 <u>손</u>이 모자라다.
⑤ 우리 집에는 늘 자고 가는 <u>손</u>이 많다.

> **Tip** ① 씀씀이가 넉넉함
> ② 소유 · 권력의 범위
> ③ 사람의 팔목에 달린 손가락과 손바닥이 있는 부분
> ④ 일손
> ⑤ 다른 곳에서 찾아온 사람

**26**

> 동네에서 우연히 선배를 <u>만났다</u>.

① 동생을 <u>만나러</u> 가는 길이다.
② 퇴근길에 갑자기 비를 <u>만났다</u>.
③ 친구는 깐깐한 상사를 <u>만나</u> 고생한다.
④ 이곳은 바다와 육지가 <u>만나는</u> 곳이다.
⑤ 우리는 그의 소설에서 일그러진 우리들의 모습과 <u>만나게</u> 된다.

> **Tip** ① 서로 마주 보게 되다.
> ② 비, 눈, 바람 등을 맞게 되다.
> ③ 관계를 맺다.
> ④ 산, 강, 길 등이 서로 엇갈리거나 맞닿다.
> ⑤ 어떤 사실이나 사물을 눈앞에 대하다.

**Answer** 25.② 26.①

※ 다음 제시된 문장의 밑줄 친 부분과 다른 의미로 쓰인 것을 고르시오. 【27~28】

**27**

점령군의 편의를 위해 이루어진 약속이 결국 조국분단의 비극을 <u>낳았다</u>.

① 소문이 소문을 <u>낳는다</u>.
② 계속되는 거짓과 위선이 불신을 <u>낳아</u> 협력관계가 흔들리고 말았다.
③ 사랑이 기적을 <u>낳다</u>.
④ 그의 행색이 남루함에도 불구하고 몸에 밴 어떤 위엄이 그런 추측을 <u>낳은</u> 것이다.
⑤ 그는 우리나라가 <u>낳은</u> 세계적인 피아니스트이다.

> **Tip** ①②③④ 결과를 가져오다
> ⑤ 탄생시키다, 배출하다
> ※ 낳다
> ㉠ 밴 아이나 새끼·알을 몸 밖으로 내 놓다.
> ㉡ 어떤 결과를 이루거나 가져오다.

**28**

그는 보는 <u>눈</u>이 정확하다.

① 그 안경점에는 내 <u>눈</u>에 맞는 안경이 없다.
② 내 <u>눈</u>에는 이 건물의 골조가 튼튼하지 않은 것으로 보인다.
③ 유권자의 현명한 <u>눈</u>을 흐리려는 행위는 완전히 근절되어야 한다.
④ 이 책은 세계화를 보는 다양한 <u>눈</u>을 제공한다.
⑤ 형의 <u>눈</u>에는 그 여자의 단점이 보이지 않는 것 같다.

> **Tip** ① 시력(視力), 물체의 존재나 형상을 인식하는 눈의 능력.
> ②③④⑤ '사물을 보고 판단하는 힘'을 의미한다.

Answer 27.⑤ 28.①

※ 다음에 제시된 문장의 밑줄 친 부분과 의미가 가장 다른 것을 고르시오. 【29~30】

**29**  ① 자정이 되어서야 목적지에 <u>이르다</u>.

② 결론에 <u>이르다</u>.

③ 중대한 사태에 <u>이르다</u>.

④ 위험한 지경에 <u>이르러서야</u> 사태를 파악했다.

⑤ 그는 열다섯에 이미 키가 육 척에 <u>이르렀다</u>.

> **Tip** ① 어떤 장소·시간에 닿음을 의미한다.
> ②③④⑤ 어떤 정도나 범위에 미침을 의미한다.


**30**  ① 이 한약재는 소화를 <u>돕는다</u>.

② 민수는 물에 빠진 사람을 <u>도왔다</u>.

③ 불우이웃을 <u>돕다</u>.

④ 한국은 허리케인으로 인하여 발생한 미국의 수재민을 <u>도왔다</u>.

⑤ 어려운 생계를 <u>돕기</u> 위해 아르바이트를 했다.

> **Tip** ① 어떤 상태를 촉진·증진시키는 것을 의미한다.
> ②③④⑤ 위험을 벗어나게 하는 것을 의미한다.


**31**  다음 낱말 중 사전을 찾을 때 앞에서 세 번째로 나오는 것은?

---

객석, 꼬막, 뻐꾸기, 계체, 당면, 폐물, 배란

---

① 계란  ② 꼬막

③ 당면  ④ 배란

⑤ 폐물

> **Tip** 객석 – 계체 – 꼬막 – 당면 – 배란 – 뻐꾸기 – 폐물의 순이다.

**국어사전 찾는 순서**
㉠ 자음: ㄱ, ㄲ, ㄴ, ㄷ, ㄸ, ㄹ, ㅁ, ㅂ, ㅃ, ㅅ, ㅆ, ㅇ, ㅈ, ㅉ, ㅊ, ㅋ, ㅌ, ㅍ, ㅎ
㉡ 모음: ㅏ, ㅐ, ㅑ, ㅒ, ㅓ, ㅔ, ㅕ, ㅖ, ㅗ, ㅘ, ㅙ, ㅚ, ㅛ, ㅜ, ㅝ, ㅞ, ㅟ, ㅠ, ㅡ, ㅢ, ㅣ

## 32 다음 낱말 중 사전을 찾을 때 뒤에서 두 번째로 나오는 단어는?

> 의사, 외손자, 왜적, 와사등, 예단

① 외손자
② 의사
③ 왜적
④ 예단
⑤ 와사등

> **Tip** 예단 – 와사등 – 왜적 – 외손자 – 의사의 순으로 사전에 등재되어 있다.

※ 다음 문장을 읽고 전체의 뜻이 가장 잘 통하도록 ( ) 안에 적합한 단어를 고르시오. 【33~34】

## 33

> 매사에 집념이 강한 승호의 성격으로 볼 때 그는 이 일을 ( ) 성사시키고야 말 것이다.

① 마침내
② 도저히
③ 기어이
④ 일찍이
⑤ 게다가

> **Tip** 문장의 의미상 '반드시, 꼭, 틀림없이'의 의미를 갖는 '기어이'가 들어가야 한다.

**34**

우리말을 외국어와 비교하면서 우리말 자체가 논리적 표현을 위해서는 부족하다는 것을 주장하는 사람들이 있다. (     ) 우리말이 논리적 표현에 부적합하다는 말은 우리말을 어떻게 이해하느냐에 따라 수긍이 갈 수도 있고 그렇지 않을 수도 있다.

① 그리고     ② 그런데

③ 왜냐하면    ④ 그러나

⑤ 그래서

  **Tip** 뒷 문장은 앞 문장의 내용에 대한 부정과 반박에 해당한다.

※ 다음 조건이 참이라고 할 때 항상 참인 것을 고르시오. 【35～36】

**35**

- A는 수영을 못하지만 B보다 달리기를 잘한다.
- B는 C보다 수영을 잘한다.
- C는 D보다 수영을 잘한다.
- D는 C보다 수영을 못하지만 A보다는 달리기를 잘한다.

① C는 달리기를 못한다.

② A가 수영을 가장 못한다.

③ D는 B보다 달리기를 잘한다.

④ 수영을 가장 잘하는 사람은 C이다.

⑤ B는 A보다 수영을 못한다.

  **Tip** ㉠ 수영 : B > C > D
    ㉡ 달리기 : D > A > B

**36**

> - 철수는 위로 누나가 두 명 있다.
> - 철수와 영희는 남매이다.
> - 영희는 맏딸이다.
> - 철수는 막내가 아니다.

① 영희는 남동생이 있다.

② 영희는 동생이 두 명 있다.

③ 철수는 여동생이 있다.

④ 철수는 남동생이 있다.

⑤ 영희는 여동생 한 명과 남동생 한 명이 있다.

> **Tip** ②⑤ 철수가 막내가 아니므로 동생이 한명 더 있어야 한다. 그래서 영희는 동생이 적어도 세 명 이상이다.
> ③④ 철수의 동생이 여자인지 남자인지 제시된 조건으로는 알 수 없다.

**37** **다음 중 추론이 잘못된 것을 고르면?**

① 모든 사람은 죽는다. 그는 사람이다. 그러므로 그는 죽을 것이다.

② 모든 참치는 물고기이다. 어떠한 물고기도 포유류가 아니다. 그러므로 어떠한 참치도 포유류가 아니다.

③ 모든 토마토는 채소이다. 모든 채소는 건강에 좋다. 그러므로 모든 토마토는 건강에 좋다.

④ 모든 영웅은 위대하다. 모든 철학자는 위대하다. 그러므로 모든 영웅은 철학자이다.

⑤ 모든 신부는 사후세계를 믿는다. 어떤 무신론자는 사후세계를 의심한다. 그러므로 사후세계를 믿지 않으면 신부가 아니다.

> **Tip** ④ 모든 영웅 = A, 위대하다 = B, 모든 철학자 = C라 하면, A→B, C→B인데 A→C인 관계가 도출되지 않으므로 잘못된 추론이다.

**Answer** 36.① 37.④

**38** 민수, 영희, 인영, 경수 네 명이 원탁에 둘러앉았다. 민수는 영희의 오른쪽에 있고, 영희와 인영은 마주보고 있다. 경수의 오른쪽과 왼쪽에 앉은 사람을 차례로 짝지은 것은?

① 영희 – 민수　　　　　　　　② 영희 – 인영

③ 인영 – 영희　　　　　　　　④ 민수 – 인영

⑤ 민수 – 영희

> **Tip** 조건에 따라 4명을 원탁에 앉히면 시계방향으로 경수, 인영, 민수, 영희의 순으로 되므로 경수의 오른쪽과 왼쪽에 앉은 사람은 영희 – 인영이 된다.

※ 제시된 단어와 유사한 의미를 가진 단어를 고르시오. 【39~40】

**39**

| 중매(仲媒) |
| --- |

① 중임(重任)　　　　　　　　② 알선(斡旋)

③ 알현(謁見)　　　　　　　　④ 중회(衆會)

⑤ 재임(在任)

> **Tip** 중매 … '결혼이 이루어지도록 중간에서 소개하는 일 또는 그런 사람'을 이르는 말로 남의 일이 잘되도록 주선하는 일을 말하는 '알선'이 유의 관계에 해당한다. 비슷한 말에는 '중개, 중재, 주선, 소개 등이 있다.
> ① 임기가 끝나거나 임기 중에 개편이 있을 때 거듭 그 자리에 임용함을 이르는 말이다.
> ③ 지체가 높고 귀한 사람을 찾아가 뵘을 이르는 말이다.
> ④ 많은 사람이 모이는 모임을 이르는 말이다.
> ⑤ 일정한 직무나 임무를 수행하고 있거나 임지(任地)에 있음을 뜻한다.

**40**

| 박절하다 |
| --- |

① 매정하다　　　　　　　　② 곰살맞다

③ 살갑다　　　　　　　　　④ 너그럽다

⑤ 방임하다

**Tip** 박절하다 … 인정이 없고 쌀쌀함 또는 일이 바싹 닥쳐서 매우 급함을 이르는 말이다.

① 인정이 없고 쌀쌀하다.

②③④ 몹시 부드럽고 친절하다.

⑤ 돌보거나 간섭하지 않고 제멋대로 내버려 두다.

**'박절하다'의 또 다른 유의어**

㉠ 박정하다 : 인정이 박하다는 뜻으로 박행하다가 비슷한 말이다.

㉡ 다급하다 : 일이 바싹 닥쳐서 매우 급하다는 뜻으로 박액하다가 비슷한 말이다.

## 41 다음 설명에 해당하는 단어는?

> 고기나 생선, 채소 따위를 양념하여 국물이 거의 없게 바싹 끓이다.

① 달이다

② 줄이다

③ 조리다

④ 말리다

⑤ 졸이다

**Tip** ① 액체 따위를 끓여서 진하게 만들다, 약제 등에 물을 부어 우러나도록 끓인다는 뜻이며 간장을 달이다, 보약을 달이다 등에 사용된다.

② '줄다'의 사동사로 힘, 길이, 수량, 비용 등을 적어지게 한다는 의미이다.

④ 어떤 사건에 휩쓸려 들어가다, 다른 사람이 하고자 하는 어떤 행동을 못하게 방해한다는 의미의 동사 또는 물기가 다 날아가서 없어진다는 의미인 마르다의 사동사이다.

⑤ '졸다'의 사동사 또는 속을 태우다시피 초조해하다의 의미를 갖는다.

**'조리다'와 '졸이다'**

'조리다'와 '졸이다'는 구별해서 써야 한다. 국물이 적게 바짝 끓일 때에는 '조리다'를 쓰고, 졸게 하거나 속을 태울 때는 '졸이다'를 쓴다.

Answer 41.③

**42** 다음과 같은 전제가 있을 경우 옳게 설명하고 있는 것을 고르면?

> • 민수는 한국인이다.
> • 농구를 좋아하면 활동적이다.
> • 농구를 좋아하지 않으면 한국인이 아니다.

① 민수는 활동적이다.

② 한국인은 활동적이지 않다.

③ 민수는 농구를 좋아하지 않는다.

④ 활동적인 사람은 한국인이 아니다.

⑤ 농구를 좋아하면 한국인이 아니다.

> **Tip** 민수 = A, 한국인 = B, 농구 = C, 활동적 = D라 하고 농구를 좋아하지 않음 = ~C, 한국인이 아님 = ~B라 하면, 주어진 조건에서 A→B, C→D, ~C→~B인데 ~C→~B는 B→C이므로(대우) 전체적인 논리를 연결시켜보면 A→B→C→D가 되어 A→D의 결론이 나올 수 있다.

**43** 세 극장 A, B와 C는 직선도로를 따라 서로 이웃하고 있다. 이들 극장의 건물 색깔이 회색, 파란색, 주황색이며 극장 앞에서 극장들을 바라볼 때 다음과 같다면 옳은 것은?

> • B극장은 A극장의 왼쪽에 있다.
> • C극장의 건물은 회색이다.
> • 주황색 건물은 오른쪽 끝에 있는 극장의 것이다.

① A의 건물은 파란색이다.

② A는 가운데 극장이다.

③ B의 건물은 주황색이다.

④ C는 맨 왼쪽에 위치하는 극장이다.

⑤ 모두 정답

> **Tip** 제시된 조건에 따라 극장과 건물 색깔을 배열하면 C(회색), B(파란색), A(주황색)이 된다.

 **Answer** 42.① 43.④

**44** **다음 글에 대한 설명으로 옳은 것은?**

> ㉠전통은 물론 과거로부터 이어온 것을 말한다. ㉡이 전통은 그 사회 및 그 사회의 구성원인 개인의 몸에 배어있는 것이다. ㉢그러므로 스스로 깨닫지 못하는 사이에 전통은 우리의 현실에 작용하는 경우가 있다. ㉣그러나 과거에서 이어 온 것을 무턱대고 모두 전통이라고 한다면, 인습(因襲)이라는 것과의 구별이 서지 않을 것이다. ㉤우리는 인습을 버려야 할 것이라고는 생각하지만, 계승해야 할 것이라고는 생각하지 않는다. ㉥여기서 우리는, 과거에서 이어 온 것을 객관화하고, 이를 비판하는 입장에 서야 할 필요를 느끼게 된다.

① ㉠은 이 글의 주지 문장이다.

② ㉡은 ㉠을 부연 설명한 문장이다.

③ ㉡과 ㉢은 전환관계이다.

④ ㉣은 ㉤에 대한 이유를 제시한 문장이다.

⑤ ㉤은 전체 내용을 요약한 문장이다.

🦋**Tip** 제시된 글은 이기혁의 '민족 문화의 전통과 계승'의 일부분으로, 크게 전통에 대해 언급하고 있는 ㉠㉡㉢과 그에 대해 반론을 제시하고 있는 ㉣㉤㉥으로 나눌 수 있다. 맨 첫 문장인 ㉠은 전통에 대한 일반적인 개념을 제시하고 있으며, ㉡은 ㉠에 대해 부연 설명을 하고 있다. 또한 ㉢은 ㉡의 결과이다. '그러나'로 이어지는 ㉣은 ㉠에 대한 반론에 해당하며, ㉤은 ㉣의 근거, ㉥은 ㉤의 결과에 해당한다.

**Answer** 44.②

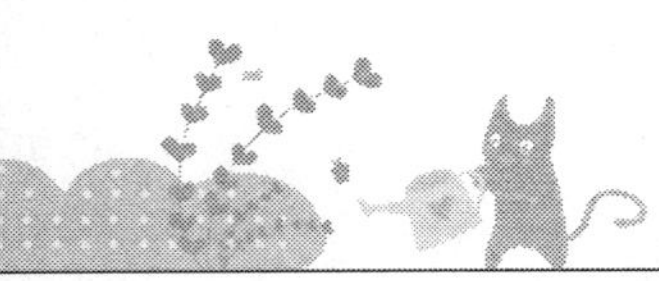



**45**

> 동물 권리 옹호론자들의 주장과는 달리, 동물과 인류의 거래는 적어도 현재까지는 크나큰 성공을 거두었다. 소, 돼지, 개, 고양이, 닭은 번성해온 반면, 야생에 남은 그들의 조상은 소멸의 위기를 맞았다. 북미에 현재 남아 있는 늑대는 1만 마리에 불과하지만, 개는 5,000만 마리다. 이들 동물에게는 자율성의 상실이 큰 문제가 되지 않는 것처럼 보인다. 동물 권리 옹호론자들의 말에 따르면, (                              ) 하지만 개의 행복은 인간에게 도움을 주는 수단 역할을 하는 데 있다. 이런 동물은 결코 자유나 해방을 원하지 않는다.

① 가축화는 인간이 강요한 것이 아니라 동물들이 선택한 것이다.
② 동물들이 야생성을 버림으로써 비로소 인간과 공생관계를 유지해 왔다.
③ 동물을 목적이 아니라 수단으로 다루는 것은 잘못된 일이다.
④ 동물들에게 자율성을 부여할 때 동물의 개체는 더 늘어날 수 있다.
⑤ 동물 보호에 앞장서야 한다.

> **Tip** ③ 뒤의 문장에서 '하지만~수단 역할을 하는 데 있다.'라는 말이 나오기 때문에 앞의 문장은 동물의 수단과 관계된 말이 와야 옳다.

**46**

> (                              ) 문화의 발달과 그에 따른 생활 내의 필요성에 의해 단어의 수가 증가할 수는 있겠지만, 그렇다고 해서 언어의 구조가 달라지거나 새로운 언어적 특성이 첨가되는 것은 아니다. 문화의 발달이 어휘를 늘리고, 문학적인 기교를 키운다 하더라도, 그것이 언어의 본질적인 특성에 변화를 가져다주지는 못하는 것이다. 문화적 배경에 한문화 혹은 중국적 요소가 강화하였다고 해서 국어의 구조 자체에 중국적 요소가 첨가되었던 것은 아니며, 불교문화가 강했던 시기라고 해서 종교적 색채가 언어적 구조에 나타났던 것은 아니다. 변화가 있었다면, 단지, 중국 문화의 영향에 의해 한자 기원의 어휘가 늘고, 불교의 융성에 따라 불교 관련 어휘가 남아 있는 정도라 하겠다.

**Answer**  45.③  46.④

① 문화어 발전에 따라 어휘는 보다 풍부해진다.
② 문화가 언어에 미치는 영향은 절대적이다.
③ 불교문화는 언어 발달에 많은 영향을 주었다.
④ 문화가 언어에 미치는 영향에는 한계가 있다.
⑤ 같은 언어권 국가끼리는 문화도 비슷하다.

**Tip** 문화의 발달이 언어의 본질적 특성에는 변화를 가져다주지 못한다고 했으므로, 문화가 언어에 미치는 영향에는 한계가 있다는 내용이 오는 것이 적절하다.


**47** 다음 문장을 읽고 보기에서 바르게 서술한 것은?

> 각각의 정수 A, B, C, D를 모두 곱하면 0보다 크다.

① A, B, C, D 모두 양의 정수이다.
② A, B, C, D의 합은 양수이다.
③ A, B, C, D 중 절댓값이 같은 2개를 골라 더했을 경우 0보다 크다면 나머지의 곱은 0보다 크다.
④ A, B, C, D 중 3개를 골라 더했을 경우 0보다 작으면 나머지 1개는 0보다 작다.
⑤ A, B, C, D 중 절댓값이 같은 2개를 골라 더했을 경우 0보다 크다면 하나는 반드시 음수이다.

**Tip** 제시된 조건을 만족시키는 것은 '양수 × 양수 × 양수 × 양수', '음수 × 음수 × 음수 × 음수', '양수 × 양수 × 음수 × 음수'인 경우이다. 각각의 정수 A, B, C, D 중 절댓값이 같은 2개를 골라 더하여 0보다 크다면 둘 다 양수일 경우이므로 나머지 수는 양수 × 양수, 음수 × 음수가 되어 곱은 0보다 크게 된다. A, B, C, D 중 3개를 골라 더했을 때 0보다 작으면 나머지 1개는 0보다 작을 수 있지만 클 수도 있다.

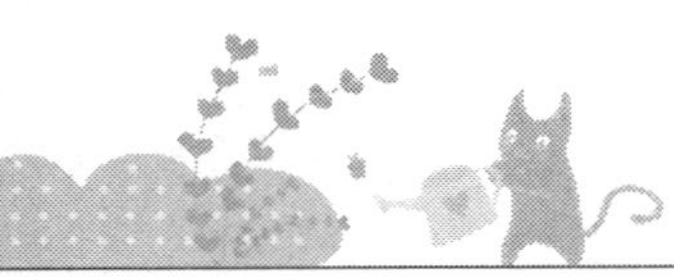

**48** 다음의 '미봉(彌縫)'과 의미가 통하는 한자성어는?

> 이번 폭우로 인한 수해는 30년 된 매뉴얼에 의한 안일한 대처로 피해를 키운 인재(人災)라는 논란이 있다. 하지만 이번에도 정치권에서는 근본 대책을 세우기보다 특별재난지역을 선포하는 선에서 적당히 '미봉(彌縫)'하고 넘어갈 가능성이 크다.

① 이심전심(以心傳心)  　　　② 괄목상대(刮目相對)

③ 임시방편(臨時方便)  　　　④ 주도면밀(周到綿密)

⑤ 청산유수(靑山流水)

> **Tip** '미봉'은 빈 구석이나 잘못된 것을 그때마다 임시변통으로 이리저리 주선해서 꾸며 댐을 의미한다. 필요에 따라 그 때 그 때 정해 일을 쉽고 편리하게 치를 수 있는 수단을 의미하는 ③번이 정답이다.
> ① 말이나 글을 쓰지 않고 마음에서 마음으로 전한다는 말로, 곧 마음으로 이치를 깨닫게 한다는 의미이다.
> ② 눈을 비비고 다시 본다는 뜻으로 남의 학식이나 재주가 생각보다 부쩍 진보한 것을 이르는 말이다.
> ④ 주의가 두루 미쳐 자세하고 빈틈이 없음을 일컫는다.
> ⑤ 푸른 산에 흐르는 맑은 물이라는 뜻으로, 막힘없이 썩 잘하는 말을 비유적으로 이르는 말이다.

**49** 제시된 글과 관계있는 고사성어를 고르면?

> 반중(盤中) 조홍(早紅)감이 고아도 보이느다
> 유자(柚子) 안이라도 품엄즉도 ᄒ다마ᄂ
> 품어 가 반기리 업슬ᄉㅣ 글노 설워 ᄒᄂ이다

① 麥秀之嘆  　　　② 風樹之嘆

③ 望雲之情  　　　④ 亡羊之歎

⑤ 風雲之會

**50** 민수, 영민, 민희 세 사람은 제주도로 여행을 가려고 한다. 제주도까지 가는 방법에는 고속
버스→배→지역버스, 자가용→배, 비행기의 세 가지 방법이 있을 때 민수는 고속버스를
타기 싫어하고 영민이는 자가용 타는 것을 싫어한다면 이 세 사람이 선택할 것으로 생각되
는 가장 좋은 방법은?

① 고속버스, 배

② 자가용, 배

③ 비행기

④ 지역버스, 배

⑤ 정답 없음

🕊**Tip** 민수는 고속버스를 싫어하고, 영민이는 자가용을 싫어하므로 비행기로 가는 방법을 선택하면 된다.

**51** **다음 글 뒤에 이어질 내용을 유추한 것으로 가장 알맞은 것은?**

> "한국·일본·중국의 세 나라 사람을 돼지우리에 가두면 어떻게 될까?"라는 우스갯소리가 있다. 들어가자마자 맨 먼저 울 밖으로 나오는 것은 두말할 것 없이 일본 사람이다. 성급할 뿐 아니라, 깨끗한 것을 좋아하는 민족이기 때문이다. 다음에 더 이상 못 견디겠다고 비명을 지르고 나오는 것은 그래도 뚝심과 오기가 있는 한국인이다. 그런데 아무리 기다려도 나오지 않는 것이 중국인이다. 끝내 견디지 못하고 나오는 것은 중국인이 아니라 오히려 돼지 쪽이라는 것이다. 중국 사람들이 그만큼 둔하고 더럽다는 욕이지만, 해석하기에 따라서는 끝까지 역경 속에서도 살아남을 수 있는 끈덕지고 통이 큰 대륙 사람이라는 칭찬이 될 수도 있다.

① 한국 사람들은 어느 나라 사람들보다도 뚝심과 오기가 강하다.
② 인생의 역경을 헤쳐 나가기 위해서는 인내심과 지혜가 필요하다.
③ 중국 사람들은 어떤 역경 속에서도 생존할 수 있는 끈질긴 생명력을 지녔다.
④ 같은 말이라도 그것을 받아들이는 사람에 따라서 각기 다르게 이해할 수 있다.
⑤ 일본 사람들은 동양 3국의 국민들 가운데 가장 성급하고, 청결한 것을 좋아한다.

> **Tip** ④ 제시된 글 마지막 부분에 중국인들이 둔하고 더럽다고 할 수 있지만, 끈덕지고 통이 큰 사람이라는 칭찬이 될 수도 있다고 밝히고 있다. 뒤에 이어질 글에서는 이러한 예시를 통해서 주장을 펼쳐나가는 것이 적절하다.

**52** **아래의 내용과 일치하는 것은?**

> 어떤 식물이나 동물, 미생물이 한 종류씩만 있다고 할 때, 즉 종이 다양하지 않을 때는 곧 바로 문제가 발생한다. 생산하는 생물, 소비하는 생물, 분해하는 생물이 한 가지씩만 있다고 생각해보자. 혹시 사고라도 생겨 생산하는 생물이 멸종하면 그것을 소비하는 생물이 먹을 것이 없어지게 된다. 즉, 생태계 내에서 일어나는 역할 분담에 문제가 생기는 것이다. 박테리아는 여러 종류가 있기 때문에 어느 한 종류가 없어져도 다른 종류가 곧 그 역할을 대체한다. 그래서 분해 작용은 계속되는 것이다. 즉, 여러 종류가 있으면 어느 한 종이 없어지더라도 전체 계에서는 이 종이 맡았던 역할이 없어지지 않도록 균형을 이루게 된다.

① 생물 종의 다양성이 유지되어야 생태계가 안정된다.

② 생태계는 생물과 환경으로 이루어진 인위적 단위이다.

③ 생태계의 규모가 커질수록 희귀종의 중요성도 커진다.

④ 생산하는 생물과 분해하는 생물은 서로를 대체할 수 있다.

⑤ 생태계는 약육강식의 법칙이 지배한다.

> **Tip** 마지막 문장의 '어느 한 종이 없어지더라도 전체 계에서는 균형을 이루게 된다.'로부터 ①을 유추할 수 있다.
> ② 생태계는 '인위적' 단위가 아니다.
> ③ 생태계의 규모가 작을수록 대체할 종이 희박해지므로 희귀종의 중요성이 커진다.
> ④ 지문은 생산자, 소비자, 분해자가 서로 대체할 수 없는 구별되는 생물종이라는 전제 하에서 논의를 진행하고 있다.
> ⑤ 지문에서 유추할 수 있는 내용이 아니다.

## 53 다음 글에서 설명한 원형감옥의 감시 메커니즘을 가장 핵심적으로 표현한 문장은?

원형감옥은 원래 영국의 철학자이자 사회개혁가인 제레미 벤담의 유토피아적인 열망에 의해 구상된 것으로 알려져 있다. 벤담은 지금의 인식과는 달리 원형감옥이 사회 개혁을 가능케 해주는 가장 효율적인 수단이 될 수 있다고 생각했지만, 결국 받아들여지지 않았다. 사회문화적으로 원형감옥은 그 당시 유행했던 '사회 물리학'의 한 예로 간주될 수 있다.

원형감옥은 중앙에 감시하는 방이 있고 그 주위에 개별 감방들이 있는 원형건물이다. 각 방에 있는 죄수들은 간수 또는 감시자의 관찰에 노출되지만, 감시하는 사람들을 죄수는 볼 수가 없다. 이는 정교하게 고안된 조명과 목재 블라인드에 의해 가능하다. 보이지 않는 사람들에 의해 감시되고 있다는 생각 자체가 지속적인 통제를 가능케 해준다. 즉 감시하는지 안 하는지 모르기 때문에 항상 감시당하고 있다고 생각해야 하는 것이다. 따라서 모든 규칙을 스스로 지키지 않을 수 없는 것이다.

① 원형감옥은 시선의 불균형을 확인시켜 주는 장치이다.
② 원형감옥은 타자와 자신, 양자에 의한 이중 통제 장치이다.
③ 원형감옥의 원리는 감옥 이외에 다른 사회 부문에 적용될 수 있다.
④ 원형감옥은 관찰자를 신의 전지전능한 위치로 격상시키는 세속적 힘을 부여한다.
⑤ 원형감옥은 피관찰자가 느끼는 불확실성을 수단으로 활용해 피관찰자를 복종하도록 한다.

🐾**Tip** ② 원형감옥 안에서는 감시자는 죄수를 볼 수 있지만 죄수는 감시자를 살필 수 있다. 이로 인하여 죄수는 비록 보이지 않지만 지속적인 감시를 받고 있다는 생각이 들게 되므로 자기 자신을 스스로 통제하게 되는 것이 원형감옥의 가장 중요한 점이다.

## 54 다음 사실로부터 추론할 수 있는 것은?

- 수지는 음악 감상을 좋아한다.
- 수지는 국사를 좋아한다.
- 수지는 수학과 과학을 싫어한다.
- 오디오는 거실에 있다.

**Answer** 53.② 54.③

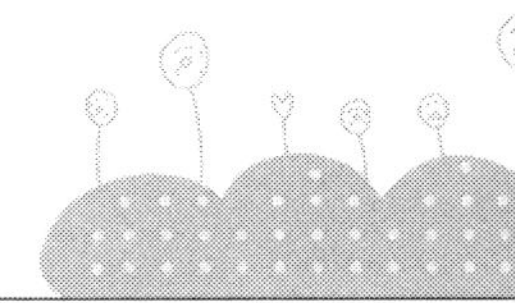

① 수지는 공부를 하고 있다.

② 수지는 거실에 있는 것을 즐긴다.

③ 수지는 좋아하는 과목이 적어도 하나는 있다.

④ 수지는 과학보다는 수학을 좋아한다.

⑤ 수지는 지금 거실에 있다.

> **Tip** ① 수지가 공부를 하고 있는지는 알 수 없다.
> ② 오디오가 거실에 있고 음악 감상을 좋아하는 것뿐이지 수지가 거실에 있는 것을 즐긴다는 것을 알 수 없다.
> ③ 수지는 국사를 좋아하므로 '좋아하는 과목이 적어도 하나는 있다'가 정답이다.
> ④ 수지는 수학과 과학을 싫어한다.
> ⑤ 수지가 거실에 있는지 여부는 알 수 없다.

## 55 다음 지문에 대한 반론으로 부적절한 것은?

> 사람들이 '영어 공용화'의 효용성에 대해서 말하면서 가장 많이 언급하는 것이 영어 능력의 향상이다. 그러나 영어 공용화를 한다고 해서 그것이 바로 영어 능력의 향상으로 이어지는 것은 아니다. 영어 공용화의 효과는 두 세대 정도 지나야 드러나며 교육제도 개선 등 부단한 노력이 필요하다. 오히려 영어를 공용화하지 않은 노르웨이, 핀란드, 네덜란드 등에서 체계적인 영어 교육을 통해 뛰어난 영어 구사자를 만들어 내고 있다.

① 필리핀, 싱가포르 등 영어 공용화 국가에서는 영어 교육의 실효성이 별로 없다.

② 우리나라는 노르웨이, 핀란드, 네덜란드 등과 언어의 문화나 역사가 다르다.

③ 영어 공용화를 하지 않으면 영어 교육을 위해 훨씬 많은 비용을 지불해야 한다.

④ 체계적인 영어 교육을 하는 일본에서는 뛰어난 영어 구사자를 발견하기 힘들다.

⑤ 이미 영어를 공용화한 나라들의 경우를 보면, 어려서부터 실생활에서 영어를 사용하여 국가 및 개인 경쟁력을 높일 수 있다.

> **Tip** 제시된 글은 영어 공용화에 대한 부정적인 입장이므로 반론은 영어 공용화에 대한 긍정적인 입장에서 근거를 제시해야 한다. ①은 영어 공용화에 대한 부정적인 입장이다.

**Answer** 55.①

※ 다음 글을 읽고 아래의 물음에 답하시오. 【56~57】

> 바야흐로 "21세기는 문화의 세기가 될 것이다."라는 전망과 주장은 단순한 바람의 차원을 넘어서 보편적 현상으로 인식되고 있다. 이러한 현상은 세계 질서가 유형의 자원이 힘이 되었던 산업 사회에서 눈에 보이지 않는 무형의 지식과 정보가 경쟁력의 원천이 되는 지식 정보 사회로 재편되는 것과 맥을 같이 한다.
>
> 지금까지의 산업 사회에서 문화와 경제는 각각 독자적 영역을 유지해 왔다. 그러나 지식 정보사회에서는 경제 성장에 따라 소득 수준이 향상되고 교육 기회가 확대되면서 물질적 풍요를 뛰어넘는 삶의 질을 고민하게 되었고, 모든 재화와 서비스를 선택할 때 기능성을 능가하는 문화적미적 가치를 고려하게 되었다. 뿐만 아니라 정보 통신이 급격하게 발달함에 따라 세계 각국의 다양한 문화를 보다 빠르게 수용하면서 문화적 욕구와 소비를 가속화시켰고, 그 상황 속에서 문화와 경제는 서로 도움이 되는 보완적 기능을 하게 되었다.
>
> 이제 문화는 배부른 자나 유한계급의 전유물이 아니라 생활 그 자체가 되었다. 고급문화와 대중문화의 경계가 무너지고 장르 간 구분이 모호해지면서 서로 다른 문화가 뒤섞여 새로운 문화가 생겨나고 있다. 이렇게 해서 나타나는 퓨전 문화가 대중적 관심을 끌고 있는 가운데, 이율배반적인 것처럼 보였던 문화와 경제의 ㉠____ 시대가 열린 것이다. 특히 경제적 측면에서 문화는 고전 경제학에서 말하는 생산의 3대 요소인 토지·노동·자본을 대체하는 생산 요소가 되었을 뿐만 아니라 경제적 자본 이상의 주요한 자본이 되고 있다.

## 56 윗글의 내용과 일치하지 않는 것은?

① 문화 경제는 서로 도움이 되는 보완적 기능을 하는 공생 시대가 열렸다.

② 산업사회에서 문화와 경제는 각각 독자적인 영역을 유지해 왔다.

③ 이제 문화는 부유층의 전유물이 아니라 생활 그 자체가 되었다.

④ 정보, 통신의 급격한 발달은 문화와 경제가 상호 보완적 기능을 하는 데 영향을 주지 못했다.

⑤ 모든 재화와 서비스 선택 시 기능성을 능가하는 문화적 미적 가치를 고려하게 되었다.

> **Tip** ④ 정보 통신이 급격하게 발달함에 따라 세계 각국의 다양한 문화를 보다 빠르게 수용하면서 문화적 욕구와 소비를 가속화시켰고, 그 상황 속에서 문화와 경제는 서로 도움이 되는 보완적 기능을 하게 되었다고 하였다.

**Answer** 56.④

## 57 다음 빈칸 ㉠에 들어갈 말로 가장 알맞은 것은?

① 혼합(混合)　　　　　　　② 공생(共生)

③ 갈등(葛藤)　　　　　　　④ 혼돈(混沌)

⑤ 대립(代立)

> ✿**Tip** 서로 대립될 줄 알았던 문화와 경제가 서로 도움이 되는 보완적 기능을 하게 되었다고 하였으므로 ㉠
> 에 가장 적합한 단어는 '서로 도우며 함께 삶'을 뜻하는 '공생(共生)'이다.


## 58 다음 제시된 지문과 같은 논리적 오류를 범하고 있는 것은?

> 김연아 · 장미란 · 이상화가 올림픽에서 금메달을 딴 것으로 보아, 대한민국 여성들은 모두
> 운동감각이 뛰어나다고 할 수 있다.

① 이 카메라는 전 세계 100여 개 나라에서 판매되고 있습니다. 그러니 이 제품의 성능은 어느 회사도 따라올 수 없습니다. 지금 구매하세요.

② 이승엽 · 박찬호 · 추신수는 야구를 잘한다. 따라서 이들이 한 팀이 되면 세계 최고의 팀이 탄생할 것이다.

③ 무단 횡단을 하는 사람을 피하려다 다른 차량과 충돌하여 세 명이나 사망했으므로 그 운전자는 살인자이다.

④ 나와 함께 공부하는 일본인 친구들은 키가 작다. 따라서 일본인들은 모두 키가 작을 것이다.

⑤ 저 사람 말은 믿으면 안 돼. 저 사람은 전과자거든.

> ✿**Tip** 제시된 지문은 김연아 · 장미란 · 이상화 단 세 명의 예를 통해 대한민국 여성들을 모두 일반화시키는
> 성급한 일반화의 오류를 범하고 있다.
> ① 군중에의 호소 ② 합성의 오류 ③ 의도확대의 오류 ④ 성급한 일반화의 오류 ⑤ 인신공격의 오류

**59** 다음 주장을 뒷받침하는 근거로 가장 적절한 것은?

> 새로 개발된 어떤 약이 인간에게 안전한지를 알아보기 위한 동물 실험이 우리가 필요로 하는 정보를 다 제공하지는 못한다.

① 신약개발이 신약을 안전하게 생산하는 기술로 곧바로 연결되는 것은 아니다.
② 쥐에게 효과가 있는 약이 인간에게 부작용을 일으키는 경우가 있다.
③ 동물 실험보다 위약(僞藥) 실험이 신약 검증에 더 도움이 된다.
④ 동물 실험이 신약의 안정성 확보에 도움이 된 경우가 많다.
⑤ 동물도 고통을 느끼며 생명을 가지고 있다.

　　**Tip** ② 필요로 하는 정보를 제공하지는 않는다는 점에서 인간과 동물에게 공통적으로 적용되지 않는다.

**60** 현역병이 휴가 중 귀대하다가 폭행사건에 휘말리게 되었다. 처벌을 두려워한 현역병은 사복으로 갈아입고 몰래 부대로 복귀하기 위해 열차를 탔다. 그 열차에는 공군, 육군, 해군, 해병대 소속의 병사들이 2명씩 각각 마주보고 앉아 있었는데 모두 사복으로 갈아입고 있었다. 창 쪽에 앉은 두 사람은 밖의 경치를 보고 있었고 통로 쪽의 두 사람은 책을 보고 있었다. 헌병대가 제보를 받고 열차를 수색하면서 다음과 같은 사실을 알았을 때 사고를 일으킨 병사의 소속부대는?

> ㉠ 사고를 일으킨 병사는 검은색 티셔츠를 입고 있다.
> ㉡ A는 주황색 티셔츠를 입고 있다.
> ㉢ 노란색 티셔츠를 입고 있는 사람은 해군 병사의 오른쪽에 앉아 있다.
> ㉣ 해병대 병사는 왼쪽으로 얼굴을 돌려 밖을 보고 있었다.
> ㉤ 육군 병사는 하얀색 티셔츠를 입고 있다.
> ㉥ 해병대 병사는 B의 왼쪽에 앉아 있다.
> ㉦ 공군 병사의 앞에는 C가 앉아 있다.
> ㉧ 하얀색 티셔츠를 입은 사람과 주황색 티셔츠를 입은 사람은 마주 보고 있다.

**Answer** 59.② 60.④

① 공군      ② 육군

③ 해군      ④ 해병대

⑤ 알 수 없음

> **Tip** 주어진 단서들을 확인해보면 ㉣에서 해병대 병사의 위치가 정해지고 B의 위치도 정해진다. ㉮에서 공군 병사의 앞에 C가 있어야 하므로 C는 해병대 병사가 되고 공군 병사는 해병대 병사 반대편에 있게 된다. ㉢에서 좌석의 특성상 해군 병사는 통로쪽에 앉게 되고 주어진 조건의 티셔츠 색깔을 대입해보면 해병대 병사가 검은색의 티셔츠를 입었다는 결론이 나온다.

| 창가 | |
| --- | --- |
| 해병대 병사(C) | 공군 병사(노란색) |
| 육군 병사(B, 하얀색) | 해군 병사(A, 주황색) |
| 통로 | |

## 61  다음 글에서 글쓴이가 궁극적으로 말하고자 하는 것은 무엇인가?

역사가는 하나의 개인입니다. 그와 동시에 다른 많은 개인들과 마찬가지로 그들은 하나의 사회적 현상이고, 자신이 속해 있는 사회의 산물인 동시에 의식적이건 무의식적이건 그 사회의 대변인인 것입니다. 바로 이러한 자격으로 그들은 역사적인 과거의 사실에 접근하는 것입니다.

우리는 가끔 역사과정을 '진행하는 행렬'이라 말합니다. 이 비유는 그런대로 괜찮다고 할 수는 있겠지요. 하지만 이런 비유에 현혹되어 역사가들이, 우뚝 솟은 암벽 위에서 아래 경치를 내려다보는 독수리나 사열대에 선 중요 인물과 같은 위치에 서 있다고 생각해서는 안 됩니다. 이러한 비유는 사실 말도 안 되는 이야기입니다. 역사가도 이러한 행렬의 한편에 끼어서 타박타박 걸어가고 있는 또 하나의 보잘것없는 인물밖에는 안 됩니다. 더구나 행렬이 구부러지거나, 우측 혹은 좌측으로 돌며, 때로는 거꾸로 되돌아오고 함에 따라. 행렬 각 부분의 상대적인 위치가 잘리게 되어 변하게 마련입니다.

따라서 1세기 전 우리들의 증조부들보다도 지금 우리들이 중세에 더 가깝다든다, 혹은 시저의 시대가 단테의 시대보다 현대에 가깝다든가 하는 이야기는, 매우 좋은 의미를 갖는 경우도 될 수 있는 것입니다. 이 행렬 – 그와 더불어 역사가들도 – 이 움직여 나감에 따라 새로운 전망과 새로운 시각은 끊임없이 나타나게 됩니다. 이처럼 역사의 시각은 역사의 일부분만을 보는데 지나지 않습니다. 즉 그가 참여하고 있는 행렬의 지점이 과거에 대한 그의 시각을 결정한다는 것이지요.

**Answer**  61.④

① 역사는 현재와 과거의 단절에 기초한다.

② 역사가는 주관적으로 역사를 바라보아야 한다.

③ 역사는 사실의 객관적 판단이다.

④ 과거의 역사는 현재를 통해서 보아야 한다.

⑤ 역사가와 사실의 관계는 평등한 관계이다.

> **Tip** 역사가가 참여하고 있는 행렬의 지점이 과거에 대한 그의 시각을 결정한다고 하였으므로 역사를 볼 때 현재가 중요시됨을 알 수 있다.

## 62 다음 글에서 알 수 있는 내용이 아닌 것은?

'한 달이 지나도 무르지 않고 거의 원형 그대로 남아 있는 토마토', '제초제를 뿌려도 말라 죽지 않고 끄떡없이 잘 자라는 콩', '열매는 토마토, 뿌리는 감자' ……. 이전에는 상상 속에서나 가능했던 것들이 오늘날 종자 내부의 유전자를 조작할 수 있게 됨으로써 현실에서도 가능하게 되었다. 이러한 유전자조작식품은 의심할 여지없이 과학의 산물이며, 생명공학 진보의 또 하나의 표상인 것처럼 보인다. 그러나 전 세계 곳곳에서는 이에 대한 찬성뿐 아니라 우려와 반대의 목소리도 드높다. 찬성하는 측에서는 유전자조작식품은 제2의 농업 혁명으로서 앞으로 닥칠 식량 위기를 해결해 줄 유일한 방법이라고 주장하고 있으나, 반대하는 측에서는 인체에 대한 유해성 검증에서 안전하다고 판명된 것이 아니며 게다가 생태계를 교란시키고 지속 가능한 농업을 불가능하게 만든다고 주장하고 있다. 양측 모두 나름대로의 과학적 증거를 제시하면서 자신의 목소리에 타당성을 부여하고 있으나 서로 상대측의 증거를 인정하지 않아 논란은 더욱 심화되어 가고 있다. 과연 유전자조작식품은 인류를 굶주림과 고통에서 해방시켜 줄 구원인가, 아니면 회복할 수 없는 생태계의 재앙을 초래할 판도라의 상자인가?

유전자조작식품은 오래 저장할 수 있게 해주는 유전자, 제초제에 대한 내성을 길러주는 유전자, 병충해에 저항성이 높은 유전자 등을 삽입하여 만든 새로운 생물 중 채소나 음식으로 먹을 수 있는 식품을 의미한다.

최초의 유전자조작식품은 1994년 미국 칼진 사가 미국 FDA의 승인을 얻어 시판한 '무르지 않는 토마토'이다. 이것은 토마토의 숙성을 촉진시키는 유전자를 개조하거나 변형시켜 숙성을 더디게 만든 것으로, 저장 기간이 길어서 농민과 상인들에게 폭발적인 인기를 얻었다.

이후 품목과 비율이 급속하게 늘어나면서 현재 미국 내에서 시판 중인 유전자조작식품들은 콩, 옥수수, 감자, 토마토, 민화 등 모두 약 10여 종에 이른다. 그 대부분은 제초제에 저항성을 갖도록 하거나 해충에 견디기 위해 자체 독소를 만들어 내도록 유전자 조작된 것들이다.

 **Answer** 62.③

① 유전자조작식품의 최초 출현 시기　　② 유전자조작식품의 개념 설명

③ 유전자조작식품의 유해성 검증 방법　　④ 유전자조작식품의 유용성 사례

⑤ 유전자조작식품에 대한 찬반 의견

> **Tip** ① 3문단 첫째 줄
> ② 2문단　④ 3문단　⑤ 1문단

**63** 다음 글은 '신화란 무엇인가'를 밝히는 글의 마지막 부분이다. 이 글로 미루어 보아 본론에서 언급한 내용이 아닌 것은?

> 지금까지 보았던 것처럼, 신화의 소성(素性)인 기원, 설명, 믿음이 모두 신화의 존재양식인 이야기의 통제를 받고 있음은 주지의 사실이다. 그러나 또한 신화가 단순히 이야기만은 아님도 알았다. 역으로 기원, 설명, 믿음이라는 종차가 이야기를 한정하고 있다. 이들은 상호 규정적이다. 그런 의미에서 신화는 역사, 학문, 종교, 예술과 모두 관련되지만, 그 중 어떤 하나도 아니며, 또 어떤 하나가 아니다. 예를 들어 '신화는 역사다.'라는 말이 하나의 전체일 수는 없다. 나머지인 학문, 종교, 예술이 배제되고서는 더 이상 신화가 아니기 때문이다. 이들의 복잡한 총체가 신화며, 또한 신화는 미분화된 상태로서 그것들을 한 몸에 안는다. 이들 네 가지 소성(素性) 중 그 어떤 하나라도 부족하면 더 이상 신화는 아니다. 따라서 신화는 단지 신화일 뿐이지, 그것이 역사나 학문이나 종교나 예술자체일 수는 없는 것이다.

① 신화는 종교적 상관물이다.

② 신화는 신화로서의 특수성이 있다.

③ 신화는 하나의 이야기라는 점에서 예술적인 문화작품이다.

④ 신화는 기원을 문제 삼는다는 점에서 역사와 관련이 있다.

⑤ 신화가 과학 시대 이전에는 학문이었지만 지금은 학문이 아니다.

> **Tip** ① 문단의 앞부분에서 문화의 타고난 성품이 기원, 설명, 믿음임을 알 수 있다.
> ② 마지막 부분에서 신화는 단지 신화일 뿐 역사나 학문, 종교, 예술자체일 수는 없다고 말하고 있다.
> ③④ 신화는 역사, 학문, 종교, 예술과 모두 관련이 있다.

 Answer　63.⑤

## 64  다음 글에서 주장하는 바와 가장 거리가 먼 것은?

조선 중기에 이르기까지 상층 문화와 하층 문화는 각기 독자적인 길을 걸어왔다고 할 수 있다. 각 문화는 상대 문화의 존재를 그저 묵시적으로 인정만 했지 이해하려고 하지는 않았다. 말하자면 상·하층 문화가 평행선을 달려온 것이다. 그러나 조선 후기에 이르러 사회가 변하기 시작하였다. 두 차례의 대외 전쟁에서의 패배에 따른 지배층의 자신감 상실, 민중층의 반감 확산, 벌열(閥閱)층의 극단 보수화와 권력층에서 탈락한 사대부 계층의 대거 몰락이라는 기존권력 구조의 변화, 농공상업의 질적 발전과 성장에 따른 경제적 구조의 변화, 재편된 경제력 구조에 따른 중간층의 확대 형성과 세분화 등 조선 후기 당시의 사회 변화는 국가의 전체 문화 동향을 서서히 바꿔 상·하층 문화를 상호교류하게 하였다. 상층 문화는 하향화하고 하층 문화는 상향화하면서 기존의 문예 양식들은 변하거나 없어지고 새로운 문예 양식이 발생하기도 하였다. 양반 사대부 장르인 한시가 민요 취향을 보여주기도 하고, 민간의 풍속과 민중의 생활상을 그리기도 했다. 시조는 장편화하고 이야기화하기도 했으며, 가사 또한 서민화하고 소설화의 길을 걷기도 하였다. 시정의 이야기들이 대거 야담으로 정착되기도 하고, 하층의 민요가 잡가의 형성에 중요한 역할을 하였으며, 무기는 상층 담화를 수용하기도 하였다. 당대의 예술 장르인 회화와 음악에서도 변화가 나타났다. 풍속화와 민화의 유행과 빠른 가락인 삭대엽과 고음으로의 음악적 이행이 바로 그것이다.

① 조선 중기에 이르기까지 상층 문화와 하층 문화의 호환이 잘 이루어지지 않았다.

② 조선 후기에는 문학뿐만 아니라 회화·음악 분야에서도 양식의 변화를 보여 주었다.

③ 상층 문화와 하층 문화가 서로의 영역에 스며들면서 새로운 장르나 양식이 발생하였다.

④ 시조의 장편화와 이야기화는 무가의 상층 담화 수용과 같은 맥락에서 이해할 수 있다.

⑤ 국가의 전체 문화 동향이 서서히 바뀌어 가면서 기존 권력구조에 변화를 가져다주었다.

> **Tip** ⑤ 조선 후기의 사회 변화가 국가 전체 문화 동향을 서서히 바꿨다고 말하고 있다.

**Answer**  64.⑤

## 65 다음 빈칸에 들어갈 내용으로 가장 적합한 것은?

문화란, 인간의 생활을 편리하게 하고, 유익하게 하고, 행복하게 하는 것이니, 이것은 모두 ____의 소산인 것이다. 문화나 이상이나 다 같이 사람이 추구하는 대상이 되는 것이요, 또 인생의 목적이 거기에 있다는 점에서는 동일하다. 그러나 이 두 가지가 완전히 일치하는 것은 아니니, 그 차이점은 여기에 있다. 즉, 문화는 인간의 이상이 이미 현실화된 것이요, 이상은 현실 이전의 문화라 할 수 있다. 어쨌든, 이 두 가지를 추구하여 현실화하는 데에는 지식이 필요하고, 이러한 지식의 공급원으로는 다시 서적이란 것으로 돌아오지 않을 수가 없다. 문화인이면 문화인일수록 서적 이용의 비율이 높아지고, 이상이 높으면 높을수록 서적 의존도 또한 높아지는 것이 당연하다. 오늘날, 정작 필요한 지식은 서적을 통해 입수하기 어렵다는 불평이 많은 것도 사실이다. 그러나 인류가 지금까지 이루어낸 서적의 양은 실로 막대한 바가 있다. 옛말의 '오거서(五車書)'와 '한우충동(汗牛充棟)' 등의 표현으로는 이야기도 안 될 만큼 서적이 많아졌다. 우리나라 사람은 일반적으로 책에 관심이 적은 것 같다. 학교에 다닐 때에는 시험이란 악마의 위력 때문이랄까, 울며 겨자 먹기로 교과서를 파고들지만, 일단 졸업이란 영예의 관문을 돌파한 다음에는 대개 책과는 인연이 멀어지는 것 같다.

① 과학        ② 문명
③ 지식        ④ 서적
⑤ 정보

> **Tip** 작자는 '문화나 이상을 추구하고 현실화하는 데에는 지식이 필요하다'고 하였다. 이를 볼 때 작자가 문화를 '지식의 소산'으로 여기고 있음을 알 수 있다.

※ 지문을 읽고 물음에 답하시오. 【66~67】

> 사람들은 고급문화가 오랫동안 사랑을 받는 것이고, 대중문화는 일시적인 유행에 그친다고 생각하고 있다. ㉠모차르트의 음악은 지금껏 연주되고 있지만 비슷한 시기에 활동했고 당대에는 비슷한 평가를 받았던 살리에리의 음악은 현재 아무도 연주하지 않는다. ㉡모르긴 해도 그렇게 사라진 예술가가 한둘이 아니지 않을까. ㉢그런가 하면 1950~1960년대 엘비스 프레슬리와 비틀즈의 음악은 지금까지도 매년 가장 많은 저작권료를 발생시킨다. ㉣이른바 고급문화의 유산들이 수백 년간 역사 속에서 형성된 것인데 반해 우리가 대중문화라 부르는 문화 산물은 그 역사가 고작 100년을 넘지 않았다. ㉤

## 66 다음의 문장이 들어가기에 적절한 위치는?

> 그러나 이러한 판단은 근거가 확실치 않다.

① ㉠  
② ㉡  
③ ㉢  
④ ㉣  
⑤ ㉤

> **Tip** '사람들은 고급문화가 오랫동안 사랑을 받는 것이고, 대중문화는 일시적인 유행에 그친다고 생각하고 있다.'라는 말의 바로 뒤에 '모차르트의 음악은 지금껏 연주되고 있지만 비슷한 시기에 활동했고 당대에는 비슷한 평가를 받았던 살리에리의 음악은 현재 아무도 연주하지 않는다.'는 말로 미뤄보아 이러한 판단이 옳지만은 않다는 이야기가 들어와야 한다. 따라서 ㉠문장 앞에 들어가야 적절한 배열이 된다.

## 67 지문의 내용과 일치하는 것은?

① 비틀즈의 음악은 오랫동안 사랑을 받고 있으니 고급문화라고 할 수 있다.  
② 살리에리는 모차르트와 같은 시대에 살며 대중음악을 했던 인물이다.  
③ 많은 저작권료를 받는 작품이라면 고급문화로 인정해야 한다.  
④ 대중문화가 일시적인 유행에 그칠지 여부는 아직 판단하기 곤란하다.  
⑤ 모차르트와 비슷한 시기에 활동한 음악가들이 얼마 되지 않아 현재까지 모두 그들의 곡이 연주되고 있다.

**Answer** 66.① 67.④

**Tip** ① 비틀즈의 음악은 대중문화다.
② 고급음악을 했던 인물이다.
③ 고급문화로 인정해야 한다는 것은 제시되지 않았다.
⑤ 비슷한 시기에 활동했던 살리에리의 음악은 현재 아무도 연주하지 않으며 그렇게 사라진 예술가가 한둘이 아닐 것이라고 예상하고 있다.

---

※ 다음 글을 읽고 물음에 답하시오. 【68~69】

(가) 학문을 한다면서 논리를 불신하거나 논리에 대해서 의심을 가지는 것은 ㉠용납할 수 없다. 논리를 불신하면 학문을 하지 않는 것이 적절한 선택이다. 학문이란 그리 대단한 것이 아닐 수 있다. 학문보다 더 좋은 활동이 얼마든지 있어 학문을 낮추어 보겠다고 하면 반대할 이유가 없다.

(나) 학문에서 진실을 탐구하는 행위는 논리로 이루어진다. 진실을 탐구하는 행위라 하더라도 논리화되지 않은 체험에 의지하거나 논리적 타당성이 입증되지 않은 사사로운 확신을 근거로 한다면 학문이 아니다. 예술도 진실을 추구하는 행위의 하나라고 할 수 있으나 논리를 필수적인 방법으로 사용하지는 않으므로 학문이 아니다.

(다) 교수이기는 해도 학자가 아닌 사람들이 학문을 와해시키기 위해 애쓰는 것을 흔히 볼 수 있다. 편하게 지내기 좋은 직업인 것 같아 교수가 되었는데 교수는 누구나 논문을 써야한다는 ㉡악법에 걸려 본의 아니게 학문을 하는 흉내는 내야하니 논리를 무시하고 학문을 쓰는 ㉢편법을 마련하고 논리자체에 대한 악담으로 자기 행위를 정당화하게 된다. 그래서 생기는 혼란을 방지하려면 교수라는 직업이 아무 매력도 없게 하거나 아니면 학문을 하지 않으려는 사람이 교수가 되는 길을 원천 봉쇄해야 한다.

(라) 논리를 어느 정도 신뢰할 수 있는가 의심스러울 수 있다. 논리에 대한 불신을 아예 없애는 것은 불가능하고 무익하다. 논리를 신뢰할 것인가는 개개인이 선택할 수 있는 ㉣기본권의 하나라고 해도 무방하다. 그러나 학문은 논리에 대한 신뢰를 자기 인생관으로 삼은 사람들이 ㉤독점해서 하는 행위이다.

---

**68** 윗글에서 밑줄 친 단어 중 반어적 표현에 해당하는 것은?

① ㉠용납      ② ㉡악법
③ ㉢편법      ④ ㉣기본권
⑤ ㉤독점

**Tip** ② 교수라면 학문을 연구하고 그 결과에 대한 논문을 작성하는 것이 당연하나, 교수이긴 하지만 학자가 아닌 사람들에게는 어쩔 수 없이 해야 하는 것이라는 뜻으로 쓰이고 있다.

**Answer** 68.②

## 69 위의 글을 논리적인 순서대로 바르게 나열한 것은?

① (가) - (나) - (다) - (라)

② (가) - (다) - (나) - (라)

③ (나) - (라) - (가) - (다)

④ (다) - (가) - (라) - (나)

⑤ (라) - (가) - (나) - (다)

> **Tip** 제시된 글에서 (나)는 학문에서 진리를 탐구하는 행위는 논리로 이루어진다고 말하면서 논리의 중요성을
> 강조하고 있다. 그러면서 (라)를 통해 논리에 대한 의심이 생길 수 있으나 학문은 논리를 신뢰하는 이들
> 이 하는 행위라고 이야기하고 있다. 이러한 논리에 대한 믿음은 (가)에서 더욱 강조되고 있다. 마지막으
> 로 (다)에서는 학문하는 척 하면서 논리를 무시하는 일부의 교수들을 막아야 한다고 주장하고 있다.

## ※ 다음 글을 읽고 물음에 답하시오. 【70~71】

만약 영화관에서 영화가 재미없다면 중간에 나오는 것이 경제적일까, 아니면 끝까지 보는 것이 경제
적일까? 아마 지불한 영화 관람료가 아깝다고 생각한 사람은 영화가 재미없어도 끝까지 보고 나올 것
이다. 과연 그러한 행동이 합리적일까? 영화관에 남아서 영화를 계속 보는 것은 영화관에 남아 있으
면서 기회비용을 포기하는 것이다. 이 기회비용은 영화관에서 나온다면 할 수 있는 일들의 가치와 동
일하다. 영화관에서 나온다면 할 수 있는 유용하고 즐거운 일들은 얼마든지 있으므로, 영화를 계속
보면서 치르는 기회비용은 매우 크다고 할 수 있다. 결국 영화관에 남아서 재미없는 영화를 계속 보
는 행위는 더 큰 기회와 잠재적인 이익을 포기하는 것이므로 합리적인 경제 행위라고 할 수 없다.
경제 행위의 의사 결정에서 중요한 것은 과거의 매몰비용이 아니라 현재와 미래의 선택기회를 반영하
는 기회비용이다. 매몰비용이 발생하지 않도록 신중해야 한다는 교훈은 의미가 있지만 이미 발생한
매몰비용, 곧 돌이킬 수 없는 과거의 일에 얽매이는 것은 어리석은 짓이다. 과거는 과거일 뿐이다. 지
금 얼마를 손해 보았는지가 중요한 것이 아니라, 지금 또는 앞으로 얼마나 이익을 또는 손해를 보게
될지가 중요한 것이다. 매몰비용은 과감하게 잊어버리고, 현재와 미래를 위한 삶을 살 필요가 있다.
경제적인 삶이란, 실패한 과거에 연연하지 않고 현재를 합리적으로 사는 것이기 때문이다.

 Answer 69.③

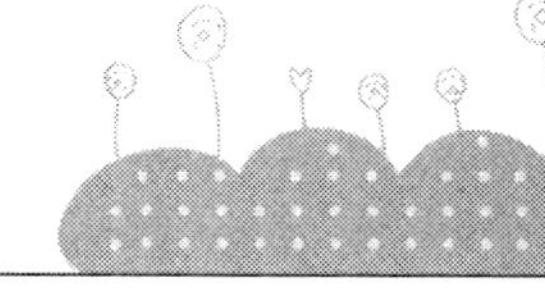

**70** **주어진 글의 주제로 가장 적합한 것은?**

① 돌이킬 수 없는 과거의 매몰비용에 얽매이는 것은 어리석은 짓이다.

② 경제 행위의 의사 결정에서 중요한 것은 미래의 선택기회를 반영하는 기회비용이다.

③ 매몰비용은 과감하게 잊어버리고, 기회비용을 고려할 필요가 있다.

④ 과거의 실패에 연연하지 않고 현재를 합리적으로 사는 경제적인 삶을 살아가는 것이 중요하다.

⑤ 경제적인 삶이란 더 큰 기회와 잠재적인 이익을 취하는 것을 말한다.

> **Tip** ④ 기회비용과 매몰비용이라는 경제용어와 에피소드를 통해 경제적인 삶의 방식에 대해서 말하고 있다.


**71** **윗글의 내용과 일치하는 것은?**

① 관람료를 낭비하지 않기 위해 영화관에서 재미없는 영화를 계속 보는 것도 합리적인 경제행위다.

② 영화관에서 영화가 재미없어도 계속 관람하는 것은 매몰비용을 과감하게 잊는 행동이다.

③ 매몰비용은 과감하게 잊어버리고, 현재와 미래를 위한 기회비용을 잘 활용하는 삶이 경제적인 삶이다.

④ 재미없는 영화를 계속 관람하는 것은 기회비용을 잘 활용하는 것이다.

⑤ 앞으로 지금보다 이익 또는 손해를 보는 것이 중요한 것이 아니라 지금 얼마를 손해 보았는지가 중요하다.

> **Tip** 관람료가 아까워 영화관에서 영화를 계속 관람하는 것은 이미 발생한 매몰비용에 얽매여 현재의 기회비용을 허비하는 비합리적인 경제행위라고 하였다.

 Answer 70.④ 71.③

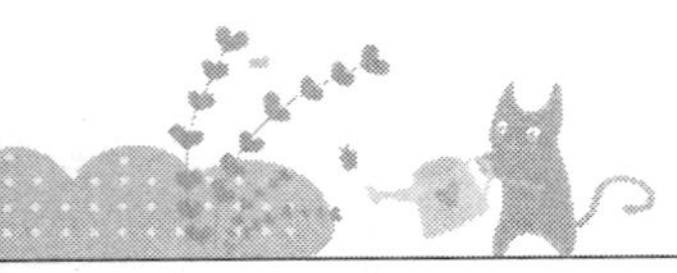



※ 다음 글을 일고 물음에 답하시오. 【72~73】

> 하나의 단순한 유추로 문제를 설정해 보도록 하자. 산길을 굽이굽이 돌아가면서 기분 좋게 내려가는 버스가 있다고 하자. 어떤 승객은 버스가 너무 빨리 달리는 것이 못마땅하여 위험성으로 지적한다. 아직까지 아무도 다친 사람이 없었지만 그런 일은 발생할 수 있다. 버스는 길가의 바윗돌을 들이받아 차체가 망가지면서 부상자나 사망자가 발생할 수 있다. 아니면 버스가 도로 옆 벼랑으로 추락하여 거기에 탔던 사람 모두가 죽을 수도 있다. 그런데도 어떤 승객은 불평을 하지만 다른 승객들은 아무런 불평도 하지 않는다. 그들은 버스가 빨리 다녀 주니 신이 난다. 그만큼 목적지에 빨리 당도할 것이기 때문이다. 운전기사는 누구의 말을 들어야 하는지 알 수 없다. ㉠그러나 걱정하는 사람의 말이 옳다고 한들 이제 속도를 늦추어 봤자 이미 때늦은 것일 수도 있다는 생각을 하게 된다. 버스가 이미 벼랑으로 떨어진 다음에야 브레이크를 밟아 본들 소용없는 노릇이다.

**72** 윗글이 어떤 대상이나 주제를 비유적으로 표현한 것이라고 할 때 다음 중 그 비유의 대상으로 가장 적절한 것은?

① 한탕주의　　　　　　　　② 외모지상주의
③ 마약중독　　　　　　　　④ 온실효과
⑤ 신용카드 남발

> **Tip** ④ 일부는 불평을 하나 일부는 불평하지 않는다는 말에 따라 찬반 주장이 있을 수 있는 것이 적절하다. 온실효과의 경우 그 주가 되는 대기오염은 산업발전 과정에서 화석연료를 사용함으로써 야기된다. 이에 따라 선진국과 후진국에서의 입장 차이가 있을 수 있다.

**73** ㉠의 의미를 나타내기에 가장 적절한 속담은?

① 울며 겨자 먹기　　　　　② 첫모 방정에 새 까먹는다.
③ 철나자 망령난다.　　　　④ 가다 말면 안 가느니만 못하다.
⑤ 고양이 쥐 사정 보듯 한다.

> **Tip** ① 매워 울면서도 어쩔 수 없이 겨자를 먹는다는 것으로 싫은 일을 억지로 마지못하여 함을 의미한다.
> ② 윷놀이에서 맨 처음에 모가 나오면 그 판은 실속이 없다는 뜻으로 상대방의 첫 모쯤은 문제되지 않는다는 의미이다.

Answer　72.④　73.③

③ 지각없이 굴던 사람이 정신을 차려 일을 잘할만하니 망령이 들어 일을 그르친다는 것으로 무슨 일이든 때를 놓치지 말고 제때에 힘쓰라는 의미이다.
④ 시작을 했으면 끝까지 최선을 다해야 한다는 의미이다.
⑤ 헤치려는 마음을 가지고 있으면서, 겉으로는 생각해주는 척하는 것을 의미한다.

※ 다음 글을 읽고 아래의 물음에 답하시오. 【74~75】

> 지금부터 하회별신굿탈놀이에 등장하는 하회탈에 대해 말씀드리겠습니다. 먼저, 양반탈입니다. 양반탈은 계란형에 감홍색, 매부리코에 실눈으로 온화하고 인자하게 웃는 한국인을 대표하는 얼굴입니다. 광대가 고개를 젖혀 입을 크게 벌리면 호탕하게 웃고, 고개를 숙이며 입을 다물면 화난 표정이 되는데, 희로애락을 자유로이 표현할 있는 기능이 세계적인 탈로 평가받는 이유입니다. 다음은 이매탈입니다. 이매탈은 코가 넓적 펑퍼짐하고, 코밑은 꺼져서 언청이에, 좌우 근육은 비정상으로 일그러졌고, 눈은 아래로 처져 측은하게 악의 없이 웃는 백치 얼굴에 몸마저 자유스럽지 못한 바보 병신탈입니다. 이매탈은 턱이 없어 더 우스꽝스럽습니다. 굼뜬 움직임으로 고개를 젖히고 혀를 빼며 우습다는 표정을 보일 때 보는 사람은 폭소를 터트리지 않을 수 없고, 이목구비가 반듯한 사람도 이매탈을 쓰고 같은 표정을 하면 틀림없이 바보 병신이 되고 맙니다.
> 다음은 백정탈입니다. 백정탈은 치켜뜬 눈꼬리엔 살기가, 넓적한 주걱턱엔 장년의 힘이 넘쳐 보이고, 빈틈없이 그어진 굵은 주름살은 멸시받고 힘겹게 살아온 고달픈 삶의 흔적처럼 보입니다.
> 다음은 초랭이탈입니다. 초랭이 탈은 툭 불거진 이마에 잘려진 콧등, 튀어나온 눈알과 긴장된 눈빛, 좁고 길게 빠진 턱, 뻐드러진 이빨, 삐뚤게 옥다문 입과 보조개를 지니고 있으며, 얼굴 전체가 왜곡되어 있어서 보면 볼수록 묘한 율동감과 친밀감을 주는 탈입니다.

## 74 윗글의 제목으로 가장 적합한 것은?

① 하회별신굿탈놀이의 특성
② 한국 전통 탈의 종류
③ 다양한 탈의 특성
④ 하회별신굿탈놀이에 등장하는 하회탈의 특징
⑤ 하회별신굿탈놀이의 순서

> ✿Tip 하회별신굿탈놀이 자체의 특성을 설명하는 것이 아니라 하회별신굿탈놀이에 등장하는 하회탈에 대하여 서술하고 있다.

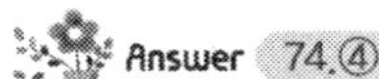

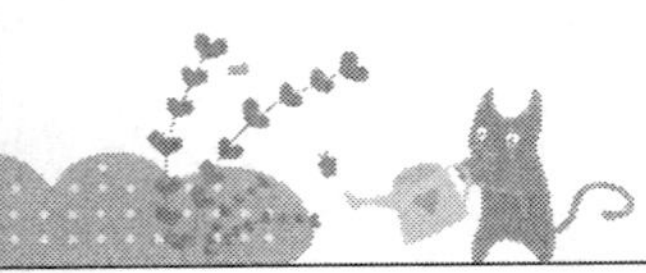

**75** 윗글에 대한 내용과 일치하는 것은?

① 양반탈이 세계적인 탈로 평가받는 것은 희로애락을 자유로이 표현할 수 있는 기능 때문이다.

② 이매탈은 치켜뜬 눈꼬리엔 살기가, 넓적한 주걱턱엔 장년의 힘이 넘친다.

③ 백정탈은 얼굴 전체가 왜곡 되어 있어서 보면 볼수록 묘한 율동감과 친밀감을 주는 탈이다.

④ 선비탈은 계란형에 감홍색, 매부리코에 실눈으로 온화하고 인자하게 웃는 한국인을 대표하는 얼굴이다.

⑤ 초랭이탈은 코가 넓적 평퍼짐하고 코밑은 언청이에 좌우 근육은 비정상으로 그려져 있다.

> **Tip** ② 백정탈은 치켜뜬 눈꼬리엔 살기가, 넓적한 주걱턱엔 장년의 힘이 넘친다.
> ③ 초랭이탈은 얼굴 전체가 왜곡 되어 있어서 보면 볼수록 묘한 율동감과 친밀감을 주는 탈이다.
> ④ 양반탈은 계란형에 감홍색, 매부리코에 실눈으로 온화하고 인자하게 웃는 한국인을 대표하는 얼굴이다.
> ⑤ 초랭이탈은 톡 불거진 이마에 잘려진 콧등, 튀어나온 눈알과 긴장된 눈빛, 좁고 길게 빠진 턱, 뻐드러진 이빨, 삐뚤게 욱다문 입과 보조개를 가지고 있다.


**76** 다음 중 우리말이 맞춤법에 따라 올바르게 쓰여진 것은?

① 허위적허위적       ② 괴퍅하다

③ 미류나무       ④ 케케묵다

⑤ 닐리리

> **Tip** ① 허위적허위적 → 허우적허우적
> ② 괴퍅하다 → 괴팍하다
> ③ 미류나무 → 미루나무
> ⑤ 닐리리 → 늴리리

## 77 다음 글을 논리적으로 바르게 나열한 것은?

⑺ 그렇지만 우리는 새로운 세기에 정보를 전달하는 방식에서는 새로운 양상이 드러날 것이라는 점은 분명히 인식해야 한다. 그러한 양식에 부합하는 책 만들기가 이뤄져야 한다는 것 또한 명심해야 한다.

⑷ 2000년대에 들어선 지금 출판시장에서는 부익부 빈익빈 현상이 심각하다. 안정된 매출을 이루고 있는 출판사들은 점점 가능성을 키워가고 있는 반면 여전히 방향을 잡지 못한 많은 출판사들은 한없이 내리막길을 달리고 있다. 틈새시장 또한 사라지고 있다.

⑸ 디지털이 갖는 장점은 정보전달 속도의 신속성, 정보를 아무리 사용해도 양과 질이 변하지 않는 재생성, 쌍방향 커뮤니케이션이 가능한 쌍방향성, 방대한 양의 정보의 저장이 가능한 저장성 등일 것이다. 이러한 장점을 이용하여 종이책이 살아남기 위해서 우리는 어떻게 해야 하는가?
    첫째, 아날로그 정보는 즉각적인 인텔리전스(Intelligence, 전략정보) 단계를 갖출 때에야 시장성을 가질 것이다.
    둘째, 책의 생산에 있어 '사이클 타임'(책의 기획에서 판매를 끝낼 때까지의 시간)을 최대한 줄여야 한다.
    셋째, 시각적 이미지를 키워야 한다.
    넷째, 음성화에 적응하는 책 만들기이다.

⑹ 물론 명명백백한 사실은 미래에는 두 가지 형태의 책, 즉 종이책과 전자책이 공존하게 될 것이라는 점이다. 그러나 적어도 아직까지 사전류를 제외하고는 전자책이 시장성을 가진 경우는 없었다. 그럼에도 '브리태니커 백과사전'이 종이책의 발간을 중지한다는 발표를 하자마자 이것이 마치 종이책의 종말을 알리는 서막인 것처럼 언론은 호들갑을 떨었다.

① ⑷ — ⑹ — ⑺ — ⑸
② ⑺ — ⑷ — ⑹ — ⑸
③ ⑹ — ⑷ — ⑸ — ⑺
④ ⑷ — ⑹ — ⑸ — ⑺
⑤ ⑺ — ⑸ — ⑹ — ⑷

**Tip** ① ⑷ 출판계현황, ⑹ 종이책과 전자책의 공존, ⑺ 정보 전달방식의 새로운 양상에 종이책이 적응해야 함, ⑸ 디지털의 장점을 이용한 종이책의 생존전략의 예, 이 순서대로 배열하는 것이 문맥상 가장 자연스럽다.

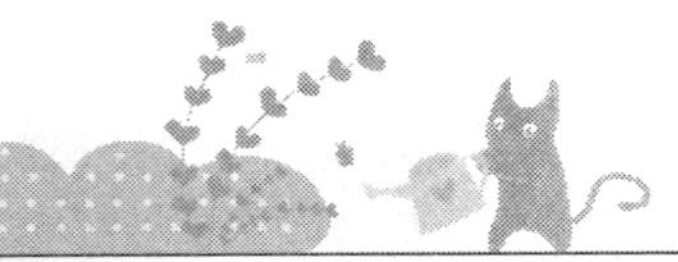

## 78  다음 글의 내용과 부합하지 않는 것은?

> 인간은 광장에 나서지 않고는 살지 못한다. 표범의 가죽으로 만든 징이 울리는 원시인의 광장으로부터 한 사회에 살면서 끝내 동료인 줄도 모르고 생활하는 현대적 산업 구조의 미궁에 이르기까지 시대와 공간을 달리하는 수많은 광장이 있다.
>
> 그러면서도 한편으로 인간은 밀실로 물러서지 않고는 살지 못하는 동물이다. 혈거인의 동굴로부터 정신병원의 격리실에 이르기까지 시대와 공간을 달리하는 수많은 밀실이 있다.
>
> 사람들이 자기의 밀실로부터 광장으로 나오는 골목은 저마다 다르다. 광장에 이르는 골목은 무수히 많다. 그곳에 이르는 길에서 거상(巨象)의 자결을 목도한 사람도 있고 민들레 씨앗의 행방을 쫓으면서 온 사람도 있다.
>
> — (중략) —
>
> 어떤 경로로 광장에 이르렀건 그 경로는 문제될 것이 없다. 다만 그 길을 얼마나 열심히 보고 얼마나 열심히 사랑했느냐에 있다. 광장은 대중의 밀실이며 밀실은 개인의 광장이다. 인간을 이 두 가지 공간이 어느 한쪽에 가두어버릴 때, 그는 살 수 없다. 그 때 광장에 폭동의 피가 흐르고 밀실에서 광란의 부르짖음이 새어 나온다. 우리는 분수가 터지고 밝은 햇빛 아래 뭇 꽃이 피고 영웅과 신들의 동상으로 치장이 된 광장에서 바다처럼 우람한 합창에 한 몫 끼기를 원하며 그와 똑같은 진실로 개인의 일기장과 저녁에 벗어놓은 채 새벽에 잊고 간 애인의 장갑이 얹힌 침대에 걸터앉거나 광장을 잊어버릴 수 있는 시간을 원한다.

① 현대적 산업 구조의 미궁은 인간 관계의 단절과 관련된다.

② 광장과 밀실은 서로 통해야 한다.

③ 광장과 밀실 사이에서 중요한 것은 그 각각의 화려함이 아니라, 얼마나 열심히 그 길을 살았는가 하는 것이다.

④ '폭동의 피'와 '바다처럼 우람한 합창'은 광장과 관련된 대조적인 개념이다.

⑤ 인간의 속성은 광장에 대한 동경을 밀실에 대한 동경보다 우선시 한다.

> 🐾**Tip** ① 1문단의 '한 사회에 살면서 끝내 동료인 줄도 모르고 생활하는 현대적 산업 구조의 미궁에'에서 알 수 있다.
> ② 3~4문단을 통해 알 수 있다.
> ③ 3문단의 (중략) 뒷 부분을 통해 알 수 있다.
> ④ 4문단을 통해 알 수 있다.

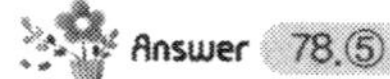

Answer 78.⑤

※ 다음 글을 읽고 아래의 물음에 답하시오. 【79~80】

> (가) 판소리의 동서편은 전라도 지방의 지리산 또는 섬진강을 기준으로 운봉, 구례, 순창, 흥덕 등지를 동편이라 하고 광주, 나주, 보성 등지를 서편이라고 한 데서 유래된 것입니다. 그러나 조선 후기에 들어와서 판소리 명창들의 지역 이동이 심해지고 교습 지역의 변동으로 원래의 특성도 희석되고 지역적 연고성도 단절되어 지금은 다만 전승 계보에 따라 그런 특성이 판소리에 일부 남아 있을 뿐입니다.
>
> (나) 즉, 동편제(東便制)나 서편제(西便制)와 같은 소리 유파는 산과 강이 가로막아 교통이 불편하여 지역 간의 교류가 어렵던 시절 때문에 생긴 것입니다. 현재의 판소리를 서편제, 동편제 등으로 구분하는 것 자체가 쓸모없는 일이라는 주장도 있으나 일제 강점기 때만 하더라도 이러한 지역적 특성을 지닌 판소리가 전승되고 있었습니다.
>
> (다) 가령 서편제 소리는 대체로 부드럽게 시작하는 데 반해서, 동편제 소리는 장중하게 시작된다든가, 서편제 소리는 대체로 느리게 끌고 가며 미세한 장식으로 진한 맛을 내는데 반하여, 동편제 소리는 박진감 있게 끌고 가며 윤곽이 뚜렷한 음악성을 구사합니다. 또한 서편제 소리를 꽃과 나무에, 동편제 소리를 봉우리 위에서 달이 뜨는 모습에 비유했습니다. 어떤 사람은 서편제 소리를 '진한 고기 맛에 동편제 소리를 '채소처럼 담백한 맛에 비유하기도 합니다.
>
> (라) 1989년에 작고한 명고수 김명환은 "동편 소리는 창으로 큰 고기만 찍어 잡는 격이고, 서편 소리는 손으로 잔고기를 훑어 잡는 격"이라고 말했습니다. 말하자면 서편제 소리는 애조띤 여성의 소리로 시김새의 기교가 뛰어나며 풍부한 음악성으로 아기자기한 느낌을 전달합니다. 이러한 서편 소리는 동편 소리에 비해 대중적인 인기도 높았습니다.

## 79 다음 위의 글에 대한 내용으로 옳지 않은 것은?

① 동편과 서편을 가르는 경계는 지리산 또는 섬진강이다.

② 서편제는 동편제의 소리에 비해 부드럽고 느리게 끌고 간다.

③ 동편과 서편의 판소리는 현재에도 그 구분이 분명하며 판소리의 양대 흐름으로 독자적 발전을 모색하고 있다.

④ 동편제, 서편제로 구분하는 것 자체가 별로 의미가 없다고 말하는 이도 있다.

⑤ 서편제는 동편제에 비해 대중적인 인기가 높았다.

> 🌀Tip 첫 번째 문단의 둘째 문장 '그러나 ~ 뿐입니다.'를 참고하면, 현재는 동편과 서편의 구분이 뚜렷하지 않음을 알 수 있다.

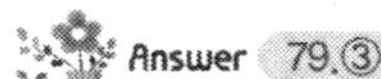

Answer 79.③

## 80 다음 중 위 문단의 구조를 바르게 나타낸 것은?

① (개) – (나)
    └ (다) – (라)

② (개) – (나) – (라)
    └ (다)

③ (개) – (다) – (라)
    └ (나)

④ (개) – (나) – (다)
        └ (라)

⑤ (개) – (나) – (다) – (라) – (마)

> **Tip** (개), (나)는 동편제, 서편제의 유래에 대해서 서술하고 있다. 그리고, (나)의 '일제 강점기 때만 하더라도 이러한 지역적 특성을 지닌 판소리가 전승되고 있었습니다'라는 서술을 뒷받침하는 예로 (다), (라)를 제시하였다.

## 81 다음 글의 주제로 가장 적합한 것은?

유럽의 도시들을 여행하다 보면 여기저기서 벼룩시장이 열리는 것을 볼 수 있다. 벼룩시장에서 사람들은 낡고 오래된 물건들을 보면서 추억을 되살린다. 유럽 도시들의 독특한 분위기는 오래된 것을 쉽게 버리지 않는 이런 정신이 반영된 것이다.

영국의 옥스팜(Oxfam)이라는 시민단체는 헌옷을 수선해 파는 전문 상점을 운영해, 그 수익금으로 제3세계를 지원하고 있다. 파리 시민들에게는 유행이 따로 없다. 서로 다른 시절의 옷들을 예술적으로 배합해 자기만의 개성을 연출한다.

땀과 기억이 배어 있는 오래된 물건은 실용적 가치만으로 따질 수 없는 보편적 가치를 지닌다. 선물로 받아서 10년 이상 써 온 손때 묻은 만년필을 잃어버렸을 때 느끼는 상실감은 새 만년필을 산다고 해서 사라지지 않는다. 그것은 그 만년필이 개인의 오랜 추억을 담고 있는 증거물이자 애착의 대상이 되었기 때문이다. 그러기에 실용성과 상관없이 오래된 것은 그 자체로 아름답다.

**Answer** 80.① 81.⑤

① 벼룩시장은 추억을 되살려주는 공간이다.

② 실용적가치보다 보편적인 가치를 중요시해야 한다.

③ 만년필은 선물해준 사람과의 아름다운 기억과 오랜 추억이 담긴 물건이다.

④ 오래된 물건은 실용적인 가치보다 더 중요한 가치를 지니고 있다.

⑤ 오래된 물건은 실용적 가치만으로 따질 수 없는 개인의 추억과 같은 보편적 가치를 지니기에 그 자체로 아름답다.

> **Tip** 작자는 오래된 물건의 가치를 단순히 기능적 편리함 등의 실용적인 면에 두지 않고 그것을 사용해온 시간, 그 동안의 추억 등에 두고 있으며 그렇기 때문에 오래된 물건이 아름답다고 하였다.

## 82 다음 글을 읽고 난 후의 반응으로 적절하지 않은 것은?

> 최고경영자(CEO)는 아무나 할 수 있는 자리가 아니다. 그래서 모든 기업의 CEO가 성공한 CEO로 평가받지는 못한다. 이는 그들이 CEO가 갖추어야 할 조건을 갖추지 못했기 때문이다. 그렇다면 CEO가 갖추어야 할 조건은 무엇인가?
> 첫째, 혁신적인 사고를 가져야 한다.
> 둘째, 기업의 이익을 사회에 환원해야 한다.
> 셋째, 윤리성을 가져야 한다.

① 이건희 회장의 신년 인사 중 '마누라만 빼고 다 바꿔라!'라는 구호가 인상적이다.

② 유한양행의 창업자인 유일한 전(前) 회장은 전(全) 재산을 사회에 환원하였다.

③ 정경유착이 심해지면서 정치인의 불법 정치 자금 역시 여전하다.

④ 부동산 시장이 안정되지 못하는 것은 시중의 자금을 투자할 곳이 없기 때문이다.

⑤ 스티브 잡스의 아이폰, 맥북 등은 사람들의 인식을 바꾼 창조적인 결과물이다.

> **Tip** ① 혁신적 사고 ② 사회환원 ③ 기업인의 윤리성 제고 ⑤ 혁신적 사고

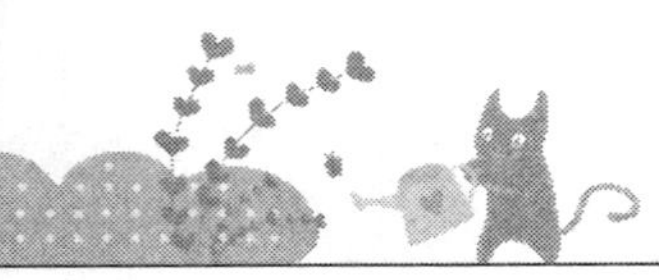

## 83 다음 글에서 밑줄 친 '느낀 바'의 의미로 옳은 것은?

> 그러다가도 혹 잠깐 사이에 그 빌린 것이 도로 돌아가게 되면, 만방(萬邦)의 임금도 외톨이가 되고, 백승(百乘)을 가졌던 집도 외로운 신하가 되니, 하물며 그보다 더 미약한 자야 말할 것이 있겠는가?
> 맹자가 일컫기를 "남의 것을 오랫동안 빌려 쓰고 있으면서 돌려주지 아니하면, 어찌 그것이 자기의 소유가 아닌 줄 알겠는가?" 하였다.
> 내가 여기에 <u>느낀 바</u>가 있어서 차마설을 지어 그 뜻을 전하노라.

① 자업자득  
② 견물생심  
③ 무소유  
④ 자가당착  
⑤ 군신유의

> **Tip** 제시된 글은 이곡의 '차마설'의 일부분으로, 마지막 문장은 글을 쓴 취지를 나타내고 있다. 여기에서 '느낀 바는 사람들이 갖고 있는 것은 모두 빌린 것이며, 세상에는 본질적으로 영속적인 '소유'라는 것은 존재하지 않는다는 '무소유'를 의미한다.

## 84 다음 글의 서술 방식에 대한 설명으로 적절한 것은?

> 인가가 끝난 비탈 저 아래에 가로질러 흐르는 개천물이 눈이 부시게 빛나고, 그 제방을 따라 개나리가 샛노랗다. 개천 건너로 질펀하게 펼쳐져 있는 들판, 양털같이 부드러운 마른 풀에 덮여 있는 그 들 한복판에 괴물 모양 기다랗게 누워있는 회색 건물. 지붕 위로 굴뚝이 높다랗게 솟아 있고, 굴뚝 끝에서 노란 연기가 피어오르고 있다. 햇살에 비껴서 타오르는 불길 모양 너울거리곤 하는 연기는 마치 마술을 부리듯 소리 없이 사방으로 번져 건물 전체를 뒤덮고, 점점 더 부풀어, 들을 메우며 제방의 개나리와 엉기고 말았다.

🌼 **Answer** 83.③ 84.⑤

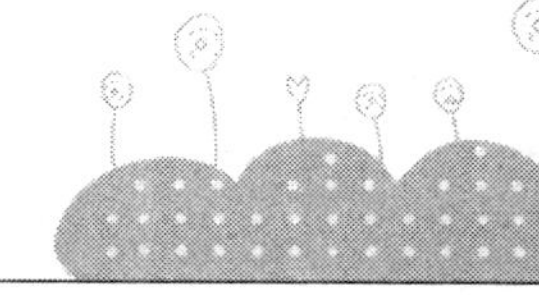

① 단어의 의미를 풀어서 밝히고 있다.

② 근거를 제시하여 주장을 정당화하고 있다.

③ 시간적 순서를 뒤바꾸어 사건을 서술하고 있다.

④ 의식의 흐름에 따라 서술하고 있다.

⑤ 사물을 그림을 그리듯이 표현하고 있다.

> **Tip** 묘사…글쓴이가 대상으로부터 받은 인상을 읽는 이에게 동일하게 받게 하거나 상상적으로 똑같이 체험
> 하게 하려는 목적으로 대상을 그려내는 서술 방식으로 주관적 묘사와 객관적 묘사로 분류할 수 있다.

## 85 다음 자료를 바탕으로 쓸 수 있는 글의 주제로서 가장 적절한 것은?

> - 몸이 조금 피곤하다고 해서 버스나 전철의 경로석에 앉아서야 되겠는가?
> - 아무도 다니지 않는 한밤중에 붉은 신호등을 지킨 장애인 운전기사 이야기는 우리에게 감동을 주고 있다.
> - 개같이 벌어 정승같이 쓴다는 말이 정당하지 않은 방법까지 써서 돈을 벌어도 좋다는 뜻은 아니다.

① 인간은 자신의 신념을 지키기 위해 일관된 행위를 해야 한다.

② 민주 시민이라면 부조리한 현실을 외면하지 말고 그에 당당히 맞서야 한다.

③ 도덕성 회복이야말로 현대 사회의 병폐를 치유할 수 있는 최선의 방법이다.

④ 수단보다는 목적을 중시해야 한다.

⑤ 개인의 이익과 배치된다 할지라도 사회 구성원이 합의한 규약은 지켜야 한다.

> **Tip** '버스나 전철의 경로석에 앉지 말기', '신호등 지키기', '정당한 방법으로 돈을 벌기' 등은 사회 구성원의
> 약속이므로, 비록 이 약속이 개인의 이익과 충돌하더라도 지켜야 한다는 것이 이 글의 주제이다.

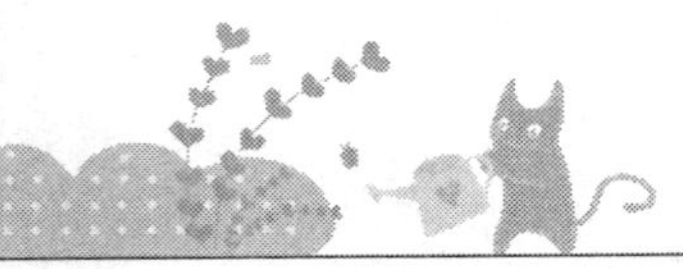

## 86 다음 밑줄 친 부분과 유사한 진술 방식은?

> <u>언어는 기본적으로 인간 상호 간의 의사소통을 위한 기호체계이다.</u> 모든 기호가 그렇듯이 언어도 전달하고자 하는 내용과 그것을 실어 나르는 형식의 두 가지 요소로 구분된다. 언어의 내용은 의미이며, 형식은 음성이다. 이러한 의미와 음성의 관계는 마치 동전의 앞뒤와 같아서 이 중에서 어느 하나라도 결여되면 언어라고 할 수 없게 된다. 즉 음성만 있고 의미가 없다거나 의미만 있고 음성이 없다면 언어로서 성립할 수가 없게 되는 것이다.

① 분수와 폭포는 영원한 대립자이다. 폭포는 지하를 향해 끝없이 하강하려 하지만, 분수는 천상을 향해 부단히 상승하려고 한다.
② 언어 기호란 하나의 언어 사회에서 어떤 개념을 특정한 소리를 사용하여 지시하자는 약속이다.
③ 광명과 암흑은 정반대의 현상이다. 그러나 광명이 있을 때 비로소 암흑이 생겨난다. 촛불로 인해 찾아 온 광명은 암흑을 내쫓는 것이 아니라 거꾸로 촛불 밑에 암흑을 불러들인다.
④ 이는 딱딱하고 혀는 부드럽다. 이는 음식을 씹되 그 맛을 모르고, 혀는 맛볼 수는 있으되 맛이 우러나게 씹을 수는 없다.
⑤ 곤충은 머리, 가슴, 배의 세 부분으로 나눌 수 있다.

> ☞Tip 밑줄 친 부분에 사용된 진술 방식은 정의이다. 정의란 어떤 대상의 범위를 규정짓거나 개념을 풀이하는 것으로 ②에서 언어 기호에 대해 정의하고 있다.


## 87 다음은 굿에 대한 설명이다. 설명하는 사람이 가장 중시하는 굿의 의미는 무엇인가?

> 씻김굿은 죽은 사람의 한을 풀어주는 굿입니다. 그런데 사람이 죽으면 다른 종교에서는 지옥이나 천국, 뭐 그런 데로 간다고들 합니다만, 씻김굿에서는 오직 저승으로 갈 뿐입니다. 천국과 지옥이 따로 없이 저승에 가서 편안히 살게 된다는 겝니다. 윤회(輪回)도 없습니다. 사실, 굿판을 벌이는 가장 중요한 이유는, 살아 있는 사람들이 복 받고 싶기 때문입니다. 살아 있는 사람이 복을 받느냐 아니면 재앙을 당하느냐 하는 건, 죽은 사람의 영혼이 원한을 풀고 편안히 저승에 갔는가, 아니면 아직 이승에서 떠도는가 하는 데 달렸지요. 우리 조상들 생각이 그랬던 것입니다.

① 내세 지향적 의미  ② 형식적 의미
③ 불교적 의미  ④ 현세구복적 의미
⑤ 윤회적 의미

🕊**Tip** 설명하는 이의 말 중에서 '굿판을 벌이는 가장 중요한 이유는 살아 있는 사람들이 복을 받고 싶기 때문이다'라는 표현을 통해서 굿의 현세구복적 의미가 가장 중시되고 있음을 알 수 있다.

## 88 다음 문장들을 논리적 순서로 배열할 때 가장 적절한 것은?

> ㉠ 이는 말레이 민족 위주의 우월적 민족주의 경향이 생기면서 문화적 다원성을 확보하는 데 뒤쳐진 경험을 갖고 있는 말레이시아의 경우와 대비되기도 한다.
>
> ㉡ 지금과 같은 세계화 시대에 다원주의적 문화 정체성은 반드시 필요한 것이기 때문에 이러한 점은 긍정적이다.
>
> ㉢ 영어 공용화 국가의 상황을 긍정적 측면에서 본다면, 영어 공용화 실시는 인종 중심적 문화로부터 탈피하여 다원주의적 문화 정체성을 수립하는 계기가 될 수 있다.
>
> ㉣ 그러나 영어 공용화 국가는 모두 다민족 다언어 국가이기 때문에 한국과 같은 단일 민족 단일 모국어 국가와는 처한 환경이 많이 다르다.
>
> ㉤ 특히, 싱가포르인들은 영어를 통해 국가적 통합을 이룰 뿐만 아니라 다양한 민족어를 수용함으로써 문화적 다원성을 일찍부터 체득할 수 있는 기회를 얻고 있다.

① ㉢㉤㉣㉠㉡  ② ㉢㉡㉠㉤㉣
③ ㉢㉤㉡㉣㉠  ④ ㉢㉡㉤㉠㉣
⑤ ㉢㉡㉤㉣㉠

🕊**Tip** ㉢㉡ 영어 공용화를 통한 다원주의적 문화 정체성 확립 및 필요성→㉤ 다양한 민족어를 수용한 싱가포르의 문화적 다원성의 체득→㉠ 말레이민족 우월주의로 인한 문화적 다원성에 뒤쳐짐→㉣ 단일 민족 단일 모국어 국가의 다른 상황

🌸 **Answer** 88.④

## 89  밑줄 친 부분의 문맥적 의미로 가장 적절한 것은?

> 그날 밤 그 창고에 불이 났다. 순식간에 홈싹 타버렸다. 미처 빠져나오지 못한 어린애가 둘 타 죽었다고 했다. 다행이랄까 밖에 있었던 그들은 피해가 없었다.
>
> 가마니 더미 밑에서마저 쫓겨난 그들은 소방대 펌프가 퍼부은 물이 번질번질 얼은 한길 가에서 밤을 새워야 했다.
>
> "해가 뜨기를 그날 밤처럼 간절히 기다려본 일은 없습니다."
>
> 해만 뜨면 그래도 얼어 죽기는 면하려니 하는 사이 마침내 긴 겨울밤은 새기 시작했다. 훤히 동쪽이 밝아왔다. 이제는 또 어디고 의지할 곳을 찾아야 했다.
>
> 그가 막 골목을 빠져나가려 할 때였다. 간밤에 아들을 태워 죽여 버렸다는 의사가 안경을 벗은 눈을 찌푸리고 마주 섰다.
>
> "이 사람입니다."
>
> 의사는 뒤에 선 청년을 돌아보았다. 아내에게 연락을 할 겨를도 없었다. 그는 수갑을 채운 두 팔을 앞에 읍하고 경찰서로 끌려갔다. <u>눈앞에서 반짝반짝 불꽃이 튀었다.</u>
>
> 쫓겨난 분풀이로 창고에 불을 질렀다는 것이었다.
>
> 사흘 만에야 놓여났다.
>
> — 이범선, '몸 전체로'에서 —

① 경찰에게 자신의 무죄를 격렬하게 주장했다.

② 누명 때문에 억울하고 분한 감정이 복받쳤다.

③ 무고(誣告)한 사람에 대해 강한 증오심을 품었다.

④ 어떻게든 결백을 증명해야겠다는 의지를 불태웠다.

⑤ 자신의 잘못이 밝혀져 당황스러웠다.

　👉**Tip** 밑줄 친 문장의 앞뒤를 살펴보면 창고의 방화범이라는 누명을 쓰고 있다는 것을 알 수 있다.

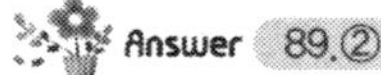 **Answer** 89.②

# 90 다음 글의 목적으로 알맞은 것은?

> 우리 민족의 독립이란 결코 삼천리 삼천만만의 일이 아니라, 진실로 세계 전체의 운명에 관한 일이요, 그러므로 우리나라의 독립을 위하여 일하는 것이 곧 인류를 위하여 일하는 것이다. 만일, 우리의 오늘날 형편이 초라한 것을 보고 자굴지심(自屈之心)을 발하여, 우리가 세우는 나라가 그처럼 위대한 일을 할 것을 의심한다면, 그것은 스스로 모욕(侮辱)하는 일이다. 우리민족의 지나간 역사가 빛나지 아니함이 아니나, 그것은 아직 서곡(序曲)이었다. 우리가 주연배우(主演俳優)로 세계 역사의 무대(舞臺)에 나서는 것은 오늘 이후다. 삼천만의 우리 민족이 옛날의 그리스 민족이나 로마 민족이 한 일을 못 한다고 생각할 수 있겠는가!

① 필자의 지식이나 정보를 독자에게 전달한다.

② 독자의 생각이나 행동의 변화를 촉구한다.

③ 독자의 정서를 유발하여 감동시킨다.

④ 필자 자신의 체험을 독자에게 공감케 한다.

⑤ 독자에게 흥미를 유발시킨다.

> **Tip** 제시된 글은 김구의 나의 소원으로 우리나라의 완전한 자주독립과 우리의 사명에 대해 피력하고 아름다운 우리나라 건국의 소망을 강한 설득력과 호소력으로 표현하고 있는 설득적인 논설문이다. 따라서 이 글의 목적은 독자의 행동과 태도 등을 변화시키는 것이다.

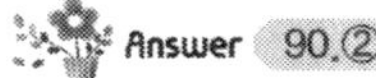
**Answer** 90.②

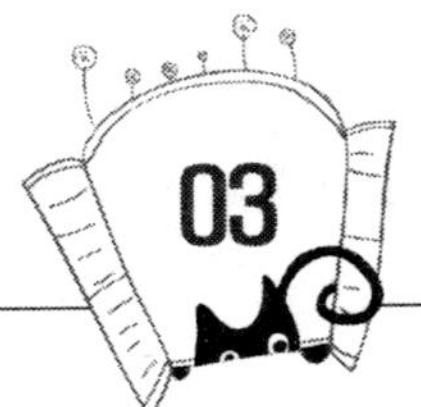

# 자료해석

1. 어느 통신회사가 A, B, C, D, E 5개 건물을 전화선으로 연결하려고 한다. 여기서 A와 B가 연결되고, B와 C가 연결되면 A와 C도 연결된 것으로 간주한다. 다음은 두 건물을 전화선으로 직접 연결하는 데 드는 비용을 나타낸 것이다. A, B, C, D, E를 모두 연결하는 데 드는 비용은 얼마인가?

(단위 : 억 원)

|   | A | B | C | D | E |
|---|---|---|---|---|---|
| A |   | 10 | 8 | 7 | 9 |
| B | 10 |   | 5 | 7 | 8 |
| C | 8 | 5 |   | 4 | 6 |
| D | 7 | 7 | 4 |   | 4 |
| E | 9 | 8 | 6 | 4 |   |

① 19억 원  ② 20억 원
③ 21억 원  ④ 24억 원

**Tip** 가장 적은 비용인 C, D, E부터 연결하면 C, D, E가 각각 연결되면 C와 E가 연결된 것으로 간주되므로 이때 비용은 8억이 든다. 그리고 B에서 C를 연결하면 5억, A에서 D를 연결할 때 7억의 비용이 들기 때문에 총 20억의 비용이 든다.

※ 다음은 어느 산의 5년 동안 낙상자 피해 현황을 나타낸 표이다. 다음 물음에 답하시오. 【2~3】

(단위 : 건)

|  | 2013년 | 2012년 | 2011년 | 2010년 | 2009년 |
|---|---|---|---|---|---|
| 부주의 | 214 | 201 | 138 | 130 | 119 |
| 시설물 노후 | 97 | 73 | 51 | 46 | 43 |
| 야생동물 출현 | 39 | 52 | 80 | 72 | 74 |
| 합계 | 350 | 326 | 269 | 248 | 236 |

**2** 다음 중 표에 대한 설명 중 옳지 않은 것은?

① 2012년에 전체 낙상자 피해 건수가 대폭 증가했다.

② 야생동물 출현에 의한 낙상피해는 해마다 줄어드는 추세이다.

③ 2013년 낙상 피해의 원인 중 가장 큰 원인은 부주의다

④ 부주의에 의한 낙상 피해만 줄여도 낙상자 수는 크게 감소할 것이다.

🌱**Tip** 2011년에는 야생동물 출현으로 인한 낙상피해가 늘어났다.

**3** 2013년에 발생한 낙상피해 중 부주의로 인한 낙상피해가 차지하는 비율은? (단, 소수 첫째 자리까지 구하시오.)

① 49.7(%)

② 53.4(%)

③ 57.2(%)

④ 61.1(%)

🌱**Tip** 2013년 발생한 전체 낙상피해는 350건이다.
이 중 부주의로 인한 낙상피해는 214건이므로
$$\frac{214}{350} \times 100 ≒ 61.1(\%)$$

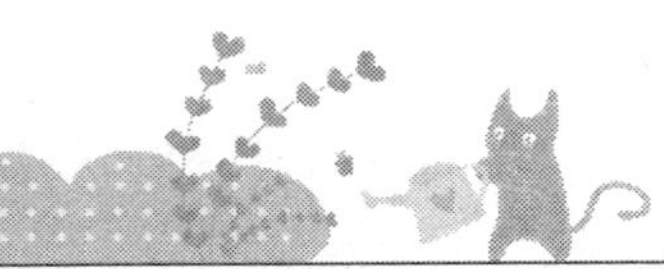

**4** 다음 표의 내용을 해석한 것 중 적절하지 않은 것은?

| 구분 | 1980년 | 2005년 | 2026년 |
|---|---|---|---|
| 0~14세 | 12,951 | 9,240 | 5,796 |
| 15~64세 | 23,717 | 34,671 | 33,618 |
| 65세 이상 | 1,456 | 4,383 | 10,357 |
| 총인구 | 38,124 | 48,294 | 49,771 |

① 1980년과 비교해서 2005년 65세 이상 인구도 늘어났지만 15~64세 인구도 늘어 났다.

② 1980년과 비교해서 2005년 총인구 증가의 주요 원인은 65세 이상의 인구 증가이다.

③ 1980년에서 2005년까지 총인구 변화보다 2005년에서 2026년까지 총인구 변화가 작을 전망이다.

④ 2005년과 비교해서 2026년에는 0~14세의 인구 감소율보다 65세 이상의 인구 증가율이 더 클 전망이다.

**Tip** ② 1980년과 비교하여 2005년의 인구 변화를 살펴보면 0~14세는 감소하였고, 15~64세는 10,954명 증가하였으며, 65세 이상은 2,927명 증가하였다. 총인구 증가의 주요 원인은 15~64세임을 알 수 있다.

**Answer** 4.②

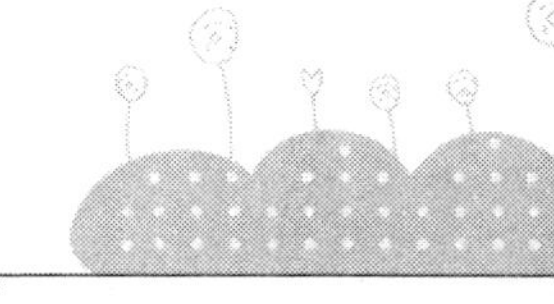

**5** 다이어트 중인 영희는 품목별 가격과 칼로리, 오늘의 행사 제품 여부에 따라 물건을 구입하려고 한다. 예산이 10,000원이라고 할 때, 칼로리의 합이 가장 높은 조합은?

〈품목별 가격과 칼로리〉

| 품목 | 피자 | 돈가스 | 도넛 | 콜라 | 아이스크림 |
|---|---|---|---|---|---|
| 가격(원/개) | 2,500 | 4,000 | 1,000 | 500 | 2,000 |
| 칼로리(kcal/개) | 600 | 650 | 250 | 150 | 350 |

〈오늘의 행사〉
행사 1 : 피자 두 개 한 묶음을 사면 콜라 한 캔이 덤으로!
행사 2 : 돈가스 두 개 한 묶음을 사면 돈가스 하나가 덤으로!
행사 3 : 아이스크림 두 개 한 묶음을 사면 아이스크림 하나가 덤으로!
단, 행사는 품목당 한 묶음까지만 적용됩니다.

① 피자 2개, 아이스크림 2개, 도넛 1개

② 돈가스 2개, 피자 1개, 콜라 1개

③ 아이스크림 2개, 도넛 6개

④ 돈가스 2개, 도넛 2개

**Tip** ① 피자 2개, 아이스크림 2개, 도넛 1개를 살 경우, 행사 적용에 의해 피자 2개, 아이스크림 3개, 도넛 1개, 콜라 1개를 사는 효과가 있다. 따라서 총 칼로리는 $(600 \times 2) + (350 \times 3) + 250 + 150 = 2,650$kcal이다.

② 돈가스 2개(8,000원), 피자 1개(2,500원), 콜라 1개(500원)의 조합은 예산 10,000원을 초과한다.

③ 아이스크림 2개, 도넛 6개를 살 경우, 행사 적용에 의해 아이스크림 3개, 도넛 6개를 구입하는 효과가 있다. 따라서 총 칼로리는 $(350 \times 3) + (250 \times 6) = 2,550$kcal이다.

④ 돈가스 2개, 도넛 2개를 살 경우, 행사 적용에 의해 돈가스 3개, 도넛 2개를 구입하는 효과가 있다. 따라서 총 칼로리는 $(650 \times 3) + (250 \times 2) = 2,450$kcal이다.

Answer　5.①

**6** 다음 표는 A시와 B시의 민원접수 및 처리 현황에 대한 자요이다. 이에 대한 설명으로 옳은 것은?

(단위 : 건)

| 구분 | 민원접수 | 처리 상황 | | 완료된 민원의 결과 | |
|---|---|---|---|---|---|
| | | 미완료 | 완료 | 수용 | 기각 |
| A시 | 19,699 | 1,564 | 18,135 | 14,362(79.19) | 3,773(20.81) |
| B시 | 40,830 | 8,781 | 32,049 | 23,637(73.75) | 8,412(26.25) |

※ 괄호 안의 숫자는 완료건수 대비 민원수용(또는 기각)비율이다.

① A시는 B시에 비해 1인당 민원접수건수가 적다.

② A, B시는 완료건수 대비 민원수용비율이 10%p이상 차이가 난다.

③ B시는 A시보다 시민이 많다.

④ B시는 A시에 비해 수용건수가 많지만 민원접수 대비 수용비율은 A시보다 적다.

**Tip** ④ A시의 민원접수 대비 민원수용비율은 70%가 넘는 반면에 B시의 민원접수 대비 민원수용비율은 60%가 채 되지 않는다.

①③ 주어진 표로는 A, B시의 시민의 수를 알 수 없다.

② A, B시는 완료건수 대비 민원수용비율이 5%p정도의 차이가 난다.

Answer 6.④

※ 다음은 주식시장에서 외국인의 최근 한 달간의 주요 매매 정보 자료이다. 물음에 답하시오.
【7~8】

| | 순매수 | | | 순매도 | |
| --- | --- | --- | --- | --- | --- |
| 종목명 | 수량(백 주) | 금액(백만 원) | 종목명 | 수량(백 주) | 금액(백만 원) |
| A 그룹 | 5,620 | 695,790 | 가 그룹 | 84,930 | 598,360 |
| B 그룹 | 138,340 | 1,325,000 | 나 그룹 | 2,150 | 754,180 |
| C 그룹 | 13,570 | 284,350 | 다 그룹 | 96,750 | 162,580 |
| D 그룹 | 24,850 | 965,780 | 라 그룹 | 96,690 | 753,540 |
| E 그룹 | 70,320 | 110,210 | 마 그룹 | 12,360 | 296,320 |

**7** **표에 대한 설명 중 옳은 것은?**

① 외국인은 가 그룹의 주식 8,493,000주를 팔아치우고 D그룹의 주식 1,357,000주를 사들였다.

② C 그룹과 D 그룹,  E 그룹의 순매수량의 합은 B 그룹의 순매수량보다 작다.

③ 다 그룹의 순매도량은 라 그룹의 순매도량보다 작다.

④ 나 그룹의 순매도액은 598,360(백만 원)이다.

   **Tip** 13,570＋24,850＋70,320＝108740

**8** **표에 대한 설명 중 옳지 않은 것은?**

① 외국인들은 A 그룹보다 D 그룹의 주식을 더 많이 사들였다.

② 가 그룹과 마 그룹의 순매도량의 합은 다 그룹의 순매도량보다 많다.

③ 나 그룹의 순매도액은 라 그룹의 순매도액보다 많다.

④ A 그룹과 D 그룹의 순매수액의 합은 B 그룹의 순매수액보다 작다.

   **Tip** 695,790＋965,780＝1661570

  **Answer** 7.② 8.④

**9** 섭식억제자와 정상인의 불안에 따른 섭식 행동을 조사한 결과 다음 자료를 얻었다. 결론을 내리기 위하여 ㉠, ㉡에 가장 적절한 것은?

|  | 불안 여부 | 정상인 | 섭식 억제자 |
|---|---|---|---|
| 맛있는 과자 | 불안이 없는 조건 | ㉠ | 5 |
| | 불안이 높은 조건 | 7 | 8 |
| 맛없는 과자 | 불안이 없는 조건 | 4 | ㉡ |
| | 불안이 높은 조건 | 3 | 4 |

〈결론〉

섭식억제자는 불안하지 않을 때 정상인에 비해 과자를 섭취하는 양이 적다. 그러나 섭식억제자는 불안을 느낄 때 과자의 맛에 상관없이 정상인보다 그 섭식양이 더 많다. 이는 섭식억제자의 경우 불안을 조절하는 심리적 기능이 취약하여 불안을 경험할 때 음식의 억제가 정상인보다 더 어렵다는 것을 의미한다.

|  | ㉠ | ㉡ |
|---|---|---|
| ① | 5 | 3 |
| ② | 9 | 4 |
| ③ | 6 | 2 |
| ④ | 8 | 5 |

✍**Tip** 과자의 맛에 상관없이 섭식억제자는 불안하지 않을 때 정상인보다 적게 섭취하므로 ㉠은 5보다 높아야 하고, ㉡은 4보다 낮아야 한다.

Answer 9.③

※ 인터넷 쇼핑몰에서 회원가입을 하고 MP3 플레이어를 구매하려고 한다. 다음은 구매하고자 하는 모델에 대하여 인터넷 쇼핑몰 세 곳의 가격과 조건을 조사한 표이다. 물음에 답하여라. 【10~11】

| 구분 | A 쇼핑몰 | B 쇼핑몰 | C 쇼핑몰 |
|---|---|---|---|
| 정상가격 | 129,000원 | 131,000원 | 130,000원 |
| 회원혜택 | 7,000원 할인 | 3,500원 할인 | 7% 할인 |
| 할인쿠폰 | 5% 쿠폰 | 3% 쿠폰 | 5,000원 |
| 중복할인여부 | 불가 | 가능 | 불가 |
| 배송비 | 2,000원 | 무료 | 2,500원 |

**10** 표에 있는 모든 혜택을 적용하였을 때, MP3 플레이어의 배송비를 포함한 실제 구매가격을 바르게 비교한 것은?

① $A < B < C$    ② $B < C < A$

③ $C < A < B$    ④ $C < B < A$

> **Tip** ㉠ A 쇼핑몰 : $129,000 - 7,000 + 2,000 = 124,000$(원)
> ㉡ B 쇼핑몰 : $131,000 \times 0.97 - 3,500 = 123,570$(원)
> ㉢ C 쇼핑몰 : $130,000 \times 0.93 + 2,500 = 123,400$(원)
> $\therefore C < B < A$

**11** MP3 플레이어의 배송비를 포함한 실제 구매가격이 가장 비싼 쇼핑몰과 가장 싼 쇼핑몰 간의 가격 차이는?

① 550원    ② 600원

③ 650원    ④ 700원

> **Tip** $124,000 - 123,400 = 600$(원)

**12** 다음 표는 A, B, C, D 4개 고등학교 3학년 학생들을 대상으로 교육환경 및 학교 운영에 대한 만족도를 조사한 결과이다. 교육환경 및 학교운영에 대한 만족도의 가중평균을 학교 교육 전반에 대한 만족도라 할 때, 만족도가 가장 높은 학교는?

| 영역 | 가중치 | 학교별 만족도 | | | |
|---|---|---|---|---|---|
| | | A | B | C | D |
| 교육환경 | 0.6 | 70 | 90 | 60 | 75 |
| 학교운영 | 0.4 | 80 | 55 | 90 | 75 |

① A

② B

③ C

④ D

    **Tip** 가중평균은 가중치에 영역별 자료값을 곱한 뒤 합하여 구한다.
       ㉠ A : $0.6 \times 70 + 0.4 \times 80 = 74$
       ㉡ B : $0.6 \times 90 + 0.4 \times 55 = 76$
       ㉢ C : $0.6 \times 60 + 0.4 \times 90 = 72$
       ㉣ D : $0.6 \times 75 + 0.4 \times 75 = 75$

**Answer** 12.②

※ 다음은 OECD회원국의 총부양비 및 노령화 지수(단위 : %)를 나타낸 표이다. 물음에 답하시오.
【13~15】

| 국가별 | 인구 | | | 총부양비 | | 노령화 지수 |
|---|---|---|---|---|---|---|
| | 0~14세 | 15~64세 | 65세 이상 | 유년 | 노년 | |
| 한국 | 16.2 | 72.9 | 11.0 | 22 | 15 | 67.7 |
| 일본 | 13.2 | 64.2 | 22.6 | 21 | 35 | 171.1 |
| 터키 | 26.4 | 67.6 | 6.0 | 39 | 9 | 22.6 |
| 캐나다 | 16.3 | 69.6 | 14.1 | 23 | 20 | 86.6 |
| 멕시코 | 27.9 | 65.5 | 6.6 | 43 | 10 | 23.5 |
| 미국 | 20.2 | 66.8 | 13.0 | 30 | 19 | 64.1 |
| 칠레 | 22.3 | 68.5 | 9.2 | 32 | 13 | 41.5 |
| 오스트리아 | 14.7 | 67.7 | 17.6 | 22 | 26 | 119.2 |
| 벨기에 | 16.7 | 65.8 | 17.4 | 25 | 26 | 103.9 |
| 덴마크 | 18.0 | 65.3 | 16.7 | 28 | 26 | 92.5 |
| 핀란드 | 16.6 | 66.3 | 17.2 | 25 | 26 | 103.8 |
| 프랑스 | 18.4 | 64.6 | 17.0 | 28 | 26 | 92.3 |
| 독일 | 13.4 | 66.2 | 20.5 | 20 | 31 | 153.3 |
| 그리스 | 14.2 | 67.5 | 18.3 | 21 | 27 | 128.9 |
| 아일랜드 | 20.8 | 67.9 | 11.4 | 31 | 17 | 57.7 |
| 네덜란드 | 17.6 | 67.0 | 15.4 | 26 | 23 | 87.1 |
| 폴란드 | 14.8 | 71.7 | 13.5 | 21 | 19 | 91.5 |
| 스위스 | 15.2 | 67.6 | 17.3 | 22 | 26 | 113.7 |
| 영국 | 17.4 | 66.0 | 16.6 | 26 | 25 | 95.5 |

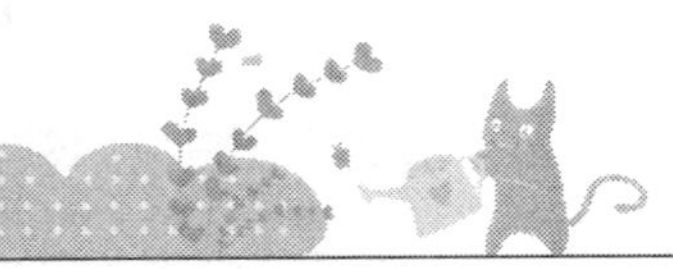

**13** 65세 이상 인구 비율이 다른 나라에 비해 높은 국가를 큰 순서대로 차례로 나열한 것은?

① 일본, 독일, 그리스　　　　　　② 일본, 그리스, 독일

③ 일본, 영국, 독일　　　　　　　④ 일본, 독일, 영국

　　**Tip** 일본(22.6%), 독일(20.5%), 그리스(18.3%), 영국(16.6%)

**14** 위 표에 대한 설명으로 옳지 않은 것은?

① 장래 노년층을 부양해야 되는 부담이 가장 큰 나라는 일본이다.

② 위에서 제시된 국가 중 세 번째로 노령화 지수가 큰 나라는 그리스이다.

③ 아일랜드는 OECD 회원국 중 노년층 부양 부담이 가장 적은 나라이다.

④ 0~14세 인구 비율이 가장 낮은 나라는 독일이다.

　　**Tip** 독일과 일본은 0~14세 인구 비율이 낮은데 그 중에서 가장 낮은 나라는 일본으로 0~14세 인구가 전체
인구의 13.2%이다.

**15** 노령화 지수는 15세 미만 인구 대비 65세 이상 노령인구의 백분율로 인구의 노령화 정도를
나타내는 지표이다. 우리나라 15세 미만 인구가 890만 명일 때, 65세 이상 노령인구는 몇
명인가? (단, 노령화 지수 $= \dfrac{65세\,이상\,인구}{15세\,미만\,인구} \times 100$)

① 6,025,300명　　　　　　　　② 5,982,350명

③ 4,598,410명　　　　　　　　④ 3,698,560명

　　**Tip** $\dfrac{x}{8,900,000} \times 100 = 67.7$
　　　　$x = 6,025,300(명)$

**16** 아래 표는 갑, 을, 병 세 학생의 국어와 수학 과목 점수이다. ㉠~㉢의 조건에 맞는 학생 1, 2, 3의 이름을 순서대로 나열한 것은?

|  | 학생 1 | 학생 2 | 학생 3 |
|---|---|---|---|
| 국어 | 85 | 75 | 70 |
| 수학 | 75 | 70 | 85 |

㉠ 갑은 을보다 수학점수가 높다.
㉡ 을과 병의 국어점수 평균은 갑과 병의 수학점수 평균보다 높다.
㉢ 병은 국어점수가 수학점수보다 높다.

① 갑 – 병 – 을
② 을 – 병 – 갑
③ 을 – 갑 – 병
④ 병 – 을 – 갑

🌱**Tip** ㉠에서 수학 점수는 갑 > 을, 학생 3 > 학생 1 > 학생 2로 쓸 수 있다. ㉢에서 병은 학생 3이 아님을 알 수 있으므로 두 가지 경우의 수가 발생한다. 각 경우의 수에 대하여 ㉡을 적용해보면,

- 학생 1 – 병, 학생 2 – 을, 학생 3 – 갑인 경우 : $\dfrac{75+85}{2}=80=\dfrac{85+75}{2}$

- 학생 1 – 을, 학생 2 – 병, 학생 3 – 갑인 경우 : $\dfrac{85+75}{2}=80>\dfrac{85+70}{2}=77.5$

∴ 학생 1 : 을, 학생 2 : 병, 학생 3 : 갑에 해당한다.


**17** 다음은 모 대학 합격자 100명의 수리영역과 언어영역의 성적에 대한 상관표이다. 합격자의 두 영역 성적을 합한 값의 평균에 가장 가까운 것은?

(단위 : 명)

| 수리영역<br>언어영역 | 55 | 65 | 75 | 85 | 95 |
|---|---|---|---|---|---|
| 95 | – | 2 | 2 | – | – |
| 85 | 6 | 12 | 10 | 6 | – |
| 75 | 2 | 8 | 12 | 10 | 2 |
| 65 | – | 4 | 6 | 12 | – |
| 55 | – | – | 2 | 4 | – |

    ① 120          ② 130

    ③ 140          ④ 150

> **Tip** ㉠ 150점 미만인 인원 : 10명(85 + 55) + 4명(75 + 55) + 4명(65 + 65) + 14명(75 + 65) = 32명
> ㉡ 150점 초과인 인원 : 2명(95 + 65) + 4명(95 + 75) + 20명(85 + 75) + 6명(85 + 85) = 32명
> ㉢ 150점인 인원 : 24명(65 + 85) + 12명(75 + 75) = 36명

**18** 다음은 우리 국민이 가장 좋아하는 산 및 등산 횟수에 관한 설문조사 결과이다. 다음 설명 중 적절하지 않은 것은?

〈표1〉 우리 국민이 가장 좋아하는 산

| 산 이름 | 설악산 | 지리산 | 북한산 | 관악산 | 기타 |
|---|---|---|---|---|---|
| 비율(%) | 38.9 | 17.9 | 7.0 | 5.8 | 30.4 |

〈표2〉 우리 국민의 등산 횟수

| 횟수 | 주1회 이상 | 월1회 이상 | 분기1회 이상 | 연1~2회 | 기타 |
|---|---|---|---|---|---|
| 비율(%) | 16.4 | 23.3 | 13.1 | 29.8 | 17.4 |

① 우리 국민이 가장 좋아하는 산 중 선호도가 높은 2개의 산에 대한 비율은 50% 이상이다.

② 설문조사에서 설악산을 좋아한다고 답한 사람은 지리산, 북한산, 관악산을 좋아한다고 답한 사람보다 더 많다.

③ 우리 국민의 80% 이상은 일 년에 최소한 1번 이상 등산을 한다.

④ 우리 국민들 중 가장 많은 사람들이 월1회 정도 등산을 한다.

> **Tip** ① 선호도가 높은 2개의 산은 설악산과 지리산으로 38.9+17.9=56.8(%)로 50% 이상이다.
> ② 설악산을 좋아한다고 답한 사람은 38.9%, 지리산, 북한산, 관악산을 좋아한다고 답한 사람의 합은 30.7%로 설악산을 좋아한다고 답한 사람이 더 많다.
> ③ 주1회, 월1회, 분기1회, 연1~2회 등산을 하는 사람의 비율은 82.6%로 80% 이상이다.
> ④ 우리 국민들 중 가장 많은 사람들이 연1~2회 정도 등산을 한다.

**Answer** 18.④

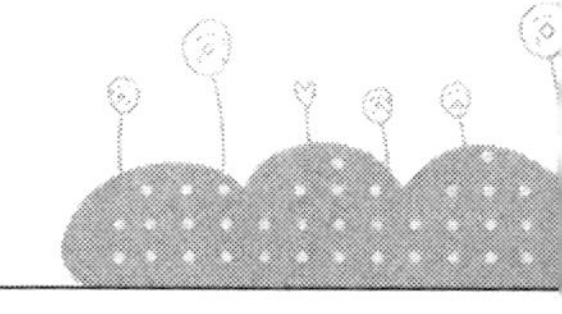

※ 다음은 A 해수욕장의 입장객을 연령·성별로 구분한 것이다. 물음에 답하시오. (단, 소수 둘째자리에서 반올림한다) 【19~20】

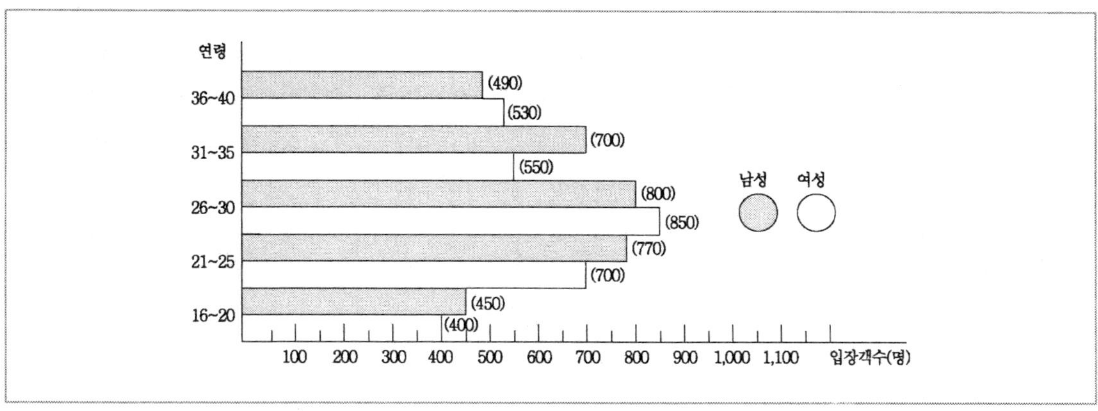


**19** 21~25세의 여성 입장객이 전체 여성 입장객에서 차지하는 비율은 몇 % 인가?

① 22.5%  ② 23.1%

③ 23.5%  ④ 24.1%

> **Tip** 총 여성 입장객수는 3,030명
>
> 21~25세 여성입장객이 차지하는 비율은 $\dfrac{700}{3,030} \times 100 ≒ 23.1(\%)$

**20** 다음 설명 중 옳지 않은 것은?

① 전체 남성 입장객의 수는 3,210명이다.

② 26~30세의 여성 입장객이 가장 많다.

③ 21~25세는 여성 입장객의 비율보다 남성 입장객의 비율이 더 높다.

④ 26~30세 여성 입장객수는 전체 여성 입장객수의 25.4%이다.

> **Tip** 총 여성 입장객수 3,030명
>
> 26~30세 여성입장객수 850명이 차지하는 비율은
>
> $\dfrac{850}{3,030} \times 100 ≒ 28(\%)$

**Answer** 19.② 20.④

※ 다음은 우체국 택배물 취급에 관한 기준표이다. 표를 보고 물음에 답하시오. 【21~23】

(단위 : 원/개당)

| 중량(크기) | | 2kg까지<br>(60cm까지) | 5kg까지<br>(80cm까지) | 10kg까지<br>(120cm까지) | 20kg까지<br>(140cm까지) | 30kg까지<br>(160cm까지) |
|---|---|---|---|---|---|---|
| 동일지역 | | 4,000원 | 5,000원 | 6,000원 | 7,000원 | 8,000원 |
| 타지역 | | 5,000원 | 6,000원 | 7,000원 | 8,000원 | 9,000원 |
| 제주지역 | 빠른(항공) | 6,000원 | 7,000원 | 8,000원 | 9,000원 | 11,000원 |
| | 보통(배) | 5,000원 | 6,000원 | 7,000원 | 8,000원 | 9,000원 |

※ 1) 중량이나 크기 중에 하나만 기준을 초과하여도 초과한 기준에 해당하는 요금을 적용함.
   2) 동일지역은 접수지역과 배달지역이 동일한 시/도이고, 타지역은 접수한 시/도지역 이외
      의 지역으로 배달되는 경우를 말한다.
   3) 부가서비스(안심소포) 이용시 기본요금에 50% 추가하여 부가됨.

**21** 미영이는 서울에서 포항에 있는 보람이와 설희에게 각각 택배를 보내려고 한다. 보람이에게
보내는 물품은 10kg에 130cm이고, 설희에게 보내려는 물품은 4kg에 60cm이다. 미영이가
택배를 보내는데 드는 비용은 모두 얼마인가?

① 13,000원

② 14,000원

③ 15,000원

④ 16,000원

> **Tip** 중량이나 크기 중에 하나만 기준을 초과하여도 초과한 기준에 해당하는 요금을 적용한다고 하였으므로,
> 보람이에게 보내는 택배는 10kg지만 130cm로 크기 기준을 초과하였으므로 요금은 8,000원이 된다. 또
> 한 설희에게 보내는 택배는 60cm이지만 4kg으로 중량기준을 초과하였으므로 요금은 6,000원이 된다.
> ∴ 8,000 + 6,000 = 14,000(원)

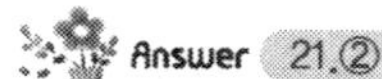 Answer 21.②

**22** 설희는 서울에서 빠른 택배로 제주도에 있는 친구에게 안심소포를 이용해서 18kg짜리 쌀을 보내려고 한다. 쌀 포대의 크기는 130cm일 때, 설희가 지불해야 하는 택배 요금은 얼마인가?

① 19,500원

② 16,500원

③ 15,500원

④ 13,500원

> **Tip** 제주도까지 빠른 택배를 이용해서 20kg미만이고 140cm미만인 택배를 보내는 것이므로 가격은 9,000원이다. 그런데 안심소포를 이용한다고 했으므로 기본요금에 50%가 추가된다.
>
> $$\therefore 9,000 + \left(9,000 \times \frac{1}{2}\right) = 13,500(원)$$

**23** ㉠타지역으로 15kg에 150cm 크기의 물건을 안심소포로 보내는 가격과 ㉡제주지역에 보통 택배로 8kg에 100cm 크기의 물건을 보내는 가격을 각각 바르게 적은 것은?

|  | ㉠ | ㉡ |
|---|---|---|
| ① | 13,500원 | 7,000원 |
| ② | 13,500원 | 6,000원 |
| ③ | 12,500원 | 7,000원 |
| ④ | 12,500원 | 6,000원 |

> **Tip** ㉠ 타지역으로 보내는 물건은 140cm를 초과하였으므로 9,000원이고, 안심소포를 이용하므로 기본요금에 50%가 추가된다.
>
> $$\therefore 9,000 + 4,500 = 13,500(원)$$
>
> ㉡ 제주지역으로 보내는 물건은 5kg와 80cm를 초과하였으므로 요금은 7,000원이다.

Answer 22.④ 23.①

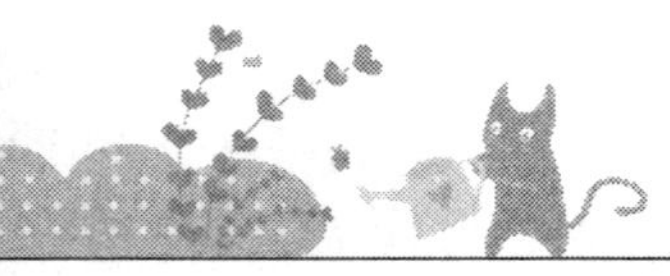

※ 다음은 주유소 4곳을 경영하는 서원각에서 2010년 VIP 회원의 업종별 구성비율을 지점별로 조사한 표이다. 표를 보고 물음에 답하시오. (단, 가장 오른쪽은 각 지점의 회원수가 전 지점의 회원 총수에서 차지하는 비율을 나타낸다)【24~26】

| 구분 | 대학생 | 회사원 | 자영업자 | 주부 | 각 지점 / 전 지점 |
|---|---|---|---|---|---|
| A | 10% | 20% | 40% | 30% | 10% |
| B | 20% | 30% | 30% | 20% | 30% |
| C | 10% | 50% | 20% | 20% | 40% |
| D | 30% | 40% | 20% | 10% | 20% |
| 전 지점 | 20% | | 30% | | 100% |

**24** 서원각 전 지점에서 회사원의 수는 회원 총수의 몇 %인가?

① 24%  ② 33%

③ 39%  ④ 51%

> **Tip** A : $0.1 \times 0.2 = 0.02 = 2(\%)$
> B : $0.3 \times 0.3 = 0.09 = 9(\%)$
> C : $0.4 \times 0.5 = 0.2 = 20(\%)$
> D : $0.2 \times 0.4 = 0.08 = 8(\%)$
> $\therefore$ A+B+C+D = 39(%)

**25** A지점의 회원수를 5년 전과 비교했을 때 자영업자의 수가 2배 증가했고 주부회원과 회사원은 1/2로 감소하였으며 그 외는 변동이 없었다면 5년전 대학생의 비율은? (단, A지점의 2010년 VIP회원의 수는 100명이다)

① 7.69%  ② 8.53%

③ 8.67%  ④ 9.12%

> **Tip** 2010년 A지점의 회원 수는 대학생 10명, 회사원 20명, 자영업자 40명, 주부 30명이다. 따라서 2005년의 회원 수는 대학생 10명, 회사원 40명, 자영업자 20명, 주부 60명이 된다. 이 중 대학생의 비율은 $\dfrac{10명}{130명} \times 100(\%) \fallingdotseq 7.69(\%)$ 가 된다.

**26** B지점의 대학생 회원수가 300명일 때 C지점의 대학생 회원수는?

① 100명

② 200명

③ 300명

④ 400명

> **Tip** B지점의 대학생이 차지하는 비율 : $0.3 \times 0.2 = 0.06 = 6(\%)$
> C지점의 대학생이 차지하는 비율 : $0.4 \times 0.1 = 0.04 = 4(\%)$
> B지점 대학생수가 300명이므로 $6 : 4 = 300 : x$
> $\therefore x = 200(명)$

※ 다음 표는 국제결혼 건수에 관한 표이다. 물음에 답하시오. 【27~28】

(단위 : 명)

| 연도 \ 구분 | 총 결혼건수 | 국제 결혼건수 | 외국인 아내건수 | 외국인 남편건수 |
|---|---|---|---|---|
| 1990 | 399,312 | 4,710 | 619 | 4,091 |
| 1994 | 393,121 | 6,616 | 3,072 | 3,544 |
| 1998 | 375,616 | 12,188 | 8,054 | 4,134 |
| 2002 | 306,573 | 15,193 | 11,017 | 4,896 |
| 2006 | 332,752 | 39,690 | 30,208 | 9,482 |

**27** 다음 중 표에 관한 설명으로 가장 적절한 것은?

① 외국인과의 결혼 비율이 점점 감소하고 있다.

② 21세기 이전에는 총 결혼건수가 증가 추세에 있었다.

③ 총 결혼건수 중 국제 결혼건수가 차지하는 비율이 증가 추세에 있다.

④ 한국 남자와 외국인 여자의 결혼건수 증가율과 한국 여자와 외국인 남자의 결혼건수 증가율이 비슷하다.

> **Tip** ① 외국인과의 결혼 비율은 점점 증가하고 있다.
> ② 1990년부터 1998년까지는 총 결혼건수가 감소하고 있었다.
> ④ 한국 남자와 외국인 여자의 결혼건수 증가율이 한국 여자와 외국인 남자의 결혼건수 증가율보다 훨씬 높다.

**Answer** 26.② 27.③

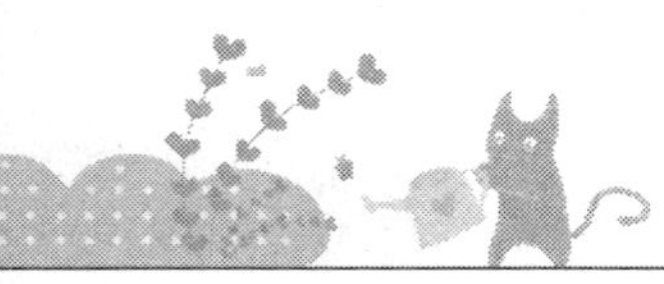

**28** 다음 중 총 결혼건수 중 국제 결혼건수의 비율이 가장 높았던 해는 언제인가?

① 1990년　　　　　　　　　　　② 1994년

③ 1998년　　　　　　　　　　　④ 2002년

> **Tip** ① 1990년 : $\dfrac{4,710}{399,312} \times 100 \fallingdotseq 1.18\,(\%)$
>
> ② 1994년 : $\dfrac{6,616}{399,121} \times 100 \fallingdotseq 1.68\,(\%)$
>
> ③ 1998년 : $\dfrac{12,188}{375,616} \times 100 \fallingdotseq 3.24\,(\%)$
>
> ④ 2002년 : $\dfrac{15,193}{306,573} \times 100 \fallingdotseq 4.96\,(\%)$

※ 다음은 어느 음식점의 메뉴별 판매비율을 나타낸 것이다. 물음에 답하시오. 【29~30】

| 메뉴 | 2005년(%) | 2006년(%) | 2007년(%) | 2008년(%) |
|---|---|---|---|---|
| A | 17.0 | 26.5 | 31.5 | 36.0 |
| B | 24.0 | 28.0 | 27.0 | 29.5 |
| C | 38.5 | 30.5 | 23.5 | 15.5 |
| D | 14.0 | 7.0 | 12.0 | 11.5 |
| E | 6.5 | 8.0 | 6.0 | 7.5 |

**29** 다음 중 옳지 않은 것은?

① A 메뉴의 판매비율은 꾸준히 증가하고 있다.

② C 메뉴의 판매비율은 4년 동안 50%p 이상 감소하였다.

③ 2005년과 비교할 때 E 메뉴의 2008년 판매비율은 3%p 증가하였다.

④ 2005년 C 메뉴의 판매비율이 2008년 A 메뉴 판매비율보다 높다.

> **Tip** ③ 2005년 E 메뉴 판매비율 6.5%p, 2008년 E 메뉴 판매비율 7.5%p이므로 1%p 증가하였다.

**30** 2008년 메뉴 판매개수가 1,500개라면 A 메뉴의 판매개수는 몇 개인가?

① 500개

② 512개

③ 535개

④ 540개

    **Tip** 2008년 A메뉴 판매비율은 36.0%이므로
        판매개수는 $1,500 \times 0.36 = 540$(개)

※ 다음은 식품 분석표이다. 자료를 이용하여 물음에 답하시오. 【31~33】

(중량을 백분율로 표시)

| 영양소      식품 | 대두 | 우유 |
|---|---|---|
| 수분 | 11.8% | 88.4% |
| 탄수화물 | 31.6% | 4.5% |
| 단백질 | 34.6% | 2.8% |
| 지방 | (가) | 3.5% |
| 회분 | 4.8% | 0.8% |
| 합계 | 100.0% | 100.0% |

**31** 대두에서 수분을 제거한 후, 남은 영양소에 대한 중량 백분율을 새로 구할 때, 단백질중량의 백분율은 약 얼마가 되는가? (단, 소수 셋째 자리에서 반올림한다)

① 18.09%

② 24.14%

③ 39.23%

④ 41.12%

    **Tip** 중량을 백분율로 표시한 것이므로 각각 중량의 단위로 바꾸면, 탄수화문 31.6g, 단백질 34.6g, 지방
        17.2g, 회분 4.8g이 된다. 모두 합하면 총 중량은 88.2g이 된다.

        단백질 중량의 백분율을 구하면, $\dfrac{34.6}{88.2} \times 100 ≒ 39.229$이므로 39.23이 된다.

**Answer** 30.④ 31.③

**32** (개에 들어갈 숫자로 올바른 것은?

① 17.2%  ② 20.2%

③ 22.3%  ④ 34.2%

> **Tip** $100 - 11.8 - 31.6 - 34.6 - 4.8 = 17.2\,(\%)$

**33** 우유의 회분 중에는 0.02%의 미량성분이 포함되어 있다고 할 때, 우유 속에 있는 미량성분의 중량 백분율은 얼마인가?

① $1.6 \times 10^{-2}$  ② $1.6 \times 10^{-3}$

③ $1.6 \times 10^{-4}$  ④ $1.6 \times 10^{-5}$

> **Tip** 우유의 회분 중에 0.02%가 미량성분이므로 $0.8 \times \dfrac{0.02}{100} = 0.00016\,(\%)$가 된다.
>
> 이것을 다시 나타내면 $\dfrac{1.6}{10000}$ 이므로, $1.6 \times 10^{-4}\%$가 된다.

**34** 다음은 음식가격에 따른 연령별 만족지수를 나타낸 그래프이다. 그래프에 대한 설명으로 옳은 것을 모두 고르면?

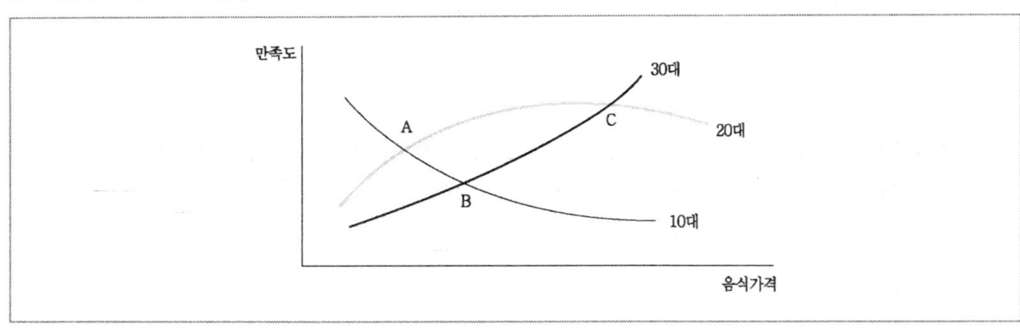


㉠ 10대, 20대, 30대 모두 음식가격이 높을수록 만족도가 높아진다.
㉡ 20대는 음식의 가격이 일정 가격 이상을 초과할 경우 오히려 만족도가 떨어진다.
㉢ 20대의 언니와 10대의 동생이 외식을 할 경우 만족도가 가장 높은 음식가격은 A이다.
㉣ 10대는 양이 많은 음식점에 대해 만족도가 높을 것이다.

**Answer** 32.① 33.③ 34.③

① ㉠㉡　　　　　　　② ㉠㉢

③ ㉡㉢　　　　　　　④ ㉡㉣

**Tip** ㉠ 10대, 20대의 경우 해당하지 않는다.

　　　㉣ 그래프의 결과만으로는 10대가 양이 많은 음식점을 선호하는지 알 수 없다.

---

**35** 아래 표는 고구려대, 백제대, 신라대의 북부, 중부, 남부지역 학생 수이다. 표의 (나)대와 3지역을 바르게 짝지은 것은?

|  | 1지역 | 2지역 | 3지역 | 합계 |
|---|---|---|---|---|
| (가)대 | 10 | 12 | 8 | 30 |
| (나)대 | 20 | 5 | 12 | 37 |
| (다)대 | 11 | 8 | 10 | 29 |

㉠ 백제대는 어느 한 지역의 학생 수도 나머지 지역 학생 수 합보다 크지 않다.

㉡ 중부지역 학생은 세 대학 중 백제대에 가장 많다.

㉢ 고구려대의 학생 중 남부지역 학생이 가장 많다.

㉣ 신라대 학생 중 북부지역 학생 비율은 백제대 학생 중 남부지역 학생 비율보다 높다.

① 고구려대 – 북부지역　　　　② 고구려대 – 남부지역

③ 신라대 – 북부지역　　　　　④ 신라대 – 남부지역

**Tip** ㉠ (나)는 백제대가 아님을 알 수 있다.

　　　㉡ 각 지역별 학생 수가 가장 높은 곳을 찾아보면 1지역과 3지역은 (나), 2지역은 (가)인데 ㉠에서 (나)는 백제대가 아니므로 (가)가 백제대이고, 중부지역은 2지역임을 알 수 있다.

　　　㉢ (나), (다) 모두 1지역의 학생 수가 가장 많으므로 1지역은 남부지역이고, 3지역은 북부지역이 된다.

　　　㉣ 백제대의 남부지역 학생 비율이 $\frac{10}{30} = \frac{1}{3}$ 로, (나)의 $\frac{12}{37} < \frac{1}{3}$, (다)의 $\frac{10}{29} > \frac{1}{3}$ 과 비교해보면 신라대는 (다)이고, 고구려대는 (나)임을 알 수 있다.

　　　∴ 1지역 : 남부, 2지역 : 중부, 3지역 : 북부, (가)대 : 백제대, (나)대 : 고구려대, (다)대 : 신라대

Answer　35.①

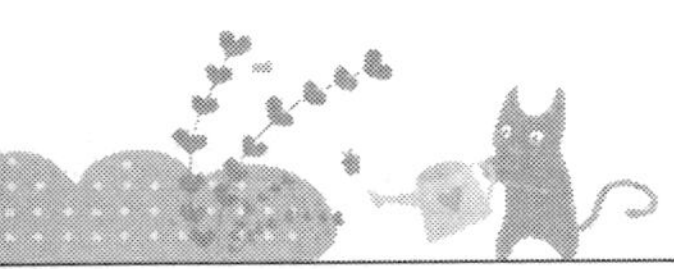

※ 다음은 최근 5년간 5개 도시의 지하철 분실물개수와 분실물 중 핸드폰 비율을 조사한 결과이다. 물음에 답하시오. 【36～37】

<표 1> 도시별 분실물 습득현황

(단위 : 개)

| 도시＼연도 | 2006 | 2007 | 2008 | 2009 | 2010 |
|---|---|---|---|---|---|
| A | 49 | 58 | 45 | 32 | 28 |
| B | 23 | 25 | 27 | 28 | 24 |
| C | 19 | 24 | 31 | 39 | 48 |
| D | 30 | 52 | 48 | 54 | 61 |
| E | 31 | 28 | 29 | 24 | 19 |

<표 2> 도시별 분실물 중 핸드폰 비율

(단위 : %)

| 도시＼연도 | 2006 | 2007 | 2008 | 2009 | 2010 |
|---|---|---|---|---|---|
| A | 40 | 41 | 44 | 49 | 50 |
| B | 78 | 60 | 55 | 71 | 83 |
| C | 47 | 45 | 74 | 58 | 54 |
| D | 60 | 61 | 62 | 61 | 57 |
| E | 48 | 39 | 48 | 50 | 68 |

## 36 다음 중 옳지 않은 것은?

① A 도시는 분실물 중 핸드폰의 비율이 꾸준히 증가하고 있다.

② 분실물이 매년 가장 많이 습득되는 도시는 D이다.

③ 2010년 A 도시에서 발견된 핸드폰 개수는 14개이다.

④ D 도시의 2010년 분실물 개수는 2006년과 비교하여 50% 이상 증가하였다.

　Tip ② D 도시는 2006년, 2007년 A 도시보다 분실물이 더 적게 발견되었다.

 Answer　36.②

**37** 다음 중 분실물로 핸드폰이 가장 많이 발견된 도시와 연도는?

① D 도시, 2010년  ② B 도시, 2010년

③ D 도시, 2009년  ④ C 도시, 2009년

> **Tip** ① 2010년 D 도시 분실물 개수 : 61개
> 　　2010년 D 도시 분실물 중 핸드폰 비율 : 57%　$61 \times 0.57 = 34.77$(개)
> 　② 2010년 B 도시 분실물 개수 : 24개
> 　　2010년 B 도시 분실물 중 핸드폰 비율 : 83%　$24 \times 0.83 = 19.92$(개)
> 　③ 2009년 D 도시 분실물 개수 : 54개
> 　　2009년 D 도시 분실물 중 핸드폰 비율 : 61%　$54 \times 0.61 = 32.94$(개)
> 　④ 2009년 C 도시 분실물 개수 : 39개
> 　　2009년 C 도시 분실물 중 핸드폰 비율 : 58%　$39 \times 0.58 = 22.62$(개)

**38** 다음은 한별의 3학년 1학기 성적표의 일부이다. 이 중에서 다른 학생에 비해 한별의 성적이 가장 좋다고 할 수 있는 과목은 ㉠이고, 이 학급에서 성적이 가장 고른 과목은 ㉡이다. 이 때 ㉠, ㉡에 해당하는 과목을 차례대로 나타낸 것은?

| 성적＼과목 | 국어 | 영어 | 수학 |
|---|---|---|---|
| 한별의 성적 | 79 | 74 | 78 |
| 학급 평균 성적 | 70 | 56 | 64 |
| 표준편차 | 15 | 18 | 16 |

① 국어, 수학  ② 수학, 국어

③ 영어, 국어  ④ 영어, 수학

> **Tip** ㉠ $\dfrac{\text{한별의 성적} - \text{학급평균 성적}}{\text{표준편차}}$ 이 클수록 다른 학생에 비해 한별의 성적이 좋다고 할 수 있다.
>
> 　국어 : $\dfrac{79-70}{15} = 0.6$, 영어 : $\dfrac{74-56}{18} = 1$, 수학 : $\dfrac{78-64}{16} = 0.75$
>
> 　㉡ 표준편차가 작을수록 학급 내 학생들 간의 성적이 고르다.

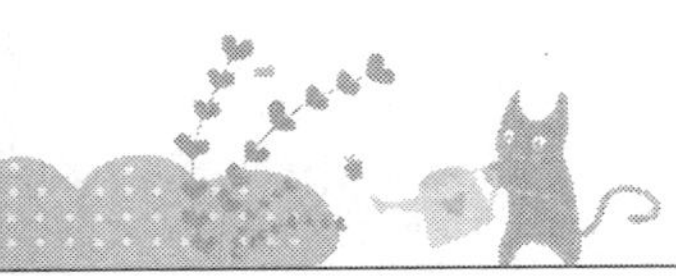

※ 다음은 4개 대학교 학생들의 하루 평균 독서시간을 조사한 결과이다. 다음 물음에 답하시오.
【39~40】

| 구분 | 1학년 | 2학년 | 3학년 | 4학년 |
|---|---|---|---|---|
| ㉠ | 3.4 | 2.5 | 2.4 | 2.3 |
| ㉡ | 3.5 | 3.6 | 4.1 | 4.7 |
| ㉢ | 2.8 | 2.4 | 3.1 | 2.5 |
| ㉣ | 4.1 | 3.9 | 4.6 | 4.9 |
| 대학생평균 | 2.9 | 3.7 | 3.5 | 3.9 |

## 39  주어진 단서를 참고하였을 때, 표의 처음부터 차례대로 들어갈 대학으로 알맞은 것은?

- A대학은 고학년이 될수록 독서시간이 증가하는 대학이다
- B대학은 각 학년별 독서시간이 항상 평균 이상이다.
- C대학은 3학년의 독서시간이 가장 낮다.
- 2학년의 하루 독서시간은 C대학과 D대학이 비슷하다.

　　㉠　㉡　㉢　㉣　　　　　　　　　　㉠　㉡　㉢　㉣
① C→A→D→B　　　　② A→B→C→D
③ D→B→A→C　　　　④ D→C→A→B

> **Tip** ① 매학년 대학생 평균 독서시간 보다 높은 대학이 B대학이고 3학년의 독서시간이 가장 낮은 대학은 C대학이므로 ㉠은 C, ㉡은 A, ㉢은 D, ㉣은 B가 된다.

## 40  다음 중 옳지 않은 것은?

① C대학은 학년이 높아질수록 독서시간이 줄어들었다.
② A대학은 3, 4학년부터 대학생 평균 독서시간보다 독서시간이 증가하였다.
③ B대학은 학년이 높아질수록 꾸준히 독서시간이 증가하였다.
④ D대학은 대학생 평균 독서시간보다 매 학년 독서시간이 적다.

> **Tip** ③ B대학은 2학년의 독서시간이 1학년 보다 줄었다.

Answer  39.①  40.③

**41** 다음은 서원고등학교 A반과 B반의 시험성적에 관한 표이다. 이에 대한 설명으로 옳지 않은 것은?

| 분류 | A반 평균 | | B반 평균 | |
|---|---|---|---|---|
| | 남학생(20명) | 여학생(15명) | 남학생(15명) | 여학생(20명) |
| 국어 | 6.0 | 6.5 | 6.0 | 6.0 |
| 영어 | 5.0 | 5.5 | 6.5 | 5.0 |

① 국어과목의 경우 A반 학생의 평균이 B반 학생의 평균보다 높다.

② 영어과목의 경우 A반 학생의 평균이 B반 학생의 평균보다 낮다.

③ 2과목 전체 평균의 경우 A반 여학생의 평균이 B반 남학생의 평균보다 높다.

④ 2과목 전체 평균의 경우 A반 남학생의 평균은 B반 여학생의 평균과 같다.

**Tip** ① A반 평균: $\dfrac{(20\times 6.0)+(15\times 6.5)}{20+15}=\dfrac{120+97.5}{35}\fallingdotseq 6.2$

B반 평균: $\dfrac{(15\times 6.0)+(20\times 6.0)}{15+20}=\dfrac{90+120}{35}=6$

② A반 평균: $\dfrac{(20\times 5.0)+(15\times 5.5)}{20+15}=\dfrac{100+82.5}{35}\fallingdotseq 5.2$

B반 평균: $\dfrac{(15\times 6.5)+(20\times 5.0)}{15+20}=\dfrac{97.5+100}{35}\fallingdotseq 5.6$

③④ A반 남학생: $\dfrac{6.0+5.0}{2}=5.5$

B반 남학생: $\dfrac{6.0+6.5}{2}=6.25$

A반 여학생: $\dfrac{6.5+5.5}{2}=6$

B반 여학생: $\dfrac{6.0+5.0}{2}=5.5$

※ 다음은 아동·청소년의 인구변화에 관한 표이다. 물음에 답하시오. 【42~43】

(단위 : 명)

| 연령 \ 연도 | 2000년 | 2005년 | 2010년 |
|---|---|---|---|
| 전체 인구 | 44,553,710 | 45,985,289 | 47,041,434 |
| 0~24세 | 18,403,373 | 17,178,526 | 15,748,774 |
| 0~9세 | 6,523,524 | 6,574,314 | 5,551,237 |
| 10~24세 | 11,879,849 | 10,604,212 | 10,197,537 |

## 42  다음 중 비율이 가장 높은 것은?

① 2000년의 전체 인구 중에서 0~24세 사이의 인구가 차지하는 비율

② 2005년의 0~24세 인구 중에서 10~24세 사이의 인구가 차지하는 비율

③ 2010년의 전체 인구 중에서 0~24세 사이의 인구가 차지하는 비율

④ 2000년의 0~24세 인구 중에서 10~24세 사이의 인구가 차지하는 비율

Tip
① $\dfrac{18,403,373}{44,553,710} \times 100 ≒ 41.37(\%)$

② $\dfrac{10,604,212}{17,178,526} \times 100 ≒ 61.73(\%)$

③ $\dfrac{15,748,774}{47,041,434} \times 100 ≒ 33.48(\%)$

④ $\dfrac{11,879,849}{18,403,373} \times 100 ≒ 64.55(\%)$

Answer  42.④

**43** **다음 중 표에 관한 설명으로 가장 적절한 것은?**

① 전체 인구수가 증가하는 이유는 0~9세 아동 인구 때문이다.

② 전체 인구 중 25세 이상보다 24세 이하의 인구수가 많다.

③ 전체 인구 중 10~24세 사이의 인구가 차지하는 비율은 변화가 없다.

④ 전체 인구 중 24세 이하의 인구가 차지하는 비율이 지속적으로 감소하고 있다.

> **Tip** ① 0~9세 아동 인구는 점점 감소하고 있으므로 전체 인구수의 증가 이유와 관련이 없다.
> ② 연도별 25세의 인구수는 각각 26,150,337명, 28,806,766명, 31,292,660명으로 24세 이하의 인구수
> 보다 많다.
> ③ 전체 인구 중 10~24세 사이의 인구가 차지하는 비율은 약 26.66%, 23.06%, 21.68%로 점점 감소하
> 고 있다.

**44** **다음 자료는 연도별 자동차 사고 발생상황을 정리한 것이다. 다음의 자료로부터 추론하기 어려운 내용은?**

| 구분<br>연도 | 발생건수(건) | 사망자수(명) | 10만명당<br>사망자 수(명) | 차 1만대당<br>사망자 수(명) | 부상자 수(명) |
|---|---|---|---|---|---|
| 1997 | 246,452 | 11,603 | 24.7 | 11 | 343,159 |
| 1998 | 239,721 | 9,057 | 13.9 | 9 | 340,564 |
| 1999 | 275,938 | 9,353 | 19.8 | 8 | 402,967 |
| 2000 | 290,481 | 10,236 | 21.3 | 7 | 426,984 |
| 2001 | 260,579 | 8,097 | 16.9 | 6 | 386,539 |

① 연도별 자동차 수의 변화  　② 운전자 1만명당 사고 발생 건수

③ 자동차 1만대당 사고율  　④ 자동차 1만대당 부상자 수

> **Tip** ① 연도별 자동차 수 $= \dfrac{\text{사망자 수}}{\text{차 1만대당 사망자 수}} \times 10{,}000$
>
> ② 운전자수가 제시되어 있지 않아서 운전자 1만명당 사고 발생 건수는 알 수 없다.
>
> ③ 자동차 1만대당 사고율 $= \dfrac{\text{발생건수}}{\text{자동차 수}} \times 10{,}000$
>
> ④ 자동차 1만대당 부상자 수 $= \dfrac{\text{부상자 수}}{\text{자동차 수}} \times 10{,}000$

**Answer** 43.④  44.②

※ 다음은 60대 인구의 여가활동 목적추이를 나타낸 표(단위 : %)이고, 그래프는 60대 인구의 여가 활동 특성(단위 : %)에 관한 것이다. 자료를 보고 물음에 답하시오. 【45~46】

| 년도 | 2006 | 2007 | 2008 |
|---|---|---|---|
| 개인의 즐거움 | 21 | 22 | 19 |
| 건강 | 26 | 31 | 31 |
| 스트레스 해소 | 11 | 7 | 8 |
| 마음의 안정과 휴식 | 15 | 15 | 13 |
| 시간 때우기 | 6 | 6 | 7 |
| 자기발전 자기계발 | 6 | 4 | 4 |
| 대인관계 교제 | 14 | 12 | 12 |
| 자아실현 자아만족 | 2 | 2 | 4 |
| 가족친목 | 0 | 0 | 1 |
| 정보습득 | 0 | 0 | 0 |

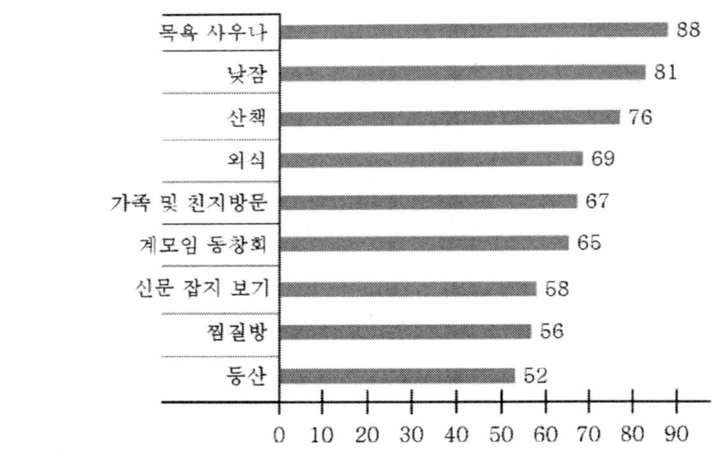

**45** 위의 자료에 대한 설명으로 올바른 것은?

① 60대 인구 대부분은 스트레스 해소를 위해 목욕·사우나를 한다.

② 60대 인구가 가족 친목을 위해 여가시간을 보내는 비중은 정보습득을 위해 여가시간을 보내는 비중만큼이나 작다.

③ 60대 인구가 여가활동을 건강을 위해 보내는 추이가 점차 감소하고 있다.

④ 여가활동을 낮잠으로 보내는 비율이 60대 인구의 여가활동 가운데 가장 높다.

> **Tip** ① 제시된 자료로는 60대 인구가 스트레스 해소로 목욕사우나를 하는지 알 수 없다.
> ③ 60대 인구가 여가활동을 건강을 위해 보내는 비중이 2007년에 증가하였고 2008년은 전년과 동일한 비중을 차지하였다.
> ④ 여가활동을 목욕사우나로 보내는 비율이 60대 인구의 여가활동 가운데 가장 높다.

**46** 60대 인구가 25만 명이라면 여가활동으로 등산을 하는 인구는 몇 명인가?

① 13만 명
② 15만 명
③ 16만 명
④ 17만 명

> **Tip** $\dfrac{x}{25만} \times 100 = 52\%$
> $x = 13만$ 명

**47** 표준 업무시간이 80시간인 업무를 각 부서에 할당해 본 결과, 다음과 같은 표를 얻었다. 어느 부서의 업무효율이 가장 높은가?

| 부서명 | 투입인원(명) | 개인별 업무시간(시간) | 회의 | |
|:---:|:---:|:---:|:---:|:---:|
| | | | 횟수(회) | 소요시간(시간/회) |
| A | 2 | 41 | 3 | 1 |
| B | 3 | 30 | 2 | 2 |
| C | 4 | 22 | 1 | 4 |
| D | 3 | 27 | 2 | 1 |

※ 1) 업무효율 $= \dfrac{\text{표준 업무시간}}{\text{총 투입시간}}$

2) 총 투입시간은 개인별 투입시간의 합임.

개인별 투입시간 = 개인별 업무시간 + 회의 소요시간

3) 부서원은 업무를 분담하여 동시에 수행할 수 있음.

4) 투입된 인원의 업무능력과 인원당 소요시간이 동일하다고 가정함.

① A
② B
③ C
④ D

**Tip** ㉠ 총 투입시간 = 투입인원 × 개인별 투입시간

㉡ 개인별 투입시간 = 개인별 업무시간 + 회의 소요시간

㉢ 회의 소요시간 = 횟수(회) × 소요시간(시간/회)

∴ 총 투입시간 = 투입인원 × (개인별 업무시간 + 횟수 × 소요시간)

각각 대입해서 총 투입시간을 구하면,

$A = 2 \times (41 + 3 \times 1) = 88$

$B = 3 \times (30 + 2 \times 2) = 102$

$C = 4 \times (22 + 1 \times 4) = 104$

$D = 3 \times (27 + 2 \times 1) = 87$

업무효율 $= \dfrac{\text{표준 업무시간}}{\text{총 투입시간}}$ 이므로, 총 투입시간이 적을수록 업무효율이 높다. D의 총 투입시간이 87로 가장 적으므로 업무효율이 가장 높은 부서는 D이다.

**Answer** 47.④

※ 〈표 1〉은 대재이상 학력자의 3개월간 일반도서 구입량에 대한 표이고 〈표 2〉는 20대 이하 인구의 3개월간 일반도서 구입량에 대한 표이다. 물음에 답하시오. 【48~50】

〈표 1〉 대재이상 학력자의 3개월간 일반도서 구입량

|        | 2006년 | 2007년 | 2008년 | 2009년 |
|--------|--------|--------|--------|--------|
| 사례 수 | 255 | 255 | 244 | 244 |
| 없음 | 41% | 48% | 44% | 45% |
| 1권 | 16% | 10% | 17% | 18% |
| 2권 | 12% | 14% | 13% | 16% |
| 3권 | 10% | 6% | 10% | 8% |
| 4~6권 | 13% | 13% | 13% | 8% |
| 7권 이상 | 8% | 8% | 3% | 5% |

〈표 2〉 20대 이하 인구의 3개월간 일반도서 구입량

|        | 2006년 | 2007년 | 2008년 | 2009년 |
|--------|--------|--------|--------|--------|
| 사례 수 | 491 | 545 | 494 | 481 |
| 없음 | 31% | 43% | 39% | 46% |
| 1권 | 15% | 10% | 19% | 16% |
| 2권 | 13% | 16% | 15% | 17% |
| 3권 | 14% | 10% | 10% | 7% |
| 4~6권 | 17% | 12% | 13% | 9% |
| 7권 이상 | 10% | 8% | 4% | 5% |

**48** 2007년 20대 이하 인구의 3개월간 일반도서 구입량이 1권 이하인 사례는 몇 건인가?
(단, 소수 첫째자리에서 반올림할 것)

① 268건      ② 278건

③ 289건      ④ 정답 없음

**Tip** $545 \times (0.43 + 0.1) = 288.85 \rightarrow 289$건

Answer 48.③

**49** 2008년 대재이상 학력자의 3개월간 일반도서 구입량이 7권 이상인 경우의 사례는 몇 건인가?

① 7.3건

② 7.4건

③ 7.5건

④ 7.6건

> **Tip** 244 × 0.03 = 7.32건

**50** 위 표에 대한 설명으로 옳지 않은 것은?

① 20대 이하 인구가 3개월간 1권 이상 구입한 일반도서량은 해마다 증가하고 있다.

② 20대 이하 인구가 3개월간 일반도서 7권 이상 읽은 비중이 가장 낮다.

③ 20대 이하 인구가 3권 이상 6권 이하로 일반도서 구입하는 량은 해마다 감소하고 있다.

④ 대재이상 학력자가 3개월간 일반도서 1권 구입하는 것보다 한 번도 구입한 적이 없는 경우가 더 많다.

> **Tip** ① 20대 이하 인구가 3개월간 1권 이상 구입한 일반도서량은 2007년과 2009년 전년에 비해 감소했다.

**Answer** 49.① 50.①

※ 가사분담 실태에 대한 통계표(단위 : %)이다. 표를 보고 물음에 답하시오. 【51~52】

|  | 부인 주도 | 부인 전적 | 부인 주로 | 공평 분담 | 남편 주도 | 남편 주로 | 남편 전적 |
|---|---|---|---|---|---|---|---|
| 15~29세 | 40.2 | 12.6 | 27.6 | 17.1 | 1.3 | 0.9 | 0.3 |
| 30~39세 | 49.1 | 11.8 | 27.3 | 9.4 | 1.2 | 1.1 | 0.1 |
| 40~49세 | 48.8 | 15.2 | 23.5 | 9.1 | 1.9 | 1.6 | 0.3 |
| 50~59세 | 47.0 | 17.6 | 20.4 | 10.6 | 2.0 | 2.2 | 0.2 |
| 60세 이상 | 47.2 | 18.2 | 18.3 | 9.3 | 3.5 | 2.3 | 1.2 |
| 65세 이상 | 47.2 | 11.2 | 25.2 | 9.2 | 3.6 | 2.2 | 1.4 |

|  | 부인 주도 | 부인 전적 | 부인 주로 | 공평 분담 | 남편 주도 | 남편 주로 | 남편 전적 |
|---|---|---|---|---|---|---|---|
| 맞벌이 | 55.9 | 14.3 | 21.5 | 5.2 | 1.9 | 1.0 | 0.2 |
| 비맞벌이 | 59.1 | 12.2 | 20.9 | 4.8 | 2.1 | 0.6 | 0.3 |

## 51 위 표에 대한 설명으로 옳은 것은?

① 맞벌이 부부가 공평하게 가사 분담하는 비율이 부인이 주로 가사 담당하는 비율보다 높다.

② 비맞벌이 부부는 가사를 부인이 주도하는 경우가 가장 높은 비율을 차지하고 있다.

③ 60세 이상은 비맞벌이 부부가 대부분이기 때문에 부인이 가사를 주도하는 경우가 많다.

④ 대체로 부인이 가사를 전적으로 담당하는 경우가 가장 높은 비율을 차지하고 있다.

> **Tip** ① 맞벌이 부부가 공평하게 가사 분담하는 비율이 부인이 주로 가사 담당하는 비율보다 낮다.
> ③ 60세 이상이 비맞벌이 부부가 대부분인지는 알 수 없다.
> ④ 대체로 부인이 가사를 주도하는 경우가 가장 높은 비율을 차지하고 있다.

## 52 50세에서 59세의 부부의 가장 높은 비율을 차지하는 가사분담 형태는?

① 부인 주도로 가사 담당　　　　② 부인이 전적으로 가사 담당
③ 공평하게 가사 분담　　　　　④ 남편이 주로 가사 담당

> **Tip** ① 47%로 가장 높은 비중을 차지한다.

Answer　51.②　52.①

※ 2010년 사이버 쇼핑몰 상품별 거래액에 관한 표이다. 물음에 답하시오. 【53~54】

(단위 : 백만 원)

| | 1월 | 2월 | 3월 | 4월 | 5월 | 6월 | 7월 | 8월 | 9월 |
|---|---|---|---|---|---|---|---|---|---|
| 컴퓨터 | 200,078 | 195,543 | 233,168 | 194,102 | 176,981 | 185,357 | 193,835 | 193,172 | 183,620 |
| 소프트웨어 | 13,145 | 11,516 | 13,624 | 11,432 | 10,198 | 10,536 | 45,781 | 44,579 | 42,249 |
| 가전 · 전자 | 231,874 | 226,138 | 251,881 | 228,323 | 239,421 | 255,383 | 266,013 | 253,731 | 248,474 |
| 서적 | 103,567 | 91,241 | 130,523 | 89,645 | 81,999 | 78,316 | 107,316 | 99,591 | 93,486 |
| 음반 · 비디오 | 12,727 | 11,529 | 14,408 | 13,230 | 12,473 | 10,888 | 12,566 | 12,130 | 12,408 |
| 여행 · 예약 | 286,248 | 239,735 | 231,761 | 241,051 | 288,603 | 293,935 | 345,920 | 344,391 | 245,285 |
| 아동 · 유아용 | 109,344 | 102,325 | 121,955 | 123,118 | 128,403 | 121,504 | 120,135 | 111,839 | 124,250 |
| 음 · 식료품 | 122,498 | 137,282 | 127,372 | 121,868 | 131,003 | 130,996 | 130,015 | 133,086 | 178,736 |

**53** 1월 컴퓨터 상품 거래액의 다음 달 거래액과 차이는?

① 4,455백만 원  ② 4,535백만 원

③ 4,555백만 원  ④ 4,655백만 원

**Tip** 200,078 − 195,543 = 4,535(백만 원)

**54** 1월 서적 상품 거래액은 음반 · 비디오 상품의 몇 배인가? (소수 둘째자리까지 구하시오)

① 8.13  ② 8.26

③ 9.53  ④ 9.75

**Tip** 103,567 ÷ 12,727 = 8.13(배)

Answer  53.②  54.①

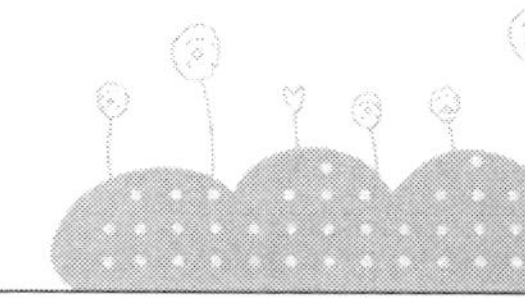

※ 다음은 1999~2007년 서울시 거주 외국인의 국적별 인구 분포 자료이다. 표를 보고 물음에 답하시오. 【55~56】

(단위 : 명)

| 국적＼연도 | 1999 | 2000 | 2001 | 2002 | 2003 | 2004 | 2005 | 2006 | 2007 |
|---|---|---|---|---|---|---|---|---|---|
| 대만 | 3,011 | 2,318 | 1,371 | 2,975 | 8,908 | 8,899 | 8,923 | 8,974 | 8,953 |
| 독일 | 1,003 | 984 | 937 | 997 | 696 | 681 | 753 | 805 | 790 |
| 러시아 | 825 | 1,019 | 1,302 | 1,449 | 1,073 | 927 | 948 | 979 | 939 |
| 미국 | 18,763 | 16,658 | 15,814 | 16,342 | 11,484 | 10,959 | 11,487 | 11,890 | 11,810 |
| 베트남 | 841 | 1,083 | 1,109 | 1,072 | 2,052 | 2,216 | 2,385 | 3,011 | 3,213 |
| 영국 | 836 | 854 | 977 | 1,057 | 828 | 848 | 1,001 | 1,133 | 1,160 |
| 인도 | 491 | 574 | 574 | 630 | 836 | 828 | 975 | 1,136 | 1,173 |
| 일본 | 6,332 | 6,703 | 7,793 | 7,559 | 6,139 | 6,271 | 6,710 | 6,864 | 6,732 |
| 중국 | 12,283 | 17,432 | 21,259 | 22,535 | 52,572 | 64,762 | 77,881 | 119,300 | 124,597 |
| 캐나다 | 1,809 | 1,795 | 1,909 | 2,262 | 1,723 | 1,893 | 2,084 | 2,300 | 2,374 |
| 프랑스 | 1,180 | 1,223 | 1,257 | 1,360 | 1,076 | 1,015 | 1,001 | 1,002 | 984 |
| 필리핀 | 2,005 | 2,432 | 2,665 | 2,741 | 3,894 | 3,740 | 3,646 | 4,038 | 4,055 |
| 호주 | 838 | 837 | 868 | 997 | 716 | 656 | 674 | 709 | 737 |
| 서울시 전체 | 57,189 | 61,920 | 67,908 | 73,228 | 102,882 | 114,685 | 129,660 | 175,036 | 180,857 |

※ 2개 이상 국적을 보유한 자는 없는 것으로 가정함.

**55** 2007년에 서울시에 거주하는 외국인 중 가장 많은 국적은?

① 미국 ② 인도

③ 중국 ④ 일본

　Tip 124,597명으로 중국 국적의 외국인이 가장 많다.

Answer 55.③

**56** **서울시 거주 외국인의 연도별 국적별 분포 자료에 대한 해석으로 옳은 것은?**

① 서울시 거주 인도국적 외국인 수는 2001~2007년 사이에 매년 증가하였다.

② 2006년 서울시 거주 전체 외국인 중 중국국적 외국인이 차지하는 비중은 60% 이상이다.

③ 2000~2007년 사이에 서울시 거주 외국인 수가 매년 증가한 국적은 3개이다.

④ 1999년 서울시 거주 전체 외국인 중 일본국적 외국인과 캐나다국적 외국인의 합이 차지하는 비중은 2006년 서울시 거주 전체 외국인 중 대만국적 외국인과 미국국적 외국인의 합이 차지하는 비중보다 작다.

> **Tip** ① 2004년에 감소를 보였다.
> ② 3자리 유효숫자로 계산해보면, 175의 60%는 105이므로 중국국적 외국인이 차지하는 비중은 60% 이상이다.
> ③ 2000~2007년 사이에 서울시 거주 외국인 수가 매년 증가한 나라는 중국이다.
> ④ $\dfrac{6,332+1,809}{57,189} ≒ 0.14\% > \dfrac{8,974+11,890}{175,036} ≒ 0.12\%$

**57** **다음 연도별 인구분포비율표에 대한 설명으로 옳지 않은 것은?**

| 구분 \ 연도 | 2007 | 2008 | 2009 |
|---|---|---|---|
| 평균 가구원 수 | 4.0명 | 3.0명 | 2.4명 |
| 광공업 비율 | 56% | 37% | 21% |
| 생산가능 인구비율 | 50% | 56% | 65% |
| 노령 인구비율 | 4% | 6% | 8% |

① 광공업의 비율을 보면 경제적 비중이 줄어들고 있음을 할 수 있다.

② 인구의 노령화에 따라 평균 가구원 수가 증가하고 있다.

③ 생산가능 인구의 증가는 경제발전에 도움을 준다.

④ 노령인구의 증가로 노령화사회로 다가가고 있다.

> **Tip** ② 핵가족화에 따라 평균 가구원 수는 감소하고 있다.

**Answer** 56.② 57.②

**58** 다음은 어떤 지역의 연령층·지지 정당별 사형제 찬반에 대한 설문조사 결과이다. 이에 대한 설명 중 옳은 것을 고르면?

(단위 : 명)

| 연령층 | 지지정당 | 사형제에 대한 태도 | 빈도 |
|---|---|---|---|
| 청년층 | A | 찬성 | 90 |
| | | 반대 | 10 |
| | B | 찬성 | 60 |
| | | 반대 | 40 |
| 장년층 | A | 찬성 | 60 |
| | | 반대 | 10 |
| | B | 찬성 | 15 |
| | | 반대 | 15 |

① 청년층은 장년층보다 사형제에 반대하는 사람의 수가 적다.

② B당 지지자의 경우, 청년층은 장년층보다 사형제 반대 비율이 높다.

③ A당 지지자의 사형제 찬성 비율은 B당 지지자의 사형제 찬성 비율보다 낮다.

④ 사형제 찬성 비율의 지지 정당별 차이는 청년층보다 장년층에서 더 크다.

**Tip** ① 청년층 중 사형제에 반대하는 사람 수(50명) > 장년층에서 반대하는 사람 수(25명)

② B당을 지지하는 청년층에서 사형제에 반대하는 비율 : $\dfrac{40}{40+60}=40(\%)$

B당을 지지하는 장년층에서 사형제에 반대하는 비율 : $\dfrac{15}{15+15}=50(\%)$

③ A당은 찬성 150, 반대 20, B당은 찬성 75, 반대 55의 비율이므로 A당의 찬성 비율이 높다.

④ 청년층에서 A당 지지자의 찬성 비율 : $\dfrac{90}{90+10}=90(\%)$

청년층에서 B당 지지자의 찬성 비율 : $\dfrac{60}{60+40}=60(\%)$

장년층에서 A당 지지자의 찬성 비율 : $\dfrac{60}{60+10}≒86(\%)$

장년층에서 B당 지지자의 찬성 비율 : $\dfrac{15}{15+15}=50(\%)$

따라서 사형제 찬성 비율의 지지 정당별 차이는 청년층보다 장년층에서 더 크다.

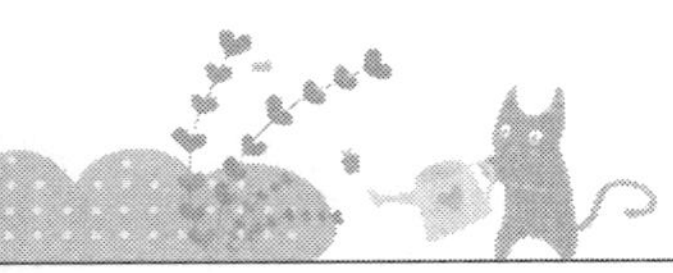

**59** 다음은 A 자치구가 관리하는 전체 13개 문화재 보수공사 추진현황을 정리한 자료이다. 이에 대한 설명 중 옳은 것은?

(단위 : 백만 원)

| 문화재 번호 | 공사내용 | 사업비 | | | | 공사기간 | 공정 |
|---|---|---|---|---|---|---|---|
| | | 국비 | 시비 | 구비 | 합 | | |
| 1 | 정전 동문보수 | 700 | 300 | 0 | 1,000 | 2008. 1. 3 ~ 2008. 2.15 | 공사완료 |
| 2 | 본당 구조보강 | 0 | 1,106 | 445 | 1,551 | 2006.12.16 ~ 2008.10.31 | 공사완료 |
| 3 | 별당 해체보수 | 0 | 256 | 110 | 366 | 2007.12.28 ~ 2008.11.26 | 공사 중 |
| 4 | 마감공사 | 0 | 281 | 49 | 330 | 2008. 3. 4 ~ 2008.11.28 | 공사 중 |
| 5 | 담장보수 | 0 | 100 | 0 | 100 | 2008. 8.11 ~ 2008.12.18 | 공사 중 |
| 6 | 관리실 신축 | 0 | 82 | 0 | 82 | 계획 중 | |
| 7 | 대문 및 내부 담장공사 | 17 | 8 | 0 | 25 | 2008.11.17 ~ 2008.12.27 | 공사 중 |
| 8 | 행랑채 해체보수 | 45 | 45 | 0 | 90 | 2008.11.21 ~ 2009. 6.19 | 공사 중 |
| 9 | 벽면보수 | 0 | 230 | 0 | 230 | 2008.11.10 ~ 2009. 9. 6 | 공사 중 |
| 10 | 방염공사 | 9 | 9 | 0 | 18 | 2008.11.23 ~ 2008.12.24 | 공사 중 |
| 11 | 소방·전기 공사 | 0 | 170 | 30 | 200 | 계획 중 | |
| 12 | 경관조명 설치 | 44 | 44 | 0 | 88 | 계획 중 | |
| 13 | 단청보수 | 67 | 29 | 0 | 96 | 계획 중 | |

※ 공사는 제시된 공사기간에 맞추어 완료하는 것으로 가정함.

① 이 표가 작성된 시점은 2008년 11월 10일 이전이다.

② 전체 사업비 중 시비와 구비의 합은 전체 사업비의 절반 이하이다.

③ 사업비의 80% 이상을 시비로 충당하는 문화재 수는 전체의 50% 이상이다.

④ 국비를 지원 받지 못하는 문화재 수는 구비를 지원 받지 못하는 문화재 수보다 적다.

 Answer 59.④

**60** 다음은 학생 40명을 대상으로 영어와 수학을 각각 5문제씩 주관식 시험을 본 성적을 상관표로 나타낸 것이다.(점수는 문제당 1점으로 배점한다) 영어성적이 수학성적에 비해 우수한 학생과 수학성적이 영어성적에 비해 우수한 학생의 수를 비교할 경우에 대한 설명으로 옳은 것은?

| 수학＼영어 | 0점 | 1점 | 2점 | 3점 | 4점 | 5점 |
|---|---|---|---|---|---|---|
| 0점 | 1 | − | − | − | − | − |
| 1점 | − | 3 | − | 2 | 2 | − |
| 2점 | − | − | 5 | − | − | − |
| 3점 | − | − | 4 | 5 | 6 | − |
| 4점 | − | 1 | − | 4 | − | − |
| 5점 | − | − | 3 | 2 | − | 2 |

① 영어성적이 우수한 학생이 4명 더 많다.
② 수학성적이 우수한 학생이 4명 더 많다.
③ 영어성적이 더 우수한 학생은 모두 14명이다.
④ 수학성적이 더 우수한 학생은 모두 10명이다.

**Tip** 표의 왼쪽 맨 위와 오른쪽 맨 아래로 대각선을 그어보면 기준을 알 수 있다.
영어성적이 우수한 학생을 대각선 오른쪽, 수학성적이 우수한 학생은 대각선 왼쪽에 위치하게 된다.
㉠ 영어성적이 수학성적에 비해 우수한 학생 : 2+2+6=10(명)
㉡ 수학성적이 영어성적에 비해 우수한 학생 : 4+4+1+3+2=14(명)

**Answer** 60.③

**61** 다음은 A 회사의 2000년과 2010년의 출신 지역 및 직급별 임직원 수에 대한 자료이다. 이에 대한 설명으로 옳지 않은 것은?

〈표 1〉 2000년의 출신 지역 및 직급별 임직원 수

(단위 : 명)

| 직급 \ 지역 | 서울 · 경기 | 강원 | 충북 | 충남 | 경북 | 경남 | 전북 | 전남 | 합 |
|---|---|---|---|---|---|---|---|---|---|
| 이사 | 0 | 0 | 1 | 1 | 0 | 0 | 1 | 1 | 4 |
| 부장 | 0 | 0 | 1 | 0 | 0 | 1 | 1 | 1 | 4 |
| 차장 | 4 | 4 | 3 | 3 | 2 | 1 | 0 | 3 | 20 |
| 과장 | 7 | 0 | 7 | 4 | 4 | 5 | 11 | 6 | 44 |
| 대리 | 7 | 12 | 14 | 12 | 7 | 7 | 5 | 18 | 82 |
| 사원 | 19 | 38 | 41 | 37 | 11 | 12 | 4 | 13 | 175 |
| 계 | 37 | 54 | 67 | 57 | 24 | 26 | 22 | 42 | 329 |

〈표 2〉 2010년의 출신 지역 및 직급별 임직원 수

(단위 : 명)

| 직급 \ 지역 | 서울 · 경기 | 강원 | 충북 | 충남 | 경북 | 경남 | 전북 | 전남 | 합 |
|---|---|---|---|---|---|---|---|---|---|
| 이사 | 3 | 0 | 1 | 1 | 0 | 0 | 1 | 2 | 8 |
| 부장 | 0 | 0 | 2 | 0 | 0 | 1 | 1 | 0 | 4 |
| 차장 | 3 | 4 | 3 | 4 | 2 | 1 | 1 | 2 | 20 |
| 과장 | 8 | 1 | 14 | 7 | 6 | 7 | 18 | 14 | 75 |
| 대리 | 10 | 14 | 13 | 13 | 7 | 6 | 2 | 12 | 77 |
| 사원 | 12 | 35 | 38 | 31 | 8 | 11 | 2 | 11 | 148 |
| 계 | 36 | 54 | 71 | 56 | 23 | 26 | 25 | 41 | 332 |

① 출신 지역을 고려하지 않을 때, 2000년 대비 2010년에 직급별 인원의 증가율은 이사 직급에서 가장 크다.

② 출신 지역별로 비교할 때, 2010년의 경우 해당 지역 출신 임직원 중 과장의 비율은 전라북도가 가장 높다.

③ 2000년에 비해 2010년에 과장의 수는 증가하였다.

④ 2000년에 비해 2010년에 대리의 수가 늘어난 출신 지역은 대리의 수가 줄어든 출신 지역에 비해 많다.

> **Tip** 2000년에 비해 2010년에 대리의 수가 늘어난 출신 지역은 서울 · 경기, 강원, 충남 3곳이고, 대리의 수가 줄어든 출신 지역은 충북, 경남, 전북, 전남 4곳이다.

 **Answer** 61.④

## 62 다음은 A기업에서 승진시험을 시행한 결과이다. 시험을 치른 200명의 국어와 영어의 점수 분포가 다음과 같을 때 국어에서 30점 미만을 얻은 사원의 영어 평균 점수의 범위는?

(단위 : 명)

| 영어(점) \ 국어(점) | 0~9 | 10~19 | 20~29 | 30~39 | 40~49 | 50~59 | 60~69 | 70~79 | 80~89 | 90~100 |
|---|---|---|---|---|---|---|---|---|---|---|
| 0~9 | 3 | 2 | 3 | | | | | | | |
| 10~19 | 5 | 7 | 4 | | | | | | | |
| 20~29 | | | 6 | 5 | 5 | 4 | | | | |
| 30~39 | | | | 10 | 6 | 3 | 1 | 3 | 3 | |
| 40~49 | | | | 2 | 9 | 10 | 2 | 5 | 2 | |
| 50~59 | | | | 2 | 5 | 4 | 3 | 4 | 2 | |
| 60~69 | | | | 1 | 3 | 9 | 24 | 10 | 3 | |
| 70~79 | | | | | 2 | 18 | | | | |
| 80~89 | | | | | | 10 | | | | |
| 90~100 | | | | | | | | | | |

① 9.3~18.3

② 9.5~17.5

③ 10.2~12.3

④ 11.6~15.4

**Tip** 국어점수 30점 미만인 사원의 수는 3 + 2 + 3 + 5 + 7 + 4 + 6 = 30명
점수가 구간별로 표시되어 있으므로 구간별로 가장 작은 수와 가장 큰 수를 고려하여 구한다.
영어 평균 점수 최저는 $\frac{0\times8+10\times16+20\times6}{30}=9.3$이고 영어 평균 점수 최고는
$\frac{9\times8+19\times16+29\times6}{30}=18.3$이다.

Answer 62.①

**63** 다음은 '갑'지역의 친환경농산물 인증심사에 대한 자료이다. 2011년부터 인증심사원 1인당 연간 심사할 수 있는 농가수가 상근직은 400호, 비상근직은 250호를 넘지 못하도록 규정이 바뀐다고 할 때, 조건을 근거로 예측한 내용 중 옳지 않은 것은?

(단위 : 호, 명)

| 인증기관 | 심사 농가수 | 승인 농가수 | 인증심사원 | | |
|---|---|---|---|---|---|
| | | | 상근 | 비상근 | 합 |
| A | 2,540 | 542 | 4 | 2 | 6 |
| B | 2,120 | 704 | 2 | 3 | 5 |
| C | 1,570 | 370 | 4 | 3 | 7 |
| D | 1,878 | 840 | 1 | 2 | 3 |
| 계 | 8,108 | 2,456 | 11 | 10 | 21 |

※ 1) 인증심사원은 인증기관 간 이동이 불가능하고 추가고용을 제외한 인원변동은 없음.
2) 각 인증기관은 추가 고용 시 최소인원만 고용함.

조건
- 인증기관의 수입은 인증수수료가 전부이고, 비용은 인증심사원의 인건비가 전부라고 가정한다.
- 인증수수료 : 승인농가 1호당 10만 원
- 인증심사원의 인건비는 상근직 연 1,800만 원, 비상근직 연 1,200만 원이다.
- 인증기관별 심사 농가수, 승인 농가수, 인증심사원 인건비, 인증수수료는 2010년과 2011년에 동일하다.

① 2010년에 인증기관 B의 수수료 수입은 인증심사원 인건비 보다 적다.
② 2011년 인증기관 A가 추가로 고용해야 하는 인증심사원은 최소 2명이다.
③ 인증기관 D가 2011년에 추가로 고용해야 하는 인증심사원을 모두 상근으로 충당한다면 적자이다.
④ 만약 정부가 '갑'지역에 2010년 추가로 필요한 인증심사원을 모두 상근으로 고용하게 하고 추가로 고용되는 상근 심사원 1인당 보조금을 연 600만 원씩 지급한다면 보조금 액수는 연간 5,000만 원 이상이다.

**Tip** ④ A지역에는 (4 × 400호)+(2 × 250호) = 2,100이므로 440개의 심사 농가 수에 추가의 인증심사원이 필요하다. 그런데 모두 상근으로 고용할 것이고 400호 이상을 심사할 수 없으므로 추가로 2명의 인증심사원이 필요하다. 그리고 같은 원리로 B지역도 2명, D지역에서는 3명의 추가의 상근 인증심사원이 필요하다. 따라서 총 7명을 고용해야 하며 1인당 지급되는 보조금이 연간 600만 원이라고 했으므로 보조금 액수는 4,200만 원이 된다.

 **Answer** 63.④

※ 다음은 A회사의 기간별 제품출하량을 나타낸 표이다. 물음에 답하시오. 【64~65】

| 기간 | 제품 X(개) | 제품 Y(개) |
| --- | --- | --- |
| 1 월 | 254 | 343 |
| 2 월 | 340 | 390 |
| 3 월 | 541 | 505 |
| 4 월 | 465 | 621 |

## 64

Y제품 한 개를 3,500원에 출하하다가 재고정리를 목적으로 4월에만 한시적으로 20% 인하하여 출하하였다. 1월부터 4월까지 총 출하액은 얼마인가?

① 5,274,500원
② 5,600,000원
③ 6,071,800원
④ 6,506,500원

🕊Tip (343 + 390 + 505)×3,500원 + 621×(3,500원 × 0.8) = 6,071,800원

## 65

**다음 중 틀린 것을 고르면?**

① 3월을 제외하고는 제품 Y의 출하량이 제품 X의 출하량보다 많다.

② 1월부터 4월까지 제품 X의 총 출하량은 제품 Y의 총 출하량보다 적다.

③ 제품 X 한 개를 3,000원에 출하하고 제품 Y 한 개를 2,700원에 출하한다고 할 때, 1월부터 4월까지 총 출하액은 제품 X가 더 많다.

④ 제품 X를 3월에 한 개당 1,000원에 출하하고 4월에 1,200원에 출하한다고 할 때, 제품 X의 4월 출하액이 3월 출하액보다 많다.

🕊Tip ② 1월부터 4월까지 제품 X의 총 출하량은 254 +340 +541 +465 = 1,600개이고, 제품 Y의 총 출하량은 343 + 390 + 505 + 621 = 1,859개이다.

③ 제품 X : 3,000원 × 1,600개 = 4,800,000원,  제품 Y : 2,700원 × 1,859개 = 5,019,300원. 따라서 제품 Y의 출하액이 더 많다.

④ 3월의 출하액은 1,000원 × 541개 = 541,000원이고 4월의 출하액은 1,200원 × 465개 = 558,000원으로, 4월의 출하액이 더 많다.

🌸 Answer  64.③  65.③

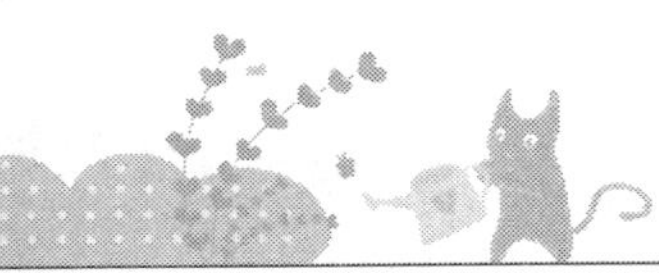

**66** 다음은 서울 및 수도권 지역의 가구를 대상으로 난방방식 현황 및 난방연료 사용현황에 대해 조사한 자료이다. 이에 대한 설명 중 옳은 것을 모두 고르면?

〈표 1〉 난방방식 현황

(단위 : %)

| 종류 | 서울 | 인천 | 경기남부 | 경기북부 | 전국평균 |
|---|---|---|---|---|---|
| 중앙난방 | 22.3 | 13.5 | 6.3 | 11.8 | 14.4 |
| 개별난방 | 64.3 | 78.7 | 26.2 | 60.8 | 58.2 |
| 지역난방 | 13.4 | 7.8 | 67.5 | 27.4 | 27.4 |

〈표 2〉 난방연료 사용현황

(단위 : %)

| 종류 | 서울 | 인천 | 경기남부 | 경기북부 | 전국평균 |
|---|---|---|---|---|---|
| 도시가스 | 84.5 | 91.8 | 33.5 | 66.1 | 69.5 |
| LPG | 0.1 | 0.1 | 0.4 | 3.2 | 1.4 |
| 등유 | 2.4 | 0.4 | 0.8 | 3.0 | 2.2 |
| 열병합 | 12.6 | 7.4 | 64.3 | 27.1 | 26.6 |
| 기타 | 0.4 | 0.3 | 1.0 | 0.6 | 0.3 |

> ㉠ 경기북부지역의 경우, 도시가스를 사용하는 가구수가 등유를 사용하는 가구수의 20배 이상이다.
> ㉡ 서울과 인천지역에서는 다른 난방연료보다 도시가스를 사용하는 비율이 높다.
> ㉢ 지역난방을 사용하는 가구수는 서울이 인천의 2배 이하이다.
> ㉣ 경기지역은 남부가 북부보다 지역난방을 사용하는 비율이 낮다.

① ㉠㉡    ② ㉠㉢
③ ㉠㉣    ④ ㉡㉣

**Tip** ㉢ 자료에서는 서울과 인천의 가구 수를 알 수 없다.
㉣ 남부가 북부보다 지역난방을 사용하는 비율이 높다.

Answer  66.①

※ 다음은 A, B, C, D시의 지난해 남성과 미성년자의 비율을 나타낸 것이다. 【67~68】

| 구분 | A시 | B시 | C시 | D시 |
|---|---|---|---|---|
| 인구(만명) | 45 | 62 | 47 | 28 |
| 남성비율(%) | 52 | 48 | 55 | 43 |
| 미성년자 비율(%) | 19 | 18 | 21 | 10 |

## 67  올해 A시의 작년 미성년자의 3%가 성인이 되었다. 올해 성인이 된 사람은 몇 명인가?

① 2,525명  ② 2,545명

③ 2,565명  ④ 2,575명

    🌱 **Tip**  $450,000 \times 0.19 \times 0.03 = 2,565$(명)

## 68  위 표에 대한 설명으로 옳은 것은?

① A시의 남성 수는 B시의 여성 수와 같다.

② 남성 수가 가장 많은 곳은 C시이다.

③ B시가 여성 미성년자가 가장 많다.

④ B시의 미성년자가 C시의 미성년자보다 많다.

    🌱 **Tip** ① A시의 남성 비율은 B시의 여성 비율과 같으나 인구수가 다르므로 남성 수와 여성 수는 다르다.
    ② 남성 비율이 가장 높은 곳은 C시이나, 실제의 남성 수는 A시가 23,400명, B시가 297,600명, C시가
       258,500명, D시가 120,400명으로 B시가 가장 많다.
    ③ 미성년자 중 여성의 비율은 알 수 없다.
    ④ 각 시의 미성년자 수는 A시가 85,500명, B시가 111,600명, C시가 98,700명, D시가 28,000명이다.

🌼 **Answer**  67.③  68.④

※ 다음 표는 태양계의 행성에 관한 것이다. 물음에 답하시오.  【69~70】

| 행성명 | 태양에서의 평균거리(억km) | 공전주기(년) | 자전주기(일) |
|---|---|---|---|
| 수성 | 0.58 | 0.24 | 58.6 |
| 금성 | 1.08 | 0.62 | 243.0 |
| 지구 | 1.50 | 1.00 | 1.0 |
| 화성 | 2.28 | 1.88 | 1.0 |
| 목성 | 7.9 | 11.9 | 0.41 |
| 토성 | 14.3 | 29.5 | 0.44 |
| 천왕성 | 28.7 | 84.0 | 0.56 |
| 해왕성 | 45 | 165 | 0.77 |

## 69  다음 중 위 표에서 알 수 있는 사실은?

⊙ 태양계에서의 평균 거리가 먼 행성일수록 공전주기가 길다.
ⓛ 태양에서의 평균 거리가 먼 행성일수록 자전주기가 짧다.
ⓒ 공전주기와 자전주기는 반비례 관계이다.

① ㉠  
② ㉡  
③ ㉢  
④ ㉠㉡㉢

> **Tip** ㉡ 금성은 수성보다 태양에서의 평균 거리는 멀지만 자전주기는 길다.
> ㉢ 공전주기와 자전주기 간의 관계를 찾기 힘들다.

Answer  69.①

**70** 어떤 행성 X와 태양과의 거리를 a, 행성 X의 바로 안쪽을 공전하는 행성과 태양과의 거리를 b라 할 때, (a − b) ÷ a를 계산하고 그 몫을 반올림하여 소수 첫째자리까지 구하면 0.5이다. 행성 X는?

① 금성 　　　　　　　　　　② 화성

③ 천왕성 　　　　　　　　　④ 해왕성

> **Tip** a가 b의 2배가 됨을 알 수 있다. 표의 '태양에서의 평균 거리' 항목을 살펴보면 토성이 14.3, 천왕성이 28.7로 2에 가장 가깝다. 따라서 행성 X는 천왕성이다.


**71** 다음은 A학교 학생의 10년 동안 안경과 렌즈의 착용자 수 변화를 나타낸 것이다. 그래프에 대한 설명으로 옳지 않은 것은? (단, A학교의 총 학생수는 10년 동안 1,200명으로 동일하다고 가정한다)

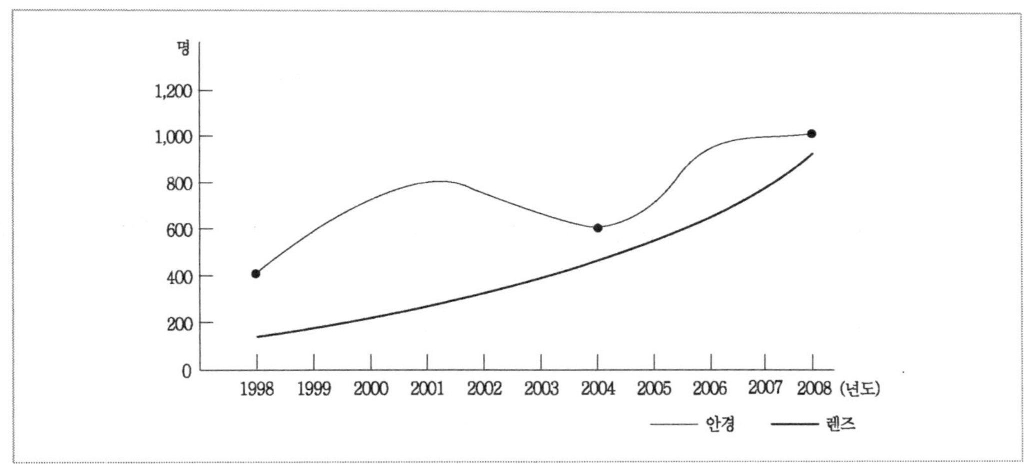


① A학교 학생들 중 렌즈 착용 학생의 비율은 계속 증가하고 있다.

② 그래프를 통하여 판단할 때 렌즈는 안경의 대체재가 될 수 없다.

③ 2009년에는 렌즈 착용자 수가 안경 착용자 수를 앞설 것이다.

④ 2008년 A학교 학생의 절반 이상이 안경 또는 렌즈를 착용하고 있다.

> **Tip** ③ 렌즈 착용자 수가 점차 증가하고 있지만 안경 착용자 수도 덩달아 증가하고 있으므로 2009년에 렌즈 착용자의 수가 안경 착용자 수를 앞설 것이라 예측할 수 없다.

**72** 다음은 7월부터 12월까지 서울과 파리의 월평균 기온과 강수량을 나타낸 것이다. 보기 중 옳은 것은?

| 구분 | | 7월 | 8월 | 9월 | 10월 | 11월 | 12월 |
|---|---|---|---|---|---|---|---|
| 서울 | 기온(℃) | 24.6 | 25.4 | 20.6 | 14.3 | 6.6 | −0.4 |
| | 강수량(mm) | 369.1 | 293.9 | 168.9 | 49.4 | 53.1 | 21.7 |
| 파리 | 기온(℃) | 18.6 | 17.9 | 14.2 | 10.8 | 7.4 | 4.3 |
| | 강수량(mm) | 79 | 84 | 79 | 59 | 71 | 67 |

① 서울과 파리 모두 7월에 월평균 강수량이 가장 적다.
② 7월부터 12월까지 월평균기온은 매월 서울이 파리보다 높다.
③ 파리의 월평균 기온은 7월부터 12월까지 점점 낮아진다.
④ 서울의 월평균 강수량은 7월부터 12월까지 감소한다.

> **Tip** ① 서울은 7월에, 파리는 8월에 월평균 강수량이 가장 많다.
> ② 월평균기온은 7~10월까지는 서울이 높고, 11월과 12월은 파리가 높다.
> ④ 서울의 월평균 강수량은 대체적으로 감소하는 경향을 보인다.

**73** 다음 표는 어느 학생의 시험성적을 월별로 표시한 것이다. 표를 보고 유추한 내용으로 옳지 않은 것은?

| 월 | 1 | 2 | 3 | 4 | 5 | 6 | 7 | 8 | 9 | 10 | 11 | 12 |
|---|---|---|---|---|---|---|---|---|---|---|---|---|
| 국어(점) | 72 | 75 | 79 | 89 | 92 | 87 | 87 | 81 | 78 | 76 | 84 | 86 |
| 수학(점) | 93 | 97 | 100 | 100 | 82 | 84 | 85 | 76 | 89 | 91 | 94 | 84 |

① 두 과목 평균이 가장 높은 달은 4월이다.
② 두 과목 평균이 가장 낮은 달은 9월이다.
③ 6월은 5월에 비해 평균이 1.5점 떨어졌다.
④ 평균이 세 번째로 높은 달은 11월이다.

> **Tip** 월별 평균점수
>
> | 월 | 1 | 2 | 3 | 4 | 5 | 6 | 7 | 8 | 9 | 10 | 11 | 12 |
> |---|---|---|---|---|---|---|---|---|---|---|---|---|
> | 평균 | 82.5 | 86 | 89.5 | 94.5 | 87 | 85.5 | 86 | 78.5 | 83.5 | 83.5 | 89 | 85 |

**Answer** 72.③ 73.②

※ 다음은 어느 회사의 직종별 직원 비율을 나타낸 것이다. 물음에 답하시오. 【74~75】

| 직종 | 2006년 | 2007년 | 2008년 | 2009년 | 2010년 |
|---|---|---|---|---|---|
| 판매·마케팅 | 19.0 | 27.0 | 25.0 | 30.0 | 20.0 |
| 고객서비스 | 20.0 | 16.0 | 12.5 | 21.5 | 25.0 |
| 생산 | 40.5 | 38.0 | 30.0 | 25.0 | 22.0 |
| 재무 | 7.5 | 8.0 | 5.0 | 6.0 | 8.0 |
| 기타 | 13.0 | 11.0 | 27.5 | 17.5 | 25.0 |
| 계 | 100 | 100 | 100 | 100 | 100 |

## 74 2010년에 직원 수가 1,800명이었다면 재무부서의 직원은 몇인가?

① 119명  ② 123명
③ 144명  ④ 150명

> **Tip** 2010년도 재무부서의 직원비율은 8.0%이므로
> 직원수는 $1,800 \times 0.08 = 144$(명)

## 75 2008년 통계에서 생산부나 기타 부서에 속하지 않는 직원의 비율은?

① 42.5%  ② 45.5%
③ 52.5%  ④ 53.5%

> **Tip** 2008년도 생산부서와 기타부서에 속하는 직원의 비율은 $30.0 + 27.5 = 57.5$(%)
> 생산부서와 기타부서에 속하지 않는 직원의 비율은 $100 - 57.5 = 42.5$(%)

Answer  74.③  75.①

※ 다음은 소정이네 가정의 10월 생활비 300만 원의 항목별 비율을 나타낸 것이다. 물음에 답하여라. 【76~77】

| 구분 | 교육비 | 식료품비 | 교통비 | 기타 |
|---|---|---|---|---|
| 비율(%) | 40 | 40 | 10 | 10 |

**76** 교통비 및 식료품비의 지출 비율이 아래 표와 같을 때 다음 설명 중 가장 적절한 것은 무엇인가?

〈표1〉 교통비 지출 비율

| 교통수단 | 자가용 | 버스 | 지하철 | 기타 | 계 |
|---|---|---|---|---|---|
| 비율(%) | 30 | 10 | 50 | 10 | 100 |

〈표2〉 식료품비 지출 비율

| 항목 | 육류 | 채소 | 간식 | 기타 | 계 |
|---|---|---|---|---|---|
| 비율(%) | 60 | 20 | 5 | 15 | 100 |

① 식료품비에서 채소 구입에 사용한 금액은 교통비에서 지하철 이용에 사용한 금액보다 적다.

② 식료품비에서 기타 사용 금액은 교통비의 기타 사용 금액의 6배이다.

③ 10월 동안 교육비에는 총 140만 원을 지출했다.

④ 교통비에서 자가용과 지하철을 이용한 금액을 합한 것은 식료품비에서 채소 구입에 지출한 금액보다 크다.

> **Tip** 각각의 금액을 구해보면 다음과 같다.
> 10월 생활비 300만 원의 항목별 비율
>
> | 구분 | 교육비 | 식료품비 | 교통비 | 기타 |
> |---|---|---|---|---|
> | 비율(%) | 40 | 40 | 10 | 10 |
> | 금액(만 원) | 120 | 120 | 30 | 30 |

 Answer 76.②

〈표1〉 교통비 지출 비율

| 교통수단 | 자가용 | 버스 | 지하철 | 기타 | 계 |
|---|---|---|---|---|---|
| 비율(%) | 30 | 10 | 50 | 10 | 100 |
| 금액(만 원) | 9 | 3 | 15 | 3 | 30 |

〈표2〉 식료품비 지출 비율

| 항목 | 육류 | 채소 | 간식 | 기타 | 계 |
|---|---|---|---|---|---|
| 비율(%) | 60 | 20 | 5 | 15 | 100 |
| 금액(만 원) | 72 | 24 | 6 | 18 | 120 |

① 식료품비에서 채소 구입에 사용한 금액 : 24만 원

　　교통비에서 지하철 이용에 사용한 금액 : 15만 원

② 식료품비에서 기타 사용 금액 : 18만 원

　　교통비의 기타 사용 금액 : 3만 원

③ 10월 동안 교육비에는 총 120만 원을 지출했다.

④ 교통비에서 자가용과 지하철을 이용한 금액을 합한 것 : 9+15＝24(만 원)

　　식료품비에서 채소 구입에 지출한 금액 : 24만 원


**77** 소정이네 가정의 9월 한 달 생활비가 350만 원이고 생활비 중 식료품비가 차지하는 비율이 10월과 같았다면 지출한 식료품비는 9월에 비해 얼마나 감소하였는가?

① 5만 원

② 10만 원

③ 15만 원

④ 20만 원

　Tip 9월 생활비 350만 원의 항목별 금액은 다음과 같다.

| 구분 | 교육비 | 식료품비 | 교통비 | 기타 |
|---|---|---|---|---|
| 비율(%) | 40 | 40 | 10 | 10 |
| 금액(만 원) | 140 | 140 | 35 | 35 |

10월에 식료품비가 120만 원이므로 9월에 비해 20만 원 감소하였다.

Answer 77.④

※ 다음에 제시된 투자 조건을 보고 물음에 답하시오. 【78~79】

| 투자안 | 판매단가(원/개) | 고정비(원) | 변동비(원/개) |
| --- | --- | --- | --- |
| A | 2 | 20,000 | 1.5 |
| B | 2 | 60,000 | 1.0 |

※ 1) 매출액 = 판매단가 × 매출량(개)
 2) 매출원가 = 고정비 + (변동비 × 매출량(개))
 3) 매출이익 = 매출액 − 매출원가

**78** 위의 투자안 A와 B의 투자 조건을 보고 매출량과 매출이익을 해석한 것으로 옳은 것은?

① 매출량 증가폭 대비 매출이익의 증가폭은 투자안 A가 투자안 B보다 항상 작다.

② 매출량 증가폭 대비 매출이익의 증가폭은 투자안 A가 투자안 B보다 항상 크다.

③ 매출이익이 0이 되는 매출량은 투자안 A가 투자안 B보다 많다.

④ 매출이익이 0이 되는 매출량은 투자안 A가 투자안 B가 같다.

> **Tip** ①② 매출량 증가폭 대비 매출이익의 증가폭은 기울기를 의미하는 것이다.
> 매출량을 $x$, 매출이익을 $y$라고 할 때,
> A는 $y = 2x - (20,000 + 1.5x) = -20,000 + 0.5x$
> B는 $y = 2x - (60,000 + 1.0x) = -60,000 + x$
> 따라서 A의 기울기는 0.5, B의 기울이는 1이 돼서 매출량 증가폭 대비 매출이익의 증가폭은 투자안 A가 투자안 B보다 항상 작다.
> ③④ A의 매출이익은 매출량 40,000일 때 0이고, B의 매출이익은 매출량이 60,000일 때 0이 된다. 따라서 매출이익이 0이 되는 매출량은 투자안 A가 투자안 B보다 작다.

**79** 매출량이 60,000개 라고 할 때, 투자안 A와 투자안 B를 비교한 매출이익은 어떻게 되겠는가?

① 투자안 A가 투자안 B보다 같다.

② 투자안 A가 투자안 B보다 작다.

③ 투자안 A가 투자안 B보다 크다.

④ 제시된 내용만으로 비교할 수 없다.

**Answer** 78.① 79.③

**Tip** ㉠ A의 매출이익

- 매출액 $= 2 \times 60{,}000 = 120{,}000$
- 매출원가 $= 20{,}000 + (1.5 \times 60{,}000) = 110{,}000$
- 매출이익 $= 120{,}000 - 110{,}000 = 10{,}000$

㉡ B의 매출이익

- 매출액 $= 2 \times 60{,}000 = 120{,}000$
- 매출원가 $= 60{,}000 + (1.0 \times 60{,}000) = 120{,}000$
- 매출이익 $= 120{,}000 - 120{,}000 = 0$

∴ 투자안 A가 투자안 B보다 크다.

---

**80** 다음은 A도시의 생활비 지출에 관한 자료이다. 연령에 따른 전년도 대비 지출 증가비율을 나타낸 것이라 할 때 작년에 비해 가게운영이 더 어려웠을 가능성이 높은 업소는?

| 연령(세) 품목 | 24 이하 | 25 ~ 29 | 30 ~ 34 | 35 ~ 39 | 40 ~ 44 | 45 ~ 49 | 50 ~ 54 | 55 ~ 59 | 60 ~ 64 | 65 이상 |
|---|---|---|---|---|---|---|---|---|---|---|
| 식료품 | 7.5 | 7.3 | 7.0 | 5.1 | 4.5 | 3.1 | 2.5 | 2.3 | 2.3 | 2.1 |
| 의류 | 10.5 | 12.7 | −2.5 | 0.5 | −1.2 | 1.1 | −1.6 | −0.5 | −0.5 | −6.5 |
| 신발 | 5.5 | 6.1 | 3.2 | 2.7 | 2.9 | −1.2 | 1.5 | 1.3 | 1.2 | −1.9 |
| 의료 | 1.5 | 1.2 | 3.2 | 3.5 | 3.2 | 4.1 | 4.9 | 5.8 | 6.2 | 7.1 |
| 교육 | 5.2 | 7.5 | 10.9 | 15.3 | 16.7 | 20.5 | 15.3 | −3.5 | −0.1 | −0.1 |
| 교통 | 5.1 | 5.5 | 5.7 | 5.9 | 5.3 | 5.7 | 5.2 | 5.3 | 2.5 | 2.1 |
| 오락 | 1.5 | 2.5 | −1.2 | −1.9 | −10.5 | −11.7 | −12.5 | −13.5 | −7.5 | −2.5 |
| 통신 | 5.3 | 5.2 | 3.5 | 3.1 | 2.5 | 2.7 | 2.7 | −2.9 | −3.1 | −6.5 |

① 30대 후반이 주로 찾는 의류 매장

② 중학생 대상의 국어 · 영어, 수학 학원

③ 30대 초반의 사람들이 주로 찾는 볼링장

④ 할아버지들이 자주 이용하는 마을버스 회사

**Tip** 마이너스가 붙은 수치들은 전년도에 비해 지출이 감소했음을 뜻하므로 주어진 보기 중 마이너스 부호가 붙은 것을 찾으면 된다. 중학생 대상의 국 · 영 · 수 학원의 학원비 부담 계층은 대략 50세 이하인데 모두 플러스 부호에 해당하므로 전부 지출이 증가하였고, 30대 초반의 오락비 지출은 감소하였다.

**Answer** 80.③

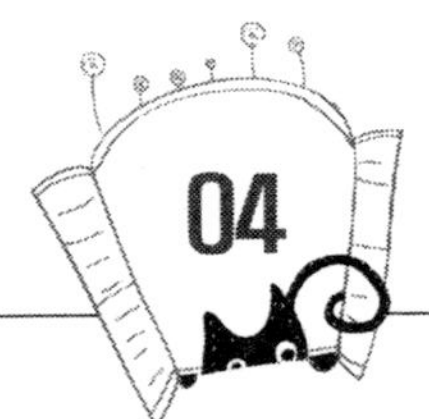

※ 다음 왼쪽과 오른쪽 기호, 문자, 숫자의 대응을 참고하여 각 문제의 대응이 같으면 '① 맞음'을,
틀리면 '② 틀림'을 선택하시오. 【1~3】

| | | | | |
|---|---|---|---|---|
| ◗ = 행 | ♥ = 보 | ○ = 군 | ▽ = 통 | ◎ = 병 |
| ◈ = 정 | ♣ = 급 | ★ = 부 | ▶ = 신 | △ = 참 |

**1** 행 보 병 참 급 – ◗ ♥ ◎ △ ◈　　　① 맞음　② 틀림

　　🕊️**Tip** 행 보 병 참 급 – ◗ ♥ ◎ △ ♣

**2** 군 통 정 군 부 – ○ ▽ ◈ ○ ★　　　① 맞음　② 틀림

　　🕊️**Tip** 군 = ○, 통 = ▽, 정 = ◈, 군 = ○, 부 = ★

**3** 병 정 행 신 보 – ◎ ◈ ◗ ▶ ♥　　　① 맞음　② 틀림

　　🕊️**Tip** 병 = ◎, 정 = ◈, 행 = ◗, 신 = ▶, 보 = ♥

🌼 Answer　1.②　2.①　3.①

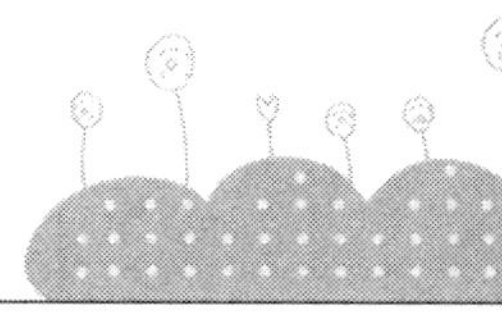

※ 다음 왼쪽과 오른쪽 기호, 문자, 숫자의 대응을 참고하여 각 문제의 대응이 같으면 '① 맞음'을, 틀리면 '② 틀림'을 선택하시오. 【4~6】

| | | | | |
|---|---|---|---|---|
| 1 = 템 | 3 = 룻 | F = 랜 | 4 = 던 | k = 전 |
| h = 팀 | T = 플 | j = 덤 | 2 = 오 | 0 = 토 |

**4**  오 팀 플 랜 던 – 2 h t F 4　　① 맞음　② 틀림

　　　Tip 오 팀 플 랜 던 – 2 h T F 4

**5**  템 룻 전 토 덤 – 1 T k 0 j　　① 맞음　② 틀림

　　　Tip 템 룻 전 토 덤 – 1 3 k 0 j

**6**  전 오 랜 덤 팀 – k 2 F j 0　　① 맞음　② 틀림

　　　Tip 전 오 랜 덤 팀 – k 2 F j h

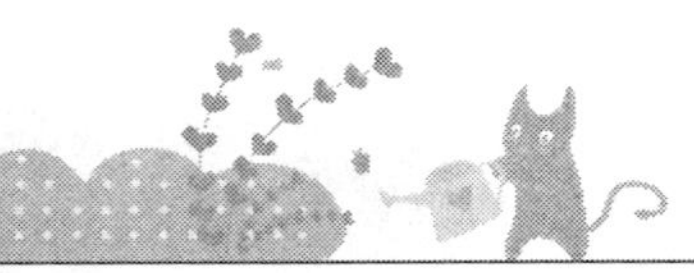



※ 다음 왼쪽과 오른쪽 기호, 문자, 숫자의 대응을 참고하여 각 문제의 대응이 같으면 '① 맞음'을, 틀리면 '② 틀림'을 선택하시오. 【7~9】

| | | | | |
|---|---|---|---|---|
| S = 3 | a = 2 | Y = 1 | n = 5.5 | O = 2.5 |
| A = 1.5 | H = 0.5 | y = 3.5 | T = 4 | w = 4.5 |

**7**　3.5  4  5.5  0.5  1 − y T w H Y　　① 맞음　② 틀림

　　Tip　3.5 4 5.5 0.5 1 − y T <u>n</u> H Y

**8**　2  1  5.5  1.5  4.5 − a y N a w　　① 맞음　② 틀림

　　Tip　2 1 5.5 1.5 4.5 − a <u>Y n A</u> w

**9**　3  1.5  4  5.5  0.5 − S A T n H　　① 맞음　② 틀림

　　Tip　3 = S, 1.5 = A, 4 = T, 5.5 = n, 0.5 = H

**Answer**　7.②　8.②　9.①

※ 다음 왼쪽과 오른쪽 기호, 문자, 숫자의 대응을 참고하여 각 문제의 대응이 같으면 '① 맞음'을,
틀리면 '② 틀림'을 선택하시오. 【10~12】

| | | | | |
|---|---|---|---|---|
| ㄲ＝a | ㄸ＝c | ㅃ＝e | ㅆ＝g | ㅉ＝i |
| ㄴㅣ＝K | ㄴㅐ＝N | ㄹㄱ＝P | ㄹㅎ＝R | ㅁㅐ＝T |

**10**  N g T i K – ㄴㅐ ㅆ ㅁㅐ ㄲ ㄴㅣ　　　① 맞음　② 틀림

　　　🡇**Tip** N g T i K – ㄴㅐ ㅆ ㅁㅐ <u>ㅉ</u> ㄴㅣ

**11**  K R e a N – ㄴㅣ ㄹㅎ ㅃ ㄲ ㄴㅐ　　　① 맞음　② 틀림

　　　🡇**Tip** K＝ㄴㅣ, R＝ㄹㅎ, e＝ㅃ, a＝ㄲ, N＝ㄴㅐ

**12**  i N a T N – ㅉ ㄴㅐ ㄸ ㅁㅐ ㄴㅐ　　　① 맞음　② 틀림

　　　🡇**Tip** i N a T N – ㅉ ㄴㅐ <u>ㄲ</u> ㅁㅐ ㄴㅐ

**Answer**  10.② 11.① 12.②

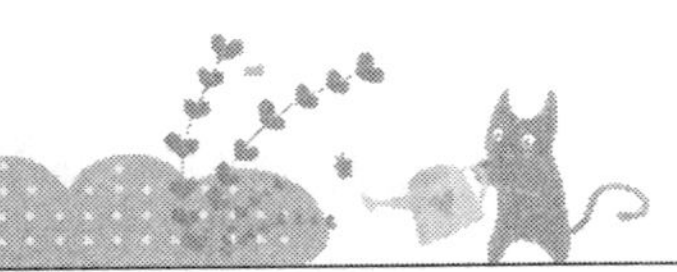



※ 다음 왼쪽과 오른쪽 기호, 문자, 숫자의 대응을 참고하여 각 문제의 대응이 같으면 '① 맞음'을, 틀리면 '② 틀림'을 선택하시오. 【13~15】

| | | | | |
|---|---|---|---|---|
| ㅓ = ㅜ | k = ㅍ | ✕ = ㅗ | s = ㅇ | e = ㅛ |
| ✚ = ㅟ | t = ㅋ | m = ㅚ | ✖ = ㅕ | ㅒ = ㄴ |

**13** ㅍㅚㄴㅇㅕ - k m ㅒ e ✖     ① 맞음   ② 틀림

> **Tip** ㅍㅚㄴㅇㅕ - k m ㅒ <u>s</u> ✖

**14** ㅜㅟㅋㅟㅕ - ㅓ ✚ t ✚ ✖     ① 맞음   ② 틀림

> **Tip** ㅜ = ㅓ, ㅟ = ✚, ㅋ = t, ㅟ = ✚, ㅕ = ✖

**15** ㅋㅛㄴㅛㅗ - t e ㅒ ✕ e     ① 맞음   ② 틀림

> **Tip** ㅋㅛㄴㅛㅗ - t e ㅒ <u>e</u> <u>✕</u>

Answer  13.②  14.①  15.②

※ 다음에서 각 문제의 왼쪽에 표시된 굵은 글씨체의 기호, 문자, 숫자의 개수를 모두 세어 보시오.
【16~35】

## 16

| **S** | AWGZXTSDSVSRDSQDTWQ |

① 1 　　　　　　　　　　② 2
③ 3 　　　　　　　　　　④ 4

> **Tip** AWGZXT<u>S</u>D<u>S</u>V<u>S</u>RD<u>S</u>QDTWQ

## 17

| **시** | 제시된 문제를 잘 읽고 예제와 같은 방식으로 정확하게 답하시오. |

① 1 　　　　　　　　　　② 2
③ 3 　　　　　　　　　　④ 4

> **Tip** 제<u>시</u>된 문제를 잘 읽고 예제와 같은 방식으로 정확하게 답하<u>시</u>오.

## 18

| **6** | 1001058762546026873217 |

① 1 　　　　　　　　　　② 2
③ 3 　　　　　　　　　　④ 4

> **Tip** 10010587<u>6</u>2546<u>0</u>2<u>6</u>873217

**19**

> **火** 　秋花春風南美北西冬木日火水金

① 1　　　　　　　　　　　② 2
③ 3　　　　　　　　　　　④ 4

> **Tip** 秋花春風南美北西冬木日<u>火</u>水金

**20**

> **W** 　when I am down and oh my soul so weary

① 1　　　　　　　　　　　② 2
③ 3　　　　　　　　　　　④ 4

> **Tip** <u>w</u>hen I am do<u>w</u>n and oh my soul so <u>w</u>eary

**21**

> **♣** 　☺◆ㄱ⊙♡☆▽◁♧◐†♫♪▣♣

① 1　　　　　　　　　　　② 2
③ 3　　　　　　　　　　　④ 4

> **Tip** ☺◆ㄱ⊙♡☆▽◁♧◐†♫♪▣<u>♣</u>

**22**

> **ㅉ** 　ㅂ ㅃ ㅅ ㄹ ㅆ ㄹ ㄹ ㅅ ㅿ ㄷ ㅉ ㅅ ㅂ ㅂ ㅁ ㅁ

① 1　　　　　　　　　　　② 2
③ 3　　　　　　　　　　　④ 4

> **Tip** ㅂ ㅃ ㅅ ㄹ ㅆ ㄹ ㄹ ㅅ ㅿ ㄷ <u>ㅉ</u> ㅅ ㅂ ㅂ ㅁ ㅁ

**23**

<u>XII</u>    iii iv I vi IV XII i vii x viii V VII VIII IX X XI ix xi ii v XII

① 1        ② 2
③ 3        ④ 4

> **Tip**   iii iv I vi IV <u>XII</u> i vii x viii V VII VIII IX X XI ix xi ii v <u>XII</u>


**24**

<u>ß</u>    ϪШβ Ψ Ξ ɼ ʦ ɓ ϑ π τ φ λ μ ξ ἡ O Ξ M Ÿ

① 1        ② 2
③ 3        ④ 4

> **Tip**   ϪШβ Ψ <u>Ξ</u> ɼ ʦ ɓ ϑ π τ φ λ μ ξ ἡ O <u>Ξ</u> M Ÿ


**25**

$\dfrac{\alpha}{\ }$    $\sum 4 \lim 6 \vec{A} \pi 8 \beta \dfrac{5}{9} \Delta \pm \int \dfrac{2}{3} \text{Å} \theta \gamma 8$

① 0        ② 1
③ 2        ④ 3

> **Tip**   오른쪽에 $\alpha$가 없다.


**26**

<u>ㅒ</u>    ㅒㅖㄱㄲㅓㄷㅖ·ㅣㅡㅏ ㅒㅛㄹㅐㅑㅍㅏ

① 0        ② 1
③ 2        ④ 3

> **Tip**   ㅒㅖㄱㄲㅓㄷㅖ·ㅣㅡㅏ ㅒㅛㄹ<u>ㅐ</u>ㅑㅍㅏ


🌸 **Answer**   23.②   24.②   25.①   26.②

**27**

<u>₩</u>　₲∅₲Ғ£₥₦₽ts₨₩₪₵€₭₮₯ρ§₽

① 0  ② 1
③ 2  ④ 3

   **Tip**　₲∅₲Ғ£₥₦₽ts₨<u>₩</u>₪₵€₭₮₯ρ§₽

**28**

<u>ㅁ</u>　머루나비먹이무리만두먼지미리메리나루무립

① 4  ② 5
③ 7  ④ 9

   **Tip**　머루나비<u>먹</u>이<u>무</u>리<u>만</u>두<u>먼</u>지<u>미</u>리<u>메</u>리나루<u>무</u>립

**29**

<u>4</u>　GcAshH748vdafo25W641981

① 0  ② 1
③ 2  ④ 3

   **Tip**　GcAshH7<u>4</u>8vdafo25W6<u>4</u>1981

**30**

<u>곒</u>　갊겵곎게곎곏곟궭곗곅곟곟곞곟곅곒곍

① 0  ② 1
③ 2  ④ 3

   **Tip**　갊겵곎게곎곏곟궭곗곅곟곟곞곟곅<u>곒</u>곍

**31**

**ㅇ** 軍事法院은 戒嚴法에 따른 裁判權을 가진다.

① 0  ② 1

③ 2  ④ 3

> **Tip** 軍事法院은 戒嚴法에 따른 裁判權을 가진다.


**32**

**る** ゆよるらろくぎつであぱるれわゐを

① 0  ② 1

③ 2  ④ 3

> **Tip** ゆよ**る**らろくぎつであぱ**る**れわゐを


**33**

**②** ④92865①719584③⑦2

① 0  ② 1

③ 2  ④ 3

> **Tip** ④92865①719584③⑦2


**34**

**≒** ≦≇≍≉≃≁≄≕≗≘≙≒≶

① 1  ② 2

③ 3  ④ 4

> **Tip** ≦≇≍≉≃≁≄≕≗≘≙≒≶

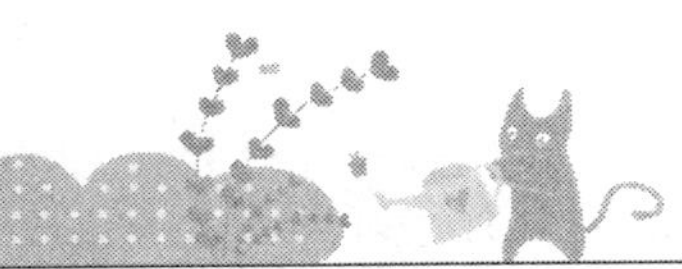

**35**

> ㄹ　∪∬∈㉤㎉Σ∀∩∯⋇〒⁂㈜∈Δ

① 1　　　　　　　　　　　② 2
③ 3　　　　　　　　　　　④ 4

   **Tip** ∪∬∈㉤㎉Σ∀∩∯⋇〒⁂ㄹ∈Δ

---

※ 다음에 열거된 단어 중 문제에 제시된 단어와 일치하는 것을 찾아 개수를 구하시오. 【36~37】

| 군인 | 군대 | 국방 | 구민 | 구정 | 구조 | 굴비 |
| 군화 | 군비 | 군량 | 군기 | 국기 | 극기 | 국가 |

**36**

> 국기　구정　구분　군화

① 1　　　　　　　　　　　② 2
③ 3　　　　　　　　　　　④ 4

   **Tip** 국기 1개, 구정 1개, 구분 0개, 군화 1개

**37**

> 군대　군수　극기　구조

① 1　　　　　　　　　　　② 2
③ 3　　　　　　　　　　　④ 4

   **Tip** 군대 1개, 군수 0개, 극기 1개, 구조 1개

   **Answer** 35.② 36.③ 37.③

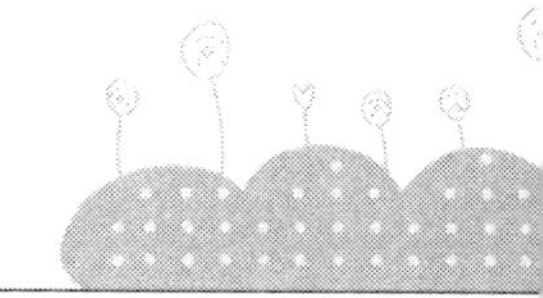

※ 다음 짝지은 문자나 기호 중에서 다른 것을 고르시오. 【38~39】

**38**
① 오소누조이마요하 – 오소누조이마요하

② tkfkdgksmstkfka – tkfkdgksmstkfka

③ 1024875184356 – 1024781584356

④ ▼▽▲△■□◆◇ – ▼▽▲△■□◆◇

   **Tip** 1024<u>875</u>184356 – 1024<u>781</u>584356

**39**
① 금융기관이나 증권회사 상호간 – 금융기관이나 증권회사 상호간

② 극단적으로 현금화폐를 선호 – 극단적으로 현금화폐를 선호

③ 저축성예금과 거주자외화예금 – 저축성예금과 거주자외화예금

④ 금융기관유동성에 국공채, 회사채 포함 – 금융기관유동성에 국공체, 회사채 포함

   **Tip** 금융기관유동성에 국공<u>채</u>, 회사채 포함 – 금융기관유동성에 국공<u>체</u>, 회사채 포함

※ 다음 왼쪽과 오른쪽 기호, 문자, 숫자의 대응을 참고하여 각 문제의 대응이 같으면 '① 맞음'을, 틀리면 '② 틀림'을 선택하시오. 【40~42】

| 韓 = 1 | 加 = c | 有 = 5 | 上 = 8 | 德 = 11 |
|---|---|---|---|---|
| 武 = 6 | 下 = 3 | 老 = 21 | 無 = R | 體 = Z |

**40**　c R 11 6 3 – 加 無 德 武 下　　① 맞음　② 틀림

   **Tip** c = 加, R = 無, 11 = 德, 6 = 武, 3 = 下

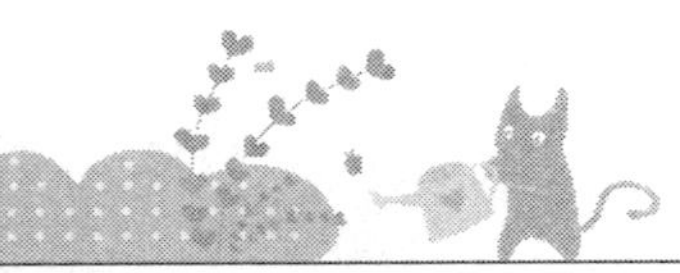

**41**  1 21 5 3 Z − 韓 老 有 下 體    ① 맞음   ② 틀림

🐦**Tip** 1 = 韓, 21 = 老, 5 = 有, 3 = 下, Z = 體

**42**  6 R 21 c 8 − 武 無 加 老 上    ① 맞음   ② 틀림

🐦**Tip** 6 R 21 c 8 − 武 無 <u>老 加</u> 上

※ 다음 왼쪽과 오른쪽 기호, 문자, 숫자의 대응을 참고하여 각 문제의 대응이 같으면 '① 맞음'을, 틀리면 '② 틀림'을 선택하시오. 【43~45】

| | | | | |
|---|---|---|---|---|
| 예 = A | 글 = O | 도 = S | 표 = G | 해 = F |
| 약 = D | 높 = P | 유 = Q | 특 = W | 활 = J |

**43**  A P W G J − 예 높 특 표 활    ① 맞음   ② 틀림

🐦**Tip** A = 예, P = 높, W = 특, G = 표, J = 활

**44**  D S D O Q − 약 도 약 글 유    ① 맞음   ② 틀림

🐦**Tip** D = 약, S = 도, D = 약, O = 글, Q = 유

**45**  F G J A S − 해 표 활 예 도    ① 맞음   ② 틀림

🐦**Tip** F = 해, G = 표, J = 활, A = 예, S = 도

🌸 **Answer**  41.①  42.②  43.①  44.①  45.①

※ 다음 왼쪽과 오른쪽 기호, 문자, 숫자의 대응을 참고하여 각 문제의 대응이 같으면 '① 맞음'을, 틀리면 '② 틀림'을 선택하시오. 【46~48】

$$x^2 = 2 \qquad k^2 = 3 \qquad l = 7 \qquad y = 8 \qquad z = 4$$
$$x = 6 \qquad z^2 = 0 \qquad y^2 = 1 \qquad l^2 = 9 \qquad k = 5$$

**46**  $2\ 0\ 9\ 5\ 4 - x^2\ z^2\ l^2\ k\ z$ ① 맞음  ② 틀림

> **Tip** $2 = x^2$, $0 = z^2$, $9 = l^2$, $5 = k$, $4 = z$

**47**  $3\ 7\ 4\ 6\ 1 - k\ l\ z\ x\ y^2$ ① 맞음  ② 틀림

> **Tip** $3\ 7\ 4\ 6\ 1 - \underline{k^2}\ l\ z\ x\ y^2$

**48**  $8\ 1\ 5\ 2\ 0 - y\ y^2\ k\ x\ z^2$ ① 맞음  ② 틀림

> **Tip** $8\ 1\ 5\ 2\ 0 - y\ y^2\ k\ \underline{x^2}\ z^2$

**Answer** 46.①  47.②  48.②

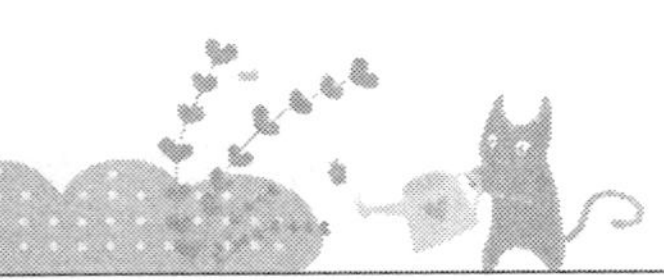



※ 다음 왼쪽과 오른쪽 기호, 문자, 숫자의 대응을 참고하여 각 문제의 대응이 같으면 '① 맞음'을, 틀리면 '② 틀림'을 선택하시오. 【49~51】

| | | | | |
|---|---|---|---|---|
| Ⅷ = 강 | Ⅲ = 윤 | Ⅹ = 이 | Ⅳ = 신 | Ⅸ = 진 |
| Ⅵ = 박 | Ⅱ = 서 | Ⅻ = 도 | Ⅰ = 김 | Ⅴ = 표 |

**49** 강 서 이 김 진 – Ⅷ Ⅱ Ⅸ Ⅰ Ⅸ　　① 맞음　② 틀림

　　🕊**Tip** 강 서 이 김 진 – Ⅷ Ⅱ <u>Ⅹ</u> Ⅰ Ⅸ

**50** 박 윤 도 신 표 – Ⅵ Ⅲ Ⅻ Ⅳ Ⅵ　　① 맞음　② 틀림

　　🕊**Tip** 박 윤 도 신 표 – Ⅵ Ⅲ Ⅻ Ⅳ <u>Ⅴ</u>

**51** 신 이 서 강 윤 – Ⅳ Ⅹ Ⅱ Ⅲ Ⅷ　　① 맞음　② 틀림

　　🕊**Tip** 신 이 서 강 윤 – Ⅳ Ⅹ Ⅱ <u>Ⅷ Ⅲ</u>

🌸 Answer　49.② 　50.② 　51.②

※ 다음 왼쪽과 오른쪽 기호, 문자, 숫자의 대응을 참고하여 각 문제의 대응이 같으면 '① 맞음'을, 틀리면 '② 틀림'을 선택하시오. 【52~54】

| | | | | |
|---|---|---|---|---|
| 울 = a | 둘 = 2 | 굴 = k | 불 = 7 | 툴 = 1 |
| 술 = 5 | 물 = 3 | 줄 = j | 룰 = p | 쿨 = q |

**52**  a 2 j p 1 – 울 둘 줄 쿨 툴          ① 맞음    ② 틀림

> Tip  a 2 j p 1 – 울 둘 줄 룰 툴


**53**  5 3 k q 7 – 술 굴 불 쿨 불          ① 맞음    ② 틀림

> Tip  5 3 k q 7 – 술 물 굴 쿨 불


**54**  1 j k p 3 – 툴 줄 물 룰 굴          ① 맞음    ② 틀림

> Tip  1 j k p 3 – 툴 줄 굴 룰 물


Answer  52.②  53.②  54.②

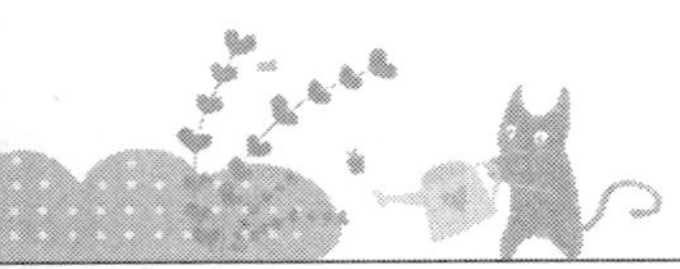

※ 다음에서 각 문제의 왼쪽에 표시된 굵은 글씨체의 기호, 문자, 숫자의 개수를 모두 세어 보시오.
【55~75】

**55**

| ^ | %#@&!&@*%#^!@$^~+-₩ |

① 1 ② 2
③ 3 ④ 4

💚**Tip** %#@&!&@*%#_^_!@$_^_~+-₩

**56**

| $\dfrac{3}{2}$ | $\dfrac{4}{5}$ $\dfrac{8}{2}$ $\dfrac{4}{5}$ $\dfrac{3}{4}$ $\dfrac{6}{7}$ $\dfrac{9}{5}$ $\dfrac{7}{9}$ $\dfrac{7}{3}$ $\dfrac{2}{2}$ $\dfrac{1}{7}$ $\dfrac{1}{2}$ $\dfrac{5}{6}$ |

① 0 ② 1
③ 2 ④ 3

💚**Tip** 오른쪽에 $\dfrac{3}{2}$ 이 없다.

**57**

| ♪ | ♪♪♯♪♫♫♪♩♪♫♩♪♪♫ |

① 0 ② 1
③ 2 ④ 3

💚**Tip** ♪♪♯♪♫♫♪♩♪♫♩♪♪♫

## 58

| **E** | the뭉크韓中日rock셔틀bus피카소%3986as5$₩ |

① 1  ② 2
③ 3  ④ 4

🐦**Tip** the뭉크韓中日rock셔틀bus피카소%3986as5$₩

## 59

| **s** | dbrrnsgornsrhdrnsqntkrhks |

① 1  ② 2
③ 3  ④ 4

🐦**Tip** dbrrn<u>s</u>gorn<u>s</u>rhdrn<u>s</u>qntkrhk<u>s</u>

## 60

| $\underline{x^2}$ | $x^3\,x^2\,z^7\,x^3\,z^6\,z^5\,x^4\,x^2\,x^9\,z^2\,z^1$ |

① 1  ② 2
③ 3  ④ 4

🐦**Tip** $x^3\ \underline{x^2}\ z^7\,x^3\,z^6\,z^5\,x^4\,\underline{x^2}\ x^9\,z^2\,z^1$

## 61

| **ㄹ** | 두 쪽으로 깨뜨려져도 소리하지 않는 바위가 되리라. |

① 2  ② 3
③ 4  ④ 5

🐦**Tip** 두 쪽으로 깨뜨려져도 소리하지 않는 바위가 되<u>리라</u>.

🌸 **Answer** 58.① 59.④ 60.② 61.④

**62**

<u>a</u>　Listen　to　the　song　here　in　my　heart

① 1　　　　　　　　　　　　　② 2
③ 3　　　　　　　　　　　　　④ 4

　　　**Tip** Listen　to　the　song　here　in　my　he<u>a</u>rt


**63**

<u>2</u>　10059478628948624982492314867

① 2　　　　　　　　　　　　　② 4
③ 6　　　　　　　　　　　　　④ 8

　　　**Tip** 1005947862<u>2</u>89486<u>2</u>4982<u>2</u>492314867


**64**

東　一三車軍東海善美參三社會東

① 1　　　　　　　　　　　　　② 2
③ 3　　　　　　　　　　　　　④ 4

　　　**Tip** 一三車軍<u>東</u>海善美參三社會<u>東</u>


**65**

솔　골돌몰볼톨홀솔돌츌롤졸콜홀볼골

① 1　　　　　　　　　　　　　② 2
③ 3　　　　　　　　　　　　　④ 4

　　　**Tip** 골돌몰볼톨홀<u>솔</u>돌츌롤졸콜홀볼골


Answer　62.①　63.②　64.②　65.①

**66**

> **ㅗ**　군사기밀 보호조치를 하지 아니한 경우 2년 이하 징역

① 3　　　　　　　　　　　　　　② 5
③ 7　　　　　　　　　　　　　　④ 9

　　🌼**Tip** 군사<u>기밀</u> 보호<u>조치</u>를 하<u>지</u> 아<u>니</u>한 경우 2년 <u>이</u>하 <u>징</u>역


**67**

> **스**　누미디아타가스테아우구스티투스생토귀스탱

① 1　　　　　　　　　　　　　　② 2
③ 3　　　　　　　　　　　　　　④ 4

　　🌼**Tip** 누미디아타가<u>스</u>테아우구<u>스</u>티투<u>스</u>생토귀<u>스</u>탱


**68**

> **m**　Ich liebe dich so wie du mich am abend

① 1　　　　　　　　　　　　　　② 2
③ 3　　　　　　　　　　　　　　④ 4

　　🌼**Tip** Ich liebe dich so wie du <u>m</u>ich a<u>m</u> abend


**69**

> **9**　95174628534319876519684

① 1　　　　　　　　　　　　　　② 2
③ 3　　　　　　　　　　　　　　④ 4

　　🌼**Tip** <u>9</u>51746285343<u>19</u>8765<u>19</u>684


　　🌼Answer　66.③　67.④　68.②　69.③

**70**

| ■ | ☆★○●◎◇◆□■△▲▽▼ |

① 1  ② 2
③ 3  ④ 4

　　Tip ☆★○●◎◇◆□<u>■</u>△▲▽▼

**71**

| ↘ | ∧∧∧↕↑→←↓↔↓↔ |

① 1  ② 2
③ 3  ④ 4

　　Tip ∧∧∧↕↑→←↓↔↓↔

**72**

| 낀 | 쫬꼽낟납꼇꿈꿋꿁꿭꿩낀꿭 |

① 1  ② 2
③ 3  ④ 4

　　Tip 쫬꼽낟납꼇꿈꿋꿁꿭꿩<u>낀</u>꿭

**73**

| ᚨ | ᛗᛏᛁᛊᛏᛁᛒᛚᛟᛉᛰᛏᛁᛅᛏᚻ |

① 1  ② 2
③ 3  ④ 4

　　Tip ᛗᛏᛁᛊᛏᛁᛒᛚᛟᛉᛰᛏᛁᛅᛏᚻ

**74**

| ㄴ8 ㄲㄸㅈㅎㄹㄲㄹㄹ ㅃㅉㄹㅎㅈㅎㄹㄹㄹㄹ |
| --- |

① 1        ② 2
③ 3        ④ 4

   **Tip** ㄲㄸㅈ<u>ㅎ</u>ㄹㄹㄹㄹ ㅃㅉㄹ<u>ㅎ</u>ㅈㅎㄹㄹㄹㄹ

**75**

| ㅓ ㅏㅐㅖ ㅣㅛㅟㅔㅜㅐ ㅒㅓㅗㅑ |
| --- |

① 0        ② 1
③ 2        ④ 3

   **Tip** 오른쪽에 'ㅓ'가 없다.

# 국사

국사는 군 간부로서 반드시 알아야 할 한국 근·현대사에 대한 기본소양 또는 실무 능력, 지식을 검정할 수 있는 수준에서 출제됩니다. 조선 후기의 개항기부터 2000년대 초반까지 국난 극복 및 민족의 항쟁, 국군의 역사적 정통성과 역할, 대한민국의 건국과 발전과정에서 군대의 기여, 주변국의 역사왜곡을 포함한 동아시아 평화구축 등의 세부 항목에서 주요 출제가 이루어집니다. 4지 택 1형의 총 20문항으로 25분의 평가시간이 주어집니다.

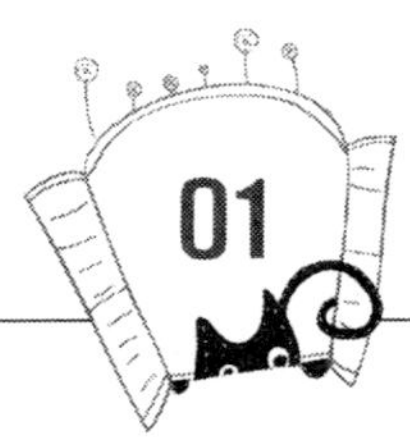

# 01 개항기/일제 강점기 독립운동사

**1  다음 중 흥선대원군이 실시한 정책으로 가장 적절하지 않은 것은?**

① 의정부와 삼군부를 통합하고, 비변사의 기능을 확대하였다.

② 폐단이 심했던 환곡제를 개혁하여 사창제를 실시하였다.

③ 종래에 상민(常民)에게만 징수해 온 군포를 양반에게까지 확대·징수하였다.

④ 법치질서를 정비하기 위해 「대전회통(大典會通)」을 간행하였다.

> **Tip** ① 흥선대원군은 비변사의 기능을 축소하고 1865년 삼군부를 부활하고 의정부의 기능을 강화하였다.

**2  다음의 밑줄 친 조약에 관한 설명 중 옳은 것은 모두 몇 개인가?**

<u>조약의 서문</u>
제1관 조선국은 자주의 나라이며, 일본과의 평등한 권리를 갖는다.
제2관 15개월 후에 양국은 서로 사신을 파견한다.
제3관 이 조약 이후 양국 공문서는 일본어를 쓰되 향후 10년간은 조선어와 한문을 사용한다(이하 중략).

㉠ 이 조약은 조선이 일본과 불평등하게 맺은 강화도조약(조·일 수호조규)이다.
㉡ 부산·인천·울산 3항구를 개항하여 무역을 허용하였다.
㉢ 영사재판권을 허용하였다.
㉣ 조선의 해안의 자유로운 측량권을 부여하였다.
㉤ 일본공사권의 호위를 명목으로 일본군의 서울 주둔을 허용하였다.

① 2개　　　　　　　　② 3개
③ 4개　　　　　　　　④ 5개

 Answer  1.① 2.②

**3**  다음 보기의 사건을 주도했던 세력에 대한 설명으로 가장 적절한 것은?

> 청나라에 대한 종속관계를 청산하고 인민 평등권의 내용과 능력에 따른 인재의 등용을 표방하였으며 행정 조직의 개편과 조세제도의 개혁을 모색하였다. 우리나라에서 처음으로 근대국가를 건설하려 하였던 사건으로 큰 의미가 있다. 또한 양반 지주층 일부가 중심이 되어 위로부터의 근대화를 꾀하였다는 점에서 의의가 있다고 하겠다. 그러나 이 사건은 외세의 조선침략을 촉진하는 결과를 가져왔으며, 농민들의 바람인 토지문제의 해결에 적극적이지 않았다는 한계가 있다.

① 영은문(迎恩門)과 모화관(慕華館)을 없앴다.

② 구본신참(舊本新參)의 원칙 아래 개혁정책을 수행하였다.

③ 일제가 날조한 105인 사건으로 인해 와해되었다.

④ 일본에서 차관을 도입하여 국가 재정을 보충하자고 하였다.

✿Tip 제시된 자료는 급진개화파가 주도한 갑신정변(1884)에 대한 역사적 평가이다.
① 독립협회는 청의 사신을 영접하던 모화관을 수리하여 독립관이라, 옛 영은문을 헐고 그 자리에 독립문을 세워 자주독립의식을 고취하였다.
② 대한제국에서는 갑오·을미개혁의 급진성을 비판하고 점진적인 개량을 추구하여 예전의 제도를 본체로 하고, 새로운 제도를 참작한다는 구본신참을 표방하였다.
③ 신민회는 안명근의 테라우치 암살 미수를 계기로 일제가 날조한 105인 사건(1910.12)으로 해산되었다.

✿ Answer  3.④

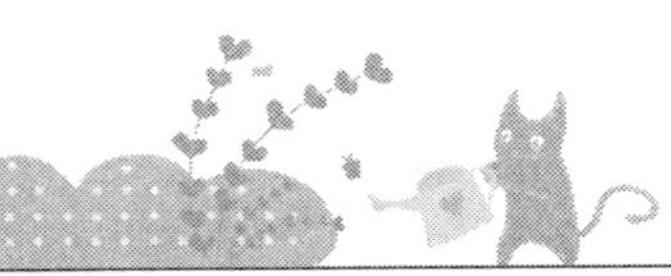

**4** 다음 중 동학농민운동에 관한 설명으로 옳은 것을 모두 고르면?

> ㉠ 1894년 전라북도 전주에서 시작되었다.
> ㉡ 정부는 동학농민군을 무력 진압하기 위해 일본에 파병을 요청하였다.
> ㉢ 일본은 톈진조약에 의해 군사를 파병하였다.
> ㉣ 전통적 지배체제를 부정하는 반봉건적 성격을 지닌다.
> ㉤ 동학농민운동의 주장은 후에 갑오개혁 때 일부 반영되었다.

① ㉠㉡㉢          ② ㉡㉢㉤

③ ㉡㉣㉤          ④ ㉢㉣㉤

> **Tip** ㉠ 1894년 전라도 고부 군수 조병갑의 횡포와 착취에 항거하기 위해 봉기하였다.
> ㉡㉢ 정부는 처음 청나라에 파병을 요청하였으며 청의 군대가 파병되자 일본에서는 톈진조약을 들어 일본군도 파병하게 된다. 이로 인해 청·일 전쟁이 발발하게 되었다.

**5** 다음의 단체에 대한 설명으로 옳은 것은?

> • 1907년 안창호·양기탁 등이 주도하여 국권 회복을 목표로 조직되었다.
> • 서간도에 신한민촌을 건설하고 경학사를 조직하였다.

① 1920년대 무장투쟁을 주도하였다.
② 해외 독립운동기지 건설을 주도하였다.
③ 광주 항일학생운동을 지원하였다.
④ 소수결사로 일제와 매국노에 대한 암살과 파괴활동을 수행하였다.

> **Tip** 제시문은 비밀결사조직으로 국권 회복과 공화정체의 국민 국가건설을 목표로 한 신민회에 대한 설명이다. 국내적으로는 문화·경제적 실력양성운동을 전개하였으며, 국외에 독립군기지건설을 주도하여 군사적 실력양성운동을 추진하다가 105인 사건으로 해체되었다.

**6** 동학 농민군의 진압을 위해 일본군이 청나라와 동일하게 파병할 수 있는 계기가 된 조약은?

① 을사조약  
② 강화도조약  
③ 톈진조약  
④ 포츠머스조약

> **Tip** ① **을사조약** : 1905년 을사년에 러·일 전쟁에서 승리한 일본이 대한 제국의 외교권을 박탈하기 위해 강제로 체결한 조약이다.
> ② **강화도조약** : 1876년 2월 강화부에서 조선과 일본 사이에 체결된 최초의 근대적 조약이다.
> ③ **톈진조약** : 1884년 갑신정변 후 일본과 청이 맺은 조약으로 청은 조선의 정치적 주도권을 장악하고, 일본은 경제적 영향력을 가지게 되었다. 조약의 내용에 조선에서 "청·일 양국 군대는 동시 철수하고, 동시에 파병한다."는 1894년 청·일 전쟁의 구실이 되었다. 1894년 동학 농민 운동이 발생하자 조선 정부는 청에게 원군을 요청하고, 이에 일본 군대는 톈진 조약에 의거해 군대를 조선에 파병할 명분을 얻었다.
> ④ **포츠머스조약** : 러일전쟁을 종결시키기 위해 1905년 일본과 러시아가 맺은 강화조약이다.

**7** 다음 보기와 같은 개혁이 추진될 당시의 정황으로 가장 적절한 것은?

| | |
|---|---|
| ㉠ 단발령 실시 | ㉡ 태양력 사용 |
| ㉢ 우편사무 시작 | ㉣ 소학교 설립 |
| ㉤ '건양'연호 사용 | ㉥ 종두법 실시 |

① 청은 군대를 상주시키고 조선의 내정에 간섭하였다.  
② 개화당 요인들이 우정국 개국 축하연 때에 정변을 일으켰다.  
③ 일제는 명성황후를 시해한 후 친일내각을 수립하였다.  
④ 통감부가 설치되어 조선의 모든 내정에 간섭하였다.

> **Tip** 제시된 내용은 1895년 11월 17일에 추진된 을미개혁(=제3차 갑오·을미개혁)안 들이다. 을미개혁은 삼국간섭 이후 친러내각이 성립되자 일본은 조선 침략에 방해가 되는 명성황후를 시해하는 만행을 저지르고, 제4차 김홍집 내각이 성립되어 진행한 것이다.
> ①은 임오군란(1882)이다.
> ②은 갑신정변(1884)이다.
> ④은 제2차 한일협약(1905)이다.

**Answer** 6.③ 7.③

**8** 대한제국에 대한 설명으로 가장 옳지 않은 것은?

① 양지아문을 설치하고 양전 사업을 실시하였다.

② 궁내부 내장원에서 관리하던 수입을 탁지아문에서 관장하게 하여 국가재정을 건전하게 운영하였다.

③ 대한국 국제는 황제에게 육해군의 통수권, 입법권, 행정권 등 모든 권한을 집중시켰다.

④ 블라디보스토크와 간도 지방에 해삼위통상사무관과 북변도 관리를 설치하였다.

> **Tip** 탁지부에서 궁내부 내장원으로 이관하게 하였다.


**9** 다음 사건 중 시간적 선후가 바른 것은?

① 강화도조약 – 갑신정변 – 임오군란 – 갑오개혁 – 아관파천

② 강화도조약 – 임오군란 – 갑신정변 – 갑오개혁 – 아관파천

③ 임오군란 – 강화도조약 – 갑오개혁 – 갑신정변 – 아관파천

④ 임오군란 – 갑신정변 – 강화도조약 – 갑오개혁 – 아관파천

> **Tip** ① **강화도조약** : 1876년 2월 강화도에서 조선과 일본이 체결한 조약이다.
> ② **임오군란** : 1882년 6월 9일 구식군대가 일으킨 군변이다.
> ③ **갑신정변** : 1884년 12월 4일 김옥균을 비롯한 급진개화파가 개화사상을 바탕으로 조선의 자주독립과 근대화를 목표로 일으킨 정변이다.
> ④ **갑오개혁** : 1894년 7월 초부터 1896년 2월 초까지 약 19개월간 3차에 걸쳐 추진된 일련의 개혁운동이다.
> ⑤ **아관파천** : 1896년 2월 11일에 친러세력과 러시아공사가 공모하여 비밀리에 고종을 러시아공사관으로 옮긴 사건이다.

**Answer** 8.② 9.②

**10** **신민회에 대한 설명으로 가장 옳지 않은 것은?**

① 일제의 탄압을 피해 비밀결사 조직의 형태를 유지하였다.

② 신교육과 신사상 보급 등 교육운동에서 활발한 활동을 하였다.

③ 이동휘는 의병운동에 고무되어 무장투쟁론을 주장하였다.

④ 원산 노동자의 총파업과 단천의 농민운동 그리고 광주학생 항일운동을 지원하였다.

> **Tip** 신민회는 1907년에 결성되어 1911년에 해산되었다. 1929년 함경남도 원산 노동자 총파업, 1930
> 년 함경남도 단천·정평 삼림조합 설립반대운동, 1929년 11월 광주학생운동이 발생되었다.

**11** **다음과 같은 운동이 일어나게 된 배경으로 가장 옳은 것은?**

> 국채 1,300만 원은 우리 대한의 존망에 관계가 있는 것이다. 갚아 버리면 나라가 존재하고 갚
> 지 못하면 나라가 망하는 것은 대세가 반드시 그렇게 이르는 것이다. 현재 국고에서는 이 국
> 채를 갚아 버리기 어려운즉 장차 삼천리 강토는 우리나라와 백성의 것이 아닌 것으로 될 위험
> 이 있다. 토지를 한번 잃어버리면 다시 회복하기 어려운 것이다.
>
> -대한 매일 신보, 1907년 2월 22일-

① 일제는 화폐 정리와 시설 개선 등의 명목을 내세워 우리 정부로 하여금 일본으로부터
거액의 차관을 들여오게 하였다.

② 러시아가 일본의 선례에 따라 석탄고의 설치를 위해 절영도의 조차를 요구하였다.

③ 일제는 우리 정부가 소유하고 있던 막대한 면적의 황무지에 대한 개간권을 일본인에
게 넘겨주도록 강요하였다.

④ "조선국은 일본국의 항해자가 자유로이 해안을 측량하도록 허가한다."는 조약을 맺었다.

> **Tip** 제시된 자료는 1907년 대구 기성회가 주도한 국채보상운동 궐기문이다.
> ② 독립협회는 러시아의 절영도 조차 요구(저탄소 설치 목적), 한러은행 설치, 프랑스의 광산 채
> 굴권 요구 등을 좌절시켰다.
> ③ 일본은 일본인 이주를 위해 전 국토의 1/4에 해당하는 국가 또는 황실이 소유한 막대한 황무
> 지 개간권을 요구하자 보안회는 일제의 탄압에도 거족적인 반대운동을 전개하였다.
> ④ 강화도조약 체결의 내용이다.

**12** 다음은 항일 의병에 대한 설명이다. 밑줄 친 ㉠, ㉡에 들어갈 내용으로 옳은 것은?

> 항일 의병 투쟁은 을사조약과 일본의 침략에 항거하는 을사의병으로 다시 불타올랐다. 이어서 ___㉠___ 와 ___㉡___ 을 계기로 정미의병이 거세게 일어나 항일 의병 전쟁이 전국적으로 전개되었다. 그러나 일본군의 무자비한 진압 작전과 남한 대토벌 작전 등으로 의병 투쟁의 기세가 꺾였으며, 많은 의병들이 만주와 연해주로 이동하여 훗날 독립군으로 전환하였다.

① ㉠ 고종 황제의 강제퇴위　　㉡ 단발령
② ㉠ 명성 황후의 시해　　㉡ 단발령
③ ㉠ 명성 황후의 시해　　㉡ 군대 해산
④ ㉠ 고종 황제의 강제퇴위　　㉡ 군대 해산

> **Tip** 제시된 자료는 1907년 정미의병이 계기에 관한 설명이다.
> 한말 항일의병활동은 고종의 강제퇴위와 군대 해산을 계기로 의병전쟁으로 발전되었다.

**13** 다음 시기에 대두된 것은?

> 영국이 러시아의 남하를 견제하기 위해 불법적으로 거문도를 점령하였다.

① 고종이 러시아 공사관으로 거처를 옮겼다.
② 청의 파병에 따라 일본도 파병하였다.
③ 열강들의 조선 침략이 격화되면서 한반도중립화론이 대두되었다.
④ 일본은 청으로부터 할양 받은 요동반도를 반환하였다.

> **Tip** 영국이 러시아의 남하를 막기 위해 1885년부터 1887년까지 거문도를 점령하는 등 조선에 대한 열강들의 침략이 격화되자 조선 중립론이 대두되었다. 독일인 부들러의 경우 스위스를 유길준은 벨지움과 불가리아를 모델로 하는 중립화안을 제안하였다.

**Answer** 12.④ 13.③

## 14 다음 중 ㉠의 시기에 해당하는 것은?

> 1860년대 – 1870년대 – ㉠ <u>1880년대</u> – 1890년대

① 최익현이 왜양일체론을 주장하면서 개항을 반대하였다.
② 이항로의 어양척사론을 통해 위정척사사상이 집대성되었다.
③ 보수 유생층에 의해 항일의병운동이 처음으로 발생하였다.
④ 이만손은 영남만인소를 통해 조선책략에 소개된 외교책을 비판하였다.

🌱**Tip** ① 1870년대  ③ 1895년


## 15 다음은 항일 의병 운동의 시기별 특징을 설명한 것이다. ㉡시기에 일어난 역사적 사실이 아닌 것은?

> ㉠ 존왕양이를 내세우며 지방관아를 습격하여 단발을 강요하는 친일 수령들을 처단하였다.
> ㉡ 일본의 외교권 박탈을 계기로 국권 회복을 위한 무장항전을 전개하였다.
> ㉢ 유생과 군인, 농민, 광부 등 각계각층을 포함하여 전력이 향상된 의병은 일본군과 직접 전투를 벌였다.

① 민종식은 1천여 의병을 이끌고 홍주성을 점령하였다.
② 평민 출신 의병장 신돌석이 처음으로 등장하여 강원도와 경상도의 접경지대에서 크게 활약하였다.
③ 의병 지도자들은 서울 진공 작전을 시도하여 경기도 양주에서 13도 창의군을 결성하였다.
④ 최익현은 정부 진위대와의 전투에 임해서 스스로 부대를 해산시키고 체포당하였다.

🌱**Tip** ③ 정미의병에 대한 설명이다.
　㉠ 을미의병(1895)은 명성 황후 시해 및 을미개혁의 단발령 등이 원인이 되어 발생하였다. 단발령이 철회되고 고종의 해산권고로 대부분 해산하였으며, 일부는 만주로 옮겨 항전을 준비하거나 화적·활빈당이 되어 투쟁을 지속하였다.
　㉡ 을사의병(1905)은 을사조약과 러일전쟁을 배경으로 발생하였다. 다수의 유생이 참여하였으며, 전직관료가 거병하는 사례도 증가하였으며, 신돌석과 같은 평민의병장이 등장하였다.
　㉢ 정미의병(1907)은 일본이 고종을 강제 퇴위시키고, 군대를 해산한 사건이 계기가 되었다. 해산된 군대가 의병활동에 참여하면서 조직성이 높아져 의병전쟁화 되었으며, 연합전선을 형성하여 서울 진공 작전을 시도하였으나 실패하였다.

🌼 Answer  14.④  15.③

**16** 다음의 조약이 체결될 당시 우리의 저항으로 옳은 것은?

> • 일본 정부는 한국이 외국과의 사이에 맺어진 모든 조약의 시행을 맡아보고 한국은 일본정부를 통하지 않고는 어떠한 국제적 조약이나 약속을 맺을 수 없다.
> • 일본 정부는 대표자로 통감을 서울에 두되, 통감은 오직 외교를 관리하고 또 한국의 각 항구를 비롯하여 일본이 필요로 하는 지역에 이사관을 두어 사무일체를 지휘·관리하게 한다.

① 평민 의병장 신돌석이 일월산을 거점으로 활약하였다.
② 의병들이 연합전선을 형성하여 서울진공작전을 시도하였다.
③ 유인석은 격고팔도열읍이라는 격문을 통해 지구전에 대비하고자 하였다.
④ 강제해산된 군인들이 의병활동에 참여하였다.

> **Tip** 제시문은 외교권을 박탈하고 통감정치를 결정한 을사조약(1905)이다. 이 조약이 체결되자 최익현·이상설 등은 조약파기를 위한 상소를 올렸으며, 민영환·조병세 등이 자결하였다. 학생들은 동맹휴학하고 상인들은 상점의 문을 닫았으며, 언론에서는 을사조약의 무효를 주장하였다. 또한 고종은 1907년에 개최된 헤이그 만국평화회의에 밀사를 보내어 조약의 부당함을 알리고자 하였으나 실패하였다.
> ②④ 정미7조약(1907) ③ 을미사변(1895)

**17** 다음에서 설명하는 근대적 개혁은?

> • 과거제 폐지
> • 신분제 폐지
> • 과부의 재가 허용

① 갑오개혁             ② 임오군란
③ 을사조약            ④ 시무 28조

> **Tip** 갑오개혁 … 갑오개혁(갑오경장)은 1894년(고종 31) 7월부터 1896년 2월까지 약 19개월간 추진되었던 일련의 개혁운동으로 우리나라 최초의 근대적 개혁이다. 대표적으로 신분계급의 타파, 노비제도 폐지, 조혼 금지, 부녀자 재가 허용 등이 있다. 하지만 국민들의 반발에 부딪혀 소기의 성과를 거두지 못했는데, 당위성은 충분했지만 오랜 세월 굳어진 관습을 벗어내기란 역부족이었기 때문이다.

 **Answer**   16.①   17.①

**18** 다음 중 독립협회의 설명으로 옳지 않은 것은?

① 만민공동회를 개최하여 자주민권운동을 전개하였다.

② 고종의 비협조와 황국협회의 방해로 해산하였다.

③ 독립신문을 발간하였으며 국민계몽을 위해 애썼다.

④ 구본신참의 원칙에 따른 개혁을 추진하였다.

    **Tip** ④은 대한제국의 개혁방침이다.


**19** 다음 인물들의 공통점으로 알맞은 것은?

> • 박규수
> • 오경석
> • 유홍기

① 통상 수교를 거부하였다.

② 통상 개화를 주장하였다.

③ 토지 제도를 개혁하였다.

④ 신분 제도를 폐지하였다.

    **Tip** 흥선 대원군이 통상 수교를 거부하던 시기에 한편에서는 문호 개방을 주장하는 사람들이 나타났다. 박규수, 오경석, 유홍기 등은 통상 개화를 주장하였고, 민씨 정권이 통상 수교 거부 정책을 완화하면서 통상 개화론자들의 주장은 힘을 얻었다.

**20** 다음에 설명하고 있는 나라와의 사건에 대한 설명으로 옳은 것은?

> 잃어버린 문화재를 되찾는 것이 이루어지고 있으며 이 나라와는 외규장각에 있던 도서반환을 요구하고 있다.

① 대동강 지역에서 제너럴셔먼호를 격퇴하였다.
② 이 사건을 계기로 천주교 박해가 이루어졌다.
③ 운요호 사건으로 인하여 강화도조약이 체결되었다.
④ 강화도에서 한성근과 양헌수가 문수산성과 정족산성에서 격퇴하였다.

> **Tip** 병인양요 … 1866년 9월 프랑스 선교사의 처형을 구실로 프랑스 함대가 강화읍을 점령하고 외규장각 도서 및 은, 문화재 등을 약탈하고 외규장각을 불태워버린 사건이다. 문수산성에서 한성근이, 정족산성에서 양헌수가 프랑스 군대를 격퇴하였다.

**21** 다음 시기에 대두된 것은?

> 영국이 러시아의 남하를 견제하기 위해 불법적으로 거문도를 점령하였다.

① 고종이 러시아 공사관으로 거처를 옮겼다.
② 청의 파병에 따라 일본도 파병하였다.
③ 열강들의 조선침략이 격화되면서 한반도 중립화론이 대두되었다.
④ 일본은 청으로부터 할양받은 요동반도를 반환하였다.

> **Tip** 영국이 러시아의 남하를 막기 위해 1885년부터 1887년까지 거문도를 점령하는 등 조선에 대한 열강들의 침략이 격화되자 조선중립론이 대두되었다. 독일인 부들러의 경우 스위스를, 유길준은 벨지움과 불가리아를 모델로 하는 중립화안을 제안하였다.

Answer 20.④ 21.③

**22** 개항(1876) 이후에 일반 백성들의 의식이 향상되면서 봉건적 신분제도에 대한 거부감이 늘어나게 되었다. 이러한 신분제 타파에 기여하게 된 사건이 아닌 것은?

① 동학운동          ② 임오군란

③ 갑오개혁          ④ 갑신정변

> **Tip** 임오군란(1882) … 개화정책과 외세의 침략에 대한 반발로 구식군인들에 의해서 일어난 사건으로, 신식군대인 별기군을 우대하고 구식군대를 차별대우한 것에 대한 불만에서 폭발하였다.

**23** 다음 자료와 관련된 단체의 활동으로 옳지 않은 것은?

> 105인 사건은 일제가 안중근의 사촌 동생 안명근이 황해도 일원에서 독립 자금을 모금하다가 적발되자 이를 빌미로 일제는 항일 기독교 세력과 단체를 탄압하기 위해 총독 암살 미수 사건을 조작하여 수백 명의 민족 지도자를 검거한 일이다.

① 만주 지역에 독립운동 기지를 건설하였다.

② 공화정체의 근대국민국가 건설을 주장하였다.

③ 대성학교와 오산학교를 설립하였다.

④ 고종의 강제 퇴위 반대 운동을 전개하였다.

> **Tip** 제시된 자료는 '105인 사건'과 '신민회 조직원들'의 사진자료이다. 이를 통해 1907년 결성된 비밀 결사 계몽 단체인 '신민회'임을 알 수 있다.
> ④ 대한자강회는 고종의 강제퇴위 반대운동을 전개하다 해산 당하였다.
> ① 신민회는 무장 투쟁도 활동의 목표로 삼았으며, 만주 지역에 독립군 기지 건설운동을 주도하였다.
> ② 신민회는 국권회복과 공화정체의 근대국민국가 건설을 목표로 하였다.
> ③ 신민회는 교육구국운동으로 오산학교, 대성학교 등을 설립하였다.

Answer   22.②   23.④

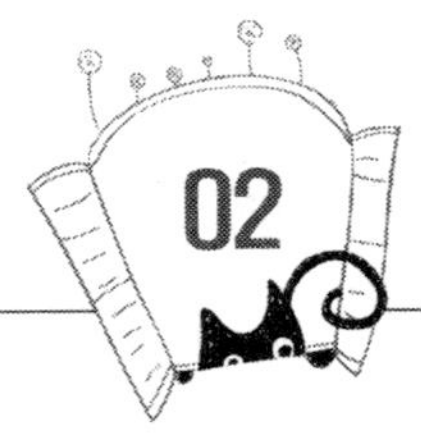

# 02 임시 정부 수립과 광복군 창설의 의의

**1** **일제강점기의 일본의 통치제도에 대한 설명으로 가장 적절한 것은?**

① 3 · 1운동은 일본의 통치 방법을 바꾸는 결정적인 계기가 되었다.

② 1910년 일본은 우리 민족을 회유하기 위하여 문화통치를 펼쳤다.

③ 1920년대 실시된 회사령은 우리 민족의 기업 설립을 방해하였다.

④ 1930년대 이후 전쟁이 시작되면서 보통경찰제가 헌병경찰제로 바뀌었다.

> **Tip** ② 1910년대는 헌병경찰제(=무단통치)를 펼쳤으며, 3 · 1운동 이후 1920년대에 보통경찰제로(=문화정치)로 전환되었다.
> ③ 1910년에 회사령을 공포하여 한국인의 회사 설립을 억제하고, 한국 민족 자본의 성장을 억압하였으며, 1920년대에는 회사령을 신고제로 전환하여 일본 기업의 진출을 용이하게 하였지만, 한국인의 회사가 설립될 수 있었다.
> ④ 1931년 만주사변과, 1937년 중 · 일전쟁을 도발하여 대륙침략을 감행하면서 한반도를 병참기지로 삼고 민족말살정책을 추진하였다.

**2** **다음 중 대한민국 임시정부에 대한 설명으로 옳지 않은 것은?**

① 삼권분립에 근거한 최초의 민주공화정부이다.

② 1923년 국민대표회의가 소집되면서 활동이 더욱 활성화되었다.

③ 국내 · 외의 연락을 위해 연통제와 교통국을 두었다.

④ 군자금을 충당하기 위해 독립공채를 발행하였다.

> **Tip** ② 독립운동의 노선을 둘러싸고 세력 간에 갈등이 표출되자 국민대표회의(1923)를 개최하였으나 의견 통합을 이루지 못하고 임시정부에서 이탈하는 세력이 생겼다.

**Answer** 1.① 2.②

**3** 다음 중 3 · 1운동에 대한 설명으로 옳지 않은 것은?

① 윌슨의 민족자결주의에 영향을 받았다.

② 대한민국 임시정부의 지원을 받았다.

③ 3 · 1운동 이후 일제의 통치방식에 변화가 생겼다.

④ 중국의 5 · 4운동, 베트남의 독립운동 등에 영향을 미쳤다.

> **Tip** ② 3 · 1운동을 계기로 지속적이고 체계적인 독립운동을 위해 정부가 필요하다는 인식 아래 국내 · 외의 임시 정부를 통합하여 대한민국 임시정부가 수립되었다.


**4** 다음 중 상해에 있었던 대한민국임시정부에 대한 설명으로 옳지 않은 것은?

① 국가체제에 민주공화정을 내세웠다.

② 독립신문을 발행하였고 연통제를 실시하였다.

③ 무장투쟁을 강조하여 광복군을 조직하였다.

④ 국내.외에 세워진 여러 임시정부를 통합하여 대한민국임시정부를 수립하였다.

> **Tip** ③ 광복군은 1940년 중국 충칭에서 조직된 항일 군대이다.


**5** 다음 중 3 · 1운동의 대내외적 배경에 대한 설명으로 가장 적절하지 않은 것은?

① 1910년대 일제의 경제적 약탈과 사회적 · 정치적 억압으로 인해 일제에 대한 분노와 저항은 전 민족적으로 고조되었다.

② 1917년 러시아 혁명 직후 레닌은 자국 내 100여 개 이상의 소수민족에 대해 민족자결의 원칙을 선언하였다.

③ 1918년 미국 대통령 윌슨은 제1차 세계대전 후 지구상의 모든 식민지 처리에 민족자결주의를 적용하자고 주창하였다.

④ 1919년 신한청년당에서는 독립청원서를 작성하여 김규식을 파리강화회의에 대표로 파견하였다.

**Answer** 3.② 4.③ 5.③

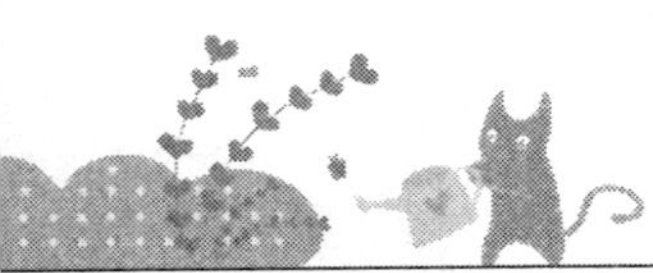

> **Tip** 1918년 미국 대통령 윌슨이 '세계 평화와 민주주의'를 선언하고, 제1차 세계대전의 전후 처리를 위해서 열린 파리강화회의에서 '민족자결'의 원칙을 제시하였다. 민족자결주의는 비록 패전국의 신민지에만 적용되었지만, 민족 지도자들은 이를 기회로 활용하였다.

**6**　해외 독립운동 기지와 관련되어 다음에서 설명하고 있는 지역은?

- 대한광복군정부가 수립되었다.
- 권업회(勸業會)가 조직되어 항일투쟁을 전개하였다.
- 3 · 1운동 이후 대한국민의회가 결성되어 독립운동의 새로운 방향을 모색하였다.

① 연해주　　　　　　　　　② 북간도

③ 밀산부　　　　　　　　　④ 미주

> **Tip** 제시된 독립운동단체가 활동하고 있던 지역은 블라디보스토그를 중심으로 한 연해주이다.

**7**　다음 독립운동과 관련된 설명으로 가장 적절하지 않은 것은?

㉠ 3 · 1 운동
㉡ 6 · 10 운동
㉢ 광주학생항일운동

① ㉠은 비폭력적 시위에서 무력적인 저항운동으로 확대되어갔다.
② ㉡은 일제의 수탈정책과 식민지 교육에 대한 반발로 발생하였다.
③ ㉢은 3 · 1운동 이후 최대의 민족운동으로 신간회 설립에 영향을 주었다.
④ ㉠으로 인해 일제는 식민통치방식을 무단통치에서 문화통치로 바꾸었다.

> **Tip** 신간회는 1927년 2월 민족주의 좌파와 사회주의자들이 연합하여 서울에서 창립한 민족협동전선으로 1929년 광주학생항일운동 이전에 결성되었으며, 광주학생운동에 진상조사단을 파견하기도 하였다.

 Answer　6.①　7.③

**8** 다음 보기의 강령을 내세운 단체의 활동으로 가장 적절한 것은?

> • 우리는 정치적, 경제적 각성을 촉진한다.
> • 우리는 단결을 공고히 한다.
> • 우리는 기회주의를 일체 부인한다.

① 1929년 광주학생운동이 일어나자 '민중대회'를 열어 항일(抗日) 열기를 확산시키려고 하였다.
② 국민대표기관으로서 임시의정원을 두고, 기관지 「독립신문」을 발간하였다.
③ 홍범도가 이끄는 대한독립군은 봉오동에서 일본군 1개 대대를 격파하였다.
④ 김좌진이 이끄는 북로군정서는 청산리에서 일본군 1200여명을 사살하는 큰 승리를 거두었다.

> **Tip** 제시된 자료는 1927년에 결성된 신간회의 강령이다.
> ②은 대한민국 임시정부의 활동이다.
> ③은 1920년 7월 봉오동 전투를 승리로 이끈 대한독립군의 활동이다.
> ④은 1920년 10월 청산리 전투를 승리로 이끈 북로군정서군의 활동이다.

**9** 다음은 국외에서 일어난 항일운동과 관련된 사건들이다. 일어난 순서대로 바르게 나열한 것은?

> ㉠ 봉오동 전투　　　　　㉡ 간도 참변
> ㉢ 청산리 전투　　　　　㉣ 자유시 참변

① ㉠㉡㉢㉣　　　　　　② ㉠㉢㉡㉣
③ ㉢㉠㉡㉣　　　　　　④ ㉢㉣㉢㉡

> **Tip** ㉠ **봉오동전투**(1920. 6) : 대한독립군(홍범도), 군무도독부군(최진동), 국민회군(안무)이 연합하여 일본군에게 승리한 전투이다.
> ㉡ **간도참변**(경신참변 1920. 10) : 봉오동 전투와 청산리 전투에서 독립군이 승리하자 이를 약화시키기 위해 일본이 군대를 파견하여 만주의 한민족을 대량 학살한 사건이다.
> ㉢ **청산리전투**(1920. 10) : 김좌진의 북로군정서군과 국민회 산하 독립군의 연합부대가 조직되어 일본군에게 승리한 사건이다.
> ㉣ **자유시참변**(1921) : 밀산부에서 서일 · 홍범도 · 김좌진을 중심으로 대한독립군단을 조직한 뒤 소련 영토내로 이동하여 소련 적색군에게 이용만 당하고 배신으로 무장해제 당하려하자 이에 저항한 독립군은 무수한 사상자를 내었다.

Answer　8.① 9.②

**10** 다음에서 설명하는 지역과 관련이 있는 것은?

> 19세기 말 함경도 지역에 가뭄이 들면서 대대적인 이주가 시작되었다. 일제시대에는 조선 내부에서의 저항 운동이 불가능하다고 여긴 사람들이 이주하여 국외 독립기지를 건설하기도 하였다. 특히 3·1운동을 계기로 독립운동이 더욱 활발해지고 청산리 전투에서 대패한 일본은 군대를 보내어 이 지역에 사는 한국인들을 대량 학살하는 만행을 저지르기도 하였다.

① 신한촌      ② 성명회
③ 흥사단      ④ 서전서숙

> **Tip** 제시된 지역은 간도지역이다. 민족 운동가들은 북간도 용정에 서전서숙이라는 학교를 설립 하였다.
> ①② 연해주   ③ 미국 로스엔젤레스

**11** 다음 중 신간회에 대한 설명으로 옳지 않은 것은

① 신간회의 영향으로 근우회가 만들어졌다.
② 기회주의자를 배격하였다.
③ 민립대학설립운동을 추진하였다.
④ 광주 항일학생운동 때 진상 조사단을 파견하였다.

> **Tip** 민립대학설립운동은 실력 양성론의 일환으로 1920년대 초반에 추진되었으나 일제의 탄압과 경성 제국대학이 설립되면서 실패하였다.

**12** 다음 중 실력양성론에 해당하지 않는 것은?

① 물산장려운동      ② 수리조합반대운동
③ 문맹퇴치운동      ④ 민립대학설립운동

> **Tip** 실력양성론은 조선이 아직 독립할 역량이 부족하므로 실력을 먼저 기르자는 준비론으로 경제적으로 실력을 기르고 사상적으로는 민족성을 개조하자고 주장한 것이다. 실력양성론자들은 문맹퇴치운동, 물산장려운동, 민족기업육성, 민립대학설립운동 등을 추진하였다.

**Answer** 10.④ 11.③ 12.②

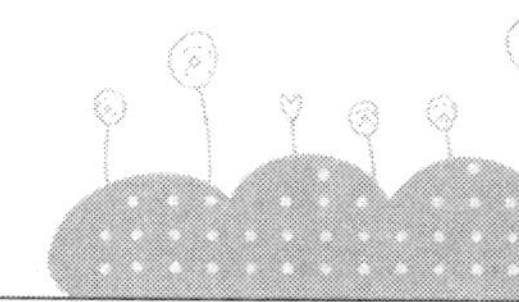

**13** 다음 독립운동 단체들이 활동하던 시기에 나타난 일제의 식민통치 정책은?

> • 독립의군부             • 조선국권회복단
> • 대한광복회           • 송죽회

① 한국인의 회유를 위해 형식적으로 중추원을 설치하였다.

② 총동원령을 내려 징병, 징용의 명목으로 한국인을 끌고 갔다.

③ 치안유지법을 제정하고 사회주의 활동을 억압하였다.

④ 회사령을 폐지하여 일본 기업의 한국 진출을 추진하였다.

> ✿**Tip** 제시된 단체들은 1910년대에 활동한 비밀결사조직이다.
> ② 1930년대 ③, ④ 1920년대

**14** 다음은 일제의 식민 통치에 대한 서술이다. 시대 순으로 바르게 나열된 것은?

> ㉠ 재판없이 태형을 가할 수 있는 즉결 처분권을 헌병경찰에게 부여하였다.
> ㉡ 한반도를 대륙침략을 위한 병참기지로 삼았다.
> ㉢ 국가총동원령을 발표하여 인적·물적자원의 수탈을 강화하였다.
> ㉣ 사상통제와 탄압을 위하여 고등경찰제도를 실시하였다.

① ㉠㉡㉢㉣               ② ㉠㉣㉡㉢

③ ㉣㉠㉡㉢               ④ ㉣㉠㉢㉡

> ✿**Tip** ㉠ 1910년대 ㉡ 1930년대 ㉢ 1940년대 ㉣ 1920년대

✿ Answer   13.①   14.②

**15** 다음 중 1920년대 민족운동에 대한 설명으로 옳지 않은 것은?

① 의열단은 무정부주의와 무장투쟁론을 지향하는 테러조직이다.

② 신간회는 민족주의 진영과 사회주의 진영의 연합으로 결성된 민족운동단체이다.

③ 임시정부 내 개조파와 창조파의 갈등은 국민대표회의에서 해소되었다.

④ 물산장려운동, 민립대학설립운동 등 실력양성운동을 전개하였다.

> **Tip** 독립운동 전체의 방향 전환을 논의하고 임시정부를 통일전선 정부로 만들기 위하여 국민대표회의가 개최되었으나 개조파와 창조파의 대립으로 인하여 국민대표회의는 성과를 거두지 못하였으며 창조파와 개조파는 임시정부에서 이탈한 뒤 서서히 세력을 잃고 말았다.

**16** 일제 시기의 경제정책에 관한 설명으로 옳지 않은 것은?

① 일제는 산미증산계획을 이루기 위해 지주제를 철폐하였다.

② 일제는 1930년대 이후에 조선의 공업구조를 군수공업체제로 바꾸었다.

③ 일제의 토지조사사업으로 많은 양의 토지가 총독부 소유지로 편입되었다.

④ 일제는 1910년에 회사령을 공포하여 조선인의 회사설립을 통제하였다.

> **Tip** 산미증식계획은 수리시설, 지목전환, 개간간척의 토지, 개량 사업과 품종 개량과 비료사용의 증가, 경종법개선 등 일본식 농사 개량사업으로 전개되었으며 지주 육성책으로 시행되었다. 결과적으로는 일본인 대지주의 수는 증가하고 우리 농민은 이중 부담으로 인하여 조선인 지주와 자작농의 수는 감소하였다.

**17** 일제하에 일어났던 농민 · 노동운동에 대한 설명으로 옳지 않은 것은?

① 1920년대 소작쟁의는 주로 소작인 조합을 중심으로 전개되었다.

② 1920년대 노동운동 중에서 가장 규모가 큰 투쟁은 원산총파업이었다.

③ 1920년대 농민운동으로 암태도 소작쟁의가 일어났다.

④ 1920년대에 이르러 농민 · 노동자의 쟁의가 절정에 달하였다.

> **Tip** 농민 · 노동운동이 절정에 달한 시기는 1930~1936년으로 부산진 조선방직 노동자파업, 함남 신흥 탄광 노동자 파업, 평양 고무 공장 노동자 총파업 등이 대표적이다.

**Answer** 15.③ 16.① 17.④

**18** 다음 내용의 직접적 계기가 된 사건으로 옳은 것은?

> 한국의 독립운동에 냉담하던 중국인이 한국독립운동을 주목하게 되었고, 이후 중국 정부는 대한민국임시정부에 대한 지원을 강화하였다. 이 사건을 계기로 중국 정부가 중국 영토 내에서 우리 민족의 무장독립활동을 승인함으로써 한국광복군이 탄생할 수 있었다.

① 파리강화회의에서 김규식의 활동
② 윤봉길의 상하이 홍커우 공원 의거
③ 홍범도, 최진동 연합부대의 봉오동 전투
④ 만주사변 이후 한·중연합작전의 전개

> **Tip** 제시문은 1932년 윤봉길이 상하이 홍커우 공원에서 일본군 요인을 폭살한 의거의 영향에 대한 내용이다. 이 사건을 계기로 만보산 사건으로 인해 나빠진 한국과 중국의 관계가 회복되어 중국 영토 내에서의 한국독립운동의 여건이 좋아졌고, 중국 국민당 총통이었던 장제스가 상하이 대한민국임시정부를 지원해주는 계기가 되었다.

**19** 일제의 식민지 정책을 시기 순으로 바르게 나열한 것은?

> ㉠ 농촌경제의 안정화를 명분으로 농촌진흥운동을 전개하였다.
> ㉡ 학도지원병 제도를 강행하여 학생들을 전쟁터로 내몰았다.
> ㉢ 회사령을 철폐하여 일본 자본이 조선에 자유롭게 유입될 수 있게 하였다.
> ㉣ 토지의 소유권과 가격에 대한 대대적인 조사를 진행하였다.

① ㉢㉣㉠㉡  ② ㉢㉣㉡㉠
③ ㉣㉢㉠㉡  ④ ㉣㉢㉡㉠

> **Tip** ㉠ 농촌진흥운동(1932) ㉡ 학도지원병 제도(1943)
> ㉢ 회사령 철폐(1920) ㉣ 토지조사사업(1912)

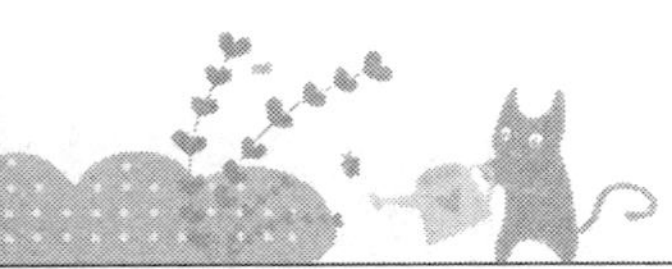

## 20  다음 설명 중 옳은 것은?

> (개) 토지 소유자는 조선 총독이 정하는 기간 내에 주소, 씨명, 명칭 및 소유지의 소재, 지목, 자번호(字番號), 사표(四標), 등급, 지적 결수(結數)를 임시 토지조사 국장에게 신고해야한다.
> (내) 회사의 설립은 조선총독의 허가를 받아야한다.

① (개)는 화폐정리사업의 기반이 되었다.

② (개)를 시행하면서 자작농이 증가하였다.

③ (내)는 조선의 민족기업들의 자본축적을 막기 위해 시행되었다

④ (내)는 일본의 경제대공황 타개책의 일환이었다.

> **Tip** (개)는 토지조사사업, (내)는 회사령이다.
> ① 화폐정리사업은 1905년 시행되었으며, 토지조사사업은 1910년 실시되었다.
> ② 일제가 정한 양식에 의해 신고를 하지 않으면 토지소유권을 인정해주지 않았으며 지주의 소유권만을 인정하고 관습적으로 인정되던 개간권, 도지권과 같은 농민의 권리는 인정해주지 않았다. 또한 토지조사사업으로 식민지지주제가 확립되었다.
> ③ 일제는 회사의 설립을 허가제로 하는 회사령을 시행하여 민족산업의 발전과 자본축적을 방해하였다.
> ④ 일제는 1920년대 후반 발생한 세계경제대공황을 타개하기 위해 병참기지화 정책을 실시하였다.

## 21  다음에서 설명하는 식민 통치 기구는?

> • 일제가 우리나라를 병합한 뒤 우리 민족을 통치하기 위해 설치한 조선 식민 통치의 최고 기관이었다.
> • 현역 육·해군 대장 가운데 이곳의 우두머리가 임명되었고, 그는 입법, 사법, 행정, 군사 등 식민지 통치에 관한 모든 권한을 지니고 있었다.

① 통감부  　　　　　　② 집강소

③ 군국기무처  　　　　④ 조선 총독부

> **Tip** 일제는 우리나라를 병합한 뒤 조선 총독부를 설치하고 현역 육·해군 대장 가운데 조선 총독을 임명하였다. 그는 입법, 사법, 행정, 군사 등 식민 통치에 관한 모든 권한을 가지고 있었다.

**Answer**  20.③  21.④

**22** 다음에 나타난 식민 통치 정책의 목적에 대한 설명으로 가장 적절한 것은?

> 조선 문제 해결의 성공 여부는 친일 인물을 많이 얻는 데 있다. 따라서 핵심적 친일 인물을 골라 친일 단체를 조직하게 하고 각종 편의와 원조를 제공하라.
>
>                        – 조선 민족 운동에 대한 대책, 사이토 총독

① 우리 민족을 분열시키려 하였다.

② 일본의 식량 부족 문제를 해결하려 하였다.

③ 우리 민족의 문화와 관습을 존중하려 하였다.

④ 한반도를 일제의 병참 기지로 이용하려 하였다.

> **Tip** 일제는 3·1 운동 이후 우리 민족의 문화와 관습을 존중한다며 문화 통치로 지배 방식을 바꾸었다. 하지만 이러한 정책의 목적은 우리 민족의 불만을 잠재우고 우리 민족을 분열시키는 데 있었다.


**23** 산미 증식 계획의 결과에 대한 설명으로 옳지 않은 것은?

① 일본으로의 쌀 수출량이 증가하였다.

② 우리나라의 식량 사정이 크게 나빠졌다.

③ 수리 시설 확충, 종자 개량 등을 통해 쌀 생산을 늘렸다.

④ 쌀 생산량이 증가하여 한국인의 쌀 소비량도 증가하였다.

> **Tip** 1920년대 산미 증식 계획이 실시되어 쌀 생산량은 늘어났지만 일제가 증산된 양보다 더 많은 쌀을 가져가 우리나라의 식량 사정이 크게 나빠졌다.
> ④ 쌀 생산량은 늘었지만 한국인의 1인당 쌀 소비량은 감소하였다.

Answer   22.①   23.④

**24** 1920년대에 다음 정책을 시행한 원인은?

> • 벼 품종 교체          • 수리 시설 확대
> • 화학 비료 사용        • 쌀 수출량 증대

① 물산 장려 운동          ② 임야 조사 사업
③ 산미 증식 계획          ④ 민립 대학 설립 운동

> **Tip** 산미 증식 계획(1920~1934) … 일제가 조선을 일본의 식량 공급지로 만들기 위해 실시한 농업 정책이다. 이 사업은 수리 시설의 확대와 품종 교체, 화학 비료 사용 증가 등을 통해 이루어졌는데, 대부분의 지주는 다소 이익을 보기도 했지만 소작농은 소작료율과 부채 증가로 많은 고통을 겪었다. 이에 따라 자작농이 감소하고 소작농이 증가했으며, 늘어난 생산량보다 많은 양의 쌀이 일본으로 실려 나갔다.

**25** 다음에서 서술하고 있는 역사적 사건은?

> 1937년 6월 동북항일연군 대원에 의해 발생하였다. 일제의 행정관청을 태우고 국내 조직의 도움을 받아 압록강을 건너다 추격하는 일본군에 상당한 피해를 입었다. 이 사건으로 일제는 조선광복회의 국내 조직 색출과 만주 지역의 독립군에 공세를 펼쳤다.

① 청산리 전투          ② 봉오동 전투
③ 보천보 전투          ④ 자유시 전투

> **Tip** 동북항일연군 내의 항일유격대는 함경남도 갑산의 보천보에 들어와 경찰주재소와 면사무소를 파괴하였다.

**Answer** 24.③  25.③

**26** 1930년대에 전개된 소작쟁의에 관한 내용으로 옳은 것은?

① 일제의 식민지 지배에 저항하는 민족운동의 성격이었다.

② 일제의 탄압으로 쟁의가 감소하였다.

③ 전국 각 지역의 농민조합의 수가 1920년대에 비해 감소하였다.

④ 전국적인 농민조합인 조선농민총동맹이 결성되었다.

> **Tip** 일제는 1920년대의 소작료 인하와 소유권 이전 반대와 같은 농민들의 생존권을 위한 정당한 요구도 탄압하였다. 이에 농민들은 1920년대의 단순한 경제적 투쟁을 일제의 식민지 지배에 저항하는 정치적 성격의 운동으로 전환시켰다.
> ②③ 1930년대 이후의 소작쟁의는 일제의 수탈에 저항하는 민족운동의 성격을 띠면서 더욱 격렬해져 갔다.
> ④ 조선농민총동맹은 1927년에 결성되었다.

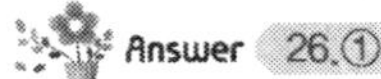
Answer  26.①

# 03 대한민국의 역사적 정통성

**1** 다음에 제시된 사건을 연대순으로 바르게 배열한 것은?

> ㉠ 사사오입 개헌　　　　　　　㉡ 발췌개헌
> ㉢ 거창사건　　　　　　　　　　㉣ 진보당 사건
> ㉤ 2 · 4파동

① ㉢㉡㉠㉣㉤　　　　　　　② ㉡㉠㉣㉤㉢

③ ㉡㉣㉢㉤㉠　　　　　　　④ ㉣㉠㉡㉢㉤

> **Tip** ㉠ **사사오입 개헌**(1954.11) : 이승만 정권 시절, 헌법 상 대통령이 3선을 할 수 없는 제한을 철폐하기 위해, 당시의 집권당인 자유당이 사사오입의 논리를 적용시켜 정족수 미달의 헌법개정안을 불법 통과한 것이다.
> ㉡ **발췌개헌**(1952.7) : 이승만 대통령이 자유당 창당 후 재선을 위해 직선제로 헌법을 고쳐 강압적으로 통과시킨 개헌안이다.
> ㉢ **거창사건**(1951.2) : 6 · 25전쟁 중이던 1951년 2월 경상남도 거창군 신원면 일대에서 일어난 양민 대량학살사건이다.
> ㉣ **진보당 사건**(1958.1) : 조봉암을 비롯한 진보당의 전간부가 북한의 간첩과 내통하고 북한의 통일방안을 주장했다는 혐의로 구속 기소된 사건이다.
> ㉤ **2 · 4파동**(1958.12) : 국회에서 경위권 발동 속에 여당 단독으로 신국가보안법을 통과시킨 사건이다.

**2** 대한민국의 헌정사를 일부 정리하였다. 시대 순으로 맞게 나열하면?

① 제2공화국 수립 – 4월 혁명 – 발췌개헌 – 사사오입개헌

② 발췌개헌 – 사사오입개헌 – 4월혁명 – 제2공화국 수립

③ 사사오입개헌 – 발췌개헌 – 4월혁명 – 제2공화국 수립

④ 사사오입개헌 – 4월 혁명 – 발췌개헌 – 제2공화국 수립

 **Answer** 1.① 2.②

## 3 다음과 같은 주장을 한 단체와 관련이 없는 것은?

> • 전국적으로 정치범 · 경제범을 즉시 석방할 것
> • 서울의 3개월 간의 식량을 보장할 것
> • 치안유지와 건국을 위한 정치활동에 간섭하지 말 것

① 건국동맹을 모체로 한다.
② 송진우, 김성수 등이 주도하여 창설되었다.
③ 건국치안대를 조직하여 치안을 담당하였다.
④ 인민위원회로 전환되기도 하였다.

🐦**Tip** 송진우, 김성수 등 민족주의 우파계열은 건국준비위원회에 참여하지 않았다.

**4**  다음에서 설명하는 정부와 관련이 없는 것은?

> 이 정부는 '조국근대화'의 실현을 가장 중요한 국정목표로 삼아 경제성장에 모든 힘을 쏟는 경제 제일주의 정책을 펼쳤다. 이로써 수출이 늘어나고 경제도 빠르게 성장함으로써 절대 빈곤의 상태에서 어느 정도 벗어날 수 있었다. 그러나 경제개발에 필요한 자본의 대부분은 외국에서 빌려온 것이었고, 개발을 효율적으로 추진한다는 구실로 국민의 자유를 억압하여 민주주의 발전을 저해하였다.

① 한·일 협정　　　　　　　　　② 남북적십자회담
③ 한·중 수교　　　　　　　　　④ 유신헌법제정

> **Tip** 제5공화국(1963~1979)에 해당하는 박정희 정권에 대한 설명이다.
> ① 1961년부터 진행되었으며 1965년 6월에 한·일 기본조약 및 제협정이 조인되었으며 그 해 8월 국회에서 통과되었다.
> ② 1971년 대한적십자사에서 남북한 이산가족 찾기를 위한 남북적십자회담을 북한의 조선적십자회에 제의하였으며, 북한의 동의에 의해 회담이 진행되었다.
> ③ 중국과 국교가 수립된 것은 1992년 노태우 정권 때의 사실이다.
> ④ 유신헌법은 7차로 개정된 헌법으로 1972년 10월에 개헌안이 공고되었으며 11월에 국민 투표를 거쳐 12월 27일에 공포·시행되었다.

**5**  다음 중 1945년 12월에 열린 모스크바 3상회의에서 결의된 내용으로 옳지 않은 것은?

① 조선의 정당 및 사회 단체와 협의하여 임시조선민주주의 정부를 수립한다.
② 조선 임시정부수립을 원조하기 위해 미·소 공동위원회를 설치한다.
③ 2주일 이내에 미·소 양군 대표회의를 소집한다.
④ 친일파 및 민족반역자를 처벌하기 위한 관련 조례를 만든다.

> **Tip** 모스크바 3상 회의에서 신탁통치에 대한 의견이 나오자 국내에서는 좌·우익의 대립이 심해졌다. 이러한 대립을 줄이기 위해 좌·우합작운동이 시행되었는데 이때 발표된 좌·우합작7원칙 중 하나이다.

✿ Answer　4.③　5.④

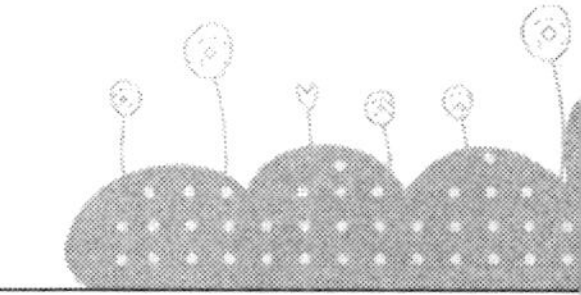

**6** 다음의 결정이 미친 영향으로 옳지 않은 것은?

> 모스크바 3상 회의에서 한국임시민주정부를 수립하기 위해 미·소 공동위원회를 설치하고 한국을 최고5년 간 미·영·중·소 4개국이 신탁통치를 하기로 결정하였다.

① 미·소공동위원회가 두 차례 열렸다.
② 신탁통치에 대한 입장의 차이로 좌우대립이 심해졌다.
③ 김구 등은 반탁운동을 전개하였다.
④ 찬탁세력이 많아 신탁통치를 받았다.

>✿Tip 모스크바 3상 회의의 결과 신탁통치가 결정되자 좌·우 양측이 모두 반대하였으나 소련의 사주를 받은 좌익이 찬탁으로 입장을 변경하면서 갈등이 생겨났다. 이 과정 중에 2차례의 미·소공동위원회가 개최되었으며, 갈등을 줄이기 위해 좌우합작운동도 전개하였으나 실패하였다.
>④ 신탁통치 결정이 내려졌으나 실제로 신탁통치가 행해진 것은 아니다.

**7** 다음 중 장면내각에 대한 설명으로 옳지 않은 것은?

① 민간차원의 통일운동을 진행하였다.
② 경제정책으로는 3개년 경제발전계획이 국무회의를 통해 승인되었다.
③ 국토개발계획에 착수하였다.
④ 4·19혁명을 통해 성립된 장면 정권은 국민투표를 통해 윤보선을 대통령으로 선출하였다.

>✿Tip 1960년 8월 12일 국회의원의 투표를 통해 윤보선이 대통령으로 당선되었다.

✿ Answer 6.④ 7.④

**8** **토지개혁에 대한 설명으로 옳지 않은 것은?**

① 토지개혁은 이승만 정부가 지주의 경제력을 약화시키는 데 목적이 있었다.

② 일반 대지는 물론 비경작지인 산림과 임야도 모두 포함되었다.

③ 1농가당 3정보를 초과하는 소유 농지는 정부가 매수하여 분배한다.

④ 6 · 25를 거치면서 가치가 떨어져 지주들이 대거 몰락했다.

> **Tip** 이승만 정권의 토지개혁에서 임야와 산림, 일반 대지는 제외되었다.

**9** **다음 중 1945년 광복 이후 우리나라의 정치변화에 대한 설명으로 옳은 것은?**

① 이승만은 장기집권을 위하여 대통령간선제의 발췌개헌안을 강압적인 방법으로 통과시켰다.

② 이승만 정권이 붕괴된 후 수립된 과도정부시기에 헌법은 내각책임제와 양원제 국회로 개정되었다.

③ 유신체제로 인하여 우리나라는 의회주의와 삼권분립을 존중하는 민주적 헌정체제가 완성되었다.

④ 10 · 26사태(1979) 직후 민주화를 요구하는 국민들의 요구로 대통령직선제가 실시되었다.

> **Tip** ① 발췌개헌안(1952)은 간선제가 아니라 직선제로의 개헌이 이루어진 것이다.
> ② 이승만 정권이 붕괴된 이후 장면 내각이 집권하고 이전의 대통령중심제와 달리 내각책임제와 민의원, 참의원으로 구성된 양원제 의회가 실시되었다.
> ③ 유신헌법(1972)은 박정희가 3선 개헌안을 통과시킨 이후 독재집권을 위해 1972년 10월에 제정한 헌법으로 통일주체회의를 통한 대통령간선제 실시와 긴급조치명령이 포함되어 있다.
> ④ 대통령직선제가 이루어진 것은 1987년 6월 민주항쟁 이후의 결과에서 대통령 5년 단임제와 더불어 나타났다.

**Answer** 8.② 9.②

## 10 다음 활동이 실패로 끝난 이유로 옳은 것은?

> 민족적 과제인 일제의 잔재를 청산하기 위하여 반민족행위처벌법이 제정된 후, 이 법에 따라 국회의원 10명으로 구성된 반민족행위특별군사위원회에서 친일혐의를 받았던 주요 인사들을 조사하였다.

① 반공을 우선시하던 이승만 정부의 소극적인 태도 때문에
② 분단을 우려한 인사들이 추진한 남북협상이 실패했기 때문에
③ 갑작스런 6·25전쟁의 발발 때문에
④ 자유당 정권이 장기집권을 노리고 부정선거를 자행했기 때문에

> **Tip** 정부 수립 후 일제 잔재를 청산하기 위해 조직된 '반민족행위특별조사위원회(반민특위)'는 '반민족행위처벌법'을 제정하여(1949) 그 활동을 시작했지만 성공하지 못했다. 그 이유는 대한민국 정부 수립 과정에 과거 친일세력이 정부의 요직 및 사회 기득권 세력이 되어 반민특위 활동을 방해하고, 이승만 대통령은 냉전이데올로기 속에서 친일보다 반공을 우선으로 생각했기 때문이다.

## 11 다음은 대한민국 정부수립을 전후하여 있었던 주요사건이다. 시기순으로 배열된 것은?

> ㉠ 여운형 암살
> ㉡ 조선민주주의 인민공화국 성립
> ㉢ 제주 4·3사건 발발
> ㉣ 대한민국 정부수립 반포
> ㉤ 농지개혁법 공포

① ㉠-㉡-㉣-㉢-㉤  
② ㉠-㉢-㉡-㉣-㉤  
③ ㉠-㉢-㉣-㉡-㉤  
④ ㉢-㉠-㉣-㉡-㉤

> **Tip** ㉠ 여운형 암살(1947. 7)
> ㉡ 조선민주주의 인민공화국 성립(1948. 9)
> ㉢ 제주 4·3사건 발발(1948. 4)
> ㉣ 대한민국 정부수립 반포(1948. 8)
> ㉤ 농지개혁법 공포(1949. 6)

**Answer** 10.① 11.③

**12** **남한과 북한의 농지개혁법에 대한 설명 중 옳지 않은 것은?**

① 남한의 지주들은 산업자본가로 성장하였다.

② 북한은 무상몰수 무상분배의 원칙으로 개혁을 진행하였다.

③ 북한 농민의 생산의욕이 높아졌다.

④ 국민들은 지지하지 않았다.

> **Tip** 해방 이후 진행된 남북한의 농지개혁에서 북한은 무상몰수 무상분배의 원칙으로, 남한은 유상몰수 유상분배의 원칙으로 진행되었다. 남한의 경우에는 지주들이 농지개혁 이전에 미리 토지를 매도하여 토지를 자본화하고 이를 산업에 투자함으로써 산업자본가로 성장하게 되었다. 공통점은 이로 인하여 지주제가 철폐되고 농민들은 경작권을 회복할 수 있게 됨으로써 생산의욕이 높아지는 계기가 되었다.

**13** **다음 대한민국 정부수립과정 중 (　　) 안에 들어갈 사실로 옳지 않은 것은?**

> 광복 → 미소군정실시 → (　　) → 남한단독선거 → 정부수립

① 모스크바 3국외상회의　　　　　　② 건국준비위원회

③ 미소공동위원회　　　　　　　　　④ 좌우합작위원회

> **Tip** 광복 이후 미국은 9월부터, 소련은 8월부터 군정을 실시하였다. 이후 좌우익의 이념 대립을 거치면서 남한만의 단독 총선거를 통해 대한민국 정부가 수립되었다(1948.8.15).
> ① 미, 영, 소의 대표가 한반도 신탁통치안을 결의하였다(1945.12).
> ② 해방과 동시에 여운형을 중심으로 조직된 단체이다(1945.8.15).
> ③ 신탁통치에 대해 좌우익이 찬탁과 반탁으로 대립하자 이를 해소하기 위해 미국과 소련 간에 회담을 개최하였다(1946~1947).
> ④ 좌우익의 이념 대립이 심각해지자 여운형과 김규식을 중심으로 이를 통합하기 위해 조직하였다(1946).

**Answer** 12.④ 13.②

**14** 다음 중 제헌국회에 대한 설명으로 옳지 <u>않은</u> 것은?

① 남한만의 단독 총선거에 반대한 김구, 김규식은 불참했다.

② 국회의원의 임기는 4년으로 정하였다.

③ 일제시대의 반민족 행위자를 처벌하기 위해 반민족행위처벌법을 제정했다.

④ 1948년 5월 10일 남한만의 단독 총선거로 구성되었다.

> **Tip** 제헌국회는 1948년 5월 10일 남한만의 단독 총선거(5·10총선거) 실시로 구성된 초대 국회이다. 이 선거에서 198명의 국회의원이 선출되었으며, 대통령에 이승만, 부통령에 이시영이 선출되었다. 제헌국회는 제헌헌법을 제정하였는데 국회의원의 임기는 2년, 대통령의 임기는 4년으로 정하였다. 그리고 일제시대 반민족행위자를 처벌하기 위한 반민족행위처벌법이 제정되었으나 이후 제대로 실시되지 못했고, 남한만의 단독 총선거에 반대한 김구와 김규식은 참여하지 않았다.
> ② 당시 국회의원의 임기는 2년이었다.

**15** 다음 회의들의 공통점으로 알맞은 것은?

| | |
|---|---|
| • 카이로 선언 | • 포츠담 선언 |

① 한반도의 남과 북에 각각 군대를 주둔시켰다.

② 최대 5년간 한반도를 신탁 통치하기로 하였다.

③ 건국 강령을 발표하고 정부 수립을 준비하였다.

④ 연합국 대표들이 우리 민족의 독립을 약속하였다.

> **Tip** 제2차 세계대전 중 연합국 대표들이 만나 전후 처리 문제를 논의하였는데, 카이로 선언에서 우리 민족의 독립을 처음으로 약속하였고, 포츠담 선언에서 이것을 다시 확인하였다.

**Answer** 14.② 15.④

**16** 빈칸에 들어갈 단체와 그 단체를 조직한 중심인물을 바르게 연결한 것은?

> 광복에 대비하기 위해 국내에서 조선 건국 동맹이 결성되었는데, 이 단체는 광복 이후 (    ) (으)로 발전하였다.

① 신간회 – 안창호
② 한인 애국단 – 김구
③ 조선의용대 – 김원봉
④ 조선 건국 준비 위원회 – 여운형

> **Tip** 국내에서는 여운형을 중심으로 조선 건국 동맹이 결성되어 광복 이후를 대비하였고, 조선 건국 동맹은 이후 조선 건국 준비 위원회로 발전하였다.

**17** 다음 중 (가)의 시기에 일어난 일로 옳은 것은?

> 모스크바 3국외상회의 → 1차 미소공동위원회 → (가) → 2차 미소공동위원회 → 대한민국 건립

① 제주도 4·3사건
② 신탁통치반대운동의 범국민적 통합단체 발족
③ 5·10 총선거
④ 좌우합작운동

> **Tip** 1차 미소공동위원회(1946.3.26~5. 6)와 2차 미소공동위원회(1947.5.21~10.21)의 사이에 나타난 사건으로는 위조지폐사건(1946.5.15), 김규식, 안재홍, 여운형의 좌우합작운동(1946.7.25), 대구 인민항쟁(1946.10) 등이 있다.

**18** 모스크바 3국 외상 회의의 결과로 옳은 것은?

① 임시 민주 정부 수립과 신탁 통치를 결정하였다.
② 미군과 소련군을 즉시 철수시키기로 결정하였다.

 Answer 16.④ 17.④ 18.①

③ 유엔 한국 임시 위원단을 파견하기로 결정하였다.

④ 38도선을 경계로 미군과 소련군이 주둔하기로 결정하였다.

> **Tip** 미국, 소련, 영국의 외무 대표들은 모스크바에 모여 한반도 문제를 논의하였고, 이 회의에서 임시 민주 정부 수립, 미·소 공동 위원회 설치, 최대 5년간의 신탁 통치를 결정하였다.

## 19 4·19 혁명에 대한 설명으로 옳지 않은 것은?

① 이승만 대통령의 독재정치와 장기집권이 배경이 되었다.

② 3·15 부정선거가 도화선이 되었다.

③ 대학교수단의 시국선언은 4월 19일 학생 시위를 촉발시켰다.

④ 학생이 앞장서고 시민이 참여한 민주혁명이었다.

> **Tip** 4·19 혁명의 직접적인 원인은 3월 15일 정·부통령 선거의 사전계획에 의한 부정선거에 투표 당일 마산에서 부정선거에 항의하는 시위가 발생한 것이 전국적으로 확산된 것이다. 이로 인하여 이승만 정권은 배후에 공산세력이 개입한 혐의가 있다고 조작하여 사태를 수습하려 하였고 4월 11일 마산에서 김주열의 시체가 발견되면서 이승만 정권을 타도하려는 투쟁으로 전환되었다. 4월 19일 학생과 시민들의 대규모 시위에 의하여 정부는 비상계엄을 선포하였으나 군부의 지지가 없고 재야인사들의 이승만 퇴진요구 및 대학교수의 시국선언 발표·시위에 의해 자유당 정권은 붕괴되었다.

## 20 4·19혁명의 영향으로 볼 수 없는 것은?

① 내각책임제 정부와 양원제 의회가 출범하였다.

② 반민족행위자에 대한 처벌법이 제정되었다.

③ 부정축재자에 대한 처벌 요구가 높아졌다.

④ 통일에 관한 논의가 활발하게 제기되었다.

> **Tip** ② 4·19혁명은 이승만정권의 부정부패와 3·15일 부정선거 등이 원인이 되어 1960년 4월 19일에 절정을 이룬 항쟁이다. 따라서 4·19혁명의 영향으로 반민족 행위 처벌법이 제정되었다고 볼 수 없다.

**Answer** 19.③ 20.②

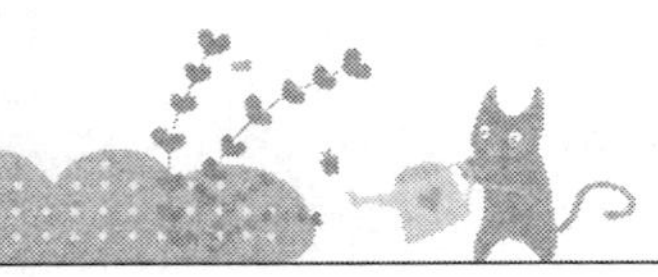

**21** 다음 내용을 선언하여 한국의 독립을 최초로 결의한 국제회의는?

> "한국 인민의 노예상태를 유의하여, 적당한 시기에 한국을 해방시키며 독립시킬 것을 결의한다."

① 카이로회담 ② 얄타회담

③ 포츠담선언 ④ 모스크바 3국 외상회의

> **Tip** 카이로회담(1943. 11) … 미·영·중 3국 수뇌가 적당한 시기에(적절한 절차를 거쳐) 한국을 독립시킬 것을 결의하였다.

**22** 이승만 정부의 부정선거에 항거하여 일어난 사실로 옳은 것은?

① 3·15마산의거가 전국적으로 확산되어 학생들의 대규모 시위가 일어났다.

② 박정희 정부는 유신헌법을 발표하여 사태를 수습하였다.

③ 신군부 세력이 이승만 정부를 무너뜨리고 통치권을 장악하였다.

④ 1987년 6월 민주항쟁으로 대통령을 직접 선출하였다.

> **Tip** 이승만 정부의 3·15부정선거 … 이승만이 이끄는 자유당은 1960년 3월의 정·부통령선거에서 이승만을 대통령으로, 이기붕을 부대통령으로 당선시키기 위해서 대대적인 부정선거를 자행하였다. 이에 3·15선거 당일, 마산에서 부정선거를 규탄하는 시위가 일어나자 전국적으로 확산되어 4·19혁명이 본격화되었다.

**Answer** 21.① 22.①

**23** 다음 중 현대사의 발전과정에서 정권 연장을 목적으로 일어난 사건이 아닌 것은?

① 사사오입 개헌

② 4 · 19혁명

③ 3선개헌

④ 10월유신

> **Tip** ① 장기집권을 위해 이승만 대통령은 초대 대통령에 한해 3선제한 조항 철폐를 골자로 하는 헌법을 개정하였다.
>
> ② 학생과 시민들이 중심이 되어 독재정권을 무너뜨린 민주혁명으로서 우리 민족의 민주역량을 전 세계에 과시하고, 민주주의가 새롭게 발전할 수 있는 계기를 마련하였다.
>
> ③ 1969년 박정희 대통령이 장기집권을 위한 3선개헌으로 여 · 야의 대립과 갈등이 심화되었다.
>
> ④ 주한미군 철수에 따른 국가안보와 사회질서를 최우선 과제로 제시하고, 지속적인 경제 성장을 이룩하기 위해서 강력하고 안정된 정부의 필요성을 내세워 박정희 대통령에 의해 단행되었다.


**24** 우리 민족의 역사적 전통과 능력을 무시하고, 5개년간의 한반도의 신탁통치를 결정한 것은?

① 카이로회담

② 포츠담회담

③ 얄타비밀협정

④ 모스크바 3국 외상회의

> **Tip** 38도선을 경계로 한반도가 분단되고, 남과 북에 미군과 소련군의 군정이 실시되는 가운데, 1945년 12월 미 · 영 · 소 3국 외상들이 모스크바에 모여 한반도문제를 협의하였다. 이 회의에서 한국에 임시정부 수립을 위한 미 · 소 공동위원회를 설치하고, 한국을 최고 5년간 미 · 영 · 중 · 소 4개국의 신탁통치하에 두기로 결정하였다.

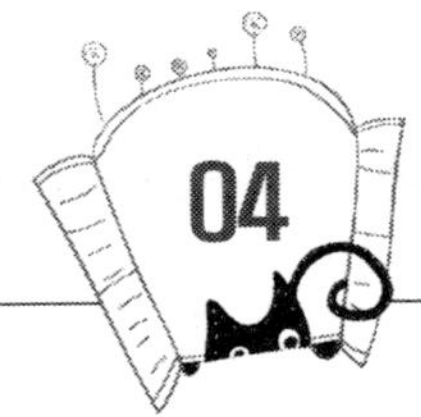

# 6 · 25 전쟁의 원인과 책임

**1** 다음 중 6 · 25전쟁 이후 우리나라 경제에 대한 설명으로 옳은 것은?

① 농업 분야의 복구가 가장 먼저 이루어져 안정적인 식량공급이 가능해졌다.

② 귀속 재산의 민간 불하 과정에서 부정 특혜를 입은 사람이 많았다.

③ 미국의 원조 물자는 주로 식량, 시멘트, 휘발유 등의 원자재 중심이었다.

④ 기계 공업과 같은 생산재 산업은 급성장하였으나 소비재 산업은 발전하지 못했다.

> **Tip** ① 농업 분야의 복구는 제대로 이루어지지 못하였다.
> ② 일본의 국 · 공유재산, 일본인의 사유재산을 불하 하였는데 연고자 · 관리인 · 임차인을 중심으로 이루어졌다.
> ④ 소비재 산업은 발전하였으나 생산재 산업이 발전하지 못해 수입의존도가 높았다.

**2** 다음은 6 · 25 전쟁 중에 일어난 사건들이다. 시기 순으로 옳게 나열한 것은?

> (가) 국군과 유엔군이 평양을 탈환하였다.
> (나) 북한군이 낙동강까지 밀고 내려왔다.
> (다) 전쟁에 중국군이 개입하면서 서울을 빼앗기고 후퇴하였다.
> (라) 국군과 유엔군이 인천상륙작전으로 전세를 뒤집고 서울을 되찾았다.

① (가) ― (나) ― (다) ― (라)  ② (가) ― (나) ― (라) ― (다)

③ (나) ― (라) ― (가) ― (다)  ④ (다) ― (나) ― (가) ― (라)

> **Tip** (가) 1950년 10월 19일, (나) 1950년 9월 2일, (다) 1950년 10월 25일, (라) 1950년 9월 28일의 사실이다.

**Answer** 1.③ 2.③

$3$ (가)~(라) 사진을 보고 학생들이 나눈 대화의 내용으로 옳은 것을 〈보기〉에서 고른 것은?

㉠ (가) - 서울 수복의 발판을 마련하였어.
㉡ (나) - 1 · 4 후퇴의 계기가 되었지.
㉢ (다) - 미국의 동의로 이루어졌어.
㉣ (라) - 애치슨 선언의 배경이 되었지

① ㉠, ㉡　　　　　　　　　② ㉠, ㉢
③ ㉡, ㉢　　　　　　　　　④ ㉡, ㉣

**Tip** (가) - 맥아더 장군의 지휘로 전개된 유엔군의 인천 상륙 작전이 성공함에 따라 전세는 역전되었고, 국군과 유엔군의 반격도 본격적으로 시작되었고, 서울을 빼앗긴 지 3개월 만인 9월 29일에 서울을 되찾게 되었다.
(나) - 대규모의 중국군이 파견되자 유엔군과 군국은 38도선 이북에서 대대적인 철수를 계획하였고, 중국군의 남진에 밀려 철수하였고, 1951년 1월 4일에 다시 서울을 내주게 되었다.
(다) - 반공 포로 석방은 이승만 대통령의 단독 결정이었다.
(라) - 한미 상호 방위 조약은 1953년 10월에 체결되어 11월에 발효된 대한민국과 미국 간의 상호 방위 조약이다.

Answer 3.①

**4** 6 · 25 전쟁의 영향으로 옳은 것을 〈보기〉에서 고른 것은?

> 〈보기〉
> ㉠ 남북 간의 분단이 고착화되었다.
> ㉡ 남북의 민주주의 발전에 크게 기여하였다.
> ㉢ 전쟁 특수를 통해 산업 시설이 증가하였다.
> ㉣ 수많은 전쟁 고아와 이산가족이 발생하였다.

① ㉠, ㉡　　　　　　　　　　② ㉠, ㉣
③ ㉡, ㉢　　　　　　　　　　④ ㉡, ㉣

> **Tip** 6 · 25 전쟁으로 남북 모두 대부분의 건물과 산업 시설이 파괴되는 등 전 국토가 황폐해졌다. 그리고 휴전 이후 남한에서는 이승만 정부가 반공을 앞세워 권력을 강화하였고, 북한에서는 김일성 독재 체제가 구축되었다.

**5** 6 · 25 전쟁의 전개 과정을 나타낸 지도이다. 순서대로 바르게 나열한 것은?

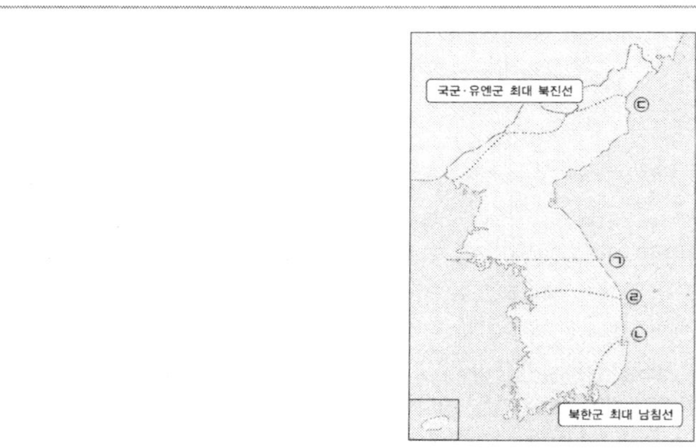


① ㉠ - ㉡ - ㉢ - ㉣　　　　② ㉡ - ㉢ - ㉣ - ㉠
③ ㉠ - ㉣ - ㉡ - ㉢　　　　④ ㉡ - ㉣ - ㉠ - ㉢

> **Tip** 6 · 25 전쟁은 북한국의 남침→정부의 부산 피난→유엔군과 국군의 인천 상륙 작전 성공→압록강까지 진격→중국군의 개입으로 후퇴→38도선 부근의 치열한 공방전→휴전 협정 체결의 과정을 거친다.

**Answer** 4.② 5.②

**6** 다음 지도는 6·25 전쟁의 순서와 관련된 것이다. 4개의 지도를 시간 순서대로 연결한 것은?

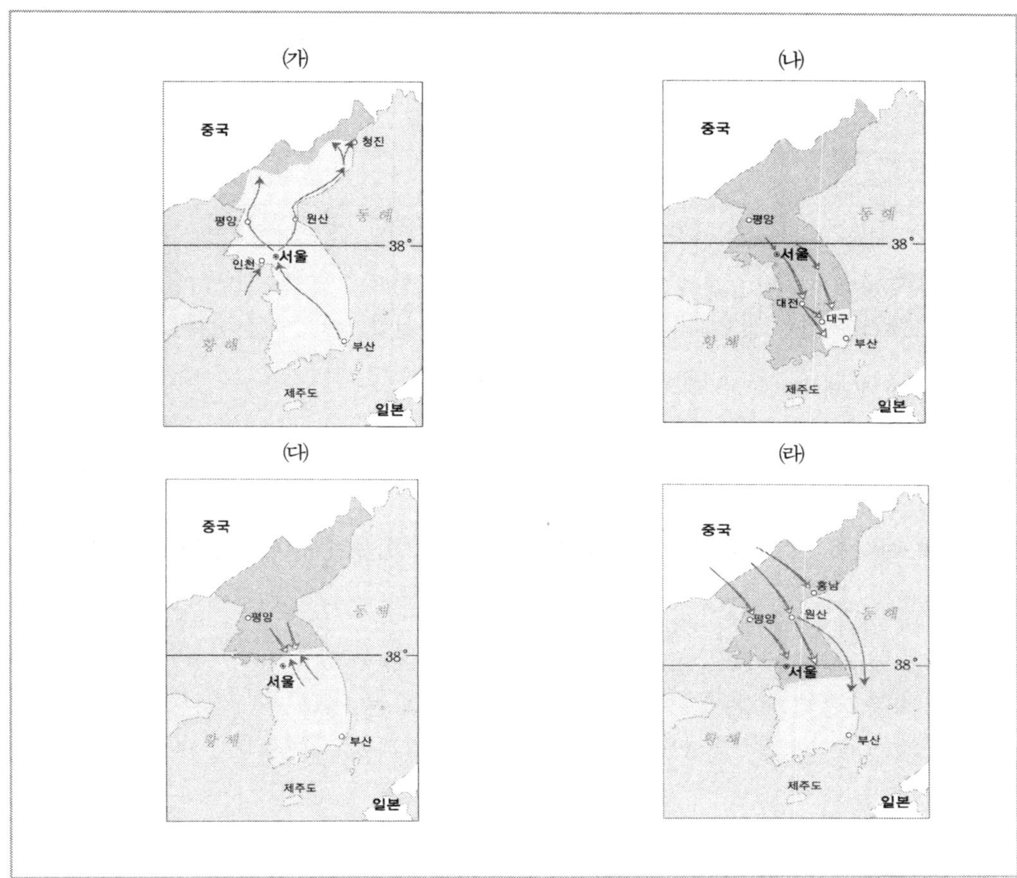



① (가) - (나) - (다) - (라)  　　② (가) - (다) - (나) - (라)

③ (나) - (가) - (다) - (라)  　　④ (나) - (가) - (라) - (다)

> **Tip** (나)는 북한군의 남침(1950.6~9), (가)는 유엔군의 참전과 북진(1950.9~11), (라) 중국군의 개입과 후퇴(1950.10~1951.1), (다) 전선의 고착과 정전(1951.1~1953.7)이며, 그렇기 때문에 시간 순으로 배열하면 (나) - (가) - (라) - (다)이다.

**Answer** 6.④

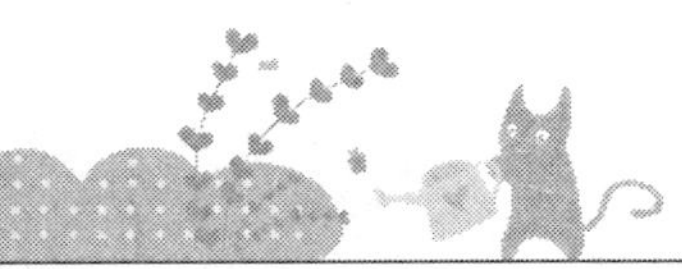

**7** (가)에 들어갈 사실로 옳지 않은 것은?

북한의 기습 남침으로 625전쟁이 발발하였다.

↓

(가)

↓

전쟁의 피해가 늘어나자 휴전 협상이 시작되었다.

① 1·4 후퇴

② 중국군 참전

③ 애치슨 선언 발표

④ 인천 상륙 작전 전개

**Tip** 애치슨 선언은 전쟁 발발 이전에 발표되었다.


**8** (가)~(라)는 6·25 전쟁 과정에서 일어난 일들이다. 이를 순서대로 나열한 것은?

> (가) 1950년 6월 25일 북한이 남침을 강행하였다.
> (나) 유엔군과 공산군은 휴전 협정을 체결하였다.
> (다) 중국군이 개입하자 국군과 유엔군은 다시 서울을 빼앗겼다.
> (라) 인천 상륙 작전을 통해 국군과 유엔군이 서울을 되찾고 압록강까지 진격하였다.

① (가) - (라) - (나) - (다)

② (가) - (라) - (다) - (나)

③ (나) - (다) - (가) - (라)

④ (나) - (다) - (라) - (가)

**Tip** 6·25 전쟁은 '(가) 북한의 남침 - 유엔군 참전 - (라) 인천 상륙 작전 - 서울 수복 - 압록강 진격 - (다) 중국군 개입 - 38도선 부근의 공방전 - (나) 휴전 협정 조인'의 순서대로 전개되었다.

**Answer** 7.③ 8.②

# 9 지도와 같이 전개된 전쟁에 대한 설명으로 옳지 않은 것은?

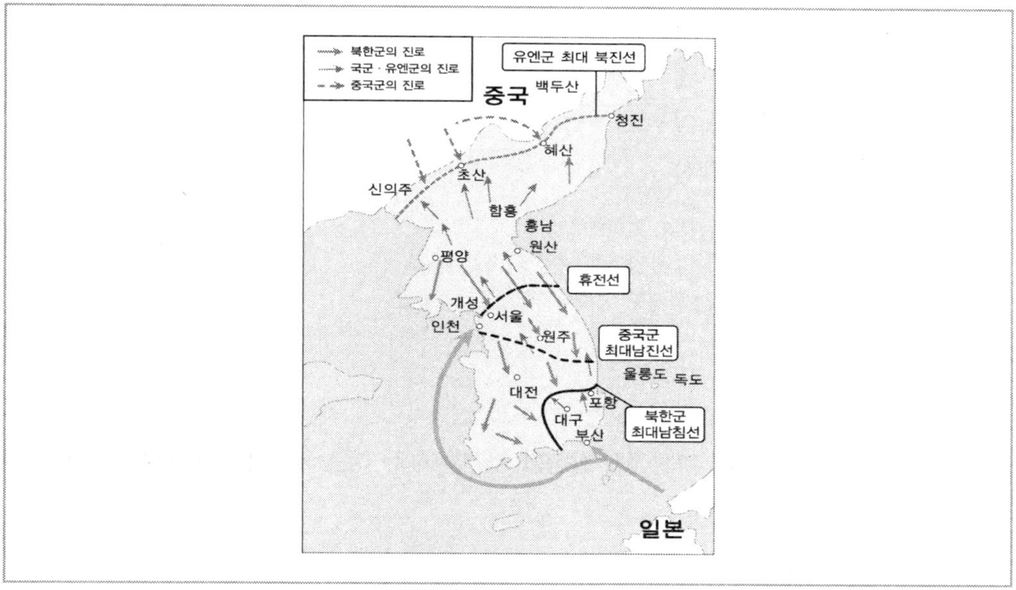


① 북한군의 남침으로 시작되었다.

② 북한은 미국의 지원을 받아 군사력을 키웠다.

③ 북한의 요청으로 중국군이 전쟁에 개입하였다.

④ 유엔 안전 보장 이사회가 열려 유엔군이 파병되었다.

> **Tip** ② 북한은 소련의 지원을 받아 군사력을 키웠고, 1950년 6월 25일에 기습적인 남침을 감행하였다.

# 10 6·25 전쟁의 결과로 옳지 않은 것은?

① 전쟁고아와 이산가족 발생

② 북한에 민주주의 정부 수립

③ 우리 민족 간의 불신과 적대감 증대

④ 분단의 고착화로 문화적 이질감 발생

> **Tip** 6·25 전쟁은 남한과 북한 모두에게 커다란 인적·물적 피해를 남겼다. ② 남한에서는 이승만 정부가 반공을 내세워 정권을 연장하였고, 북한에서는 김일성이 반대파를 제거하고 독재 체제를 갖추었다.

**Answer** 9.② 10.②

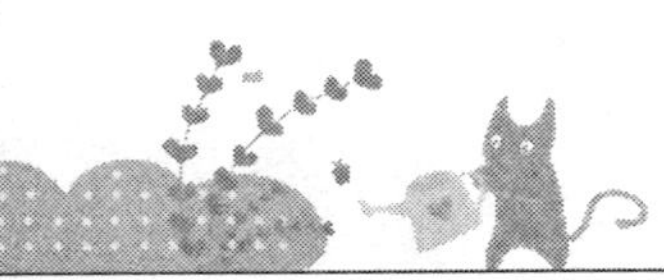

**11** 6 · 25 전쟁에 참여한 각국에 대한 설명으로 옳은 것은?

① 북한 – 유엔군의 지원을 받았다.

② 중국 – 남한의 요청으로 전쟁에 개입하였다.

③ 미국 – 유엔군의 일부로 전쟁에 참여하였다.

④ 소련 – 북한에 대한 군사적 지원을 거부하였다.

> **Tip** ① 유엔군은 남한을 지원하였다.
> ② 중국은 북한의 요청으로 전쟁에 개입하였다.
> ④ 소련은 북한에 대한 군사적 지원을 제공하였다.

**12** (가)~(마)는 6 · 25 전쟁 과정에서 발생한 사건들이다. 이를 일어난 순서대로 나열한 것은?

| | |
|---|---|
| (가) 중국군의 개입 | (나) 인천 상륙 작전 |
| (다) 휴전 협정의 조인 | (라) 북한군의 기습 남침 |
| (마) 낙동강 전선의 형성 | |

① (가) – (라) – (마) – (다) – (나)

② (나) – (가) – (마) – (다) – (라)

③ (나) – (가) – (마) – (라) – (다)

④ (라) – (마) – (나) – (가) – (다)

> **Tip** '(라) 북한의 기습 남침 – (마) 낙동강 전선의 형성 – (나) 인천 상륙 작전 – (가) 중국군의 개입 – (다) 휴전 협정의 조인'의 순서이다.

**13** 다음 노래 가사는 6·25 전쟁의 상황을 표현한 것이다. 가사에서 표현하고 있는 시기를 연표에서 고르면?

> 눈보라가 휘날리는 / 바람 찬 흥남 부두에
> 목을 놓아 불러 보았다 / 찾아를 보았다
> 금순아 어데로 가고 / 길을 잃고 헤매었드냐
> 피눈물을 흘리면서 / 1·4 이후 나 홀로 왔다.

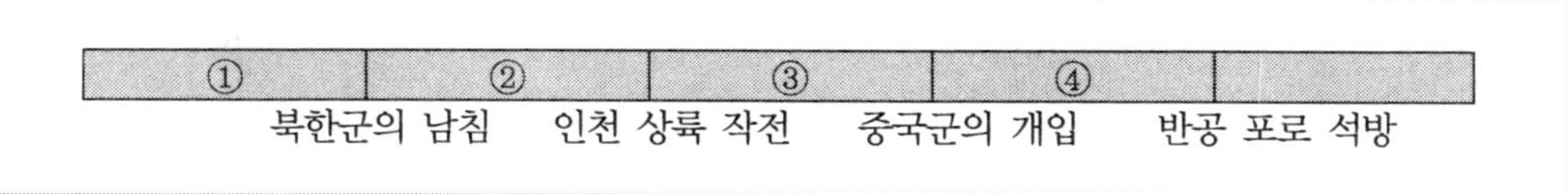


🐾**Tip** 제시된 가사의 노래는 '굳세어라 금순아'로, 중국군의 공세에 밀린 1951년 흥남 철수와 1·4 후퇴의 상황을 담고 있다.

**14** 6·25 전쟁이 일어나기 직전 상황에 대한 설명으로 옳지 않은 것은?

① 한·미 상호 방위 조약이 체결되었다.

② 소련이 북한에 현대식 무기를 공급하였다.

③ 38도선 일대에서 크고 작은 무력 충돌이 빈번하게 일어났다.

④ 남한의 좌익 세력 일부가 지리산, 태백산 일대 등에서 게릴라전을 벌였다..

🐾**Tip** 6·25 전쟁이 일어나기 직전 남한과 북한 정부는 서로의 체제를 비난하며 대립하였으며, 각기 자신이 권력을 장악한 지역을 토대로 나머지 지역을 통합하겠다는 전략을 추진하였다.
① 한·미 상호 방위 조약은 휴전 협정이 이루어진 후 1953년 10월에 체결되었다.

**15** 다음과 같은 미국의 외교 선언이 발표된 시기를 연표에서 고르면?

> 미국의 극동에 있어서의 방위선은 알류샨 열도로부터 일본, 오키나와를 거쳐 필리핀을 통과한다. 방위선 밖의 국가가 제3국의 침략을 받는다면, 침략을 받은 국가는 그 국가 자체의 방위력과 국제 연합 헌장의 발동으로 침략에 대항해야 한다.

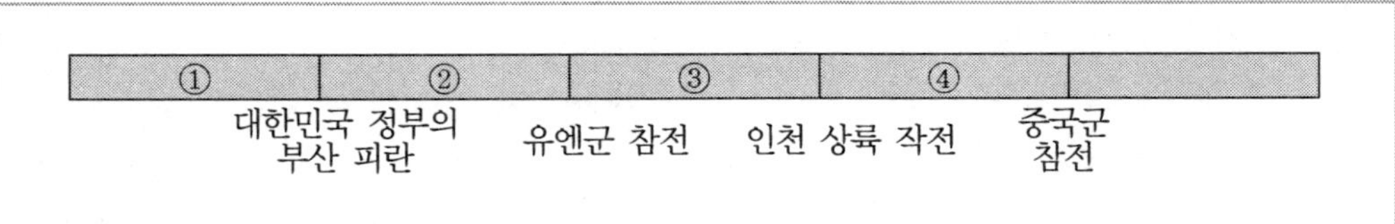


💐**Tip** 냉전이 심화되는 가운데 1950년 미국의 국무장관 애치슨이 제시된 내용과 같은 외교 선언을 함으로써 한반도는 미국의 태평양 방위선에서 제외되었다. 이후 북한이 전면적 남침을 강행하면서 6 · 25 전쟁이 시작되었다.

**16** 6 · 25 전쟁 후에 나타난 남한 사회의 모습으로 적절하지 않은 것은?

① 대가족 중심의 가족 관계가 해체되었다.
② 수많은 전쟁고아와 이산가족이 발생하였다.
③ 이농 현상으로 인구의 도시 유입이 늘어났다.
④ 농지 개혁법이 제정되어 전쟁으로 황폐화된 농지를 정리하였다.

💐**Tip** ④ 농지 개혁법은 제헌 국회가 1949년에 제정하였다. 이듬해 3월에 이를 개정하여 시행하였다.

💐 **Answer** 15.① 16.④

**1  다음 중 국가 발전 과정에서 군의 역할이 아닌 것은?**

① 한·미 상호방위조약과 군사력 강화하였다.

② 6·25전쟁을 도와 준 우방국에 보답 및 자유 민주주의 수호로 베트남 파병을 하였다.

③ 국민의 안보 의식을 고취시키기 위해, 현역 장병을 중심으로 향토예비군을 창설하였다.

④ 대북 전력격차를 해소하기 위해 율곡 사업을 시행하였다.

> **Tip** 국민의 안보 의식을 고취시키기 위해, 예비역 장병을 중심으로, 평시에는 사회생활을 하면서, 유사시에는 향토 방위를 전담할 비정규군인 '향토예비군'을 창설하였다.


**2  다음 중 한국군의 다국적군의 평화활동 사례가 아닌 것은?**

① 아프가니스탄 파병은 최초의 다국적군 평화활동이다.

② 최초의 다국적군 평화활동 민사지원부대로 이라크에 파병되었다.

③ 최초의 다국적군 평화활동을 위해 청해부대가 소말리아 해역으로 파병되었다.

④ 소말리아 해적에 피랍된 삼호주얼리호와 우리 선원을 구출하기 위한 '아덴만 여명작전'은 실패하였다.

> **Tip** 2011년 1월에 소말리아 해적에 피랍된 삼호주얼리호와 우리 선원을 구출하기 위하여 '아덴만 여명작전'을 실시하여 우리 국민 전원을 구출하였다.

 **Answer** 1.③ 2.④

**3** 다음 중 국가 발전 과정에서 군의 역할이 아닌 것은?

① 최초의 다국적군 평화활동을 위해 자이툰 사단과 함정을 파견하였다.

② 이라크에 이라크 평화지원단인 자이툰 사단을 파견하였다.

③ 자이툰 사단은 한국군에서 두 번째로 파병된 민사지원부대이다.

④ 지방재건팀 방호를 위해 오쉬노 부대를 아프가니스탄에 파견하였다.

> **Tip** 최초의 다국적군 평화활동을 위해 청해부대와 함정을 소말리아 해역으로 파병하였다.

**4** 다음 중 다국적군 평화활동에 대한 설명으로 옳지 않은 것은?

① 지휘통제는 다국적군 사령관이다.

② 유엔 평화유지활동과 전혀 다른 활동을 하고 있다.

③ 소요경비는 참여 국가가 부담한다.

④ 주체는 지역안보기구 또는 특정 국가이다.

> **Tip** 유엔 평화유지활동과 더불어 분쟁지역의 안정화와 재건에 중요한 역할을 담당하고 있다.

**5** 다음 중 대한민국 건국과 군의 역할에 대한 것으로 옳지 않은 것은?

① 광복 직후 국군으로 출범하였다.

② 북한은 정부 수립에 앞서 군대가 먼저 창설하였다.

③ 국군 조직의 법적 근거로 국군조직법, 국방부직제가 있다.

④ 국군은 한말 의병, 독립군, 광복군의 정신 및 역사적 전통 계승하였다.

> **Tip** 대한민국 정부 수립(1948. 8)직후 국군으로 출범하였다.

**Answer** 3.① 4.② 5.①

**6** 다음 중 대한민국 건국과 군의 역할에 대한 것으로 옳지 않은 것은?

① 건국 후 무장 게릴라 소탕 작전을 하였다.

② 대한민국 정부 수립 직후 국군으로 출범하였다.

③ 국군 조직의 법적 근거로 브라운 각서 등이 있다.

④ 국군의 명맥과 전통은 구한말 항일 의병운동에서 일제 강점기 독립군, 광복군에서 남
조선 국방 경비대로 이어진다.

> **Tip** 브라운 각서(1966. 3)는 미국이 국군 현대화 및 산업화에 필요한 기술과 차관의 제공을 약속한
> 것이다.

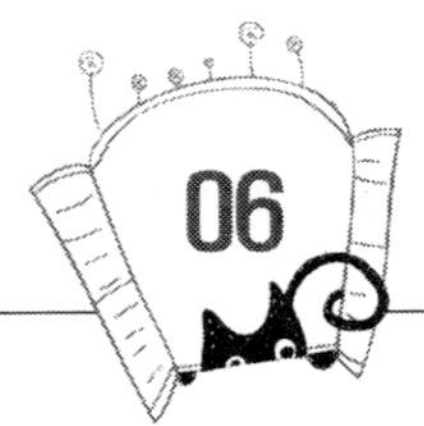

# 06 휴전 이후 북한의 대남도발 사례

**1  다음 중 북한의 대남행태로 옳지 않은 것은?**

① 전쟁 이후에도 북한은 의도적으로 한국과의 군사적 긴장관계를 조성하였다.

② 한국 내 혁명에 유리한 여건 조성하고자 대남공작을 하였다.

③ 한국을 정치·사회적으로 안정을 시켜 한국 정부의 정통성을 강화시키고자 하였다.

④ 주한미군을 조기에 철수하도록 하여 한반도의 공산화를 시도할 수 있는 기회를 조성하고자 하였다.

   **Tip** 한국을 정치·사회적으로 불안하게 하여 한국 정부의 정통성을 약화시키고자 하였다.

**2  다음 중 북한의 시기별 도발행태로 옳지 않은 것은?**

① 1950년대에는 평화공세에 의한 선전전에 두고 각종 협상을 제안하였다.

② 1960년대에는 전면전과 다양한 수단을 동원하여 대남적화공세를 감행하였다.

③ 1970년대에는 김정일이 김일성의 유일한 후계자로 추대된 이후 대남공작 강화하였다.

④ 1980년대에는 대남모략 비방선전에 적극 이용한 통일혁명당을 한국민족민주전선으로 개칭하였다.

   **Tip** 북한은 전면전은 아니지만 다양한 수단을 동원하여 대남적화공세를 감행하였다.

 **Answer** 1.③ 2.②

**3**　다음 중 북한의 시기별 도발행태로 옳지 않은 것은?

① 1990년대 1980년대 도발 사례처럼 직접적 군사도발을 재시도하였다.

② 1994년 국제원자력기구(IAEA)탈퇴하자 핵 위기가 고조되었다.

③ 1977년에 노동연락부 내에 대성총국을 신설하여 대남공작을 관장하였다.

④ 2000년대 이후 최근에 일으킨 북한의 도발은 김정은이 3대 세습체제 강화를 위한 정치적 목적이 강하다.

> **Tip** 1990년대에는 1960년대 도발 사례처럼 직접적 군사도발을 재시도(잠수함 침투, 연평해전 등)하였다.

**4**　다음 중 북한의 1950년대 도발행태로 옳지 않은 것은?

① 북한은 평화공세에 의한 선전전에 두고 각종 협상을 제안하였다.

② 북한은 남로당계를 숙청함과 동시에 대남공작기구와 게릴라 부대를 해체하는 변혁을 단행하였다.

③ 대한민국 항공 역사상 최초의 항공기 공중 납치사건이 발생하였다.

④ 남한에서의 혁명기지 구축하여 게릴라 침투와 군사도발을 병행하고자 하였다.

> **Tip** 남한에서의 혁명기지 구축하여 게릴라 침투와 군사도발을 병행하고자 한 것은 1960년대이다.

**5**　다음 중 북한의 1960년대 도발행태로 옳지 않은 것은?

① 남침용 땅굴 굴착과 해외를 통한 우회 간첩침투를 시도하였다.

② 4대 군사노선을 서둘러 추구하고 보다 강경한 대남공작을 전개 준비하였다.

③ 북한은 전면전은 아니지만 다양한 수단을 동원하여 대남적화공세를 감행하였다.

④ 조선노동당 제4차 대회에서 강경노선의 통일전략을 채택하고, 대남공작기구를 통합 · 승격시켰다.

> **Tip** 남침용 땅굴 굴착과 해외를 통한 우회 간첩침투를 한 것은 1970년대이다.

**Answer**　3.① 4.④ 5.①

**6** 다음 중 북한의 1970년대 도발행태로 옳지 않은 것은?

① 판문점 도끼만행 사건이 발생하였다.

② 미얀마 아웅산 테러사건이 발생하였다.

③ 북한은 한국과 대화하는 동안 땅굴을 파고 있었다.

④ 8·15 해방 29주년 기념식장에 잠입하여 연설 중인 박대통령을 저격했으나 미수에 그쳤다.

> **Tip** 북한은 1983년 10월 9일 미얀마를 친선 방문중이던 전두환 대통령 및 수행원들을 암살하기 위해 아웅산 묘소 건물에 설치한 원격조종폭탄을 폭발시켜 한국의 부총리 등 17명을 순국케 하고 14명을 부상시키는 테러 감행하였다.

**7** 다음 중 북한의 1980년대 도발행태로 옳지 않은 것은?

① 위기발생의 배경이 한반도에 국한되지 않고 국제무대로 확장하였다.

② 총리회담 실무접촉 등 남북대화의 무드를 이용하여 고도의 화전양면전술 구사하였다.

③ 대남모략 비방선전에 적극 이용한 온 통일혁명당을 한국민족민주전선으로 개칭하였다.

④ 북한 경비정이 연평도 서방에서 북방한계선(NLL)을 넘어 우리 함정에 선제사격을 가하면서 남북 함정간 1차 연평해전이 발생하였다.

> **Tip** 1차 연평해전은 1999년 6월 15일, 북한 경비정 6척이 연평도 서방에서 북방한계선 (NLL)을 넘어 우리 해군의 경고를 무시하고 우리 측 함정에 선제사격을 가하자 남북 함정간 포격전으로 일어난 것이다.

**8** 다음 중 북한의 1990년대 도발행태로 옳지 않은 것은?

① 북한은 강릉 앞바다에 잠수함을 침투시켰다.

② 1960년대 도발 사례처럼 직접적 군사도발을 재시도하였다.

③ 북한은 연평도의 민가와 대한민국의 군사시설에 포격을 감행하였다.

④ 강원도 속초시 근방 우리 영해에서 북한의 유고급 잠수정이 어선그물에 나포되었다.

> **Tip** 북한은 2010년 11월 23일 연평도의 민가와 대한민국의 군사시설에 포격을 감행하였다. 이에 아군 전사자가 20여명 및 민간인 사망 2명 외에도 다수의 부상자 발생하자, 한국의 연평도 해병부대도 북한 지역에 대한 대응사격을 실시하였다.

**Answer** 6.② 7.④ 8.③

**9** 다음 중 북한의 1990년대 도발행태로 옳지 않은 것은?

① 위협의 강도는 그리 높지 않았으나 변함없는 대남 적화전략을 입증하였다.

② 북한이 대외적으로는 대화 제스처를 보이지만 내부적으로는 전쟁준비에 몰두한다는 사실을 일깨워 주었다.

③ 강릉 무장공비 침투사건 때에도 대북 경수로건설사업 등 남북 간의 경제협력은 계속되고 있었다.

④ 북한군은 판문점 공동경비구역에서 나뭇가지 치기 작업을 하던 UN군 소속 미군장교 2명을 도끼로 살해하는 국제적 만행을 자행하였다.

> ☞**Tip** 판문점 도끼만행 사건은 1976년 8월 18일 북한군이 일으킨 것이다.

**10** 다음 중 북한의 2000년대 도발행태로 옳지 않은 것은?

① 북방한계선(NLL) 무력화 시도를 지속적으로 하였다.

② 핵실험 및 화생방 전력과 같은 대량살상무기(WMD)를 개발하였다.

③ 특수부대와 수중전 등 비대칭 전력을 이용한 대남 침투도발을 하였다.

④ 북한은 천안함 폭침 사건, 연평도 포격 도발 사건에서 군민을 가리면서 도발을 하였다.

> ☞**Tip** 북한은 이명박 정부 출범 이후에는 '천안함 폭침 사건'과 '연평도 포격 도발 사건'과 같은 군민을 가리지 않는 무차별한 대남도발을 자행하였다.

**11** 다음 중 북한의 2000년대 도발행태로 옳지 않은 것은?

① 최근에 일으킨 북한의 도발은 김정은이 3대 세습체제 강화를 위한 정치적 목적이 강하다.

② 국제 사회와 대한민국에 대해 공격 · 협박을 가하고 위협함으로써, 당면한 남북문제와 국제협상에서 이득을 취하고 보상 또는 태도변화 등을 획책하였다.

③ 대청도 인근 NLL에서 북한 경비정 퇴거 과정 중에 대청해전이 발생하였다.

④ 울진, 삼척지구에 무장공비 120명을 침투하여 주민들에게 남자는 남로당, 여자는 여성동맹에 가입하라고 위협하였다.

🌸 Answer    9.④   10.④   11.④

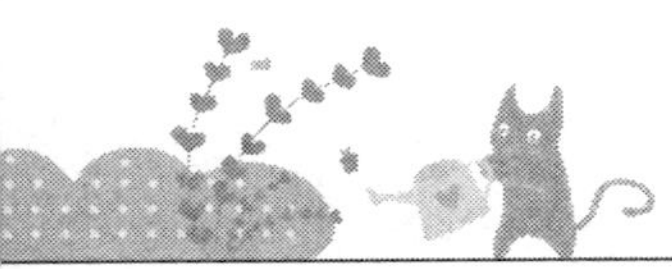

 1968년 10월 30일부터 11월 2일까지 3차례에 걸쳐 울진, 삼척지구에 무장공비 120명을 15명씩 조를 편성하여 침투하고, 이들은 주민들을 모아놓고 남자는 남로당, 여자는 여성동맹에 가입하라고 위협하였고, 주민들은 죽음을 무릅쓰고 릴레이식으로 신고하여 많은 희생을 치른 끝에 군경의 출동을 가능케 하였다.

## 12 다음 중 북한의 대남도발 특징으로 옳지 않은 것은?

① 1960년대 전반에는 군사분계선을 연하는 지역에서 군사적 습격과 납치를 강행하였다.

② 1960년대 후반에는 무장간첩을 침투시켜 게릴라전을 시도하였다.

③ 1970년대는 소규모 무장간첩 침투를 통해 한국 정치사회적 불안 조성과 반미감정을 고조시키고자 하였다.

④ 1980년대는 잠수함 침투, 핵 위기, 해군 교전, 북방한계선(NLL) 무력화 시도 등 새로운 유형의 도발을 시도하였다.

Tip 1990년대는 잠수함 침투, 핵 위기, 해군 교전, 북방한계선(NLL) 무력화 시도 등 새로운 유형의 도발을 시도하였다.

## 13 다음 중 북한의 대남도발 특징으로 옳지 않은 것은?

① 1960년대 전반에는 군사분계선을 연하는 지역에서 군사적 습격과 납치를 강행하였다.

② 1960년대 후반에는 월남전 형태의 게릴라전을 통해 무력에 의한 적화통일 달성을 희망하였다.

③ 1980년대는 상대적 열세에 대한 불안감 만회, 한국의 발전에 제동을 걸고자 하였다.

④ 1990년대 이후 소규모 무장간첩 침투를 통해 한국 정치사회적 불안 조성과 반미감정을 고조시키고자 하였다.

Tip 1970년대는 소규모 무장간첩 침투를 통해 한국 정치사회적 불안 조성과 반미감정을 고조시키고자 하였다.

Answer 12.④ 13.④

**14** 다음 중 북한의 대남도발 특징으로 옳지 않은 것은?

① 북한의 위기도발은 남북대화와는 연관성 있게 자행하였다.

② 대화는 필요에 의해서 추진되지만 도발행위는 일관적으로 시행하였다.

③ 북한은 자신의 의도를 숨기고 한국에 의한 조작행위로 비난하는 행태를 보였다.

④ 시민을 대상으로 한 테러행위를 통해 한국의 정치 사회적 혼란을 조성하고자 하였다.

> **Tip** 북한의 위기도발은 남북대화와는 무관하게 자행하였다.

**15** 다음 중 북한의 대남도발 특징으로 옳지 않은 것은?

① 북한은 군사적 목적에 의한 도발이 가장 많았다.

② 대화는 필요에 의해서 추진되지만 도발행위는 일관적으로 시행하였다.

③ 북한은 자신의 의도를 드러내고 한국에 의한 조작행위로 비난하는 행태를 보였다.

④ 도발행위 은폐가 어려운 경우 한반도의 군사적 긴장 구조로 원인을 돌리고 미군 철수 등의 정치 선전 기회로 활용하였다.

> **Tip** 북한은 자신의 의도를 숨기고 한국에 의한 조작행위로 비난하는 행태를 보였다.

**16** 다음 중 천안함 폭침 사건과 관련이 없는 것은?

① 북한은 잠수함정을 이용한 어뢰 공격을 자행하였다.

② 북학은 방사포와 해안포로 170여발의 포사격을 자행하였다.

③ 북한은 자신의 소행이 아니라고 부인하며 남측의 날조를 주장하였다.

④ 북한제 어뢰에 의한 외부 수중폭발로 발생한 충격파와 버블효과에 의해 절단되어 천안함이 침몰되었다.

> **Tip** 북한이 방사포와 해안포로 170여발의 포사격을 한 것은 연평도 포격 도발 사건이다.

 **Answer** 14.① 15.③ 16.②

# 07 북한 정치체제의 허구성

## 1 다음 글의 빈칸에 들어갈 명칭으로 가장 적절한 것은?

> 북한은 남북으로 분단된 한반도의 휴전선 북쪽 지역으로, 정식 명칭은 (　　　　　　)이다.

① 조선 민주주의 인민 공화국
② 조선 인민주의 민주 공화국
③ 조선 민족주의 인민 공화국
④ 조선 인민주의 민족 공화국

**Tip** 북한의 정식 명칭은 조선 민주주의 인민 공화국(Democratic People's Republic of Korea)이다. 1948년 9월 9일 한반도의 북위 38도선 이북 지역에 공산주의를 표방하며 설립한 정권의 공식 국가 명칭으로, 북한(North Korea) 또는 조선이라고 통칭한다.

## 2 다음 중 북한 경제의 특징과 설명으로 적절하지 않은 것은?

① 실리 사회주의를 추구하면서 일부 시장 경제 기능을 도입하였다.
② 중공업 우선 원칙을 추구하다 보니 다른 산업들은 발전하지 못하였다.
③ 중앙 집권적 계획 경제를 통해 국가에 의한 통제 경제를 실시하고 있다.
④ 공산주의적 분배 원칙에 따라 국민의 소득 수준과 실제 생활 수준이 평등화되었다.

**Tip** 북한은 공산주의적 분배 원칙에 입각하여 소득 격차를 축소하는 방향으로 이루어지고 있으나 실제 생활 수준 자체는 평등하지 않다. 국가의 분배 원칙과 최고 통치자의 기준에 따라 계층별로 차별 배급되므로 실제 주민들 간의 소비 생활 수준 차이는 극심한 편이다.

 **Answer** 1.① 2.④

**3** 다음 글의 밑줄 친 '공산주의적 인간'의 의미로 적절하지 않은 것은?

> 북한에서는 사회의 모든 구성원들은 '공산주의적 인간'으로 키우기 위해 의무 교육을 실시하고 있다.

① 적극적으로 노동하는 인간

② 김일성 사상으로 무장된 인간

③ 우수한 전투력을 보유한 인간

④ 사회적 이익을 추구하는 인간

> **Tip** 북한이 주장하는 공산주의적 인간이란 적극적으로 노동하는 인간, 김일성 사상으로 무장된 인간, 사회적 이익을 추구하는 인간, 공산주의 건설을 위해 노력하는 인간이다. 물론 북한의 선군주의 입장과 우수한 전투력을 가진 인간이 가까울 수는 있으나, 이를 북한의 공산주의적 인간에만 해당되는 인간형으로 일반화시키기에는 무리가 있다.

**4** 다음 글의 밑줄 친 (가)~(마)에 대한 부연 설명으로 적절하지 않은 것은?

> (가) 철수 가족은 평양 근교의 중소 도시에서 2호 주택인 일반 아파트에 살고 있다. (나) 아버지는 주물 공장 노동자이고 어머니는 한때 같은 공장 간부 사원으로 근무했으나 지금은 집에서 살림만 하고 있다. (다) 철수 어머니는 집안일을 하고 가두 여성들의 인민반 활동에 참여한다. (라) 그후에 장마당에 내다 팔 국수와 만두밥 준비를 한다.

① (가) 북한 주민들은 주택을 개인적으로 소유할 수 없다.

② (나) 북한 주민들은 원하는 사람과 혼인할 수 없고, 국가가 지정해 준다.

③ (다) 북한 주민들은 일상생활이 거의 정해져 있기에 개인 시간을 갖기 어렵다.

④ (라) 장마당은 북한에서의 암시장으로 배급 체계가 무너지고 나서 활성화되었다.

> **Tip** 북한은 주택을 개인적으로 소유할 수 없으며, 북한 주민들은 일상생활이 거의 정해져있고, 자유로운 경제 활동이 원칙적으로 금지되어 있다. 북한 주민들 간의 혼인이 비록 간단하고 저렴하게 이루어지고 있으나, 국가가 혼인 상대를 정해주는 것은 아니다.

**Answer** 3.③ 4.②

**5** 다음 내용에 대한 설명으로 적절하지 않은 것은?

> 북한의 학교에서 주로 가르치는 내용은 정치 사상 교육과 과학 기술 교육, 체육 교육이다.

① 이 중에서도 특히 정치 사상 교육이 가장 강조된다.
② 과학 기술 교육은 일반 과학과 전문 기술을 가르친다.
③ 정치 사상 교육은 김일성의 혁명 역사와 혁명 활동을 가르친다.
④ 정치 사상 교육은 북한에서 인민학교와 중학교 과정까지만 가르친다.

> **Tip** 정치 사상 교육은 공산주의 사상이 약화되는 것을 막기 위해 매우 강조되는데, 인민학교와 중학교에서는 어린 시절, 혁명 활동 등을 배우고, 대학생도 전공과 관계없이 정치 사상 교육을 받아야 한다.

**6** 다음 글과 관련 깊은 북한 경제의 특징으로 가장 적절한 것은?

> 북한에서의 분배는 이른바 "능력에 따라 일하고 필요에 따라 분배한다."러는 원칙에 입각하여 소득 격차를 축소하는 방향으로 이루어진다. 그러나 북한 주민들의 소득 수준이 제도상 평준화된 모습을 보인다고 해서 실제 생활 수준 자체도 평등하다고 보아서는 안 된다. 왜냐하면 주민들의 의식주와 관련된 모든 것들이 국가의 분배 원칙에 따라, 혹은 최고 통치자의 특별 기준에 따라 계층별로 차별적으로 배급되기 때문이다. 실제로 주민들 간의 소비 생활 수준 차이는 극심한 편이다.

① 공산주의적 평등 분배 원칙 ② 선군주의 경제 노선
③ 사회주의적 소유 제도 ④ 중앙 집권적 계획 경제

> **Tip** 제시문은 북한 경제의 특징 중 공산주의적 평등 분배 원칙에 대해 설명하고 있다. 공산주의적 평등 분배 원칙은 결국 주민들 간의 극심한 소비 생활 수준 차이를 가져왔고, 이는 1990년대 이후 식량난이 심각해지자 결국 국가적인 위기를 초래하게 되었다.

**Answer** 5.④ 6.①

7 다음 글과 같은 상황이 심화되어 1990년대 이후 식량난이 심각해지자, 북한 정부가 이에 대응하여 취하였던 대책과 거리가 먼 것은?

> 북한에서의 분배는 이른바 "능력에 따라 일하고 필요에 따라 분배한다."라는 원칙에 입각하여 소득 격차를 축소하는 방향으로 이루어진다. 그러나 북한 주민들의 소득 수준이 제도상 평준화된 모습을 보인다고 해서 실제 생활 수준 자체도 평등하다고 보아서는 안 된다. 왜냐하면 주민들의 의식주와 관련된 모든 것들이 국가의 분배 원칙에 따라, 혹은 최고 통치자의 특별 기준에 따라 계층별로 차별적으로 배급되기 때문이다. 실제로 주민들 간의 소비 생활 수준 차이는 극심한 편이다.

① 외부 세계에 식량 지원을 요청하였다.
② 감자, 고구마 등 구황 작물을 식량 배급에 포함시켰다.
③ '쌀은 공산주의' 라는 구호로 농업 생산 증대를 꾀하였다.
④ 경제 분야에서만 자유 경쟁 체제와 개인 소유를 인정하였다.

> **Tip** 북한은 식량난을 해결하고자 외부 세계에 식량 지원을 요청하는 한편, 농업 생산 증대를 꾀하고 대용 식품과 구황 작물을 보급하였다. 그러나 주로 노동력에만 의존하는 낙후된 농업 생산 방식으로 인해 식량난 해결 전망은 불투명하다. 북한은 체제 유지를 위하여 자유 경쟁 체제와 개인 소유를 인정하지 않는다.

8 다음 중 북한 사회주의 경제의 기본 특징으로 보기 어려운 것은?

① 생산 수단이 공동으로 소유된다.
② 개인적인 이윤 추구는 존재할 수 없다.
③ 재화의 생산이 시장 기구에 의해 이루어진다.
④ 소비재의 분배가 노동의 질과 양에 따라 이루어진다.

> **Tip** 북한 사회주의 경제 체제에서는 원칙적으로 생산 수단이 공동 소유되며 소비재의 분배가 노동의 질과 양에 따라 이루어진다. 재화의 생산이 시장 기구에 의해 이루어지는 것은 자본주의 경제 체제의 특징에 해당된다.

**Answer** 7.④ 8.③

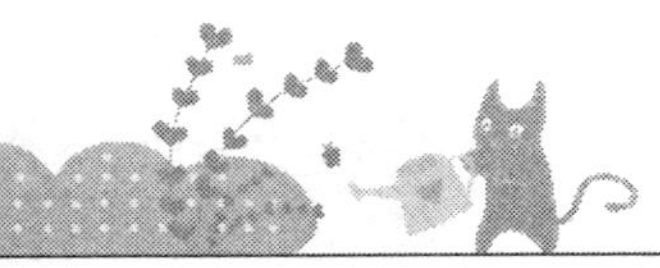

**9** 다음 글의 빈칸 ㉠~㉢에 들어갈 알맞은 말을 순서대로 나열한 것은?

> 북한은 최근에는 ( ㉠ )(을)를 내세우며, 국방공업을 우선적으로 발전시키면서도 경공업과 농업을 동시에 발전시키겠다는 달라진 입장을 내세우고 있다. 이는 곧 실리 사회주의를 추구하겠다는 의미로 보인다. 이에 따라 공식적으로 ( ㉡ )(이)라는 암시장을 단속하고, 북한 당국이 허가한 ( ㉢ )(을)를 선보이며 변화를 시도하고 있다.

| | ㉠ | ㉡ | ㉢ |
|---|---|---|---|
| ① | 사회주의 경제 노선 | 인민 시장 | 장마당 |
| ② | 사회주의 경제 노선 | 장마당 | 종합 시장 |
| ③ | 선군주의 경제 노선 | 장마당 | 인민 시장 |
| ④ | 선군주의 경제 노선 | 장마당 | 종합 시장 |

💮**Tip** 국방공업을 우선적으로 발전시키겠다는 북한의 경제 노선은 선군주의 경제 노선이다. 북한은 공식적으로 장마당이라는 북한 주민들의 암시장을 단속하고 있으며, 종합 시장을 선보이고 있다. 인민 시장은 1950년 농촌 시장이 나타나기 이전에 존재하였으며, 종합 시장은 2003년도에 등장하였다.

**10** 다음 글의 빈칸에 들어갈 내용으로 적절하지 않은 것은?

> 북한의 사회생활은 집단주의 원칙에 기반을 두고 있다는 점에서 우리와는 많이 다르다. 또한, 국가 안전 보위부, 인민 보안성, 국가 검열성 등의 기관들을 통해 고도의 조직화된 사회를 이끌고 있으며, ( ) 등을 통해서도 주민을 통제하고 있다. 이에 따라 북한 주민들은 일상생활이 거의 정해져 있기 때문에 개인 시간을 갖는 것이 무척 힘들다.

① 인민반 제도  
② 각종 집단생활  
③ 실리 사회주의 추구  
④ 거주 이전의 자유 제한  

💮**Tip** 북한은 고도로 조직화된 사회로 배급 제도, 거주 이전의 자유 및 여행의 자유 제한 등 다양한 방법으로 주민 생활을 통제하고 있다. 실리 사회주의는 사회주의 원칙을 지키면서도 일부 시장 경제 기능을 도입하겠다는 의지로 식량난 해결을 위한 하나의 방책일 뿐 주민 통제의 수단으로 보기는 어렵다.

## 11 다음 글의 빈칸 ⊙~⊜에 들어갈 조직명으로 적절하지 않은 것은?

> 북한의 유일 당인 ( ⊙ )(은)는 국가 권력의 원천으로 최고의 위상과 권한을 가진다. ( ⓛ )(은)는 법을 만드는 입법부의 기능을, ( ⓒ )(와)과 내각은 법을 집행하는 행정부의 기능을, ( ⓔ )(은)는 법을 해석하는 사법부의 기능을 수행한다.

① ⊙ - 조선 노동당　　　　　　② ⓛ - 최고인민회의

③ ⓒ - 국방 위원회　　　　　　④ ⓔ - 대법원

> **Tip** 남한은 국회가 입법부, 대법원이 사법부의 기능을 수행한다. 북한의 사법부는 재판소가 그 기능을 수행하고 있으며, 중앙 재판소, 도 재판소, 인민 재판소 등이 있다.

## 12 다음 ⊙에 들어갈 말로 적절한 것을 고르면?

> • 조선민주주의인민공화국에서 공민의 권리와 의무는 '하나는 전체를 위하여, 전체는 하나를 위하여'라는 ( ⊙ )원칙에 기초한다.
> • ( ⊙ )란 "사회와 집단의 이익을 귀중히 여기고 그 실현을 위하여 모든 것을 다 바쳐 투쟁하는 공산주의 사상과 도덕"이다.

① 집단주의　　　　　　　　　② 제국주의

③ 사회주의　　　　　　　　　④ 개인주의

> **Tip** 집단주의란 개인을 집단에 종속되는 존재로 보는 입장으로 집단에 무조건 복종함으로써, 개인의 가치와 자유가 인정될 수 있다고 보았다.

**13** 북한의 경제생활에 대한 설명으로 옳지 않은 것은?

① 재산의 개인적 소유와 처분을 인정하지 않는다.

② 공산주의적 평등 분배 원칙을 적용하기 때문에 실제 생활 수준 자체도 계급에 상관없이 평등하다.

③ 중공업 우선 정책으로 생필품 보급의 불균형이 초래되었다.

④ 국가 계획 위원회에서 국가 경제 계획을 작성, 집행, 감독한다.

> **Tip** ② 국가의 분배 원칙에 따라 혹은 최고 통치자의 특별기준에 따라 계층별로 차별적으로 배급된다.


**14** 북한의 정치 체제에 대한 설명으로 옳지 않은 것은?

① 국방위원회와 내각은 법을 집행하는 행정부의 기능을 수행한다.

② 조선 노동당은 국가 권력의 원천으로 최고의 위상과 권한을 가진다.

③ 국방위원회가 일방적으로 국가 정책을 통제하기 때문에 권력 분립이 실질적으로 이루어지지 않는다.

④ 김일성과 김정일 부자의 지배 체제를 강화하고 우상화하는 용도로 수령 지배 체제를 강조하고 있다.

> **Tip** ④는 조선 노동당에 해당된다.


**15** 북한 당국이 바라보는 인권에 대한 입장으로 옳지 않은 것은?

① 시민적 · 정치적 권리보다는 경제적 · 사회적 권리를 더 강조한다.

② 개인적 자유와 인권은 집단적 · 사회적 자유와 인권에 종속되어 있다고 본다.

③ 사회와 국가, 민족과 인민의 자유와 인권은 개인의 자유와 인권이 보장되었을 때 실현될 수 있다.

④ 남한 사회의 자유는 자유방임적 원리에 기초한 약육강식, 적자생존의 원칙에 따르는 자유라고 보고 있다.

> **Tip** ③ 개인의 자유와 인권은 사회와 국가, 민족과 인민의 자유와 인권이 보장되었을 때 실현될 수 있다.

**Answer** 13.② 14.④ 15.③

**16** 북한의 인권 실상과 관계 없는 것은?

① 전통적인 가부장 질서가 유지되고 있어 여성에 대한 차별이 여전하다.

② 경제난 지속으로 사회 복지·안전 제도가 붕괴되어 기본적 생존권이 위협되고 있다.

③ 기근으로 인해 북한 여성들의 영양실조는 임신·출산·육아시의 건강 악화를 초래하였다.

④ 최근 여행증 제도를 도입하여 북한 주민들의 여행의 자유를 보장하는 정책을 유지해 오고 있다.

    **Tip** ④ 여행증 제도는 여행의 자유를 침해하는 정책이다.


**17** 최근 북한에서 다음과 같은 일이 발생하고 있는 원인은?

> 최소한의 생계가 보장되지 않자 주민들의 일탈행위가 늘어났고, 북한 당국은 그에 따라 강력한 처벌제도를 도입하였다. 이러한 과정에서 개인의 기본적 권리가 더욱 무시되고 있는 것이다.

① 권력 다툼          ② 권력의 이동

③ 최악의 경제난       ④ 서구 문물의 유입

    **Tip** ③ 오늘날 북한의 인권 문제가 생존권을 위협할 만큼 심각해진 요인으로 1990년대 이후의 최악의 경제난을 들 수 있다.


**18** 북한의 경제생활에 대한 설명으로 옳지 않은 것은?

① 경공업 우선 정책       ② 선군주의 경제 노선

③ 사회주의적 소유제도     ④ 중앙집권적 계획 경제

    **Tip** ① 북한은 중공업 우선 정책을 시행하였다.


**Answer** 16.④ 17.③ 18.①

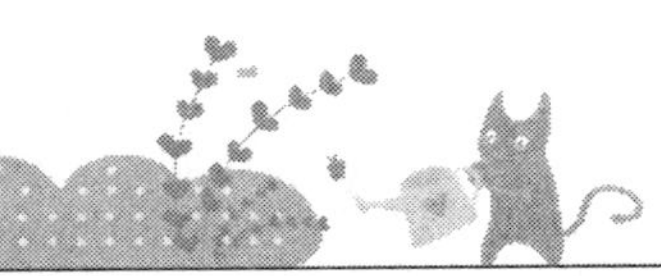

**19** 북한의 정치 생활에 대한 설명으로 옳은 것은?

① 최고 인민 회의는 일방적으로 국가 정책을 통제한다.

② 조선 노동당이 모든 법을 집행하는 행정부의 기능을 수행하고 있다.

③ 주체사상이라는 통치이념과 주체인 인민 대중의 정점에 수령이 존재한다.

④ 국방 위원회와 내각이 국가 권력의 원천으로서 최고의 위상과 권한을 가진다.

> **Tip** ① 조선 노동당이다.
> ② 국방위원회, 내각이다.
> ④ 국방위원회와 내각이 법을 집행하는 행정부이다. 조선 노동당이 최고의 국가 권력 기관이다.


**20** 북한의 인권 상황에 대한 설명으로 옳지 않은 것은?

① 언론, 출판, 결사, 집회의 자유 등 기본적 자유의 제한이 계속 이루어지고 있다.

② 아동들의 생활 환경이 매우 나빠져 만성적인 기아와 영양실조로 생명을 위협당하고 있다.

③ 여행증 제도를 통하여 평양, 국경 지대에 대한 접근을 통제하는 등 여행의 자유를 침해하는 정책을 유지하고 있다.

④ 출신 성분에 따른 차별은 행해지고 있지 않지만 사회적 일탈이 심한 자는 공개 처형이나 구타, 고문과 같은 강력한 처벌이 이루어진다.

> **Tip** ④ 출신 성분에 따른 차별이 행해지고 있다.

Answer  19.③  20.④

# 08 한미동맹의 필요성



**1** **다음 중 한미상호방위조약의 체결의 배경으로 옳은 것은?**

① 소련이 북한에 현대식 무기를 공급하였다.

② 북한의 요청으로 중국군이 전쟁에 개입하였다.

③ 휴전 협정 조인 후 한국의 방어를 위해 체결을 요구하였다.

④ 북한의 기습 남침이 개시하였다.

> **Tip** 한국은 한미상호방위조약에 한반도 유사시 미국의 자동개입조항을 삽입하기를 요구하였으나, 미국은 이에 대한 대안으로 미군 2개 사단을 한국에 주둔하였다.

**2** **다음은 광복 이후의 경제 상황이다. 이에 대한 설명으로 적절하지 않은 것은?**

> 광복 후 미국은 한국에 대량의 물자를 무상으로 원조하였다. 원조에는 미 군정기의 점령 지역 행정 구호 원조, 정부 출범 이후의 정부 협조처 원조, 6·25 전쟁 중의 유엔 한국 재건단 원조, 6·25 전쟁 이후의 미국 공법 480호에 의한 농산물 원조 등 이었다. 원조의 양은 1950년대 후반까지 증가하였으나, 이후 점차 감소하였다. 당시 원조 물자의 대부분은 밀, 면화, 설탕 등이었으며, 국내의 부족한 농산물보다 더 많이 도입되기도 하였다.

① 밀과 면화의 생산량이 감소하게 되었다.

② 면방직, 제분, 제당의 삼백 산업이 성장하였다.

③ 농산물 도입으로 농촌 경제의 안정이 이루어졌다.

④ 미국의 원조는 전후 복구 사업에 큰 힘이 되었다.

> **Tip** 식량 문제 해결에 크게 기여를 하였으나, 밀가루, 면화 등의 대량 수입으로 농업 기반이 붕괴되었다.

**Answer** 1.③ 2.③

**3** 다음 각서가 체결된 시기의 경제 상황으로 옳은 것은?

> 제1조 추가 파병에 따른 부담은 미국이 부담한다.
> 제3조 베트남 주둔 한국군을 위한 물자와 용역은 가급적 한국에서 조달한다.
> 제4조 베트남에서 실시되는 각종 건설·구호 등 제반 사업에 한국인 업자가 참여한다.

① 제분, 제당, 방직의 삼백 산업이 발달하였다.

② 강대국의 농산물 시장 개방 압력이 거세었다.

③ 성장 위주의 경제 개발 정책이 추진되고 있었다.

④ 국제 통화 기금으로부터 구제 금융을 지원받았다.

> **Tip** 제시된 자료는 브라운 각서이다. 박정희 정부는 성장 위주의 경제 개발 정책을 추진하면서 경제 개발에 필요한 자금 마련을 위해 한·일 수교를 추진하는 한편, 베트남 파병을 추진하고 미국으로부터 브라운 각서를 받아 경제 개발에 필요한 자금을 마련하게 되었다.

**4** 다음 조약에 대한 설명으로 옳은 것은?

> 제1조 당사국은 국제 관계에 있어서 국제 연합의 목적이나 당사국이 국제 연합에 의하여 부담한 의무에 배치되는 방법으로 무력의 위협이나 무력의 행사를 삼갈 것을 약속한다.
> 제3조 상호 합의에 의하여 미국은 육해공군을 한국 영토 내와 그 부근에 배치할 수 있는 권리를 가지며 한국은 이를 허락한다.

① 6·25 전쟁 도중에 체결되었다.　　② 애치슨 라인 설정으로 이어졌다.

③ 한·미 동맹 관계가 강화되었다.　　④ 선제 공격을 공식적으로 합의하였다.

> **Tip** 6·25 전쟁이 1953년 휴전 협정으로 끝난 뒤 한국과 미국은 상호 방위 조약을 체결하여 한·미 동맹 관계를 강화하였다.

**Answer** 3.③ 4.③

**5** 표의 상황이 당시 경제에 끼친 영향으로 옳은 것은?

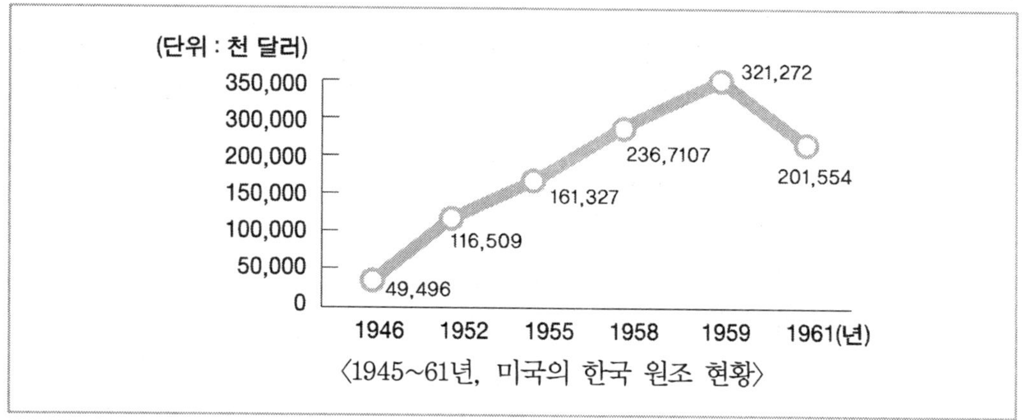



〈1945~61년, 미국의 한국 원조 현황〉

㉠ 소비재 산업이 발달하였다.

㉡ 밀, 면화 생산 농가가 몰락하였다.

㉢ 제1차 경제 개발 5개년 계획이 추진되었다.

㉣ 외환 위기로 기업 구조 조정이 단행되었다.

① ㉠, ㉡　　　　　　　　　　② ㉠, ㉢

③ ㉡, ㉢　　　　　　　　　　④ ㉡, ㉣

Tip 1950년대 미국의 농산물 중심의 원조가 증가하면서 삼백 산업의 소비재 산업이 발달하였다. 한 편 미국의 과도한 원조로 밀, 면화 생산 농가가 타격을 받았다.

Answer  5.①

**6** 다음 글의 ㈎에 대한 설명으로 옳은 것은?

> 원조 경제의 발달 과정에서 전체 제조업의 77%를 차지하였던 ☐㈎☐ 을 중심으로 재벌이 형성되는 토대가 마련되었다. 반면, 중소기업의 성장 기반 형성은 수월하지 않았다.

① 귀농 인구의 증가를 가져왔다.

② 국내 식량 부족 문제를 심화시켰다.

③ 국내 면화 재배 농가에 큰 타격을 주었다.

④ 농산물 가격의 폭등으로 물가가 높아졌다.

> 🌱**Tip** 6 · 25 전쟁 직후 원조 경제를 바탕으로 성장해 재벌 형성의 토대가 된 것은 삼백산업이다. 미국의 면화, 밀, 원당 등의 잉여 농산물이 대량 유입되어 국내 면화 재배 농가에 큰 타격을 주었다.

**7** 다음 상황이 끼친 영향으로 옳은 것을 〈보기〉에서 고른 것은?

> 미국으로부터 우리나라에 수백만 석의 양곡이 원조되었다. 작년도의 2배 이상 증가한 양이 들어오게 되었는데, 이를 통해 전후 식량 문제가 상당히 극복되어 가고 있으며, 아울러 이와 더불어 들어오는 소비재 물품들 또한 국민들의 생활 안정에 보탬이 되고 있다. 그러나 식량 위주의 원조가 갖는 문제점이 발생하고 있어 정부가 조처를 취해야 할 것으로 보인다.

> 〈보기〉
> ㉠ 농지개혁이 중단되었다.       ㉡ 삼백 산업이 성장하였다.
> ㉢ 농산물 가격이 하락하였다.     ㉣ 소비재 산업의 성장이 부진하였다.

① ㉠, ㉡                    ② ㉠, ㉢

③ ㉡, ㉢                    ④ ㉡, ㉣

> 🌱**Tip** 자료는 미국의 경제 원조에 해당한다. 미국은 6 · 25 전쟁 직후 농산물 중심의 경제 원조를 하였다. 이러한 상황에서 농산물 가격이 하락하면서 농촌 경제는 타격을 받았으나, 원조 농산물을 가공하는 삼백 산업이 발달하게 되었다.

🌼 **Answer** 6.③ 7.③

**8** 다음 사실로 내릴 수 있는 결론으로 옳은 것은?

> • 핵 확산 금지 조약(NPT)
> • 닉슨 독트린 발표
> • 전략 무기 제한 협정(SALT)교섭
> • 닉슨의 모스크바와 베이징 방문

① 사회주의 국가의 붕괴　　　　　② 제2차 세계 대전의 발발
③ 미·소 간의 긴장 완화 실현　　　④ 핵무기 확산 금지 조치 체결

> **Tip** 제시문은 냉전체제의 완화로 미·소 간의 긴장 완화가 실현되었음을 알 수 있다.

**9** 다음의 일들이 일어난 시기를 연표에서 고르면?

> 한·미 동맹 강화와 군 현대화, 차관을 통한 경제적 이득 등을 고려해 베트남 파병을 결정하였다.

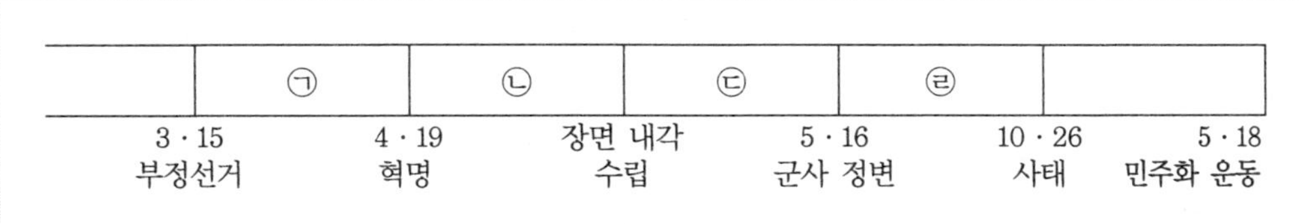


① ㉠　　　　　　　　　　　　　② ㉡
③ ㉢　　　　　　　　　　　　　④ ㉣

> **Tip** 제시된 글은 5·16 군사 정변 이후 수립된 박정희 정부가 실시한 정책들에 대한 설명이다.

**Answer** 8.③ 9.④

**10** 다음 중 한국의 베트남 파병의 성과로 옳지 않은 것은?

① 대민지원 중심의 민사심리전 수행으로 베트남 주민들의 지지 확보할 수 있었다.

② 한국전쟁에서의 산악전 경험을 토대로 효과적인 전투임무 수행을 하였다.

③ 미국의 동맹으로서 국제적 지위와 위상이 위축하였다.

④ 군수품의 수출, 건설업체의 베트남 진출 등으로 국가적인 이익을 얻었다.

> **Tip** 미국의 동맹국으로서 국제적 지위와 위상을 제고하였다.


**11** 다음 중 한미안보연례협의회에 대한 설명으로 옳지 않은 것은?

① 증가하는 북한의 도발에 대한 대응의 필요성이 배경이 되었다.

② 오늘날까지 안보현안에 대한 논의의 장으로 활용되고 있다.

③ 양국 국방장관을 수석대표로 하는 장관급회의이다.

④ 데탕트의 도래와 베트남전 이후 미국의 재정 적자 악화가 배경이 되었다.

> **Tip** 데탕트의 도래와 베트남전 이후 미국의 재정 적자 악화로 인해 아시아 지역의 미군을 감축하려
> 는 움직임이 나타나기 시작한 것으로 한미안보연례협의회와는 관계가 없다.


**12** 다음 중 카터(Jimmy Carter) 행정부의 주한미군 철수 정책과 관련이 없는 것은?

① 1977년에서 1982년까지 3단계 철군안이 발표되었다.

② 1978년까지 3,400명이 철군하였다.

③ 북한 군사력에 대한 재평가로 철군 계획이 취소되었다.

④ 데탕트 분위기가 심화되면서 주한미군 철수 정책이 강화되었다.

> **Tip** 소련은 아프간 및 베트남 일대에서 팽창의도를 보이며 데탕트 분위기를 와해시켜나가며, 신냉전
> 의 분위기가 확산되었다.


**Answer** 10.③ 11.④ 12.④

**13** 다음 중 한미동맹의 역할로 옳지 않은 것은?

① 주한미군의 주둔을 통한 대북 억지력이 강화되었다.

② 미국은 동아시아 지역 분쟁 유발자의 역할을 하였다.

③ 미국은 대외군사판매제도(FMS)를 통해서 한국군에 고성능 무기들을 공급하였다.

④ 미국은 많은 전쟁경험을 통해서 현대전에 적합한 전략 및 전술을 개발 및 발전시켜왔다.

> 🌱**Tip** 한미동맹의 한 축인 미국은 지역분쟁의 조정자로서 역내의 작은 분쟁들이 전쟁으로 비화되는 것
> 을 막아주고 있다.

**14** 다음 중 한미동맹의 역할로 옳지 않은 것은?

① 한미 양국은 핵 확산 방지 조약(NPT) 등을 통해서 국제군비통제 분야에서 협력해 왔다.

② 해외 투자자들이 마음 놓고 투자할 수 있는 여건 마련하였다.

③ 유사시 증원전력을 통해 북한의 군사적 위협에 대비할 수 있도록 하였다

④ 현재는 한미동맹의 중단으로 안보비용이 증가하고 있다.

> 🌱**Tip** 한미동맹의 한 축인 미국은 지역분쟁의 조정자로서 역내의 작은 분쟁들이 전쟁으로 비화되는 것
> 을 막아주고 있다.

**15** 다음 중 한미동맹의 역할로 옳지 않은 것은?

① 현재는 한미동맹의 중단으로 안보비용이 증가하고 있다.

② 주한미군은 정찰기 및 정찰위성 등을 통해 획득한 대북정보를 한국군에 제공해주었다.

③ 한국군은 한미연합사와 한·미 연합 군사 훈련을 통해서 미군의 전략 및 전술을 학습
하였다.

④ 강대국들의 세력 다툼 속에서 중국 및 러시아 등에 대해 균형을 유지할 수 있도록 만
드는 중요한 기제가 되었다.

> 🌱**Tip** 한국은 6·25 전쟁이후 한미동맹을 통해 안보를 달성하였으며, 그렇게 절약한 방위비용을 경제
> 발전에 투자하여 경제성장에 성공하고, 현재에도 한미동맹으로 인해 안보비용을 절약하고 있다.

🌸**Answer** 13.② 14.④ 15.①

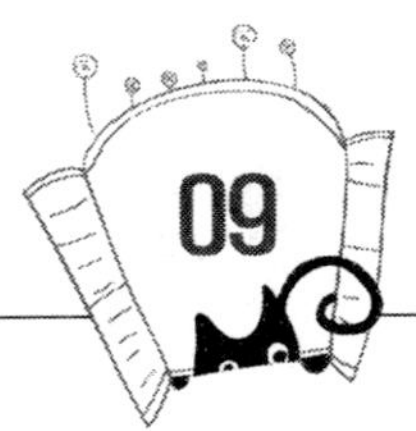

# 09 중국의 동북공정

## 1 다음 주장의 근거로 옳지 않은 것은?

> 위만조선은 중국인이 고조선에 들어와 세운 왕조가 아닌 단군조선을 계승한 우리의 역사이다.

① 위만은 고조선에 입국할 때 흰 옷을 입고 있었다.
② 동쪽의 예와 남쪽의 진이 중국과 직접 교역하는 것을 방해하였다.
③ 위만이 왕이 된 후에도 나라 이름을 그대로 조선이라 하였다.
④ 위만의 정권에는 토착민이 높은 지위에 오르는 경우가 많았다.

**Tip** 위만은 진·한교체기에 무리를 이끌고 고조선으로 이주하였다. 이에 준왕은 서쪽 수비를 맡겼으나, 점차 세력을 키워 준왕을 몰아내고 스스로 왕이 되었다(B.C.194). 사마천의 「사기」에는 위만이 조선에 입국할 때 상투를 틀고 오랑캐의 흰 옷을 입었다는 기록으로 보아 위만은 연나라에 살고 있던 조선인으로 추정되며, 정권을 획득한 이후에도 조선이라 칭한 점, 위만 정권에서 토착민 출신으로 높은 지위에 오른 자가 많은 점 등으로 미루어 단군조선을 계승한 왕조라고 여긴다. ② 위만조선의 경제 형태로 후에 한의 침입 원인이 되었다.

## 2 다음 중 발해가 우리 역사임을 입증할 수 있는 것으로 옳지 않은 것은?

① 정혜공주와 정효공주의 무덤 양식　　② 상경 용천부의 주작대로
③ 지배계층의 구성원　　④ 왜왕에게 보낸 국서

**Tip** ② 주작대로나 3성 6부제의 정치제도, 돌사자상, 벽돌무덤 등은 당을 비롯한 중국의 문화를 모방하거나 수용한 것이다.

**Answer** 1.② 2.②

**3** 중국이 다음과 같은 일을 벌이는 의도로 옳은 것을 〈보기〉에서 고른 것은?

> 중국은 옛 고구려와 발해의 영토가 현재 자신들의 영토 안에 있다는 이유로, 고구려와 발해의 역사를 고대 중국의 지방 정권으로 편입시키려는 노력을 기울이고 있다. 중국은 국가 차원에서 이 지역에 대한 연구와 문화재 복원 사업 등과 함께 지역 경제 활성화를 위한 지원 사업 등을 전개하였다.

〈보기〉
㉠ 일본의 역사 왜곡에 대응하기 위해
㉡ 통일 후 한반도에 영향력을 미치기 위해
㉢ 한국에 대한 식민지 지배의 정당화를 위해
㉣ 조선족 등 지역 거주민에 대한 결속을 강화하기 위해

① ㉠, ㉡　　　　　　　　　　② ㉠, ㉢
③ ㉡, ㉢　　　　　　　　　　④ ㉡, ㉣

**Tip** 중국의 동북공정은 통일 후 한반도에 영향력을 미치고, 조선족 등 지역 거주민에 대한 결속을 강화하기 위해서 진행되고 있다.


**4** 다음과 같은 문제를 해결하기 위한 노력으로 옳지 않은 것은?

> • 야스쿠니 신사 참배　　　　• 중국의 동북공정 연구
> • 역사 교과서 왜곡 문제　　　• 일본의 독도 영유권 주장

① 서로의 역사 인식을 공유하여야 한다.
② 정부와 민간 차원의 노력을 동시에 병행해야 한다.
③ 빠른 문제 해결을 위해 즉각적인 감정 대응을 한다.
④ 공동의 역사 교재를 편찬하는데 노력을 기울여야 한다.

**Tip** 동북아시아 지역은 여러 역사 문제가 발생하고 있는데 이러한 문제를 자국의 관점에서 감정적으로 대응하면 갈등만 깊어진다.

Answer　3.④　4.③

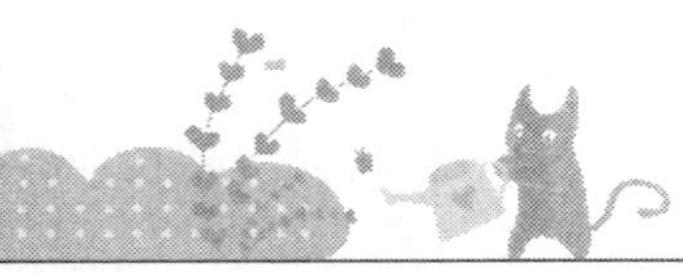

**5** 다음 설명에 해당하는 용어를 쓰시오.

> 중국이 동북 3성, 즉 랴오닝 성, 지린 성, 헤이룽장 성의 역사·지리·민족에 대한 문제를 집 중적으로 연구하는 사업을 말한다. 중국은 이 연구를 통해 고구려와 발해의 역사가 중국의 역 사라고 주장하고 있다.

① 동북공정                      ② 역사논쟁
③ 역사분쟁                      ④ 역사왜곡

    **Tip** 제시문은 동북공정에 대한 설명이다.


**6** 다음은 고구려에 대한 중국의 주장이다. 이를 반박할 수 있는 사료로 가장 적절한 것은?

> • 고구려는 중국 왕조의 책봉을 받고 조공을 하였던 중국의 지방 정권이었다.
> • 고구려는 '기자 조선–위만 조선–한사군–고구려'로 계승된 중국의 고대 소수 민족 지방 정권이 었다.

① 택리지                        ② 삼국사기
③ 동국문헌비고                  ④ 해동제국기

    **Tip** ① 조선 후기의 지리서이다.
       ③ 조선 후기에 편찬된 일종의 백과사전으로, 우리나라의 문물제도를 분류·정리하였다.
       ④ 조선 전기에 신숙주가 왕명에 따라 쓴 일본에 관한 책이다.

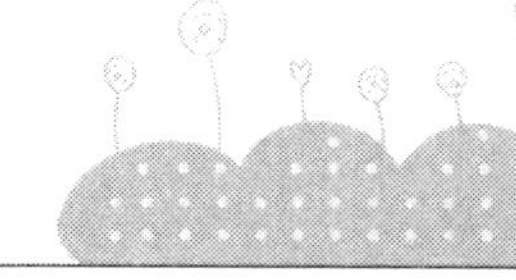

**7** 중국이 다음과 같이 주장하는 목적으로 옳은 것을 〈보기〉에서 모두 고른 것은?

> • 고구려 종족은 중원으로부터 기원하였다.
> • 고구려는 중국 왕조의 책봉을 받고 조공을 하였던 중국의 지방 정권이었다.
> • 고구려 유민은 상당수가 중국인이 되었고, 신라로 들어간 고구려인은 소수에 불과하다.
> • 고구려는 고려와 무관하며, '기자 조선 – 위만 조선 – 한사군 – 고구려'로 계승된 중국의 고대 소수 민족 지방 정권이었다.

〈보기〉
㉠ 북한과의 경제·문화적 교류를 강화하기 위해
㉡ 만주 지역에 있는 고구려의 유적을 보호하기 위해
㉢ 북한이 붕괴되었을 때 북한 지역에 영향력을 행사하기 위해
㉣ 조선족 등 많은 소수 민족의 동요를 막고 이들을 하나의 중화 민족으로 통합하기 위해

① ㉠, ㉡  
② ㉠, ㉢  
③ ㉡, ㉢  
④ ㉢, ㉣

**Tip** 제시된 주장은 "고구려는 중국의 고대 소수 민족 지방 정권이었으므로 고구려사는 중국사에 속한다."는 내용으로, 중국이 동북공정을 추진하면서 내세우는 것이다. 중국은 조선족을 비롯한 국내의 수많은 소수 민족의 동요를 막고 이들을 하나의 중화 민족으로 통합시키기 위한 목적에서 이러한 주장을 제시하였다. 나아가 북한이 붕괴되더라도 만주 지역에 대한 지배권을 확고히 하고, 북한 지역에 영향력을 행사하려는 의도에서 동북공정을 추진하고 있다.

**8** 중국이 동북 공정을 통해 자국사로 편입하고자 하는 한국의 역사를 옳게 묶은 것은?

① 신라, 발해, 고려  
② 고조선, 고구려, 발해  
③ 고조선, 신라, 발해  
④ 고구려, 백제, 신라

**Tip** 중국은 동북 공정을 통해 고조선, 고구려, 발해 등 우리 역사의 일부를 '중국 지방 정권'의 하나로 인식하여 중국사로 편입하려 하고 있다.

Answer 7.④ 8.②

**9** 동북 공정에 대한 설명으로 옳은 것만을 다음에서 있는 대로 고른 것은?

> ㉠ 고구려의 유적을 중국의 유적으로 소개하고 있다.
> ㉡ 고려와 고구려와의 역사 계승 관계를 부정하고 있다.
> ㉢ 중국 내 소수 민족의 독립을 지원하려는 목적에서 실시되고 있다.
> ㉣ 고조선, 고구려, 발해를 중국 지방 정권의 하나로 인식하고 있다.

① ㉠, ㉡  
② ㉠, ㉢  
③ ㉢, ㉣  
④ ㉠, ㉡, ㉣

> **Tip** ㉢ 중국은 중국 내 55개의 소수 민족이 중국인으로서의 정체성과 애국심을 갖도록 하기 위한 목적에서 동북 공정을 실시하고 있다. 이에 따라 소수 민족에 대한 통제가 강화되고 있다.

**10** 동북 공정의 주요 내용으로 옳지 않은 것은?

① 고려는 고구려를 계승하지 않았다.  
② 고조선과 발해는 중국의 지방 정권이다.  
③ 고구려와 수·당 사이에 일어난 전쟁은 중앙 정부와 지방 정권의 내전이다.  
④ 당이 신라에 계림도독부를 설치하였으므로 신라도 중국의 지방 정권 중 하나이다.

> **Tip** 중국은 동북 공정을 실시하여 중국 동북 지방에 속하는 지역 소수 민족의 역사를 자국사로 편입하려 하고 있다. 따라서 신라의 역사는 포함되지 않는다.

**11** 중국이 동북 공정을 실시하고 있는 목적으로 옳지 않은 것은?

① 동아시아 3국의 평화와 공존을 위해서  
② 자국 내 소수 민족을 통합하기 위해서  
③ 중국이 동아시아에서 주도권을 장악하기 위해서  
④ 현재 중국 동북 지역의 역사를 중국의 역사에 포함하기 위해서

> **Tip** 중국의 동북 공정은 우리나라의 고대사 전체를 심각하게 왜곡하여 우리나라와의 갈등을 유발하고 있다.

**Answer** 9.④ 10.④ 11.①

## 12 ㉠에 공통으로 들어갈 나라는?

중국 정부는 2004년 7월 중국 지린 성 지안에 위치해 있는 (  ㉠  ) 유적 장군총을 유네스코 세계 문화유산으로 등재하였고, 문화재 연구를 통해 (  ㉠  )의 역사를 자국사로 편입하려 하고 있다.

① 발해  
② 고구려  
③ 고조선  
④ 고려

✿**Tip** 장군총은 고구려의 문화재이다. 중국은 동북 공정을 통해 고구려의 역사를 자국의 역사에 포함시키려 하고 있다.

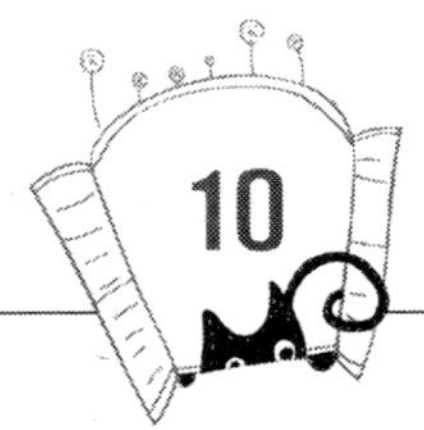

**1** **다음 중 독도에 대한 설명으로 옳지 않은 것은?**

① 일본의 여러 문서에 고려, 조선시대부터 우리 땅이었다고 기록되어 있다.

② 신라 지증왕 때 이사부가 우산국을 편입함으로써 최초로 우리 영토로 편입되었다.

③ 개항기 때 안용복은 어선을 이끌고 일본에 우리 땅임을 확인시켰다.

④ 1905년 1차 한·일협약 때 다케시마현으로 불법적으로 편입하였다.

> **Tip** ③ 안용복은 조선 숙종 때의 인물로 개항기 이전에 활동을 하였다. 그는 울릉도에서 불법적으로 조업을 하던 일본 어민들을 몰아내려다 일본에 잡혀갔고 이후 일본의 막부정권에 독도가 우리 땅임을 확인시키는 계기를 마련하였다.

**2** **다음 중 독도가 표기된 가장 오래된 지도로 옳은 것은?**

① 조선방역지도  ② 천하도

③ 팔도총도  ④ 대동여지도

> **Tip** 팔도총도는 조선전기의 지도로 신증동국여지승람에 기재되어 있고, 현존하는 우리나라 지도 가운데 독도를 표기한 가장 오래된 지도이다.

**3** **다음 중 독도에 관한 설명으로 옳지 않은 것은?**

① 삼국사기에 6세기 초 신라 지증왕 때 이사부가 현재의 우산국을 정벌하여 신라에 복속시킨 기록이 나온다.

② 고려사에는 우산국 사람들이 고려에 토산물을 바친 기록이 나온다.

③ 세종실록지리지에는 울릉도와 독도를 경상북도 울진현에 포함시킨 기록이 나온다.

④ 1699년에 일본 막부는 다케시마와 부속 도서를 조선 영토로 인정하는 문서를 조선 조정에 넘겼다.

**Answer** 1.③ 2.③ 3.③

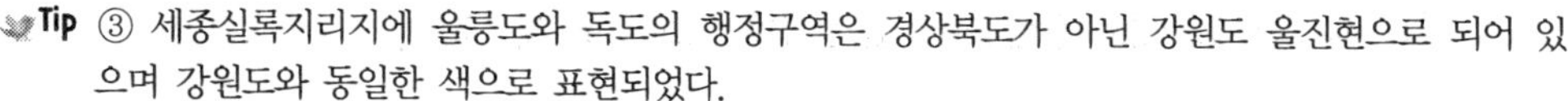



**Tip** ③ 세종실록지리지에 울릉도와 독도의 행정구역은 경상북도가 아닌 강원도 울진현으로 되어 있으며 강원도와 동일한 색으로 표현되었다.

**4** **울릉도와 독도에 관한 다음 설명 중 가장 적절하지 않은 것은?**

① 「팔도총도」는 울릉도와 독도를 별개의 섬으로 하여 그림으로 그려놓은 최초의 지도가 되었다.

② 「세종실록지리지」, 「동국여지승람」 등의 문헌에 의하면 울릉도와 함께 경상도 울진현에 소속되어 있었다.

③ 조선 숙종 때 안용복은 울릉도에 출몰하는 일본 어민을 쫓아내고 일본에 건너가 독도가 조선의 영토임을 확인받았다.

④ 19세기 말 조선 정부에서는 적극적으로 울릉도 경영에 나서 주민의 이주를 장려하였다.

**Tip** 「세종실록지리지에서는 울릉도와 독도를 울진현 소속으로 구분하고 있다. 하지만 울진현은 오늘날 경상북도 울진군이 아니며, 조선 말기까지 울진현은 강원도의 관할이었다.

**5** **다음 중 독도에 관한 설명 중 가장 적절하지 않은 것은?**

① 일본 막부는 1699년 다케시마(竹島 : 당시 일본에서 울릉도를 일컫던 말)와 부속 도서를 조선 영토로 인정하는 문서를 조선 조정에 넘겼다.

② 울릉도가 통일신라시대에 이사부의 우산국 정벌로 인해 신라 영토로 편입된 이후, 독도도 고려·조선 말까지 우리나라 영토로 이어져 내렸다.

③ 「세종실록지리지」 강원도 울진현 조(條)에서 "우산, 무릉 두 섬이 (울진)현 정동(正東) 바다 한가운데 있다."하여 독도를 강원도 울진현 소속으로 구분하고 있다.

④ 「통항일람」은 19세기 중반에 일본에서 기록한 사서로, 안용복에게 독도가 조선의 땅임을 인정하는 사료가 기록되어 있다.

**Tip** 신라시대 지증왕 때에 512년 우산국(지금의 울릉도, 독도)을 정벌했다

**Answer** 4.② 5.②

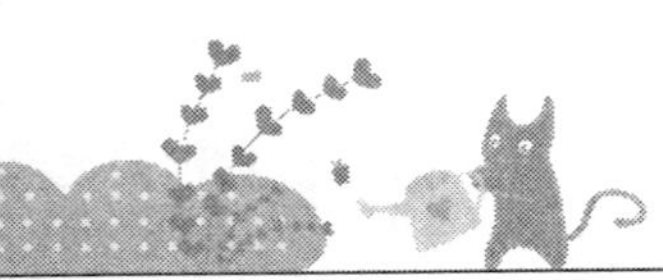

**6** 다음 중 독도에 대한 설명으로 옳은 것은 모든 몇 개인가?

> ㉠ 신라 지증왕 때 우산국이 병합되면서 독도는 신라의 영토가 되었다.
> ㉡ 「세종실록지리지」에는 울릉도와 독도를 구분하지 않고 모두 우산이라 하였다.
> ㉢ 대한제국은 지방제도 개편 시 울릉도에 군을 설치하고 독도를 이에 포함시켰다.
> ㉣ 한국은 1945년 해방과 동시에 독도를 한국 영토로 하였다.
> ㉤ 조선 고종 때 일본 육군이 조선전도를 편찬하면서 울릉도와 독도를 조선 영토로 표시하였다.
> ㉥ 일본의 역사서인 「은주시청합기」에는 울릉도와 독도를 일본의 영토로 기록하고 있다.

① 1개 　　　　　　　　② 2개

③ 3개 　　　　　　　　④ 4개

> **Tip** ㉡ 세종실록 권 153 지리지 강원도 삼척도호부 울진현에서는 "우산과 무릉, 두 섬이 현의 정동방
> 　　　　바다 가운데에 있다. 두 섬이 서로 거리가 멀지 아니하여, 날씨가 맑으면 바라볼 수가 있다"
> 　　　　고 하여 별개의 두 섬으로 파악하였다.
> 　　㉣ 연합군 총사령부는 1646년 1월 29일 연합국 총사령부 훈령 제677호를 발표하여 한반도 주변
> 　　　　의 울릉도, 독도, 제주도를 일본 주권에서 제외하여 한국에게 돌려주었다.
> 　　㉥ 1954년 일본 정부는 외교 문서를 통해 1667년 편찬된 「은주시청합기」에서 울릉도와 독도는
> 　　　　고려영토이고, 일본의 서북쪽 경계는 은기도를 한계로 한다고 기록하고 있다.


**7** 다음 설명과 관계가 없는 것은?

> 1855년 11월 17일 프랑스 함정 콘스탄틴느(Constantine)호가 조선해[東海]를 통과하면서 북위
> 37도선 부근의 한 섬을 '로세리앙쿠르(Rocher Liancourt)'라고 명명하였다.

① 다케시마의 날 제정 2월 22일 　　② 공도정책

③ 안용복 　　　　　　　　　　　　④ 정계비의 건립

> **Tip** 제시문은 독도에 대한 설명이다.
> 　　④은 조선과 청은 국경문제를 해결하기 위하여 백두산정계비를 건립하였다.


**Answer** 6.③ 7.④

**8** 독도가 우리 영토임을 증명할 수 있는 증거로 옳지 않은 것은?

① 대한제국 시기 독도 관리사 이범윤을 파견하였다.

② 세종실록 지리지에 우리 영토라고 기록되어 있다.

③ 신라 장군 이사부가 울릉도 및 독도를 정복하였다.

④ 대한제국 시기 칙령으로 울릉도의 부속 섬으로 편입하였다.

> **Tip** ① 대한제국 시기 이범윤은 간도 관리사로 파견되었다.

**9** 일본과의 영토 분쟁에 대한 설명으로 옳지 않은 것은?

① 일본 시마네 현은 '다케시마의 날'을 제정하였다.

② 1905년 울릉도를 일본 영토로 불법 편입하였다.

③ 우리나라는 현재 독도를 실효적으로 지배하고 있다.

④ 일본 문부성은 독도를 일본 영토로 표기한 교과서를 검정 승인하였다.

> **Tip** 일본이 러 · 일 전쟁 중인 1905년에 '시마네 현 고시 제40호'로 불법적으로 일본 영토로 편입한 우리 영토는 독도이다.

**10** 다음과 같은 활동을 한 인물은?

> 조선 태종 때에는 왜구의 노략질이 심해져 울릉도를 비우는 공도 정책을 폈다. 이후 일본 어부들이 울릉도에서 불법으로 고기를 잡는 일이 많아지자 1693년 그는 일본으로 건너가 "울릉도와 독도가 조선 땅임에도 일본인들이 함부로 침범하는 일"을 따졌다.

① 안용복      ② 이사부

③ 이명래      ④ 심흥택

> **Tip** 공도 정책으로 울릉도가 빈 섬이 되자 일본인 어부들이 울릉도에서 불법으로 고기 잡는 일이 많아졌다. 이에 안용복은 일본으로 건너가 일본 정부에 따지고, 울릉도와 독도가 우리 땅임을 확인하는 문서를 받아왔다.

**Answer** 8.① 9.② 10.①

**11** 다음 주장에 대한 우리 정부와 국민의 대처 방안으로 적절하지 않은 것은?

> 한국은 제2차 세계 대전의 전후 처리 과정에서 독도를 불법적으로 지배하고 있다. 독도는 일본 고유의 영토이다.

① 독도에 대한 영토 주권 행사를 강화한다.
② 독도에 대한 역사·지리 교육을 강화한다.
③ 독도 문제를 국제 사법 재판소에 제소한다.
④ 독도가 한국의 영토임을 뒷받침하는 국내외 근거를 더 많이 확보한다.

> **Tip** ③ 국제 사법 재판소에 제소하여 독도 문제를 해결하자는 입장은 일본의 입장이다. 우리 정부는 이에 대해 거부의 입장을 명확하게 밝히고 있다.

**12** 독도 영유권 문제와 관련된 설명으로 옳은 것을 〈보기〉에서 모두 고른 것은?

> 〈보기〉
> ㉠ 국제 사법 재판소에서 독도 영유권 문제를 다루고 있다.
> ㉡ 독도는 국제법상으로, 역사적으로 명백한 우리의 영토이다.
> ㉢ 최근 독도를 일본 영토라고 표기한 일본 교과서가 검정을 통과하여 국제 문제를 일으키고 있다.
> ㉣ 우리나라는 국내외 여러 자료와 일본 사료를 근거로 독도가 우리 고유의 영토임을 밝히고 있다.

① ㉠, ㉡, ㉢　　　　　　　② ㉠, ㉡, ㉣
③ ㉠, ㉢, ㉣　　　　　　　④ ㉡, ㉢, ㉣

> **Tip** 일본은 독도를 국제 분쟁 지역으로 만들기 위해 국제 사법 재판소에 독도 영유권 문제를 넘기려 하고 있다.

**Answer** 11.③ 12.④

**13** 일본과 중국의 역사 왜곡에 대한 우리의 대응 노력으로 보기 어려운 것은?

① 정치 · 외교적으로 대처하며 관계 법령을 만든다.

② 역사 재단을 설립하여 관련 역사 연구를 지원한다.

③ 한 · 중 · 일 3국은 안정과 평화 공존을 위한 노력을 계속한다.

④ 한 · 중 · 일 3국은 주관적인 역사 인식을 바탕으로 다른 의견은 배척한다.

> **Tip** ④ 한 · 중 · 일 3국은 객관적인 역사 인식을 바탕으로 영토 문제와 역사 갈등을 해결하려는 노력
> 이 필요하다.


**14** 독도와 관련된 설명으로 옳지 않은 것은?

① 일본의 시마네 현 의회는 '다케시마의 날'을 제정하였다.

② 우리 정부는 현재 독도에 대한 영토 주권을 행사하고 있다.

③ 일본이 청 · 일 전쟁 중 독도를 일본 영토로 강제 편입하였다.

④ 일본은 독도 영유권 문제를 국제 사법 재판소에 넘겨 분쟁 지역으로 만들려고 한다.

> **Tip** ③ 일본은 러 · 일 전쟁 중 독도를 불법적으로 일본 영토로 편입하였다. 제2차 세계 대전이 끝난
> 후 독도는 우리나라로 반환되었으나, 일본은 여전히 독도를 자국의 영토라고 주장하고 있다.

**15** 독도 영유권 문제와 관련된 설명으로 옳은 것을 〈보기〉에서 고른 것은?

〈보기〉

㉠ 독도는 역사적으로나 국제법상으로 명백한 우리의 영토이다.
㉡ 중국은 독도를 일본 영토로 왜곡한 학습 지도 요령을 발간하였다.
㉢ 국제 사법 재판소에서는 독도가 대한민국의 영토임을 명확히 밝혔다.
㉣ 우리나라는 국내외 여러 자료와 일본 사료를 근거로 독도가 우리 고유의 영토임을 밝히고 있다.

① ㉠, ㉡  ② ㉠, ㉣
③ ㉡, ㉢  ④ ㉡, ㉣

**Tip** ㉡ 독도를 자국의 영토라고 주장하고 있는 국가는 일본이다.
㉢ 일본은 독도를 국제 분쟁 지역으로 만들기 위해 국제 사법 재판소에 독도 영유권 문제를 넘기려 하고 있다.

**16** 독도가 우리나라의 영토임을 나타내는 사실이 아닌 것은?

① '대한 제국 칙령 제41호'에서 독도를 울릉도의 관할 구역으로 표시하였다.
② '연합군 최고 사령관 각서 제677호'에서는 독도가 우리나라 땅임을 밝혔다.
③ 일본이 2008년에 발간한 학습 지도 요령에서는 독도를 우리나라의 영토로 표시하였다.
④ "신증동국여지승람"의 첫 페이지에 있는 '팔도총도'에 독도가 우리 영역으로 되어있다.

**Tip** ③ 일본은 2008년에 독도를 일본 영토로 왜곡한 학습 지도 요령을 발간하였다.

**Answer** 15.② 16.③

**17** 다음 글의 ㉠에 들어갈 인물은?

> "삼국사기"에는 신라 지증왕 13년(512)에 우산국이 신라에 복속된 사실이 기록되어 있다. 지증왕은 신라의 장군 (  ㉠  )을/를 보내 우산국 사람들로부터 항복을 받아내고, 우산국이 신라의 한 지방으로 편입되도록 하였다.

① 설총

② 김유신

③ 이사부

④ 김춘추

🍃**Tip** 지증왕의 명으로 우산국을 정벌한 장군은 이사부이다.


**18** 독도에 대한 설명으로 옳지 않은 것은?

① 일본이 러·일 전쟁 중 불법적으로 빼앗았다.

② 조선 숙종 때 안용복이 우리 영토임을 확인받았다.

③ 울릉도에 딸린 섬으로 일찍부터 일본의 영토로 여겨 왔다.

④ 고종 황제는 울릉도와 주변의 섬들을 행정 구역 안에 포함시켰다.

🍃**Tip** ③ 독도는 울릉도에 딸린 섬으로 일찍이 우리나라의 영토로 여겨왔다. "세종실록지리", "신증동국여지승람" 등 지리지에 우리 영토로 기록되어 있었다. 그러나 일본은 러·일 전쟁 중 독도를 불법으로 시마네 현에 편입시켰다.

# 실력평가 모의고사

① **지적능력평가** : 군 간부로서 기본적인 직무수행에 필요한 지적능력을 측정하는 검사로 공간능력, 언어논리력, 자료해석력, 지각속도의 총 4개 하위검사로 구성되어 있습니다. 각 하위검사 모두 특정지식을 암기하여 풀 수 있는 문제가 아닌, 문제 내에서 생각하여 풀 수 있도록 개발되었습니다. 때문에, 시간이 충분히 주어진다면 특별히 암기하고 있는 지식이 없더라도 문제 내에서 주어진 단서를 가지고 충분히 풀 수 있지만 시간이 제한되어 있기 때문에 부담이 될 수 있습니다.

② **국사** : 국군의 역사적 정통성, 대한민국 건국과 발전과정에서 군대가 기여한 역할을 중점으로 각 시기별 특징을 파악하여야 합니다. 최종점검 모의고사를 통해 자신의 실력을 점검해보시길 바랍니다.

# Part.3

# 실력평가 모의고사

01 지적능력평가 및 국사 모의고사

02 정답 및 해설

## 1. 공간능력

※ 다음 지도를 보고 물음에 답하시오. 【1~3】

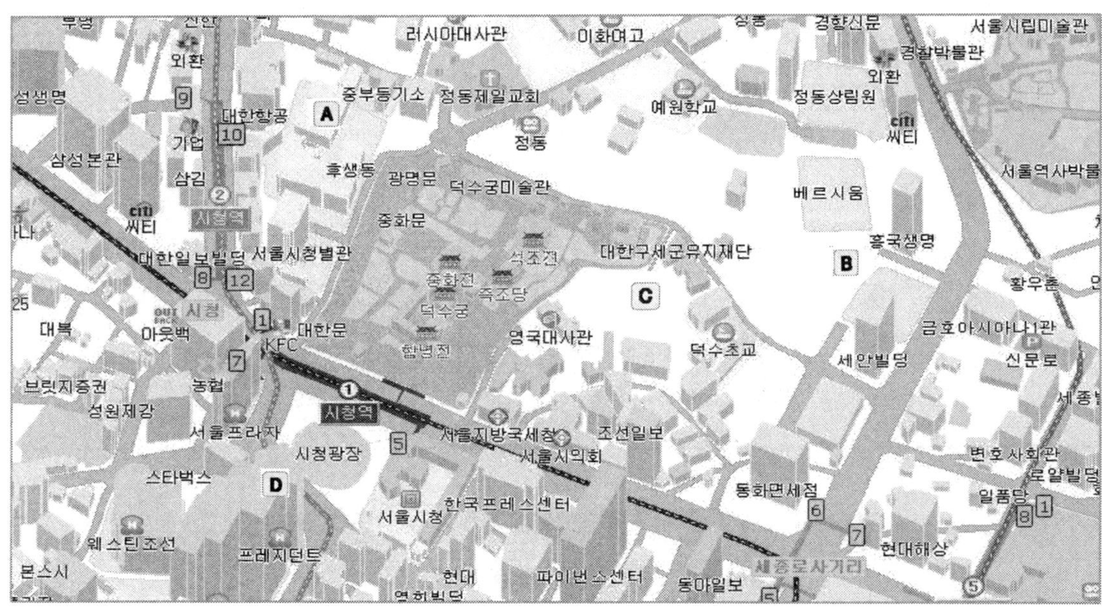


**1** 위 지도의 A, B, C, D 중 당신이 서 있는 곳은 어디인가?

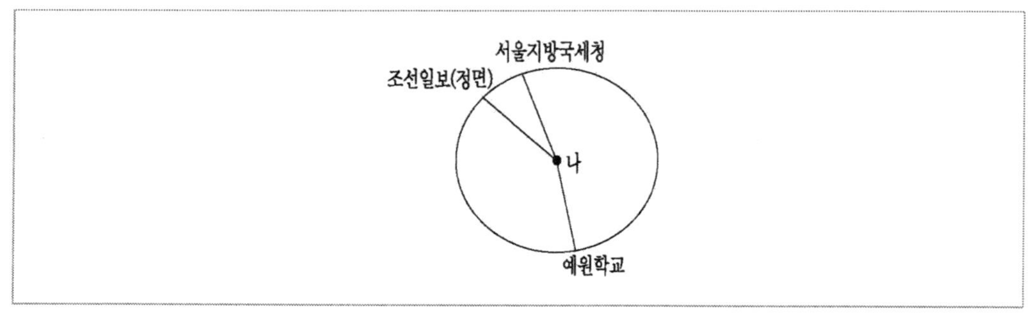


① A          ② B

③ C          ④ D

**2** 당신이 1호선 시청역에서 서울시청을 정면으로 바라볼 때 흥국생명은 ㄱ, ㄴ, ㄷ, ㄹ 중 어디에 있는가?

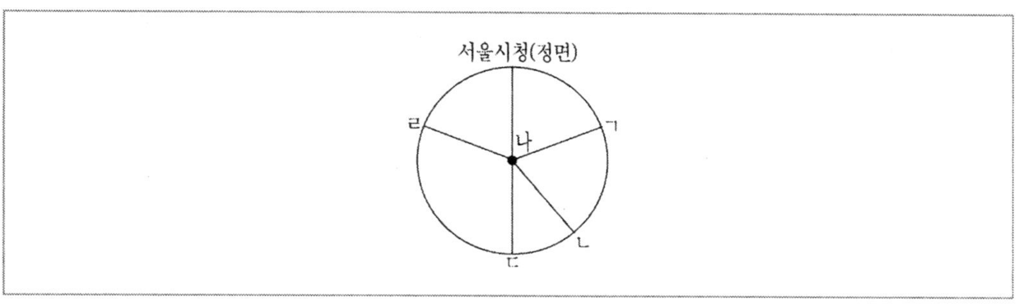


① ㄱ　　　　　　　　　　② ㄴ

③ ㄷ　　　　　　　　　　④ ㄹ


**3** 다음은 위 지도의 일부를 나타낸 것이다. 위의 지도와 다른 것은?

①
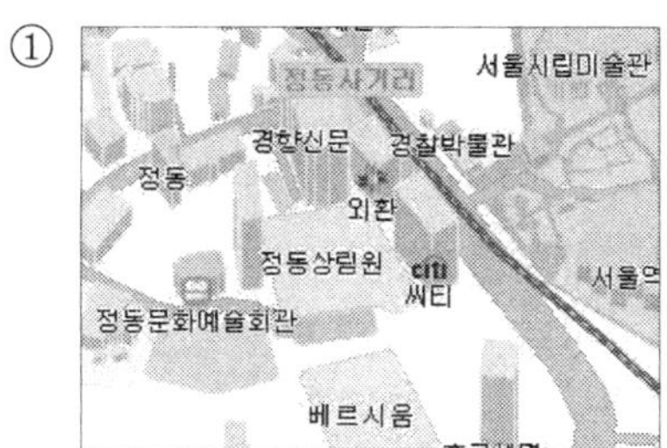


②
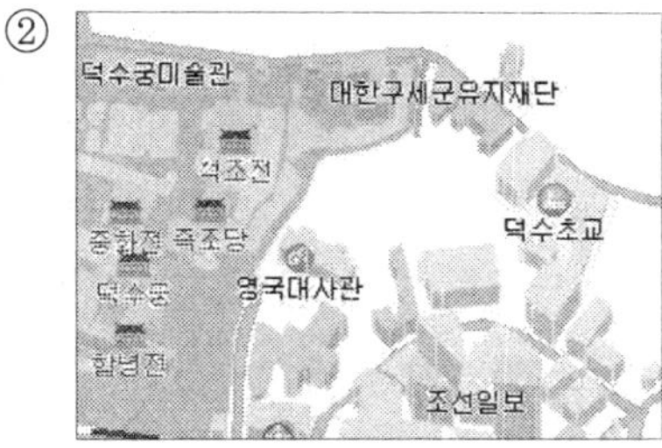


③

④

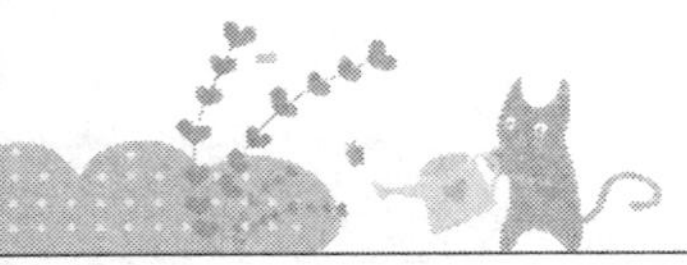



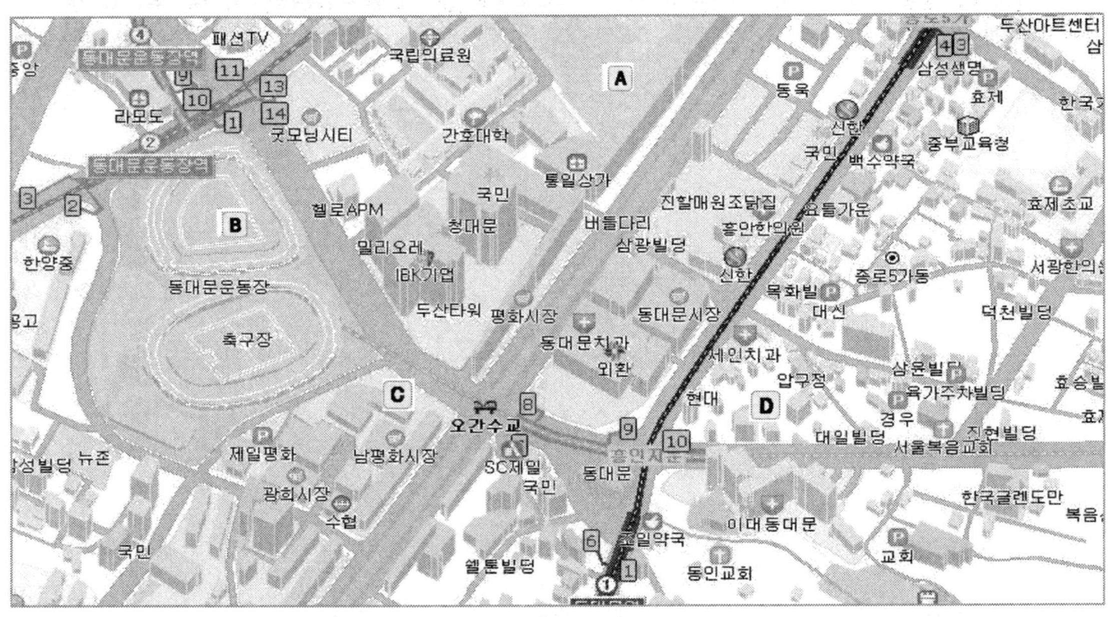


## 4  위 지도의 A, B, C, D 중 당신이 서 있는 곳은 어디인가?

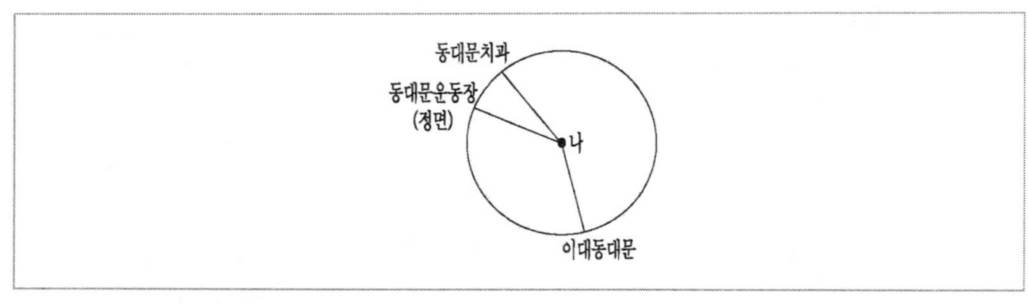


① A

② B

③ C

④ D

**5** 당신이 동대문치과에서 SC제일을 정면으로 바라볼 때 밀리오레는 ㄱ, ㄴ, ㄷ, ㄹ 중 어디에 있는가?

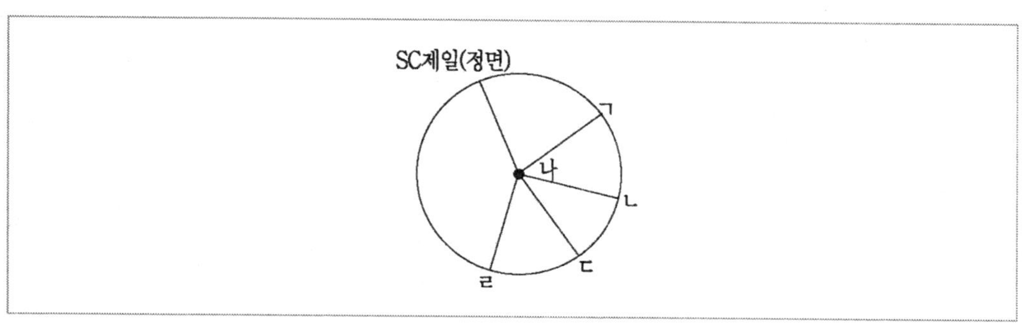


① ㄱ

② ㄴ

③ ㄷ

④ ㄹ

**6** 다음은 위 지도의 일부를 나타낸 것이다. 위의 지도와 다른 것은?

① 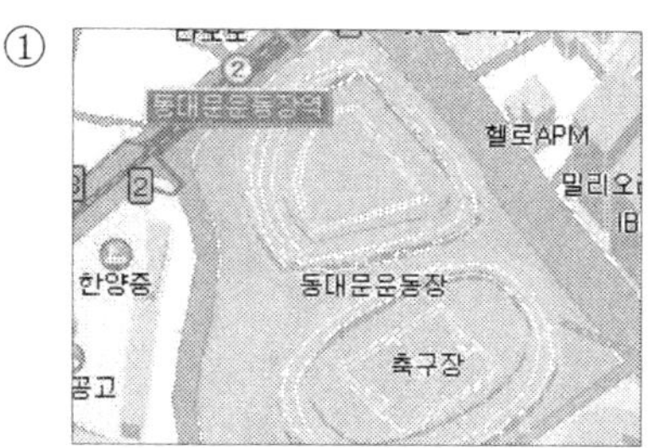

③ 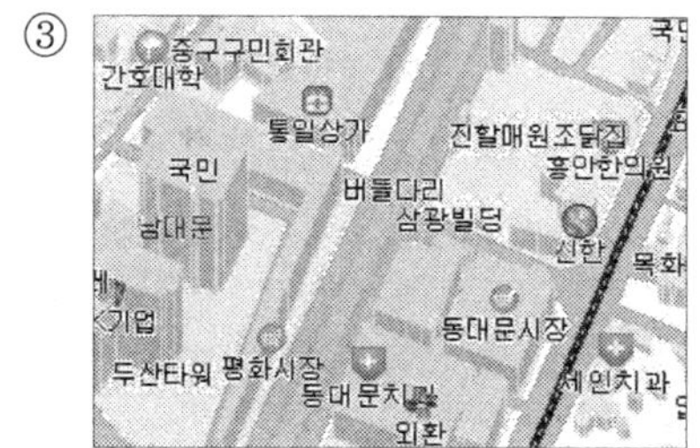

② 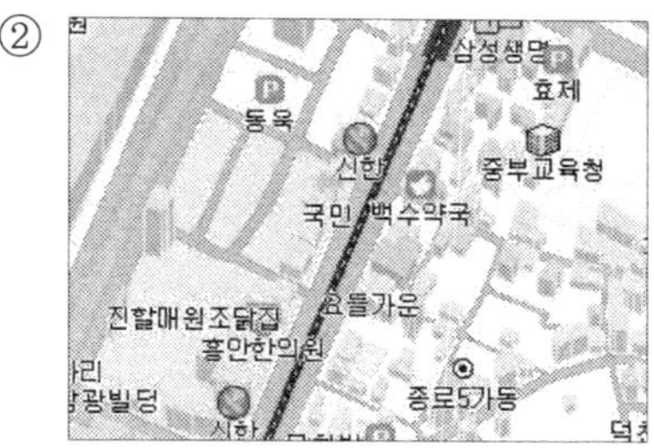

④ 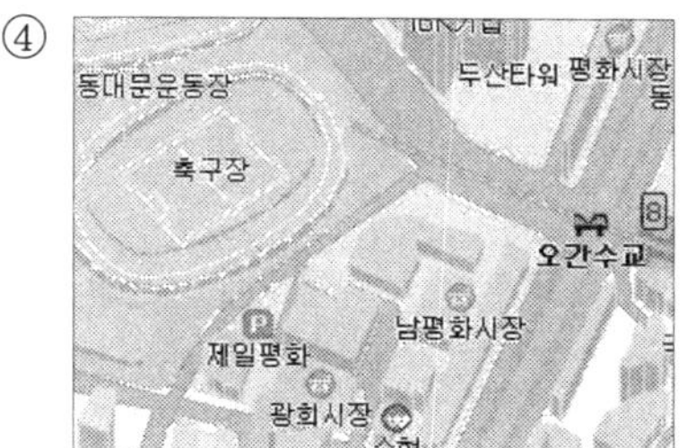

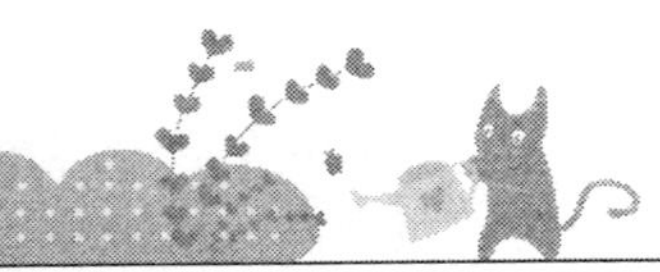



※ 다음 지도를 보고 물음에 답하시오. 【7~9】

## 7  위 지도의 A, B, C, D 중 당신이 서 있는 곳은 어디인가?

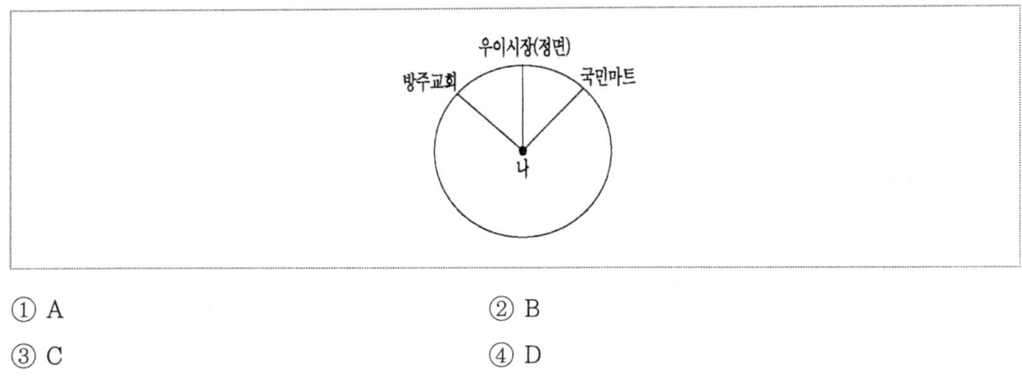


① A  ② B

③ C  ④ D

**8** 당신이 수유2동경로당에서 중앙정형외과를 정면으로 바라볼 때 전자랜드는 ㄱ, ㄴ, ㄷ, ㄹ 중 어디에 있는가?

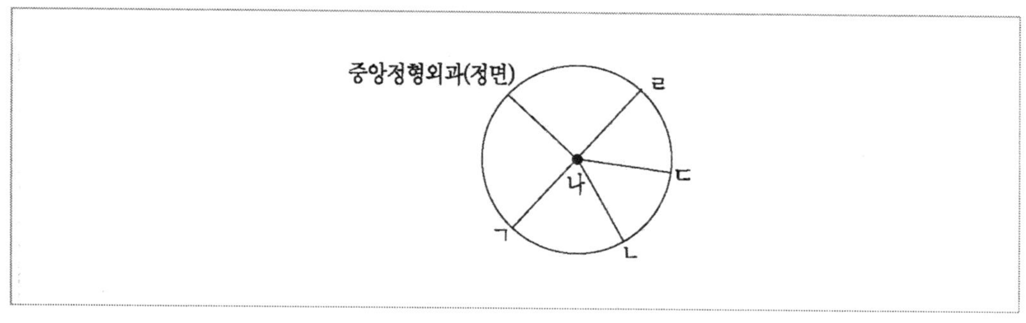


① ㄱ

② ㄴ

③ ㄷ

④ ㄹ

**9** 다음은 위 지도의 일부를 나타낸 것이다. 위의 지도와 다른 것은?

①
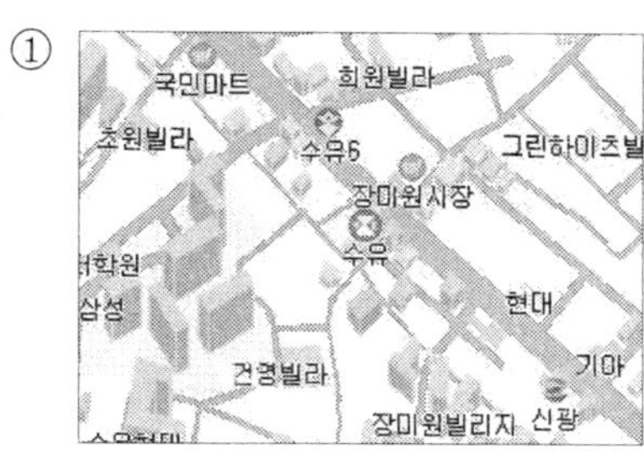

②
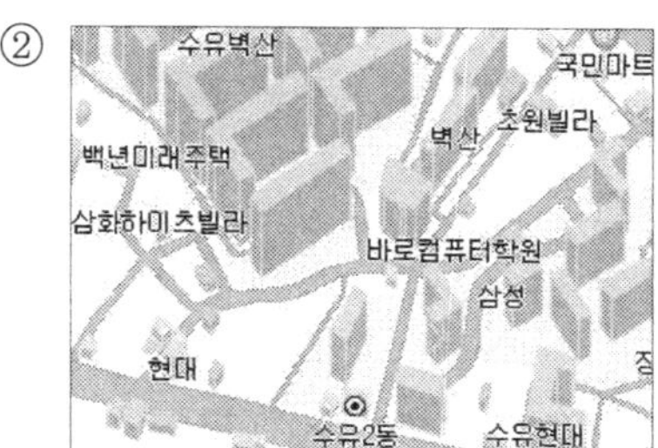

③
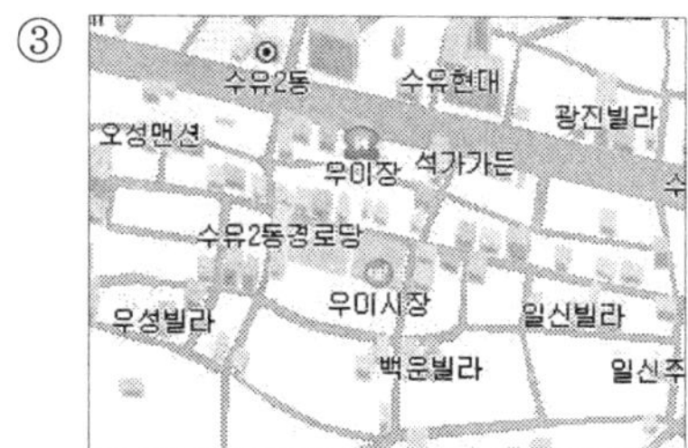

④

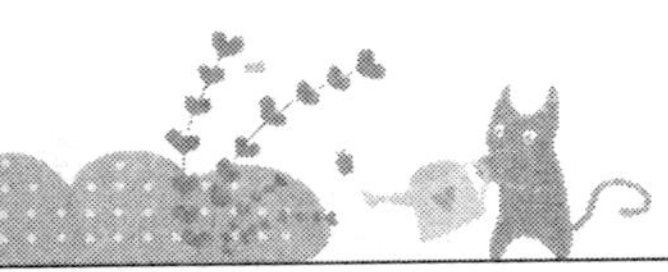

※ 다음 지도를 보고 물음에 답하시오. 【10~12】

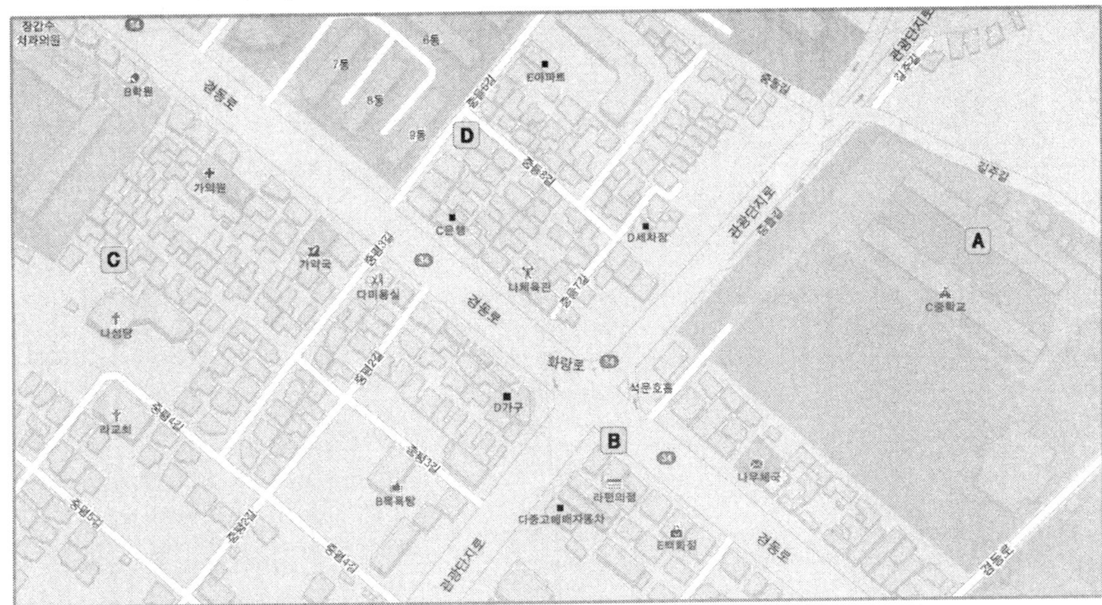


## 10 위 지도의 A, B, C, D 중 당신이 서 있는 곳은 어디인가?

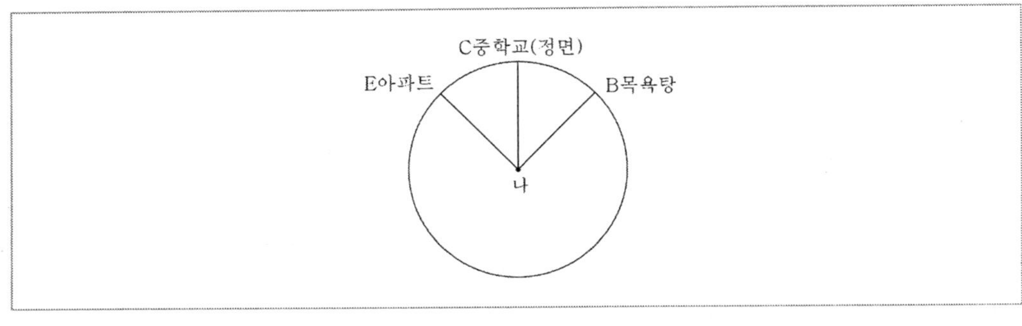


① A

② B

③ C

④ D

**11** 당신이 D세차장에서 나우체국을 정면으로 바라볼 때 D가구는 ㄱ, ㄴ, ㄷ, ㄹ 중 어디에 있는가?

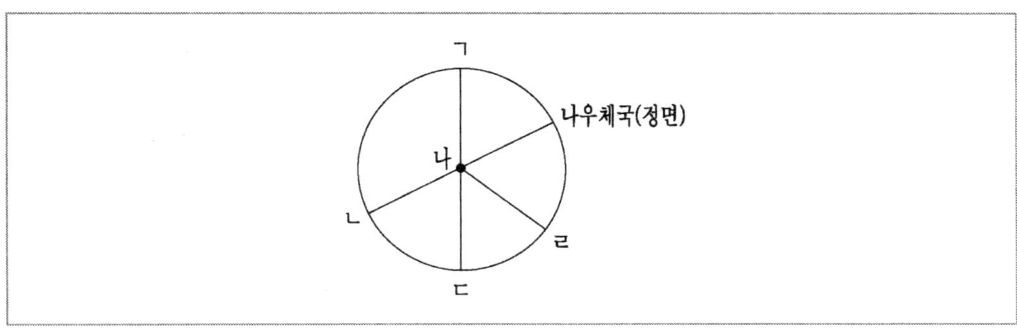


① ㄱ

② ㄴ

③ ㄷ

④ ㄹ


**12** 다음은 위 지도의 일부를 나타낸 것이다. 위의 지도와 다른 것은?

① 

② 

③ 

④ 

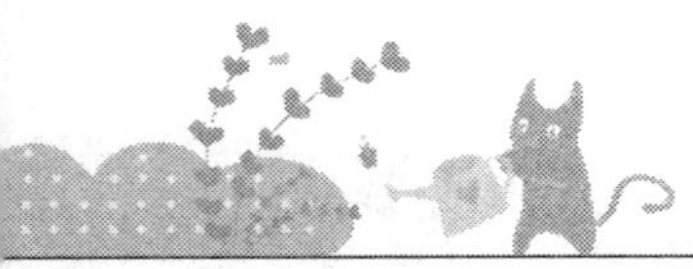



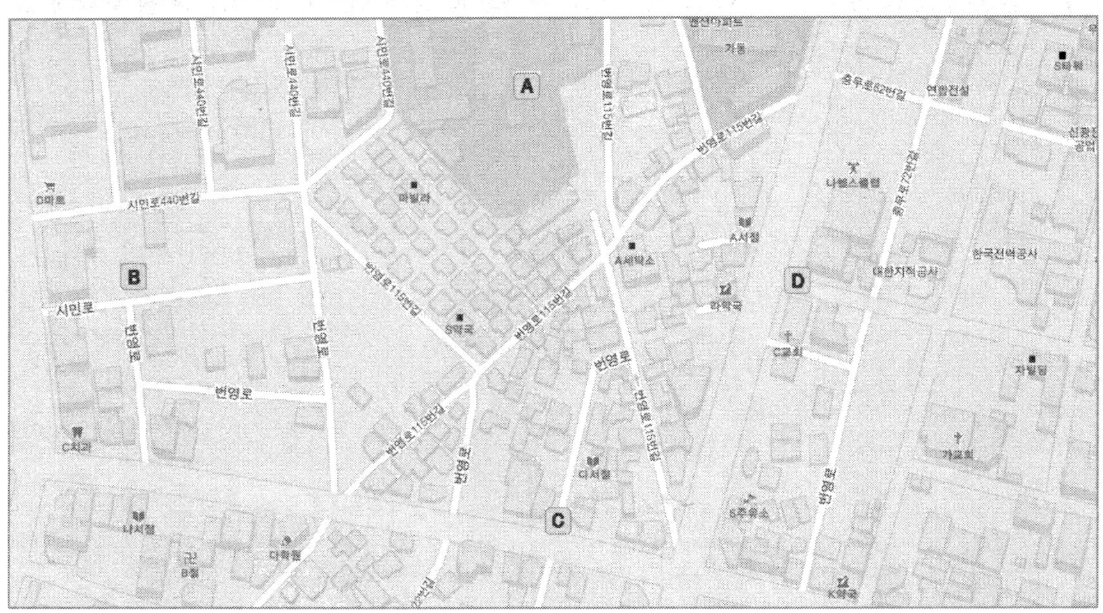



**13** 위 지도의 A, B, C, D 중 당신이 서 있는 곳은 어디인가?

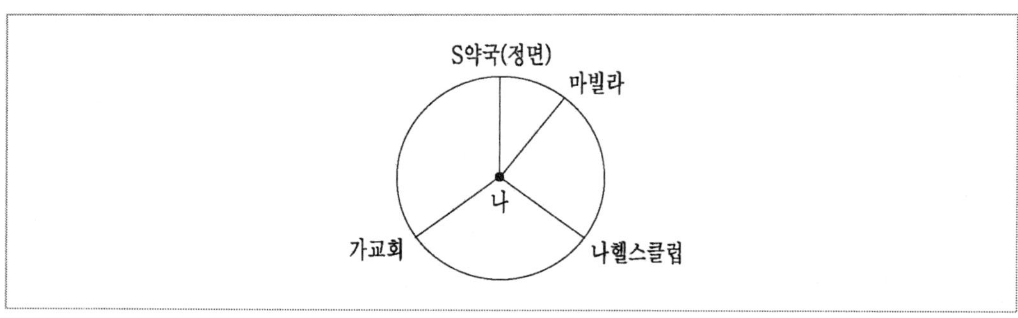



① A          ② B

③ C          ④ D

**14** 당신이 S약국에서 다서점을 정면으로 바라볼 때 자빌딩은 ㄱ, ㄴ, ㄷ, ㄹ 중 어디에 있는가?

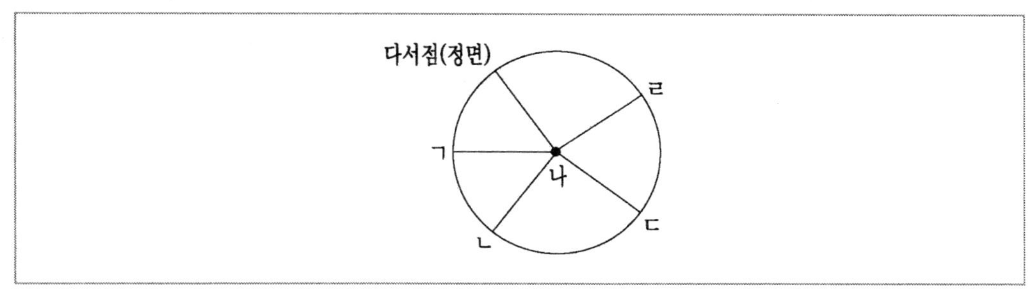


① ㄱ

② ㄴ

③ ㄷ

④ ㄹ

**15** 다음은 위 지도의 일부를 나타낸 것이다. 위의 지도와 다른 것은?

① 

② 

③ 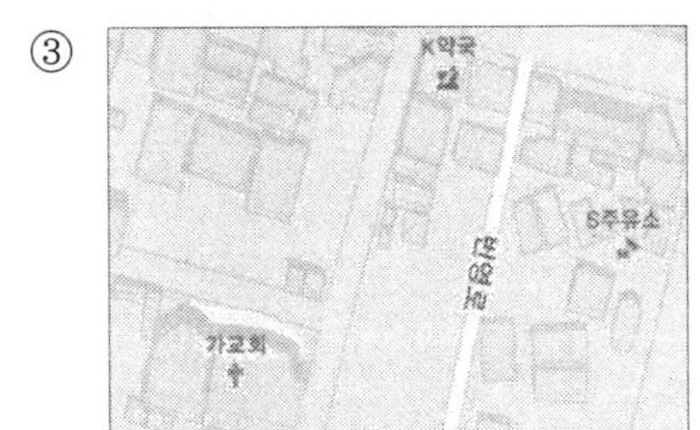

④ 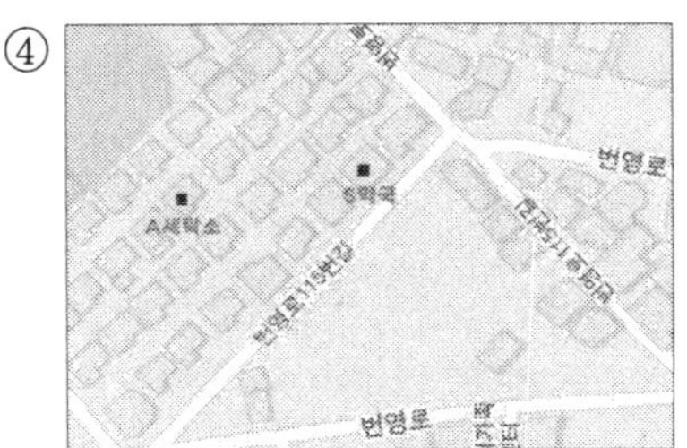

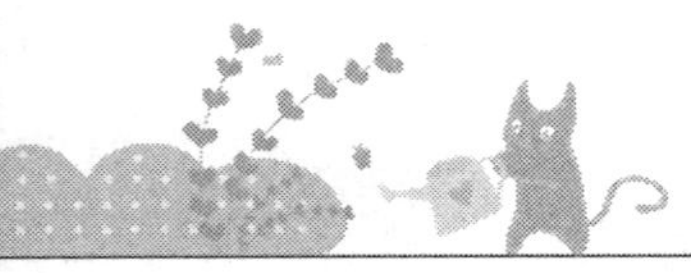

※ 다음 지도를 보고 물음에 답하시오. 【16~18】

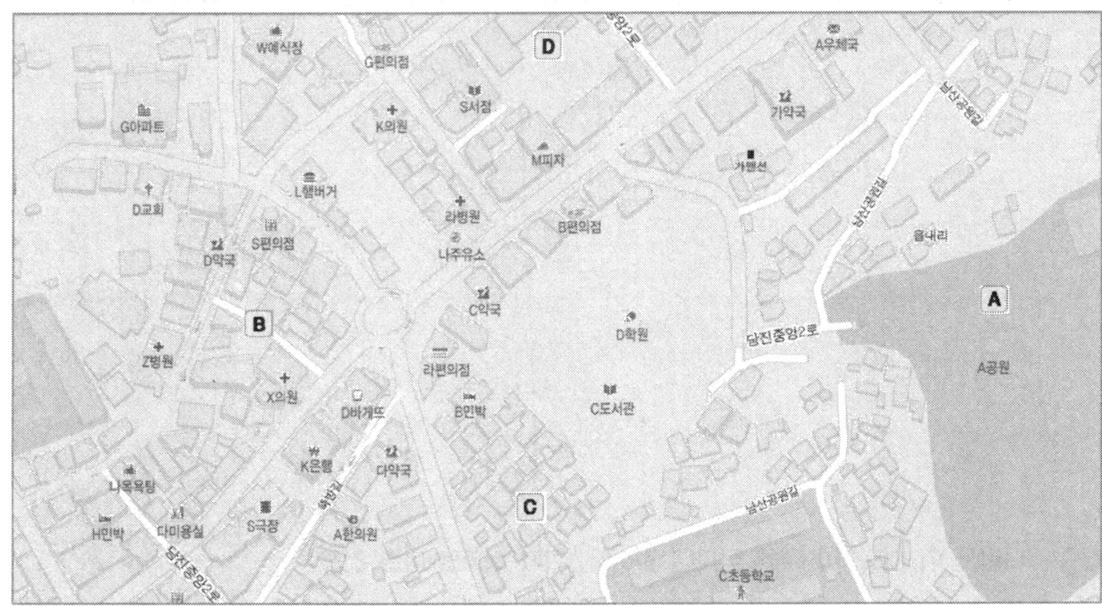


## 16 위 지도의 A, B, C, D 중 당신이 서 있는 곳은 어디인가?

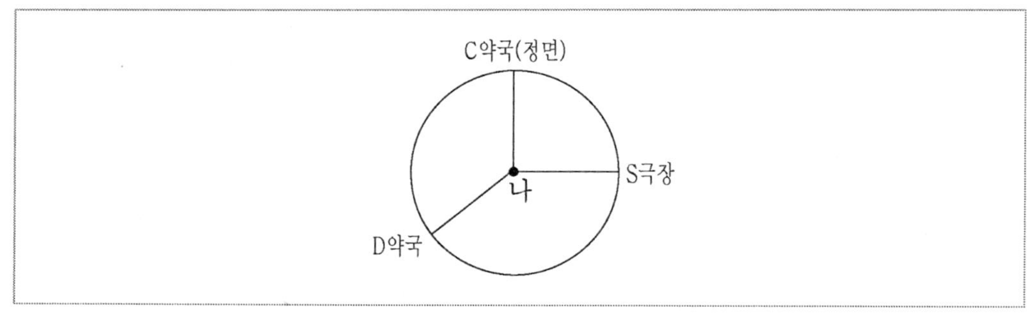


① A      ② B

③ C      ④ D

**17** 당신이 나주유소에서 L햄버거를 정면으로 바라볼 때 K의원은 ㄱ, ㄴ, ㄷ, ㄹ 중 어디에 있는가?

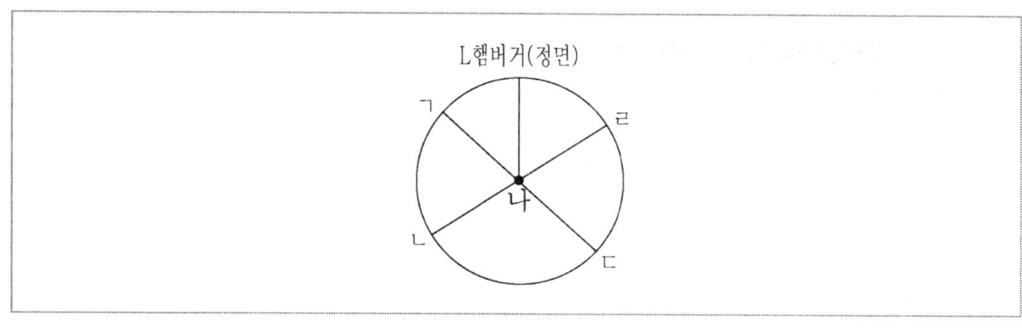


① ㄱ

② ㄴ

③ ㄷ

④ ㄹ

**18** 다음은 위 지도의 일부를 나타낸 것이다. 위의 지도와 다른 것은?

① 

② 

③ 

④ 

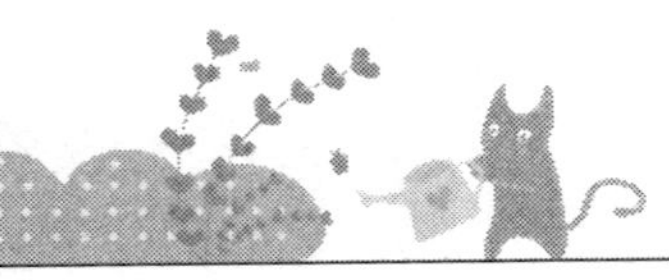



**1** 다음 제시된 단어의 반의어는?

| 정의 |
| --- |

① 불의　　　　　　　　　② 관습
③ 버릇　　　　　　　　　④ 해태
⑤ 도덕

**2** 다음 글을 순서대로 바르게 나열한 것은?

> ㉠ 마르시아스가 그 피리를 부니 사람의 마을을 빼앗는 듯 아름다운 소리가 났다.
> ㉡ 아테나는 피리를 발명하고, 피리를 불어 하늘에 있는 모든 청중을 즐겁게 하였다.
> ㉢ 장난꾸러기인 에로스가 여신이 기묘한 얼굴로 피리 부는 것을 보고 무례하게 웃자 아
> 　테나는 노하여 피리를 내던졌다.
> ㉣ 피리는 땅으로 떨어졌고, 마르시아스가 그것을 줍게 되었다.
> ㉤ 마르시아스는 자만한 나머지 아폴론과 음악 경쟁을 했다.

① ㉠㉤㉣㉡㉢　　　　　　② ㉠㉡㉢㉤㉣
③ ㉡㉠㉤㉢㉣　　　　　　④ ㉡㉢㉤㉣㉠
⑤ ㉡㉢㉣㉠㉤

**3** 다음 두 단어의 관계를 유추하여 빈칸에 알맞은 단어를 고른 것은?

> 인문학 : 철학 = 역사 : (     )

① 문학
② 학문
③ 자연과학
④ 국어
⑤ 국사


**4** 다음 지문으로부터 알 수 없는 것은?

> '끈끈이주걱'은 물이끼가 자라면서 해가 드는 습지에 서식합니다. 끈끈이주걱은 5cm쯤 되는 잎자루 끝에 동그란 잎을 달고 있습니다. 그리고 잎 가장자리와 잎 안쪽에 털이 많이 나 있습니다. 그 털끝에서 투명한 물엿 같은 점액이 나옵니다. 벌레가 날아와서 잎의 점액에 닿으면 '아차!'하는 순간에 곧 잎에 엉겨 붙고 맙니다. 벌레가 달아나려고 꿈틀거리면 꿈틀거릴수록 끈끈이주걱에서 점액이 더 많이 나옵니다. 이렇게 털과 잎이 움직여서 벌레를 잡아 버립니다. 점액은 벌레를 붙게 할 뿐만 아니라, 벌레를 녹여 버리기도 합니다. 점액 속에 소화액이 들어 있기 때문입니다. 소화액에 녹은 벌레는 잎의 털에 흡수되어 끈끈이주걱의 양분으로 쓰입니다.

① 끈끈이주걱의 서식지
② 끈끈이주걱의 모양
③ 끈끈이주걱의 특징
④ 끈끈이주걱의 번식 방법
⑤ 끈끈이주걱의 양분 흡수


**5** 다음 제시된 글의 설명방법으로 옳은 것은?

> 무릇 살터를 잡는 데는, 첫째 지리가 좋아야 하고, 다음은 생리가 좋아야 하며, 다음으로 인심이 좋아야 하고 또 다음은 아름다운 산과 물이 있어야 한다. 이 네 가지에서 하나라도 모자라면 살기 좋은 땅이 아니다.

① 비교·대조
② 분류
③ 분석
④ 예시
⑤ 정의

**6** 다음의 ㉠, ㉡에 들어갈 말로 적절한 것은?

> 우리에게 소중한 인간관계를 유지하는 데 필요한 정서적 요인 중 하나가 '정'이다. 정은 혼자 있을 때나 고립되어 있을 때는 우러날 수 없다. 항상 어떤 '관계'가 있어야만 생겨나는 감정이다. 그래서 정은 ( ㉠ ) 반응의 산물이다. 관계에서 우러나는 것이긴 하지만 그 관계의 시간적 지속과 밀접한 연관이 있다. 예컨대 순간적이거나 잠깐 동안의 관계에서는 정이 우러나지 않는다. 첫눈에 반한다는 말처럼 사랑은 순간에도 촉발되지만 정은 그렇지 않다. 많은 시간을 함께 보내야만 우러난다. 비록 그 관계가 굳이 사람이 아닌 짐승이나 나무, 산천일지라도 지속적인 관계가 유지되면 정이 생긴다. 정의 발생 빈도나 농도는 관계의 지속 시간과 ( ㉡ )한다.

① 상대적, 비례  
② 절대적, 일치  
③ 객관적, 반비례  
④ 주관적, 불일치  
⑤ 보편적, 비례

**7** 다음 글의 제목으로 가장 적절한 것은?

> 실험심리학은 19세기 독일의 생리학자 빌헬름 분트에 의해 탄생된 학문이었다. 분트는 경험과학으로서의 생리학을 당시의 사변적인 독일 철학에 접목시켜 새로운 학문을 탄생시킨 것이다. 분트 이후 독일에서는 실험심리학이 하나의 학문으로 자리 잡아 발전을 거듭했다. 그런데 독일에서의 실험심리학 성공은 유럽 전역으로 확산되지는 못했다. 왜 그랬을까? 당시 프랑스나 영국에서는 대학에서 생리학을 연구하고 교육할 수 있는 자리가 독일처럼 포화상태에 있지 않았고 오히려 팽창 일로에 있었다. 또한, 독일과는 달리 프랑스나 영국에서는 한 학자가 생리학, 법학, 철학 등 여러 학문 분야를 다루는 경우가 자주 있었다.

① 유럽 국가 간 학문 교류와 실험심리학의 정착  
② 유럽에서 독일의 특수성  
③ 유럽에서 실험심리학의 발전 양상  
④ 실험심리학과 생리학의 학문적 관계  
⑤ 실험심리학에 대한 유럽과 독일의 차이

**8** 두 단어의 관계가 나머지 넷과 다른 것은?

① 미연 : 사전　　　　　　　　② 박정 : 냉담

③ 타계 : 영면　　　　　　　　④ 간섭 : 방임

⑤ 사모 : 동경

**9** 제시된 글의 논지 전개 과정으로 옳은 것은?

> ㉠ 집단생활을 하는 것은 인간만이 아니다.
> ㉡ 유인원, 어류, 조류 등도 집단생활을 하며, 그 안에는 계층적 차이까지 있다.
> ㉢ 특히 유인원은 혈연적 유대를 기초로 하는 가족 집단이 있고, 성에 의한 분업이 행해지며, 새끼를 위한 공동 작업도 있어 인간의 가족생활과 유사한 점이 많다.
> ㉣ 그러나 이것은 다만 본능에 따른 것이므로, 창조적인 인간의 그것과는 구별된다.
> ㉤ 따라서 이들의 집단을 군집이라 하고, 인간의 집단을 사회라고 불러 이들을 구별한다.

① ㉠은 ㉡의 원인이다.　　　　② ㉡은 ㉢의 반론이다.

③ ㉢은 ㉣의 이유이다.　　　　④ ㉤은 ㉣의 부연이다.

⑤ ㉣은 ㉤의 근거이다.

**※ 다음 제시된 문장의 밑줄 친 부분과 같은 의미로 쓰인 것을 고르시오. 【10~12】**

**10**
> 새 학기가 되어서 반장을 <u>맡게</u> 되었다.

① 어르신의 보따리를 <u>맡아</u> 두다.　　② 친구의 자리를 <u>맡아</u> 두어라.

③ 허락을 <u>맡고</u> 나가라.　　　　　　④ 자기가 <u>맡은</u> 일을 잘해라.

⑤ 그 물건은 내가 <u>맡아</u> 둘게.

**11**

> 그녀의 의견에 대한 비판이 점차 <u>줄었다</u>.

① 인식이 <u>줄었다</u>.
② 너무 오래 끓여서 찌개가 반으로 <u>줄었다</u>.
③ 아프고 나서 몸무게가 <u>줄었다</u>.
④ 벌금이 100만 원에서 50만 원으로 <u>줄었다</u>.
⑤ 빨래를 했더니 옷이 <u>줄었다</u>.

**12**

> 엄숙함과 경건함이 잘 드러나도록 <u>그린</u> 예술작품

① 고국을 <u>그리다</u>.
② 풍경을 <u>그리다</u>.
③ 인간의 고뇌를 <u>그린</u> 소설
④ 미래의 내 모습을 <u>그리다</u>.
⑤ 안내원은 나에게 약도를 <u>그려</u> 주었다.

**13** 다음 제시된 문장의 밑줄 친 부분과 다른 의미로 쓰인 것은?

> 수심이 <u>깊다</u>.

① 수영할 때 <u>깊은</u> 곳에는 가지 마라.
② 그 우물은 매우 <u>깊었다</u>.
③ 바닥이 <u>깊고</u> 기름진 논.
④ <u>깊은</u> 생각에 잠기다.
⑤ 나무의 뿌리가 <u>깊은</u> 곳까지 닿아 있다.

**14** 다음 일화에서 왕이 범한 오류와 같은 종류의 오류를 범하고 있는 것은?

> 크로이소스 왕은 페르시아와의 전쟁에 앞서 델포이 신전에 찾아가 신탁을 얻었는데, 내용인즉슨 "리디아의 크로이소스 왕이 전쟁을 일으킨다면 큰 나라를 멸망시킬 것이다"였다. 그러나 그는 전쟁에서 대패하였고 델포이 신전에 가서 강력히 항의하였다. 그러자 신탁은 "그 큰 나라가 리디아였다"고 말하였다.

① 민주주의는 좋은 제도이다. 사회주의는 민주주의를 포괄하는 개념이므로, 사회주의도 좋은 제도이다.
② 미국은 가장 부유한 나라이므로 빈곤문제에 시달린다는 것은 어불성설이다.
③ 철수가 친구에게 자기 애인은 나보다 영화를 더 좋아하는 것 같다고 하자, 친구는 철수의 애인은 철수보다는 영화와 연애하는 것이 낫겠다고 말했다.
④ 엄마는 내가 어제 연극 보러 가는 것도, 오늘 노래방 가는 것도 막으셨다. 엄마는 내가 노는 것을 못 참으신다.
⑤ 어제 만난 그 사람의 말을 믿어서는 안 된다. 그 사람은 전과자이기 때문이다.


**15** 가는 나의 딸이다. 나는 다의 아들이다. 다는 라의 아버지이다. 마는 다의 손녀이다. 다음 중 항상 옳은 것은?

① 마와 가는 자매간이다.
② 나와 라는 형제간이다.
③ 라는 가의 고모이다.
④ 다는 가의 친할아버지이다.
⑤ 나는 마의 아버지이다.


**16** 다음 제시된 단어와 유사한 의미의 단어는?

> 검소(儉素)

① 절약(節約)
② 교역(交易)
③ 사치(奢侈)
④ 갈등(葛藤)
⑤ 검열(檢閱)

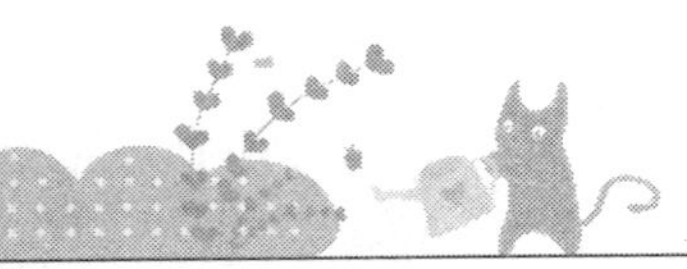



※ 다음 문장의 (      ) 안에 들어갈 알맞은 단어를 고르시오. 【17~18】

**17**

조국의 승전 쾌보를 받지 못했던들 금당 벽화는 (      ) 담징의 관념의 표백에 그쳤을지도 모른다.

① 탄식
② 한낱
③ 진상
④ 한낮
⑤ 가히

**18**

다시 한 번 이 행사를 위해 힘써 주신 여러분께 감사드리며, 이것으로 인사말을 (      ) 하겠습니다.

① 가름
② 갈음
③ 가늠
④ 갸름
⑤ 간음

**19** 다음에서 주체가 '현태'가 아닌 것은?

현태가 총구를 들이밀며 재빨리 방안을 살핀다. 빈 집이다. 그렇건만 부엌과 뒷간까지 ㉠뒤진다. 그 전에 살던 사람들이 가난한 살림살이나마 급작스레 ㉡꾸려 가지고 간 흔적만이 남아 있다. 다음 집들도 마찬가지였다. 그런데도 현태는 번번이 바람벽에 ㉢등을 붙이고 문짝을 ㉣잡아 젖히면서, '꼼짝 말어! 손 들구 나와!'를 빠짐없이 ㉤외치곤 했다.

① ㉠
② ㉡
③ ㉢
④ ㉣
⑤ ㉤

**20** 문맥상 다음 글의 (     )에 들어갈 말로 적절한 것은?

> 다른 나라로 가는 이민 길이 막혀 있을수록 사람들은 자기 나라의 시스템에 대해 불만을 표출하기보다는 이를 옹호하려는 경향이 높다는 연구 결과가 나왔다. 이민의 가능성이 제한되어 있다고 인식하는 사람일수록 사회 문제를 국가 전체 시스템적인 문제로 확대 해석해서는 안 된다는 반응을 보인다는 것이다. 연구진은 '어쩔 수 없이 자기 나라에서 계속 살아야 한다고 판단하면 사람들은 자기 나라가 안고 있는 문제에 대해 불만을 품기보다 현실적으로 불가피하다며 정적으로 받아들이는 경향이 있다'고 설명했다. 연구를 이끈 A박사는 "사람들이 다른 나라로 이민을 떠나지 못하는 가장 큰 이유가 돈 때문이라는 점을 고려한다면, (                    )"라고 말했다.

① 부유한 사람일수록 이민을 통해 국가의 시스템에 대한 불만을 표현한다.

② 부유한 사람일수록 국가 전체의 문제를 불가피한 것으로, 긍정적으로 받아들이려는 경향이 있다.

③ 가난한 사람일수록 이민을 통해 국가의 시스템에 대한 불만을 표현한다.

④ 가난한 사람일수록 국가 전체의 문제를 불가피한 것으로, 긍정적으로 받아들이려는 경향이 있다.

⑤ 가난한 사람일수록 국가 전체의 문제에 대한 인식이 부족한 경향이 있다.


**21** 다음 글의 인물을 가리키는 말로 가장 적절한 것은?

> 목멱산 아래 멍청한 사람이 있었는데, 어눌하여 말을 잘하지 못하고 성품은 게으르고 졸렬한데다, 시무도 알지 못하고 바둑이나 장기는 더더욱 알지 못하였다. 남들이 이를 욕해도 따지지 않았고, 이를 기려도 뽐내지 않았으며, 오로지 책 보는 것만 즐거움으로 여겨 춥거나 덥거나 주리거나 병들거나 전연 알지 못하였다.

① 백치               ② 옹고집

③ 백면서생           ④ 딸깍발이

⑤ 자린고비

**22** 다음 제시된 단어와 가장 관련이 깊은 것은?

> 가납사니, 간나위, 대갈마치, 벽창호, 트레바리

① 날씨

② 모양

③ 사람

④ 취향

⑤ 환경

**23** 다음 글의 제목으로 가장 적절한 것은?

> 도시의 중심 지역은 도시 활동의 핵심부로서 토지이용이 집약적으로 이루어져 건물의 고층화와 과밀화가 나타나며, 중추 관리 기능과 고급 서비스 기능이 집적된다. 도심 주변부인 중간 지역은 주택, 학교, 공장이 위치하며 도심에서 멀어질수록 주택지구, 공업 지구가 차례로 나타난다. 부도심은 도심과 주변 지역 사이의 교통의 결절점에 발달하며 도시 기능의 일부를 분담하여 도시의 과밀화와 교통난을 해소한다.

① 도시의 구조와 인구의 이동

② 도시의 발달과 문화적 특성

③ 도시의 경제 활동의 범위

④ 도시화의 추세와 방향

⑤ 도시의 공간적 기능 분화

**24** 제시된 단어들과 같은 관계가 되기 위하여 (    ) 안에 들어갈 단어는?

조리차하다 : 알뜰하다 = (    ) : 재촉하다

① 재우치다

② 잔풍하다

③ 저버리다

④ 적바르다

⑤ 파주하다


**25** 다음 글의 (    ) 안에 들어갈 알맞은 접속어를 차례대로 나열한 것은?

신화의 내용이 황당무계하다는 것은 누구나 인정한다. 현실의 세계에서는 상식적으로 불가능한 사건들이 신화의 세계에서는 아무렇지도 않게 전개된다. ( ㉠ ) 신화는 현실적인 이야기가 아닌 상상 속의 이야기일 뿐이라고 치부되어 왔다. ( ㉡ ) 그렇게 볼일이 아니다. 신화의 내용은 현실적으로 분명히 존재하지 않는가. 신들이 만들었다는 세계가 있고 인간이 있으며 산천초목이 있다. 제도가 있고 풍습이 존재한다. 신화의 내용은 어김없이 있는 것이다. ( ㉢ ) 신화의 내용이 황당하다고 부정할 수는 없는 일이다.

① 하지만, 그러나, 따라서

② 하지만, 따라서, 그러나

③ 그래서, 하지만, 그러나

④ 그래서, 하지만, 따라서

⑤ 그래서, 그러나, 그런데

##  3. 자료해석

♣ 20문항/25분

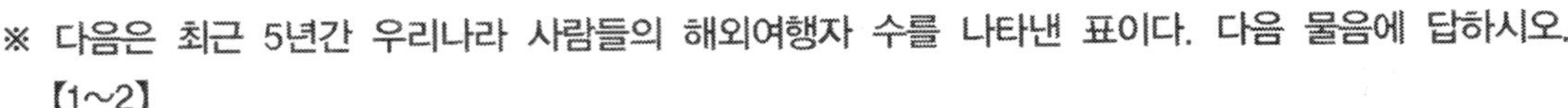

※ 다음은 최근 5년간 우리나라 사람들의 해외여행자 수를 나타낸 표이다. 다음 물음에 답하시오.
【1~2】

(단위 : 명)

|  | 2010년 | 2011년 | 2012년 | 2013년 | 2014년 |
|---|---|---|---|---|---|
| 일본 | 352 | 360 | 364 | 355 | 348 |
| 중국 | 330 | 321 | 336 | 332 | 335 |
| 미국 | 1,032 | 1,102 | 1,112 | 1,123 | 1,203 |
| 프랑스 | 520 | 532 | 610 | 597 | 608 |
| 스위스 | 308 | 320 | 336 | 342 | 361 |

**1** 2014년 우리나라 사람들이 가장 적게 간 나라는?

① 중국 　　　　　　　　　② 스위스

③ 프랑스 　　　　　　　　④ 미국

**2** 주어진 자료에 대한 해석으로 가장 옳은 것은?

① 프랑스 여행을 가는 사람들은 매년 꾸준히 늘어나고 있다.

② 2010년부터 2014년까지 스위스로 여행간 우리나라 사람들은 53명 증가하였다.

③ 최근 5년간 해외여행자 수가 가장 큰 폭으로 증가한 나라는 프랑스이다.

④ 일본은 여전히 우리나라 사람들이 많이 찾는 단골 여행지이다.

**3** 수능시험을 자격시험으로 전환하자는 의견에 대한 여론조사결과 다음과 같은 결과를 얻었다면 이를 통해 내릴 수 있는 결론으로 타당하지 않는 것은?

| 교육기준 | 중졸이하 | | 고교중퇴 및 고졸 | | 전문대중퇴 이상 | | 전체 | |
| --- | --- | --- | --- | --- | --- | --- | --- | --- |
| 조사대상지역 | A | B | A | B | A | B | A | B |
| 지지율(%) | 67.9 | 65.4 | 59.2 | 53.8 | 46.5 | 32 | 59.2 | 56.8 |

① 지지율은 학력이 낮을수록 증가한다.

② 조사대상자 중 A지역주민이 B지역주민보다 저학력자의 지지율이 높다.

③ 학력의 수준이 동일한 경우 지역별 지지율에 차이가 나타난다.

④ 조사대상자 중 A지역의 주민수는 B지역의 주민수보다 많다.


**4** A, B사는 시장규모가 2억 원인 MP3의 매출액이 각각 1억 원씩이다. 개발비용 4천만 원을 투자하면 신제품으로 기존 제품을 대체할 수 있다. 아래와 같은 조건에서 기대되는 순매출액(=매출액-개발비용)을 극대화하기 위한 A, B사의 선택을 적절하게 예측한 것은?

- A, B사는 서로 상대방의 신제품 개발 여부를 알 수 없다.
- A, B사 모두 신제품을 발매하면, 이전처럼 각각 1억 원씩의 매출이 발생한다.
- 둘 중 하나의 업체만 신제품을 발매하면, 그 업체가 시장을 독점한다.
- 기존 제품의 개발비용은 0원으로 간주한다.

① A사만 신제품을 발매한다.

② B사만 신제품을 발매한다.

③ 순매출액이 다소 줄더라도, A, B사 모두 신제품을 발매한다.

④ 순매출액이 줄게 되므로 A, B사 모두 신제품 발매를 포기한다.

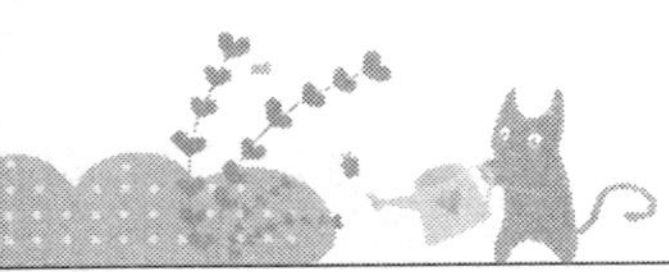

※ 다음은 ㈎지역의 토지면적 현황을 나타난 표이다. 표를 보고 물음에 알맞은 답을 고르시오.
【5~6】

**㈎지역의 토지면적 현황**

(단위 : $m^2$)

| 연도 \ 토지유형 | 삼림 | 초지 | 습지 | 나지 | 경작지 | 훼손지 | 전체 면적 |
|---|---|---|---|---|---|---|---|
| 2010 | 539,691 | 820,680 | 22,516 | 898,566 | 480,645 | 1 | 2,762,099 |
| 2011 | 997,114 | | 204 | 677,654 | 555,334 | 1 | 2,783,806 |
| 2012 | 1,119,360 | 187,479 | 94,199 | 797,075 | 487,767 | 1 | 2,685,881 |
| 2013 | 1,595,409 | 680,760 | 20,678 | 182,424 | 378,634 | 4,825 | 2,862,730 |
| 2014 | 1,668,011 | 692,018 | 50,316 | 50,086 | 311,086 | 129,581 | 2,901,098 |

**5** 주어진 표를 보고 아래 문장의 A, B, C의 값을 바르게 구한 것은?

> 2011년 초지의 면적은 ( A ) $m^2$로 전체 면적의 약 ( B )%를 차지하며, 예년에 비해 약 ( C )% 감소하였다.

① A : 553,499,  B : 20,  C : 33%
② A : 543,499,  B : 19,  C : 32%
③ A : 553,499,  B : 20,  C : 31%
④ A : 543,499,  B : 20,  C : 31%

**6** 주어진 표에 대한 다음 설명 중 옳지 않은 것은?

① 연도별 토지면적 변화폭이 가장 큰 해와 토지유형은 2012년~2013년, 나지이다.
② 훼손지를 제외하고, 연도별 토지면적 변화폭이 가장 작은 해와 토지유형은 2010~2011년, 습지이다.
③ ㈎지역에서 삼림은 매해 그 면적이 가장 넓다.
④ 2011년~2012년을 제외하고 ㈎지역 토지의 전체면적은 꾸준히 증가하였다.

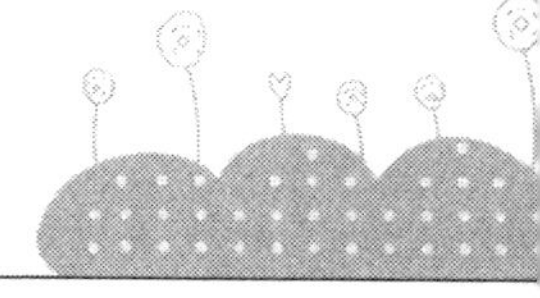

**7** 다음은 어떤 학교 학생의 학교에서 집까지의 거리를 조사한 결과이다. ㉠과 ㉡에 들어갈 수로 옳은 것은? (조사결과는 학교에서 집까지의 거리가 1km 미만인 사람과 1km 이상인 사람으로 나눠서 표시한다.)

| 성별 | 1km 미만 | 1km 이상 | 합계 |
|---|---|---|---|
| 남성 | 72명 | 168명 | 240명 |
| | X% | ㉠% | 100% |
| 여성 | ㉡명 | Y명 | 200명 |
| | 36% | 64% | 100% |

| | ㉠ | ㉡ |
|---|---|---|
| ① | 60 | 70 |
| ② | 60 | 72 |
| ③ | 70 | 70 |
| ④ | 70 | 72 |

※ 다음 자료는 최근 3년간의 행정구역별 출생자 수를 나타낸 표이다. 물음에 답하시오. 【8~9】

(단위 : 명)

| | 2012년 | 2013년 | 2014년 |
|---|---|---|---|
| 서울특별시 | 513 | 648 | 673 |
| 부산광역시 | 436 | 486 | 517 |
| 대구광역시 | 215 | 254 | 261 |
| 울산광역시 | 468 | 502 | 536 |
| 인천광역시 | 362 | 430 | 477 |
| 대전광역시 | 196 | 231 | 258 |
| 광주광역시 | 250 | 236 | 219 |
| 제주특별자치시 | 359 | 357 | 361 |
| 세종특별자치시 | 269 | 308 | 330 |

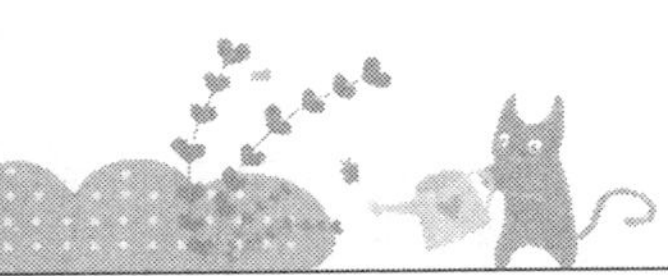

**8** 2012년부터 2014년까지 출생자가 가장 많이 증가한 행정구역은?

① 부산　　　　　　　　　　　② 울산

③ 대전　　　　　　　　　　　④ 세종

**9** 주어진 표에 대한 설명으로 알맞은 것은?

① 2014년 대구광역시 출생자수와 2014년 제주지역의 출생자 수의 합은 서울특별시의 2014년 출생자 수보다 많다.

② 대전광역시와 광주광역시의 2012년 출생자의 합은 2012년 울산광역시의 출생자 수와 같다.

③ 2014년 대전광역시 출생자 수와 2014년 광주광역시 출생자 수의 합은 2014년 인천광역시 출생자 수와 같다.

④ 2013년 부산광역시 출생자 수는 2013년 대전광역시 출생자 수의 2배보다 적다.

※ 다음은 서울과 부산의 국내외 아동 입양 수를 나타낸 표이다. 표를 보고 물음에 답하시오.
【10~11】

(단위 : 명)

|  | 2007년 | 2008년 | 2009년 | 2010년 | 2011년 | 2012년 | 2013년 |
|---|---|---|---|---|---|---|---|
| 서울 | 1382 | 1327 | 1244 | 1306 | 1087 | 950 | 1062 |
| 부산 | 3 | 15 | 10 | 9 | 6 | 23 | 27 |

**10** 주어진 표에서 알 수 있는 내용은?

① 아동 입양은 해마다 증가하고 있다.

② 아동 입양은 전국에서 서울이 가장 높다.

③ 2011년 이후로 부산은 일반적으로 아동 입양이 증가하는 추세이다.

④ 서울은 2010년에 입양 아동수가 가장 많다.

**11** 2013년 서울의 아동 입양 수는 같은 해 부산의 아동 입양 수의 몇 배인가? (소수 첫째 자리까지 구하시오.)

① 35.7

② 39.3

③ 40.2

④ 51.6

**12** 다음은 새해 토정비결과 궁합에 관하여 사람들의 믿는 정도를 조사한 결과이다. 둘 다 가장 믿을 확률이 높은 사람들은?

| 대상 \ 구분 | | 토정비결(%) | 궁합(%) |
|---|---|---|---|
| 나이별 | 20대 | 30.5 | 35.7 |
| | 30대 | 33.2 | 36.2 |
| | 40대 | 45.9 | 50.3 |
| | 50대 | 52.5 | 61.9 |
| | 60대 | 50.3 | 60.2 |
| 학력별 | 초등학교 졸업 | 81.2 | 83.2 |
| | 중학교 졸업 | 81.1 | 83.3 |
| | 고등학교 졸업 | 52.4 | 51.6 |
| | 대학교 졸업 | 32.3 | 30.3 |
| | 대학원 졸업 | 27.5 | 26.2 |
| 성별 | 남자 | 45.2 | 39.7 |
| | 여자 | 62.3 | 69.5 |

① 초등학교 졸업 학력의 60대 남성

② 중학교 졸업 학력의 50대 여성

③ 고등학교 졸업 학력의 40대 남성

④ 대학교 졸업 학력의 30대 남성

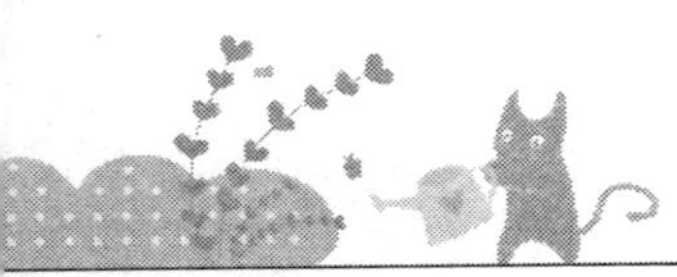

※ 다음은 A회사의 제품 판매량과 매출액에 관한 자료이다. 표를 보고 물음에 답하시오. 【13~15】

〈표1〉 김치 수출입 실적

(단위 : 톤)

| 구분 | 2006년 | 2007년 | 2008년 | 2009년 | 2010년 |
|---|---|---|---|---|---|
| 수출량 | 29,124 | 31,451 | 24,645 | 45,751 | 35,643 |
| 수입량 | 1,026 | 22,125 | 945 | 36,154 | 26,654 |

〈표2〉 김장 재료 수입 현황

(단위 : 톤)

| 구분 | 식염 | 당근 | 고추 | 양파 | 마늘 |
|---|---|---|---|---|---|
| 전체 | 64,456 | 62,484 | 97,456 | 21,464 | 26,440 |
| 중국 | 62,454 | 60,564 | 83,213 | 15,446 | 25,950 |

**13** 김장 재료 수입 현황에서 중국산 김장 재료 구성비가 세 번째로 높은 것은? (단, 소수 셋째 자리에서 반올림하시오.)

① 식염              ② 당근

③ 고추              ④ 마늘

**14** 2006년의 김치 수출량에서 40%는 중국, 60%는 일본으로 수출한 것이다. 수출당시 중국의 환율이 117.45, 일본의 환율이 9.64이고 중국엔 톤당 2만 위안, 일본엔 톤당 3십만 엔으로 수출하였다면 2006년 김치 수출액은 얼마인가?

① 77,900,875,200원          ② 87,900,875,200원

③ 87,545,875,200원          ④ 97,540,875,200원

**15** 다음 중 표1을 해석한 것으로 옳지 않은 것은?

① 2006년 수출량 대비 수입량은 약 3.52%이다.

② 수출량과 수입량이 가장 차이가 나는 해는 2006년이다.

③ 2009년의 김치 수출량은 전년에 비해 약 54% 상승하였다.

④ 2008년에 김치 수출량과 수입량이 가장 적다.

**16** 다음은 어느 산의 5년 동안 산불 피해 현황을 나타낸 표이다. 다음 표에 대한 설명으로 옳은 것은?

(단위 : 건)

| | 2013년 | 2012년 | 2011년 | 2010년 | 2009년 |
|---|---|---|---|---|---|
| 입산자실화 | 185 | 232 | 250 | 93 | 217 |
| 논밭두렁 소각 | 63 | 95 | 83 | 55 | 110 |
| 쓰레기 소각 | 40 | 41 | 47 | 24 | 58 |
| 어린이 불장난 | 14 | 13 | 13 | 4 | 20 |
| 담배불실화 | 26 | 60 | 51 | 43 | 60 |
| 성묘객실화 | 12 | 24 | 22 | 31 | 63 |
| 기타 | 65 | 51 | 78 | 21 | 71 |
| 합계 | 405 | 516 | 544 | 271 | 599 |

① 2010년 산불피해건수는 전년대비 50% 이상 감소하였다.

② 산불발생건수는 해마다 꾸준히 증가하고 있다.

③ 산불발생에 가장 큰 단일 원인은 논밭두렁 소각이다.

④ 입산자실화에 의한 산불피해는 2010년에 가장 높았다.

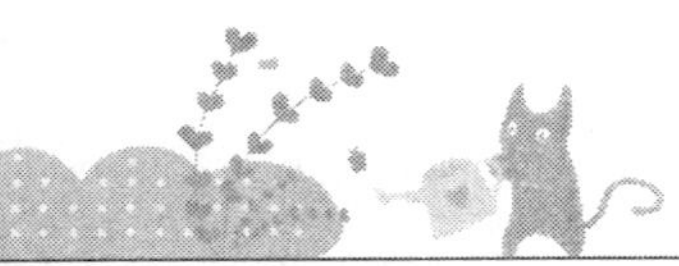

※ 다음은 A, B, C, D 도시의 총인구에 대한 여성의 비율과 독신여성 비율을 나타낸 표이다. 물음에 답하시오. (단, 여성 독신자 비율은 여성 수에 대한 비율을 나타낸 것이다.) 【17~18】

| 구분 | A 도시 | B 도시 | C 도시 | D 도시 |
|---|---|---|---|---|
| 총인구(만 명) | 25 | 39 | 42 | 56 |
| 여성비율(%) | 42 | 53 | 47 | 57 |
| 여성 독신자비율(%) | 42 | 31 | 28 | 32 |

**17** 올해 A 도시의 여성 독신자의 7%가 결혼을 하였다면 올해 결혼한 독신여성은 몇 명인가?

① 1,250명 ② 2,740명
③ 3,087명 ④ 8,000명

**18** 다음 설명으로 옳지 않은 것은?

① B 도시는 여성인구는 206,700명이다.
② 여성인구가 가장 많은 곳은 D 도시이다.
③ 여성독신인구가 가장 많은 곳은 B 도시이다.
④ D 도시의 여성독신자 인구는 102,144명이다.

| 분류 | 응시인원 | 1차 합격자 | 2차 합격자 |
|---|---|---|---|
| 어문학부 | 3,300명 | 1,695명 | 900명 |
| 법학부 | 2,500명 | 1,500명 | 800명 |
| 자연과학부 | 2,800명 | 980명 | 540명 |
| 생명공학부 | 3,900명 | 950명 | 430명 |
| 전기전자공학부 | 2,650명 | 1,150명 | 540명 |

**19** 자연과학부의 1차 시험 경쟁률은 얼마인가?

① 약 1 : 1.5  
② 약 1 : 2.9  
③ 약 1 : 3.4  
④ 약 1 : 4

**20** 1차 시험 경쟁률이 가장 높은 학부는?

① 어문학부  
② 법학부  
③ 생명공학부  
④ 전기전자공학부

## 4. 국사



**1**  **다음 자료와 관련된 설명으로 옳은 것은?**

> 공동위원회의 역할은 조선인의 정치적 · 경제적 · 사회적 진보와 민주주의 발전 및 조선 독립 국가 수립을 도와줄 방안을 만드는 것이다. 또한, 조선 임시 정부 및 조선민주주의 단체를 참여시키도록 한다. 공동위원회는 미 · 영 · 소 · 중 4국 정부가 최고 5년 기간의 4개국 통치 협약을 작성하는 데 공동으로 참작할 수 있는 제안을 조선 임시 정부와 협의하여 제출해야 한다.

① 공동위원회에서 소련은 표현의 자유를 내세워 모든 단체의 회담 참여를 주장하였다.

② 미국의 즉각적인 독립안과 소련의 신탁통치안이 대립하면서 나온 절충안이었다.

③ 카이로 선언의 원칙을 구체적으로 실행에 옮기기 위한 방안에서 나온 것이다.

④ 한반도 내의 좌익 세력은 좌우합작위원회를 구성하여 회의 결과를 총체적으로 지지하였다.

**2**  **다음 내용의 직접적 계기가 된 사건으로 옳은 것은?**

> 한국의 독립 운동에 냉담하던 중국인이 한국 독립 운동을 주목하게 되었고, 이후 중국 정부는 대한민국 임시정부에 대한 지원을 강화하였다. 이 사건을 계기로 중국 정부가 중국 영토 내에서 우리 민족의 무장 독립 활동을 승인함으로써 한국 광복군이 탄생할 수 있었다.

① 파리 강화 회의에서 김규식의 활동

② 윤봉길의 상하이 홍커우 공원 의거

③ 홍범도, 최진동 연합부대의 봉오동 전투

④ 만주사변 이후 한 · 중 연합 작전의 전개

**3** 다음과 같은 조항을 직접 포함하고 있는 것은?

> • 남과 북은 서로 상대방의 체제를 인정하고 존중한다.
> • 남과 북은 상대방에 대하여 무력을 사용하지 않으며, 상대방을 무력으로 침략하지 아니한다.

① 7·4 남북 공동 성명　　　　② 남북 기본 합의서
③ 6·15 남북 공동 선언　　　　④ 10·4 남북 정상 회담


**4** 다음 중 1950년대 북한의 상황에 대한 설명으로 옳지 않은 것은?

① 김일성에 의해 박헌영 등 남로당계 간부들이 숙청되었다.
② 김일성의 개인숭배를 반대한 이른바 '8월 종파사건'이 있었다.
③ 주민들의 생산노동 참여를 경쟁시키기 위해 '천리마 운동'을 전개하였다.
④ 노동당의 유일사상으로 '주체사상'을 규정하였다.


**5** 밑줄 친 이 단체에 대한 설명으로 옳은 것은?

> 각 당파가 망라된 통일조직인 이 단체는 전국 각지에 150여개의 지회를 두고 활발한 활동을 전개하였다. 부녀자들의 통일단체인 근우회 역시 이 무렵 창설되었다. 이 무렵에는 국내뿐만 아니라 해외에도 수많은 혁명단체들이 조직되었다. 동북의 책진회, 상해의 대독립당, 촉성회와 같은 단체는 국내에서 활발한 활동을 전개하고 있던 이 단체와 깊은 연계를 맺고 있던 통일조직이었다.
>
> — 조선 민족해방운동 30년사, 구망일보 —

① 일제의 황무지 개간권 요구를 철회시켰다.
② '기회주의의 일체 부인'을 강령으로 제시하였다.
③ 민립대학 설립운동을 전개하였다.
④ 물산장려운동을 추진하였다.

**6**  다음 사건을 시대 순으로 나열한 것은?

> ㉠ 강화도조약  ㉡ 신미양요
> ㉢ 병인양요  ㉣ 갑신정변
> ㉤ 조청상민수륙무역장정

① ㉠ – ㉤ – ㉢ – ㉡ – ㉣
② ㉡ – ㉢ – ㉠ – ㉤ – ㉣
③ ㉢ – ㉡ – ㉠ – ㉤ – ㉣
④ ㉢ – ㉡ – ㉠ – ㉣ – ㉤

**7**  대한제국의 개혁에 대한 설명으로 옳지 않은 것은?

① 근대적인 재정일원화를 위해 내장원의 업무를 탁지부로 이관하였다.
② 구본신참의 개혁 방향을 제시하고, 대한국 국제를 제정하여 황권을 강화하였다.
③ 상공업 진흥책을 펼쳐 황실 스스로 공장을 설립하거나 민간 회사 설립을 지원하였다.
④ 황제가 군권을 장악하기 위해 원수부를 설치하고 황제를 호위하는 군대를 증강하였다.

**8**  (가), (나)에 대한 설명으로 옳은 것은?

> (가)• 청에 잡혀간 흥선대원군을 곧 돌아오게 하며, 종래의 청에 대하여 행하던 조공의 허례를 폐지한다.
> • 지조법을 개혁해 관리의 부정을 막고 백성을 보호하며, 국가 재정을 넉넉하게 한다.
> • 혜상공국을 혁파한다.
> • 대신과 참찬은 의정부에 모여 정령을 의결하고 반포한다.
> (나)• 외국인에게 기대하지 아니하고 관민이 동심협력하여 전제 황권을 공고히 할 것.
> • 국가 재정은 탁지부에서 모두 관리하고 예산, 결산을 국민에게 공포할 것.
> • 지방관을 임명할 때에는 정부에 그 뜻을 물어 중의에 따를 것.
> • 중대 범죄를 공판하되, 피고의 인권을 존중할 것.

① (가) – 서구식 민주 공화국 설립을 목표로 활동하였다.
② (가) – 집권층의 요구로 파병된 청 병력에 의해 좌절되었다.
③ (나) – 일제의 화폐 정리 사업에 저항하였다.
④ (나) – 흥선 대원군의 재집권으로 타격을 받았다.

**9** (가), (나)의 민족 운동에 대한 설명으로 옳지 않은 것은?

> (가) 정치와 외교도 교육을 기다려서 비로소 그 효능을 다할 것이요. 산업도 교육을 기다려서 비로소 그 작흥(作興)을 기할 것이니, 교육은 우리들의 진로를 개척함에 있어서 유일한 방편이요, 수단임이 명료하다. 그런데 교육에도 단계와 종류가 있어 …(중략)… 사회 최고의 비판을 구하며, 유위유능(有爲有能)의 인물을 양성하려면 최고 학부의 존재가 가장 필요하도다.
>
> (나) 의복은 우선 남자는 두루마기, 여자는 치마를 음력 계해 정월 1월부터 조선인 산품 또는 가공품을 염색하여 착용할 것이며, 일용품은 조선인 제품으로 대응하기 가능한 것은 이를 사용할 것

① (가) – 일제가 경성제국대학을 설립하고, 방해하였다.

② (나) – 평양에서 시작되어 전국으로 확산되었다.

③ (가)(나) – 사회 진화론의 입장에서 추진된 민족 운동이다.

④ (가)(나) – 성과를 거두지 못하자 비타협적 민족 운동이 강화되었다.


**10** 다음에 제시된 개혁 내용을 공통으로 포함한 것은?

> - 청과의 조공 관계 청산
> - 혜상공국 혁파
> - 인민 평등 실현
> - 재정의 일원화

① 갑오개혁의 홍범 14조

② 독립협회의 헌의 6조

③ 동학 농민 운동의 폐정개혁안

④ 갑신정변 때의 14개조 정강


**11** 만주와 연해주 이주동포의 활동에 대한 설명으로 옳지 않은 것은?

① 3·1운동 이후 독립군을 조직하여 일본 군경과 치열한 항일전쟁을 전개하였다.

② 일본군 대부대가 만주로 출병하여 독립운동기지를 초토화시키면서 한국인을 무차별 학살하는 간도참변이 발생하였다.

③ 1905년 이후 이주 한인이 급증하여 여러 곳에 한인집단촌이 형성되었다.

④ 1920년대 연해주의 한인들이 소련 당국에 의해 중앙아시아로 강제 이주 당하였다.

**12** 4 · 19혁명의 영향으로 볼 수 없는 것은?

① 내각책임제 정부와 양원제 의회가 출범하였다.

② 부정축재자에 대한 처벌 요구가 높아졌다.

③ 반민족행위자에 대한 처벌법이 제정되었다.

④ 통일에 관한 논의가 활발하게 제기되었다.


**13** 1919년 3 · 1운동 전후의 국내외 정세에 대한 설명으로 옳지 않은 것은?

① 일본은 시베리아에 출병하여 러시아 영토의 일부를 점령하고 있었다.

② 러시아에서는 볼셰비키가 권력을 장악하여 사회주의 정권을 수립하였다.

③ 미국의 윌슨 대통령이 민족자결주의를 내세워 전후 질서를 세우려 하였다.

④ 산동성의 구 독일 이권에 대한 일본의 계승 요구는 5 · 4 운동으로 인해 파리평화회의에
서 승인받지 못하였다.


**14** 다음 한말 · 일제하의 역사적 사건들에 대한 설명 중 옳지 않은 것은?

① 일본은 청일전쟁 중에 독도를 시마네현에 편입시킨다고 발표하였다.

② 일본은 청나라에서 안봉선 철도 부설권을 얻어내는 대가로 간도지방을 청나라에 넘겨주
었다.

③ 간도참변은 독립군에 패한 일본군이 간도의 우리 동포를 학살하고, 민가와 학교 등을 불
태운 사건을 말한다.

④ 105인 사건은 데라우치 암살음모 조작사건을 만들어 배일 기독교세력과 신민회의 항일운
동을 탄압한 사건이다.

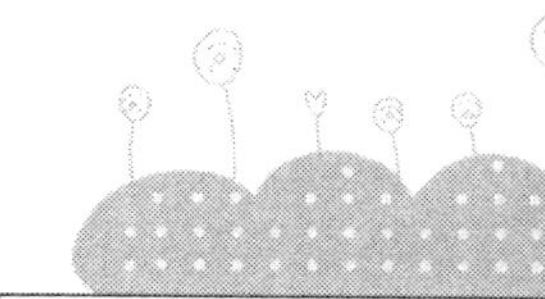



**15**　6 · 25 전쟁 이전 북한에서 일어난 다음의 사건들을 연대순으로 바르게 나열한 것은?

> ㉠ 북조선 5도 행정국 설치　　　　㉡ 토지개혁 단행
> ㉢ 북조선 노동당 창당　　　　　　㉣ 조선공산당 북조선 분국 조직

① ㉠㉡㉢㉣　　　　　　　　　　② ㉠㉡㉣㉢
③ ㉡㉠㉣㉢　　　　　　　　　　④ ㉣㉠㉡㉢


**16**　1972년 7월 4일 남북공동성명의 내용으로 옳지 않은 것은?

① 통일은 외세에 의존하거나 외세의 간섭을 받지 않고 자주적으로 해결한다.

② 통일은 무력행사에 의거하지 않고 평화적 방법으로 실현한다.

③ 남측의 연합제안과 북측의 연방제안을 인정하고, 이 방향에서 통일을 지향한다.

④ 사상과 이념, 제도의 차이를 초월하여 하나의 민족으로서 민족적 대단결을 도모한다.


**17**　폐정개혁안과 관련된 내용으로 거리가 먼 것은?

> • 탐관오리는 그 죄상을 조사하여 엄징한다.
> • 횡포한 부호를 엄징한다.
> • 노비 문서는 소각한다.
> • 왜와 내통하는 자는 엄징한다.
> • 토지는 평균으로 분작하게 할 것이다.

① 신분제의 전면적 폐기를 제기하였다.

② 궁극적으로 농민적 토지소유를 지향하고 있었다.

③ 외국의 자본주의의 침략에 대한 강력한 저항의식이 깔려 있다.

④ 최초의 근대적 개혁으로 조선이 자주국임을 만천하에 알렸다.

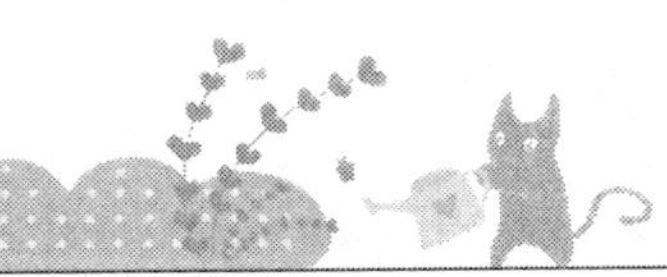

**18** 다음 인물들이 주장하였을 정치적 구호로 가장 적절한 것은?

> 이들은 우리나라를 이미 유교문화에 의해 개화된 상태로 보았으며 우리 고유의 사상과 전통문화를 유지하고 서양의 기술과학문명을 받아들이는 것을 주장하였다. 양무운동을 본받아서 개화를 점진적으로 진행시켰다. 대표적 인물로는 김홍집, 어윤중, 김윤식 등이 있다.

① 청과 우호관계 유지로 부국강병 추구하자.
② 청과의 사대관계를 청산하고 자주국가를 수립하자.
③ 근대적 정치사상을 수용하여 입헌국가를 수립하자.
④ 옛 것을 근본으로 새로운 근대국가를 수립하자.

**19** 갑신정변 이후 동학농민봉기에 이르는 시기까지 조선의 상황에 대한 설명으로 옳지 않은 것은?

① 청의 영향력이 확대되면서 조선은 외교, 내정에 있어서 청의 간섭을 받았다.
② 러시아의 세력 확장에 불안을 느낀 영국은 거문도를 불법으로 점령하였다.
③ 국내 식량 안정을 도모하기 위해 곡물 수출을 금하는 방곡령을 내리기도 하였다.
④ 일본과의 무역은 청과의 무역보다 그 성장세가 더 높았다.

**20** 다음과 같은 결정에 대한 각계의 반응과 그 결과로서 옳지 않은 것은?

> • 조선 임시정부 구성을 원조할 목적으로, 먼저 그 적절한 방안을 연구·조정하기 위하여 미·소 공동위원회가 설치될 것이다.
> • 공동위원회의 제안은 최고 5년 기한으로 4개국 신탁통치의 협약을 작성하기 위하여 미·영·소·중의 4국 정부가 공동 참작할 수 있도록 조선 임시정부와 협의한 후 제출되어야 한다.

① 우익 세력은 대대적인 신탁 반대 운동을 전개하였다.
② 신탁통치에 대한 의견 차이로 좌익과 우익은 격렬하게 대립하였다.
③ 두 차례의 미·소 공동위원회는 두 나라의 이해관계로 결렬되었다.
④ 좌익 세력은 처음부터 찬탁 운동에 참여하여 민족의 분열을 초래하였다.

 **5. 지각속도**



※ 아래에 주어진 그림과 문자의 대응을 참고하여 제시된 그림을 문장으로 알맞게 바꾼 것을 고르시오. 【1~2】

| | | | |
|---|---|---|---|
| ☺ ─ 곰 | ● ─ 호랑이 | ☼ ─ 이/가 | ∾ ─ 와/과 |
| ☂ ─ 싸우다 | ♟ ─ 도망쳤다 | ⚡ ─ 함께 | ☾ ─ 뛰다 |

**1**

☺∾●☼☂

① 호랑이와 곰이 싸우다.
② 호랑이와 곰이 뛰다.
③ 곰과 호랑이가 도망쳤다.
④ 곰과 호랑이가 싸우다.

**2**

●☼☺∾☂☺☼♟

① 호랑이가 곰과 싸우다 호랑이가 도망쳤다.
② 호랑이가 곰과 싸우다 곰이 도망쳤다.
③ 곰과 호랑이가 뛰다가 곰이 도망쳤다.
④ 호랑이가 곰과 뛰다가 곰이 도망쳤다.

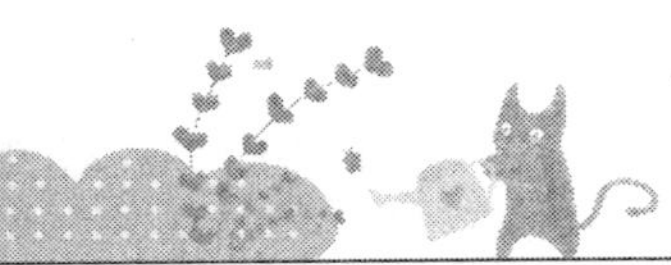

※ 다음의 보기에서 각 문제의 왼쪽에 표시된 굵은 글씨체의 기호, 문자, 숫자의 개수를 오른쪽에서 찾으시오. 【3~8】

**3**

| **ㅎ** 가까운 곳에 있는 것은 눈에 익어서 좋게 보이지 않고 멀리 있는 것은 훌륭해 보인다. |

① 1개  ② 2개
③ 3개  ④ 4개

**4**

| **6** 1743683248122726424865875685578756 |

① 3개  ② 4개
③ 5개  ④ 6개

**5**

| **ㅅ** 오랫동안 상황이 좋다가 모처럼 무슨 일을 하려고 하면 상황이 나빠진다. |

① 1개  ② 2개
③ 3개  ④ 4개

**6**

| **o** There are two excellent television programs scheduled tonight. |

① 1개  ② 2개
③ 3개  ④ 4개

**7**

> **ㅂ**  제 아무리 대원군이 살아 돌아온다 하더라도 더 이상 타 문명의 유입을 막을 길은 없다.

① 1개  ② 2개
③ 3개  ④ 4개


**8**

> **3**  4683654858756843265783264324534328432646263

① 7개  ② 8개
③ 9개  ④ 10개


※ 다음의 보기에서 왼쪽과 오른쪽 기호, 문자, 숫자의 대응을 참고하여 각 문제의 대응이 같으면 '
① 맞음', 틀리면 '② 틀림'을 선택하시오. 【9~13】

| MPa = 감 | Pa = 람 | wb = 잠 | Bq = 맘 | Sy = 캄 |
| KPa = 담 | sr = 삼 | ℓm = 참 | Gy = 암 | ‰kg = 함 |


**9**  삼 감 람 잠 암 – sr MPa Pa wb Gy    ① 맞음    ② 틀림


**10**  캄 맘 함 담 참 – Sy Bq ‰kg KPa wb    ① 맞음    ② 틀림

**11**  참 잠 람 삼 감 – ℓm wb Pa sr MPa       ① 맞음    ② 틀림

**12**  맘 함 맘 암 담 – Bq ‰ Bq Gy KPa       ① 맞음    ② 틀림

**13**  참 캄 감 삼 함 – ℓm Sy MPa Pa ‰       ① 맞음    ② 틀림

※ 다음 중 제시된 문장과 같은 것을 고르시오.  【14~15】

**14**

> 고샅  시골 마을의 좁은 골목길 또는 골목 사이. [비슷한 말] 고샅길.

① 고샅  시골 마을의 좁은 골목길 또는 골목 사이. [비슷한 말] 고삭길.
② 고샅  시골 마을의 좁은 골목길 또는 골목 사이. [비슷한 말] 고삽길.
③ 고샅  시골 마을의 좁은 골목길 또는 골목 사이. [비슷한 말] 고샅길.
④ 고샅  시골 마을의 좁은 골목길 또는 골목 사이. [비슷한 말] 고살길.

**15**

> 파란 녹이 낀 구리 거울 속에
> 내 얼굴이 남아 있는 것은
> 어느 왕조(王朝)의 유물(遺物)이기에
> 이다지도 욕될까.

① 파란 녹이 낀 구리 거울 속에
　내 얼굴이 남아 있는 것은
　어느 왕조(王朝)의 유물(遺物)이기에
　이다지도 욕될까.

② 파란 녹이 낀 청동 거울 속에
　내 얼굴이 남아 있는 것은
　어떤 왕조(王朝)의 유물(遺物)이기에
　이다지도 욕될까.

③ 파란 녹이 낀 구리 거울 위에
　네 얼굴이 남아 있는 것은
　어느 왕조(王朝)의 유물(遺物)이기에
　이다지도 욕될까.

④ 노란 녹이 낀 구리 거울 안에
　나의 얼굴이 남아 있는 것은
　어느 왕조(王朝)의 유물(遺物)이기에
　이다지도 욕될까.

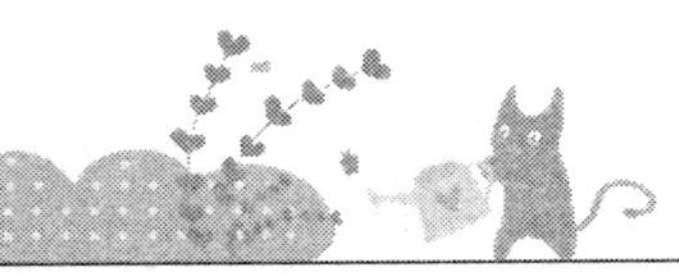

※ 다음 중 제시된 단어와 다른 것을 고르시오. 【16~17】

**16**

구밀복검(口蜜腹劍)

① 구밀복검(口蜜腹劍)　　　　② 구밀북검(口蜜腹劍)

③ 구밀복검(口蜜腹劍)　　　　④ 구밀복검(口蜜腹劍)

**17**

각주구검(刻舟求劍)

① 각주구검(刻舟求劍)　　　　② 각주구검(刻舟求劍)

③ 각주구김(刻舟求劍)　　　　④ 각주구검(刻舟求劍)

※ 다음 중 짝지은 문자 중에서 서로 다른 것을 찾으시오. 【18-19】

**18**　① MIUVXWO – MIUVXWO

② AUODMKEUXB – AUODMKEVXB

③ QRTAVTUZ – QRTAVTUZ

④ TUATSXOUVXQ – TUATSXOUVXQ

**19**　① 31526279532 – 31526279532

② pneumoconiosis – pneumoconiocis

③ millennium – millennium

④ 가갸거겨고교구규 – 가갸거겨고교구규

※ 다음 중 제시된 문자를 거꾸로 쓴 것을 고르시오. 【20~22】

**20**

¥℄Å℃Π˚F⚡Σ

① Σ˚F⚡℃Π℄Å¥   ② Σ⚡˚F℃ΠÅ℄¥
③ Σ⚡˚FΠ℃Å℄¥   ④ Σ˚F⚡℃ΠÅ℄¥

**21**

eaefxedea

① aedexfeae   ② aedxefeae
③ eadexfaea   ④ aedexfaee

**22**

QIAXEZWIHAD

① DAHWIZEXAIQ   ② QIAXEZWIHAD
③ DAHIWZEXAIQ   ④ DAHIWZEAXIQ

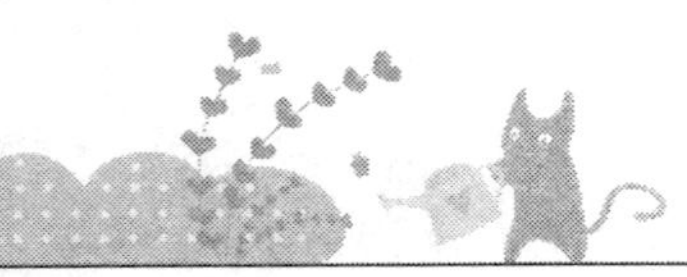

※ 다음 주어진 표를 참고하여 문제의 한글은 영어로, 영어는 한글로 바르게 변환한 것을 고르시오.
【23~25】

| A | B | C | D | E | F | G | H | I | J |
|---|---|---|---|---|---|---|---|---|---|
| 가 | 나 | 다 | 라 | 마 | 바 | 사 | 아 | 자 | 차 |

**23**

마차가

① EJA  ② EAJ
③ EIA  ④ EAI

**24**

CEIF

① 다자마바  ② 다마바자
③ 다자바마  ④ 다마자바

**25**

사가나라

① GABD  ② GADB
③ GBAD  ④ GDBA

※ 지문에는 올바르지 못한 글자가 보기에 바르게 적혀있다. 지문에서 올바르지 못한 글자를 고르시오. 【26~28】

**26**

> 기업이 고품격유지 가격정책을 채택하고 있는 경우 특정품목의 매출이 부진하다고 그 품목거격을 인하하기는 어렵다. 왜냐하면 특정품목의 가격인하는 전체제품이나 기업의 이미지에 부정적인 영향을 미칠 수 있기 때문이다.

① 고품격유지          ② 품목가격
③ 이미지              ④ 영향

**27**

> 편의점은 가격에 있어서 생필품을 취급하는 다른 소매업태보다 다소 높은 가격을 유지 하저믄, 위치상의 효용과 시간상의 편리성이 이를 상쇄하고 있다.

① 생필품             ② 소매업태
③ 하지만             ④ 효용

**28**

> 경쟁업체가 판매촉진을 실시할 경우 자사의 입장에서는 경쟁자의 판매촉진에 강렬하게 대응하는 것이 대응하지 않는 것보다 더 바램직하다.

① 판매촉진          ② 경쟁자
③ 대응               ④ 바람직

※ 문제에서 제시된 단어가 지문에서 몇 번 나오는지 개수를 찾으시오. 【29~30】

> 전화조사에 사용되는 설문지의 적합성은 다른 설문지와 동일하게 전적으로 사전조사의 내용에 달려 있다. 사전조사과정에서 무시할 수 없는 중요한 사항이 발견되기도 하고, 혼란스럽거나 부정확하고 오류발생 가능한 문자들을 수정할 수 있기 때문에 상당히 중요한 절차를 가진다.

**29**

| 조사 |
| --- |

① 1회　　　　　　　　② 2회
③ 3회　　　　　　　　④ 4회

**30**

| 사항 |
| --- |

① 1회　　　　　　　　② 2회
③ 3회　　　　　　　　④ 4회

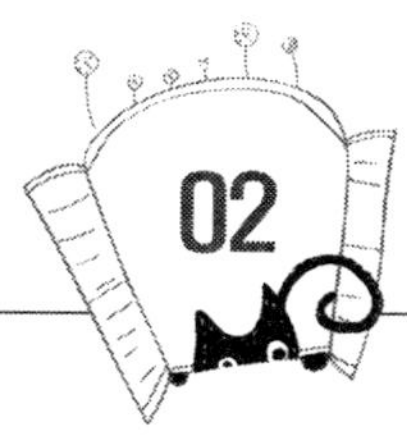

**ANSWER** 공간능력

| 1 | 2 | 3 | 4 | 5 | 6 | 7 | 8 | 9 | 10 | 11 | 12 | 13 | 14 | 15 | 16 | 17 | 18 | | |
|---|---|---|---|---|---|---|---|---|----|----|----|----|----|----|----|----|----|---|---|
| ③ | ④ | ① | ④ | ① | ③ | ② | ④ | ① | ③ | ④ | ① | ④ | ① | ④ | ② | ④ | ③ | | |

**ANSWER** 언어논리

| 1 | 2 | 3 | 4 | 5 | 6 | 7 | 8 | 9 | 10 | 11 | 12 | 13 | 14 | 15 | 16 | 17 | 18 | 19 | 20 |
|---|---|---|---|---|---|---|---|---|----|----|----|----|----|----|----|----|----|----|----|
| ① | ⑤ | ⑤ | ④ | ③ | ① | ③ | ④ | ⑤ | ④ | ① | ③ | ④ | ③ | ④ | ① | ② | ② | ② | ④ |
| 21 | 22 | 23 | 24 | 25 | | | | | | | | | | | | | | | |
| ③ | ③ | ⑤ | ① | ④ | | | | | | | | | | | | | | | |

**1** 정의… 진리에 맞는 올바른 도리
① 정의에 반의어로 '의리, 도의, 정의 따위에 어긋남'이라는 뜻
② 어떤 사회에서 오랫동안 지켜 내려와 그 사회 성원들이 널리 인정하는 질서나 풍습
③ 오랫동안 자꾸 반복하여 몸에 익어 버린 행동
④ 게으름(행동이 느리고 움직이거나 일하기를 싫어하는 태도나 버릇)

**2** 피리를 발명한 문장 ⓒ을 도입부에 위치시키고, '아테네가 피리를 던짐→마르시아스가 줍게 됨→마르시아스가 피리를 부니 마음을 빼앗는 듯한 소리가 남→마르시아스와 아폴론이 음악 경쟁을 함'의 순서로 문장을 나열한다.

**3** 인문학은 인간의 사상 및 문화를 대상으로 하는 학문영역으로 언어·문학·역사·법률·철학·고고학·예술사 등을 포함한다. 즉 철학의 상위어로 인문학이 되고, 국사의 상위어는 역사가 된다.

**4** 끈끈이주걱의 번식 방법에 대해서는 지문에 언급되어 있지 않다.

**5**  제시된 글은 '살터를 잡는 요령'에 대한 네 가지의 요소를 들어 말하고 있다.
① 둘 이상의 대상의 공통점과 차이점을 드러내는 설명방법이다.
② 비슷한 특성에 근거하여 대상들을 나누거나 묶는 설명방법이다.
③ 어떤 복잡한 것을 단순한 요소나 부분들로 나누는 설명방법이다. 즉, 제시된 글은 '분석'의 방법을 사용하고 있다.
④ 구체적인 예를 들어 진술의 타당성을 뒷받침하는 설명방법이다.

**6**  '정'은 혼자 있을 때나 고립되어 있을 때는 우러날 수 없고, 항상 어떤 '관계'가 있어야 생겨난다는 점에서 '상대적'이며, 많은 시간을 함께 보내고 지속적인 관계가 유지될수록 우러난다고 했으므로 정의 발생 빈도나 농도는 관계의 지속 시간과 '비례'한다.

**7**  19세기 실험심리학의 탄생부터 독일에서의 실험심리학의 발전 양상을 설명하고 있는 글이다.

**8**  ①②③⑤는 유의어 관계이고, ④는 반의어 관계이다.
④ **간섭** : 직접 관계가 없는 남의 일에 부당하게 참견함
  **방임** : 돌보거나 간섭하지 않고 제멋대로 내버려 둠
① **미연** : 어떤 일이 아직 그렇게 되지 않은 때
  **사전** : 일이 일어나기 전. 또는 일을 시작하기 전
② **박정** : 인정이 박함
  **냉담** : 태도나 마음씨가 동정심 없이 차가움
③ **타계** : 인간계를 떠나서 다른 세계로 간다는 뜻으로, 사람의 죽음 특히 귀인(貴人)의 죽음을 이르는 말
  **영면** : 영원히 잠든다는 뜻으로, '죽음'을 이르는 말
⑤ **사모** : 애틋하게 생각하고 그리워 함
  **동경** : 어떤 것을 간절히 그리워하여 그것만을 생각함

**9**  ㉠은 전제이며 ㉡은 이에 대한 예시이다. 또한 ㉢은 ㉡을 구체화하고 있다. ㉣은 앞 문단들에 대한 반론이며 ㉤은 결론이다.

**10**  제시된 문장의 '맡다'는 '일이나 책임을 넘겨받아 자기가 담당하다'라는 의미로 사용되었다.
①⑤ 어떤 물건을 받아 보관하다.
② 차지하다.
③ 면허나 증명·허가 등을 얻어 받다.

**11**　줄다
　ㄱ 수효나 분량이 적어지다.
　ㄴ 길이·넓이·부피 등이 작아지다.
　ㄷ 힘이나 세력·실력 등이 본디보다 못하게 되다.
　ㄹ 살림이 어려워지다.

**12**　제시된 글의 '그린'은 '(사물의 형상이나 사상·감정을) 말이나 글로 나타내다'의 뜻으로 쓰였다.
　※ 그리다
　　ㄱ 연필, 붓 따위로 어떤 사물의 모양을 그와 닮게 선이나 색으로 나타내다.
　　ㄴ 생각, 현상 따위를 말이나 글, 음악 등으로 나타내다.
　　ㄷ 어떤 모양을 일정하게 나타내거나 어떤 표정을 짓다.

**13**　④ 생각이 듬쑥하고 신중하다.
　①②③⑤ '겉에서 속까지의 거리가 멀다'의 의미이다.

**14**　① 은밀한 재정의의 오류　② 분할의 오류　③ 애매어의 오류　④ 흑백논리의 오류　⑤ 인신공격의 오류

**15**　① '마'가 '나'의 자식인지, '라'의 자식인지 알 수 없다.
　② '라'의 성별을 알 수 없다.
　③ '나'가 여자이므로 '라'가 여자라면 고모가 아닌 이모가 된다.
　⑤ '마'가 '나'의 자식인지, '라'의 자식인지 알 수 없다.

**16**　① 함부로 쓰지 않고 꼭 필요한 데에만 써서 아끼다.
　② 주로 나라와 나라 사이에서 물건을 사고팔고 하여 서로 바꾸다.
　③ 필요 이상의 돈이나 물건을 쓰거나 분수에 지나친 생활을 하다.
　④ 칡과 등나무가 서로 얽히는 것과 같이 개인이나 집단 사이에 목표나 이해관계가 달라 서로 적대시하거나 충돌함
　　　또는 그런 상태를 의미한다.
　⑤ 어떤 행위나 사업 따위를 살펴 조사하는 일을 의미한다.

**17**　한낱…'오직 단 하나 뿐의, 하잘 것 없음'을 이르는 말이다.
　① 한탄하여 한숨을 쉼. 또는 그 한숨.
　③ 진귀한 물품이나 지방의 토산물 따위를 임금이나 고관 따위에게 바치다.
　④ 낮의 한가운데. 곧, 낮 열두 시를 전후한 때를 이른다.
　⑤ '과연', '전혀', '결코', '마땅히'의 뜻을 나타낸다.

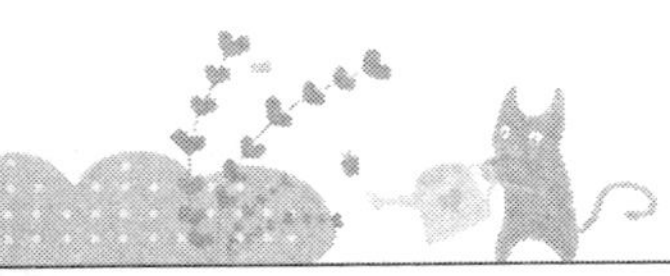

**18**　① 따로따로 갈라놓는 일
　② 본디 것 대신에 다른 것으로 가는 일
　③ 목표나 기준에 맞고 안 맞음을 헤아리는 일
　④ 보기 좋을 정도로 조금 가늘고 긴 듯함
　⑤ 부부가 아닌 남녀가 성관계를 맺음


**19**　ⓛ의 주체는 '그 전에 살던 사람들'이 주체가 된다.


**20**　'이민 길이 막혀 있을수록 국가 시스템에 대해 옹호하는 경향이 있다. 돈 때문에 이민을 떠나지 못한다'로부터 가난한 사람일수록(돈 때문에) 국가 전체의 문제를 긍정적으로 받아들이는(국가 시스템을 옹호하는) 경향이 있음을 알 수 있다.


**21**　지문은 백면서생을 가리키고 있다.
　① 뇌에 장애나 질환이 있어 지능이 아주 낮은 상태, 혹은 그런 사람을 낮잡아 이르는 말이다.
　② 억지가 매우 심하여 자기 의견만 내세워 우기는 성미, 또는 그런 사람을 뜻한다.
　④ 일상적으로 신을 신이 없어 맑은 날에도 나막신을 신는다는 뜻으로, 가난한 선비를 낮잡아 이르는 말이다.
　⑤ 지낼 칠 정도로 인색한 사람을 낮잡아 이르는 말이다.


**22**　제시된 단어는 공통적으로 사람을 이르는 말이다.
　㉠ 가납사니 : 쓸데없는 말을 지껄이기 좋아하는 수다스러운 사람, 혹은 말다툼을 잘하는 사람
　㉡ 간나위 : 간사한 사람
　㉢ 대갈마치 : 온갖 어려운 일을 겪어서 아주 야무진 사람
　㉣ 벽창호 : 고집이 세며 완고하고 우둔하여 말이 도무지 통하지 아니하는 무뚝뚝한 사람
　㉤ 트레바리 : 이유 없이 남의 말에 반대하기를 좋아하는 사람


**23**　지문은 도시의 중심 지역, 중간 지역, 부도심을 설명하고 있다. 해당 지역들은 모두 도시 내의 공간적 위치에 따라 기능이 분화되어 구별되는 것이므로, 이를 축약하는 내용인 ⑤가 제목으로 가장 적절하다.


**24**　'조리차하다'와 '알뜰하다'는 동의 관계이다.
　① 빨리 하도록 재촉하다
　② 바람이 잔잔하다.
　③ 은혜를 배반하다. 약속을 어기다.
　④ 모자라지 않을 정도로 겨우 어떤 수준에 미치다.
　⑤ 마음속에 고이 잘 간직하다.

**25** 접속어란 문장에서 성분과 성분 혹은 문장과 문장을 이어주는 말이므로 적당한 접속어를 찾기 위해서는 앞뒤의 문장을 읽고 서로 어떠한 관계인가를 파악하는 것이 중요하다. 접속어 ㉠으로 연결된 두 문장은 신화의 내용이 현실적으로 불능한 사건들이 나오므로 상상 속의 이야기라고 생각되어 왔다는 인과관계로 쓰여 있다. 그리고 접속어 ㉡으로 연결된 다음 문장은 상상 속의 이야기라는 것에 반론을 제시하고 있으므로 역접관계이다. 마지막으로 접속어 ㉢이 쓰인 문장에서는 앞의 문장을 토대로 결론을 내리고 있다.



**ANSWER**

| 1 | 2 | 3 | 4 | 5 | 6 | 7 | 8 | 9 | 10 | 11 | 12 | 13 | 14 | 15 | 16 | 17 | 18 | 19 | 20 |
|---|---|---|---|---|---|---|---|---|----|----|----|----|----|----|----|----|----|----|----|
| ① | ② | ④ | ③ | ① | ③ | ④ | ① | ③ | ③ | ② | ② | ① | ① | ③ | ① | ③ | ③ | ② | ③ |

**1** 335명으로 중국으로 간 해외여행자 수가 가장 적다.

**2** ① 프랑스 여행객은 2012년도까지 증가하였다가 2013년에 감소하였고 2014년에 다시 증가하였다.
③ 최근 5년간 해외여행자 수가 가장 큰 폭으로 증가한 나라는 미국이다.
④ 일본 여행객은 2012년부터 감소하는 추세이다.

**3** 조사대상자의 수는 표를 통해 구할 수 없다.

**4** 두 기업의 순매출액 (A, B)를 표로 나타내면 아래와 같다.

| A＼B | 발매한다. | 발매하지 않는다. |
|---|---|---|
| 발매한다. | (6천만 원, 6천만 원) | (1억 6천만 원, 0원) |
| 발매하지 않는다. | (0원, 1억 6천만 원) | (1억 원, 1억 원) |

**5** ㉠ A : $2,783,806 - 997114 - 204 - 677654 - 555344 - 1 = 553,499 \text{m}^2$
㉡ B : $(553,499 / 2,783,806) \times 100 ≒ 20\%$
㉢ C : $(820,680 - 553,499)/820,680 \times 100 ≒ 33\%$

**6**
① 614,651㎡ 감소하였다.
② 22,312㎡로 변동의 폭이 가장 작다.
③ 2010년의 경우 나지의 면적이 가장 넓었다.
④ 2011년~2003년은 97,925㎡ 감소하였다.

**7**
㉠ $\dfrac{168}{240}\times100=70(\%)$

㉡ $200\times0.36=72(명)$

**8**
① 부산 : $517-436=81$
② 울산 : $536-468=68$
③ 대전 : $258-196=62$
④ 세종 : $330-269=61$

**9**
① $261+361=622$
② $196+250=446$
③ $258+219=477$
④ $231\times2=462$

**10**
① 2007년에서 2008년과, 2010년에서 2011년에는 입양 아동수가 줄었다.
② 전국의 다른 지역은 제시되지 않았으므로 알 수 없다.
④ 서울은 2007년의 입양 아동수가 가장 많다.

**11**
$1062\div27=39.3$

**12**
나이별로는 50대, 학력별로는 초등학교·중학교 졸업한 사람들, 성별로는 여자가 믿는 확률이 높다.

**13**
㉠ 식염구성비 : $\dfrac{62454}{64456}\times100=96.89(\%)$

㉡ 당근구성비 : $\dfrac{60564}{62484}\times100=96.93(\%)$

㉢ 고추구성비 : $\dfrac{83213}{97456}\times100=85.39(\%)$

ⓔ 양파구성비 : $\dfrac{15446}{21464} \times 100 = 71.96(\%)$

ⓜ 마늘구성비 : $\dfrac{25950}{26440} \times 100 = 98.15(\%)$

∴ 구성비가 세 번째로 높은 것은 식염이다.


**14**　ⓐ 중국 수출량 : $29,124 \times 0.4 = 11,649.6$(톤)

ⓑ 일본 수출량 : $29,124 \times 0.6 = 17,474.4$(톤)

ⓒ 중국 수출액 : $11,649.6 \times 20,000 \times 117.45 = 27,364,910,400$(원)

ⓓ 일본 수출액 : $17,474.4 \times 300,000 \times 9.64 = 50,535,964,800$(원)

∴ 2006년 김치 수출액 $= 77,900,875,200$(원)


**15**　2008년 대비 2009년 김치 수출량 증가율

$\dfrac{45751 - 24645}{24645} \times 100 = \dfrac{21106}{24645} \times 100$

∴ 증가율 $≒ 85(\%)$


**16**　② 2009년부터 산불은 증가와 감소를 반복하고 있다.

③ 가장 큰 단일 원인은 입산자실화이다.

④ 입산자실화에 의한 산불피해는 2011년에 가장 높았다.


**17**　ⓐ 여성 수 : $250,000 \times 0.42 = 105,000$(명)

ⓑ 여성 독신자 수 : $105,000 \times 0.42 = 44,100$(명)

ⓒ 올해 결혼한 독신여성 수 : $44,100 \times 0.07 = 3,087$(명)


**18**　③ 각 도시의 여성 독신인구는 A 도시가 44,100명, B 도시가 64,077명, C 도시가 55,272명, D 도시가 102,144명이다.


**19**　$1 : 980 = x : 2,800$

$980x = 2,800$

$x = 2.857 ≒ 2.9$

∴ $1 : 2.9$

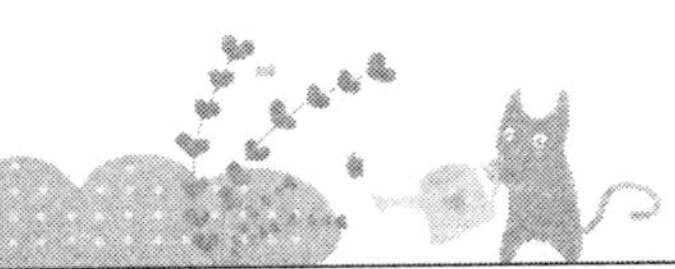

**20**
- ㉠ 어문학부 : $1 : 1,695 = x : 3,300$
  - $\therefore 1 : 1.9$
- ㉡ 법학부 : $1 : 1,500 = x : 2,500$
  - $\therefore 1 : 1.6$
- ㉢ 생명공학부 : $1 : 950 = x : 3,900$
  - $\therefore 1 : 4.1$
- ㉣ 전기전자공학부 : $1 : 1,150 = x : 2,650$
  - $\therefore 1 : 2.3$

국사

**ANSWER**

| 1 | 2 | 3 | 4 | 5 | 6 | 7 | 8 | 9 | 10 | 11 | 12 | 13 | 14 | 15 | 16 | 17 | 18 | 19 | 20 |
|---|---|---|---|---|---|---|---|---|----|----|----|----|----|----|----|----|----|----|----|
| ③ | ② | ② | ④ | ② | ③ | ① | ② | ④ | ④ | ④ | ③ | ④ | ① | ④ | ③ | ④ | ① | ④ | ④ |

**1** 　제시문은 한반도에 임시정부 수립을 준비하기 위해 설치된 미소공동위원회에 대한 내용이다. 카이로 선언은 미국, 영국, 중국의 3국이 이집트 카이로에 모여 일본의 식민지였던 한반도의 독립국가로 승인할 것을 공식적으로 합의하였다. 해방 이후 이 원칙을 실현하기 위해 모스크바 3상회의가 열렸고 '한국에 미·소 공동위원회를 설치하고 일정기간의 신탁통치에 관하여 협의한다.'는 내용이 포함된 모스크바협정이 발표되었다.

**2** 　제시문은 1932년 윤봉길이 상하이 홍커우 공원에서 일본군 요인을 폭살한 의거의 영향에 대한 내용이다. 이 사건을 계기로 만보산 사건으로 인해 나빠진 한국과 중국의 관계가 회복되어 중국 영토 내에서의 한국 독립운동의 여건이 좋아졌고, 중국 국민당 총통이었던 장제스가 상하이 대한민국 임시정부를 지원해주는 계기가 되었다.

**3** 　제시문은 1991년 12월 13일 서울에서 열린 제5차 고위급회담에서 남북한이 화해 및 불가침, 교류협력 등에 관해 공동 합의한 남북기본합의서의 내용이다.

**4** 　④ '주체사상'은 김일성과 노동당의 독재를 강화하기 위해 강조된 것으로 1970년 노동당 제5차 대회에서 주체 확립에 대해 규정하였다.

**5** 제시문은 1927년 조직된 신간회에 대한 설명이다. 신간회는 '민족 유일당 민족협동전선'이라는 표어 아래 민족주의를 표방하고 있으며, 민족주의 진영과 사회주의 진영이 제휴하여 창립한 민족운동단체이다.
① 보안회에 대한 설명이다.
③ 민립대학기성회에 대한 설명이다.
④ 조선물산장려회에 대한 설명이다.
⑤ 신민회에 대한 설명이다.
※ **신간회의 3대 강령**
　⊙ 우리는 정치적 · 경제적 각성을 촉진한다.
　ⓛ 우리는 단결을 공고히 한다.
　ⓒ 우리는 기회주의를 일체 부인한다.

**6** ⓒ 병인양요(1866)　ⓛ 신미양요(1871)　⊙ 강화도조약(1876)　ⓜ 조청상민수륙무역장정(1882)　ⓔ 갑신정변(1884)

**7** ① 대한제국의 개혁 때는 재정 업무를 탁지부에서 궁내부 내장원으로 이관하였다. 재정일원화가 탁지부로 이관된 것은 갑오개혁 때이다.

**8** ㈎ 갑신경변 14개조 정강　㈏ 독립협회 헌의 6조
② 갑신정변의 실패원인으로는 일본에의 의존, 청군의 개입, 민중적 지지 기반 취약, 정세 판단 미숙 등을 꼽을 수 있다.

**9** ㈎ 민립대학설립운동　㈏ 물산장려운동
④ 성과를 거두지 못하자 일제와 타협적인 자세로 변하였다.

**10** 제시문은 갑신정변 때 개화당 정부의 14개조 혁신 정강의 내용이다.

**11** ④ 1937년 연해주의 한인들이 소련 당국에 의해 중앙아시아로 강제 이주 당하였고, 이 과정에서 수많은 한인들이 희생당하였으며 재산을 잃었다.

**12** **반민족 행위 처벌법** … 1948년 7월 17일에 공포된 헌법 제101조의 "국회는 1945년 8월 15일 이전의 악질적인 반민족 행위를 처벌하는 특별법을 제정할 수 있다."는 규정에 의해 구성된 국회 특별법 기초 위원회는 반민족자의 범위와 처벌 규정을 놓고 수차례의 논란을 거듭한 끝에 1948년 9월 22일 전문 3항 32조로 된 법안을 제정하였다. 법이 제정된 이후 반민족 행위 특별 조사 위원회가 출범하고, 1948년 10월부터 친일반민족행위자들에 대한 예비 조사를 시작으로 의욕적인 활동을 벌였으나 친일파와 결탁한 이승만 정부의 방해, 친일세력의 특위위원 암살 음모, 친일경찰의 6 · 6 특경대습격사건, 김구 선생의 암살, 그리고 반민특위 법의 개정으로 1949년 10월에 해체되었다.

※ 4·19혁명은 이승만정권의 부정부패와 3·15일 부정선거 등이 원인이 되어 1960년 4월 19일에 절정을 이룬 항쟁이다. 따라서 4·19혁명의 영향으로 반민족 행위 처벌법이 제정되었다고 볼 수 없다.

**13** **파리평화회의** … 제1차 세계대전 종료 후, 전쟁에 대한 책임과 유럽 각국의 영토 조정, 전후의 평화를 유지하기 위한 조치 등을 협의한 1919~1920년 동안의 일련의 회의 일체를 말한다. 이 회의에서 국제문제를 풀어나갈 원칙으로 미국의 윌슨 대통령이 14개 조항을 제시하였는데 각 민족은 정치적 운명을 스스로 결정할 권리가 있다는 민족자결주의와 다른 민족의 간섭을 받을 수 없다는 집단안전보장원칙을 핵심으로 주장하였고 이는 3·1운동에 영향을 주었다.

**14** ② 1909년 간도협약
③ 1920년 청산리 전투 보복
④ 1911년 신민회 해산

**15** ㉣ 1945년 10월  ㉠ 1945년 11월  ㉡ 1946년 3월  ㉢ 1946년 8월

**16** **6·15 남북공동선언**
㉠ **의의** : 2000. 6. 15에 공식발표된 것으로 대한민국의 김대중 대통령과 북한의 김정일 국방위원장이 합의하여 발표한 공동선언을 말한다.
㉡ **선언내용**
- 남과 북은 나라의 통일문제를 그 주인인 우리 민족끼리 서로 힘을 합쳐 자주적으로 해결해 나가기로 한다.
- 남과 북은 나라의 통일을 위한 남측의 연합제안과 북측의 연방제안이 서로 공통성이 있다고 인정하고 앞으로 이 방향에서 통일을 지향시켜 나가기로 한다.
- 남과 북은 올해 8·15에 즈음하여 흩어진 가족, 친척 방문단을 교환하여 비전향 장기수 문제를 해결하는 등 인도적 문제를 조속히 풀어 나가기로 한다.
- 남과 북은 경제협력을 통하여 민족경제를 균형적으로 발전시키고 사회·문화·체육·보건·환경 등 제반 분야의 협력과 교류를 활성화하여 서로의 신뢰를 다져 나가기로 한다.
- 남과 북은 이상과 같은 합의사항을 조속히 실천에 옮기기 위하여 빠른 시일 안에 당국 사이의 대화를 개최하기로 한다.

**17** 제시문은 폐정개혁 12개조의 일부이다. 동학농민운동은 개혁정치를 요구하고 외세의 침략을 물리치려 한 아래로부터의 반봉건적·반침략적 민족운동이라는 성격을 가진다. 동학농민의 요구는 갑오개혁에 일부 반영되었으며 농민군의 잔여세력은 항일의병항쟁에 가담하게 되었다.

**18** 제시문은 온건개혁파와 동도서기론에 관련된 내용이다. 온건개혁파는 청과의 사대관계를 유지하며 점진적인 개혁을 주장하였다.

**19** 갑신정변 이후부터 동학농민봉기에 이르는 시기까지는 청나라 상인들은 상민수륙무역장정에 의해 우리나라에 전국적으로 거주하고 영업을 하였으며, 정치적 후원 및 금융지원 등으로 인하여 청과의 무역이 일본과의 무역보다 월등히 높았다.

**20** 좌익 세력은 처음에는 반탁이었으나 후에 찬탁으로 태도를 바꾼다.

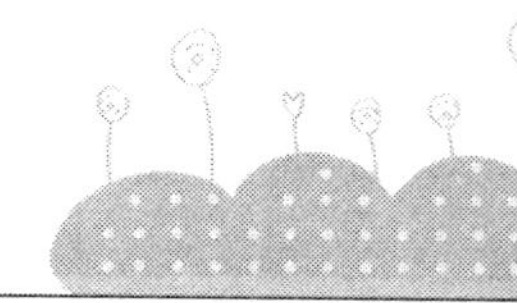

**ANSWER**  지각속도

| 1 | 2 | 3 | 4 | 5 | 6 | 7 | 8 | 9 | 10 | 11 | 12 | 13 | 14 | 15 | 16 | 17 | 18 | 19 | 20 |
|---|---|---|---|---|---|---|---|---|---|---|---|---|---|---|---|---|---|---|---|
| ④ | ② | ④ | ③ | ④ | ④ | ② | ② | ① | ② | ① | ① | ② | ③ | ① | ② | ③ | ② | ② | ③ |

| 21 | 22 | 23 | 24 | 25 | 26 | 27 | 28 | 29 | 30 |
|---|---|---|---|---|---|---|---|---|---|
| ① | ③ | ① | ④ | ① | ② | ③ | ④ | ③ | ① |

# 직무성격검사 및 상황판단능력평가

① **직무성격검사** : 초급 간부에게 요구되는 역량과 관련된 건강한 성격 요인들을 측정할 수 있도록 개발되었습니다. 문항은 개인의 의견이나 행동을 나타내는 문항으로 구성되어 있으며, 각 문항에 대해 자신을 얼마나 잘 나타내는지 '전혀 그렇지 않다(1)'에서 '매우 그렇다(5)'까지 5점 척도로 응답하시면 됩니다. 거짓 응답은 타당도 척도를 통해 선별되므로, 솔직히 응답하셔야 유리합니다.

② **상황판단능력평가** : 군 상황에서 실제 취할 수 있는 대응행동에 대한 지원자의 태도/가치에 대한 적합도 진단을 하는 검사입니다. 문항은 군에서 일어날 수 있는 다양한 가상 상황(시나리오)을 제시하고, 지원자로 하여금 각 상황에 대해 선택지(보기) 중에서 가장 할 것 같은 행동과 가장 하지 않을 것 같은 행동을 선택하게 하여, 지원자의 행동이 조직(군)에서 요구되는 바람직한 행동과 일치하는지 여부를 판단합니다.

# Part.4

# 직무성격검사 및 상황판단능력평가

01 직무성격검사

02 상황판단능력평가

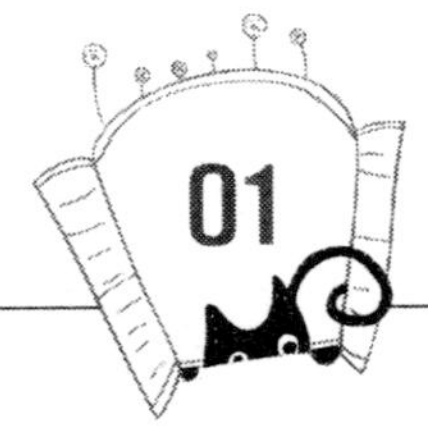

# 01 직무성격검사

**※ 다음 상황을 읽고 제시된 질문에 답하시오. 【1~180】**

> ① 전혀 그렇지 않다　② 그렇지 않다　③ 보통이다　④ 그렇다　⑤ 매우 그렇다

1. 신경질적이라고 생각한다. ① ② ③ ④ ⑤
2. 주변 환경을 받아들이고 쉽게 적응하는 편이다. ① ② ③ ④ ⑤
3. 여러 사람들과 있는 것보다 혼자 있는 것이 좋다. ① ② ③ ④ ⑤
4. 주변이 어리석게 생각되는 때가 자주 있다. ① ② ③ ④ ⑤
5. 나는 지루하거나 따분해지면 소리치고 싶어지는 편이다. ① ② ③ ④ ⑤
6. 남을 원망하거나 증오하거나 했던 적이 한 번도 없다. ① ② ③ ④ ⑤
7. 보통사람들보다 쉽게 상처받는 편이다. ① ② ③ ④ ⑤
8. 사물에 대해 곰곰이 생각하는 편이다. ① ② ③ ④ ⑤
9. 감정적이 되기 쉽다. ① ② ③ ④ ⑤
10. 고지식하다는 말을 자주 듣는다. ① ② ③ ④ ⑤
11. 주변사람에게 정떨어지게 행동하기도 한다. ① ② ③ ④ ⑤
12. 수다떠는 것이 좋다. ① ② ③ ④ ⑤
13. 푸념을 늘어놓은 적이 없다. ① ② ③ ④ ⑤
14. 항상 뭔가 불안한 일이 있다. ① ② ③ ④ ⑤
15. 나는 도움이 안 되는 인간이라고 생각한 적이 가끔 있다. ① ② ③ ④ ⑤
16. 주변으로부터 주목받는 것이 좋다. ① ② ③ ④ ⑤
17. 사람과 사귀는 것은 성가시다라고 생각한다. ① ② ③ ④ ⑤
18. 나는 충분한 자신감을 가지고 있다. ① ② ③ ④ ⑤
19. 밝고 명랑한 편이어서 화기애애한 모임에 나가는 것이 좋다. ① ② ③ ④ ⑤
20. 남을 상처 입힐 만한 것에 대해 말한 적이 없다. ① ② ③ ④ ⑤
21. 부끄러워서 얼굴 붉히지 않을까 걱정된 적이 없다. ① ② ③ ④ ⑤

22. 낙심해서 아무것도 손에 잡히지 않은 적이 있다.　　　① ② ③ ④ ⑤

23. 나는 후회하는 일이 많다고 생각한다.　　　① ② ③ ④ ⑤

24. 남이 무엇을 하려고 하든 자신에게는 관계없다고 생각한다.　　　① ② ③ ④ ⑤

25. 나는 다른 사람보다 기가 세다.　　　① ② ③ ④ ⑤

26. 특별한 이유없이 기분이 자주 들뜬다.　　　① ② ③ ④ ⑤

27. 화낸 적이 없다.　　　① ② ③ ④ ⑤

28. 작은 일에도 신경쓰는 성격이다.　　　① ② ③ ④ ⑤

29. 배려심이 있다는 말을 주위에서 자주 듣는다.　　　① ② ③ ④ ⑤

30. 나는 의지가 약하다고 생각한다.　　　① ② ③ ④ ⑤

31. 어렸을 적에 혼자 노는 일이 많았다.　　　① ② ③ ④ ⑤

32. 여러 사람 앞에서도 편안하게 의견을 발표할 수 있다.　　　① ② ③ ④ ⑤

33. 아무 것도 아닌 일에 흥분하기 쉽다.　　　① ② ③ ④ ⑤

34. 지금까지 거짓말한 적이 없다.　　　① ② ③ ④ ⑤

35. 소리에 굉장히 민감하다.　　　① ② ③ ④ ⑤

36. 친절하고 착한 사람이라는 말을 자주 듣는 편이다.　　　① ② ③ ④ ⑤

37. 남에게 들은 이야기로 인하여 의견이나 결심이 자주 바뀐다.　　　① ② ③ ④ ⑤

38. 개성있는 사람이라는 소릴 많이 듣는다.　　　① ② ③ ④ ⑤

39. 모르는 사람들 사이에서도 나의 의견을 확실히 말할 수 있다.　　　① ② ③ ④ ⑤

40. 붙임성이 좋다는 말을 자주 듣는다.　　　① ② ③ ④ ⑤

41. 지금까지 변명을 한 적이 한 번도 없다.　　　① ② ③ ④ ⑤

42. 남들에 비해 걱정이 많은 편이다.　　　① ② ③ ④ ⑤

43. 자신이 혼자 남겨졌다는 생각이 자주 드는 편이다.　　　① ② ③ ④ ⑤

44. 기분이 아주 쉽게 변한다는 말을 자주 듣는다.　　　① ② ③ ④ ⑤

45. 남의 일에 관련되는 것이 싫다.　　　① ② ③ ④ ⑤

46. 주위의 반대에도 불구하고 나의 의견을 밀어붙이는 편이다.　　　① ② ③ ④ ⑤

47. 기분이 산만해지는 일이 많다.　　　① ② ③ ④ ⑤

48. 남을 의심해 본적이 없다.　　　① ② ③ ④ ⑤

49. 꼼꼼하고 빈틈이 없다는 말을 자주 듣는다.　　　① ② ③ ④ ⑤

50. 문제가 발생했을 경우 자신이 나쁘다고 생각한 적이 많다. ① ② ③ ④ ⑤

51. 자신이 원하는 대로 지내고 싶다고 생각한 적이 많다. ① ② ③ ④ ⑤

52. 아는 사람과 마주쳤을 때 반갑지 않은 느낌이 들 때가 많다. ① ② ③ ④ ⑤

53. 어떤 일이라도 끝까지 잘 해낼 자신이 있다. ① ② ③ ④ ⑤

54. 기분이 너무 고취되어 안정되지 않은 경우가 있다. ① ② ③ ④ ⑤

55. 지금까지 감기에 걸린 적이 한 번도 없다. ① ② ③ ④ ⑤

56. 보통 사람보다 공포심이 강한 편이다. ① ② ③ ④ ⑤

57. 인생은 살 가치가 없다고 생각된 적이 있다. ① ② ③ ④ ⑤

58. 이유없이 물건을 부수거나 망가뜨리고 싶은 적이 있다. ① ② ③ ④ ⑤

59. 나의 고민, 진심 등을 털어놓을 수 있는 사람이 없다. ① ② ③ ④ ⑤

60. 자존심이 강하다는 소릴 자주 듣는다. ① ② ③ ④ ⑤

61. 아무것도 안하고 멍하게 있는 것을 싫어한다. ① ② ③ ④ ⑤

62. 지금까지 감정적으로 행동했던 적은 없다. ① ② ③ ④ ⑤

63. 항상 뭔가에 불안한 일을 안고 있다. ① ② ③ ④ ⑤

64. 세세한 일에 신경을 쓰는 편이다. ① ② ③ ④ ⑤

65. 그때그때의 기분에 따라 행동하는 편이다. ① ② ③ ④ ⑤

66. 혼자가 되고 싶다고 생각한 적이 많다. ① ② ③ ④ ⑤

67. 남에게 재촉당하면 화가 나는 편이다. ① ② ③ ④ ⑤

68. 주위에서 낙천적이라는 소릴 자주 듣는다. ① ② ③ ④ ⑤

69. 남을 싫어해 본 적이 단 한 번도 없다. ① ② ③ ④ ⑤

70. 조금이라도 나쁜 소식은 절망의 시작이라고 생각한다. ① ② ③ ④ ⑤

71. 언제나 실패가 걱정되어 어쩔 줄 모른다. ① ② ③ ④ ⑤

72. 다수결의 의견에 따르는 편이다. ① ② ③ ④ ⑤

73. 혼자서 영화관에 들어가는 것은 전혀 두려운 일이 아니다. ① ② ③ ④ ⑤

74. 승부근성이 강하다. ① ② ③ ④ ⑤

75. 자주 흥분하여 침착하지 못한다. ① ② ③ ④ ⑤

76. 지금까지 살면서 남에게 폐를 끼친 적이 없다. ① ② ③ ④ ⑤

77. 내일 해도 되는 일을 오늘 안에 끝내는 것을 좋아한다. ① ② ③ ④ ⑤

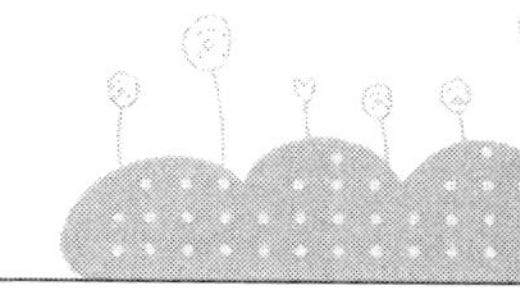

78. 무엇이든지 자기가 나쁘다고 생각하는 편이다.    ① ② ③ ④ ⑤

79. 자신을 변덕스러운 사람이라고 생각한다.    ① ② ③ ④ ⑤

80. 고독을 즐기는 편이다.    ① ② ③ ④ ⑤

81. 감정적인 사람이라고 생각한다.    ① ② ③ ④ ⑤

82. 자신만의 신념을 가지고 있다.    ① ② ③ ④ ⑤

83. 다른 사람을 바보 같다고 생각한 적이 있다.    ① ② ③ ④ ⑤

84. 남의 비밀을 금방 말해버리는 편이다.    ① ② ③ ④ ⑤

85. 대재앙이 오지 않을까 항상 걱정을 한다.    ① ② ③ ④ ⑤

86. 문제점을 해결하기 위해 항상 많은 사람들과 이야기하는 편이다.    ① ② ③ ④ ⑤

87. 내 방식대로 일을 처리하는 편이다.    ① ② ③ ④ ⑤

88. 영화를 보고 운 적이 있다.    ① ② ③ ④ ⑤

89. 사소한 충고에도 걱정을 한다.    ① ② ③ ④ ⑤

90. 학교를 쉬고 싶다고 생각한 적이 한 번도 없다.    ① ② ③ ④ ⑤

91. 불안감이 강한 편이다.    ① ② ③ ④ ⑤

92. 사람을 설득시키는 것이 어렵지 않다.    ① ② ③ ④ ⑤

93. 다른 사람에게 어떻게 보일지 신경을 쓴다.    ① ② ③ ④ ⑤

94. 다른 사람에게 의존하는 경향이 있다.    ① ② ③ ④ ⑤

95. 그다지 융통성이 있는 편이 아니다.    ① ② ③ ④ ⑤

96. 숙제를 잊어버린 적이 한 번도 없다.    ① ② ③ ④ ⑤

97. 밤길에는 발소리가 들리기만 해도 불안하다.    ① ② ③ ④ ⑤

98. 자신은 유치한 사람이다.    ① ② ③ ④ ⑤

99. 잡담을 하는 것보다 책을 읽는 편이 낫다.    ① ② ③ ④ ⑤

100. 나는 영업에 적합한 타입이라고 생각한다.    ① ② ③ ④ ⑤

101. 술자리에서 술을 마시지 않아도 흥을 돋굴 수 있다.    ① ② ③ ④ ⑤

102. 한 번도 병원에 간 적이 없다.    ① ② ③ ④ ⑤

103. 나쁜 일은 걱정이 되어 어쩔 줄을 모른다.    ① ② ③ ④ ⑤

104. 금세 무기력해지는 편이다.    ① ② ③ ④ ⑤

105. 비교적 고분고분한 편이라고 생각한다.　　①　②　③　④　⑤

106. 독자적으로 행동하는 편이다.　　①　②　③　④　⑤

107. 적극적으로 행동하는 편이다.　　①　②　③　④　⑤

108. 금방 감격하는 편이다.　　①　②　③　④　⑤

109. 밤에 잠을 못 잘 때가 많다.　　①　②　③　④　⑤

110. 후회를 자주 하는 편이다.　　①　②　③　④　⑤

111. 쉽게 뜨거워지고 쉽게 식는 편이다.　　①　②　③　④　⑤

112. 자신만의 세계를 가지고 있다.　　①　②　③　④　⑤

113. 말하는 것을 아주 좋아한다.　　①　②　③　④　⑤

114. 이유없이 불안할 때가 있다.　　①　②　③　④　⑤

115. 주위 사람의 의견을 생각하여 발언을 자제할 때가 있다.　　①　②　③　④　⑤

116. 생각없이 함부로 말하는 경우가 많다.　　①　②　③　④　⑤

117. 정리가 되지 않은 방에 있으면 불안하다.　　①　②　③　④　⑤

118. 슬픈 영화나 TV를 보면 자주 운다.　　①　②　③　④　⑤

119. 자신을 충분히 신뢰할 수 있는 사람이라고 생각한다.　　①　②　③　④　⑤

120. 노래방을 아주 좋아한다.　　①　②　③　④　⑤

121. 자신만이 할 수 있는 일을 하고 싶다.　　①　②　③　④　⑤

122. 자신을 과소평가 하는 경향이 있다.　　①　②　③　④　⑤

123. 책상 위나 서랍 안은 항상 깔끔히 정리한다.　　①　②　③　④　⑤

124. 건성으로 일을 하는 때가 자주 있다.　　①　②　③　④　⑤

125. 남의 험담을 한 적이 없다.　　①　②　③　④　⑤

126. 초조하면 손을 떨고, 심장박동이 빨라진다.　　①　②　③　④　⑤

127. 말싸움을 하여 진 적이 한 번도 없다.　　①　②　③　④　⑤

128. 다른 사람들과 덩달아 떠든다고 생각할 때가 자주 있다.　　①　②　③　④　⑤

129. 아첨에 넘어가기 쉬운 편이다.　　①　②　③　④　⑤

130. 이론만 내세우는 사람과 대화하면 짜증이 난다.　　①　②　③　④　⑤

131. 상처를 주는 것도 받는 것도 싫다.　　①　②　③　④　⑤

132. 매일매일 그 날을 반성한다.　　①　②　③　④　⑤

133. 주변 사람이 피곤해하더라도 자신은 항상 원기왕성하다.　① ② ③ ④ ⑤

134. 친구를 재미있게 해주는 것을 좋아한다.　① ② ③ ④ ⑤

134. 아침부터 아무것도 하고 싶지 않을 때가 있다.　① ② ③ ④ ⑤

135. 지각을 하면 학교를 결석하고 싶어진다.　① ② ③ ④ ⑤

136. 이 세상에 없는 세계가 존재한다고 생각한다.　① ② ③ ④ ⑤

137. 하기 싫은 것을 하고 있으면 무심코 불만을 말한다.　① ② ③ ④ ⑤

138. 투지를 드러내는 경향이 있다.　① ② ③ ④ ⑤

139. 어떤 일이라도 헤쳐나갈 자신이 있다.　① ② ③ ④ ⑤

137. 착한 사람이라는 말을 자주 듣는다.　① ② ③ ④ ⑤

138. 조심성이 있는 편이다.　① ② ③ ④ ⑤

139. 이상주의자이다.　① ② ③ ④ ⑤

140. 인간관계를 중요하게 생각한다.　① ② ③ ④ ⑤

141. 협조성이 뛰어난 편이다.　① ② ③ ④ ⑤

142. 정해진 대로 따르는 것을 좋아한다.　① ② ③ ④ ⑤

143. 정이 많은 사람을 좋아한다.　① ② ③ ④ ⑤

144. 조직이나 전통에 구애를 받지 않는다.　① ② ③ ④ ⑤

145. 잘 아는 사람과만 만나는 것이 좋다.　① ② ③ ④ ⑤

146. 파티에서 사람을 소개받는 편이다.　① ② ③ ④ ⑤

147. 모임이나 집단에서 분위기를 이끄는 편이다.　① ② ③ ④ ⑤

148. 취미 등이 오랫동안 지속되지 않는 편이다.　① ② ③ ④ ⑤

149. 다른 사람을 부럽다고 생각해 본 적이 없다.　① ② ③ ④ ⑤

150. 꾸지람을 들은 적이 한 번도 없다.　① ② ③ ④ ⑤

151. 시간이 오래 걸려도 항상 침착하게 생각하는 경우가 많다.　① ② ③ ④ ⑤

152. 실패의 원인을 찾고 반성하는 편이다.　① ② ③ ④ ⑤

153. 여러 가지 일을 재빨리 능숙하게 처리하는 데 익숙하다.　① ② ③ ④ ⑤

154. 행동을 한 후 생각을 하는 편이다.　① ② ③ ④ ⑤

155. 민첩하게 활동을 하는 편이다.　① ② ③ ④ ⑤

156. 일을 더디게 처리하는 경우가 많다.　　　　　　　　① ② ③ ④ ⑤

157. 몸을 움직이는 것을 좋아한다.　　　　　　　　　　① ② ③ ④ ⑤

158. 스포츠를 보는 것이 좋다.　　　　　　　　　　　① ② ③ ④ ⑤

159. 일을 하다 어려움에 부딪히면 단념한다.　　　　　① ② ③ ④ ⑤

160. 너무 신중하여 타이밍을 놓치는 때가 많다.　　　① ② ③ ④ ⑤

161. 시험을 볼 때 한 번에 모든 것을 마치는 편이다.　① ② ③ ④ ⑤

162. 일에 대한 계획표를 만들어 실행을 하는 편이다.　① ② ③ ④ ⑤

163. 한 분야에서 1인자가 되고 싶다고 생각한다.　　　① ② ③ ④ ⑤

164. 규모가 큰 일을 하고 싶다.　　　　　　　　　　　① ② ③ ④ ⑤

165. 높은 목표를 설정하여 수행하는 것이 의욕적이라고 생각한다.　① ② ③ ④ ⑤

166. 다른 사람들과 있으면 침착하지 못하다.　　　　　① ② ③ ④ ⑤

167. 수수하고 조심스러운 편이다.　　　　　　　　　　① ② ③ ④ ⑤

168. 여행을 가기 전에 항상 계획을 세운다.　　　　　① ② ③ ④ ⑤

169. 구입한 후 끝까지 읽지 않은 책이 많다.　　　　　① ② ③ ④ ⑤

170. 쉬는 날은 집에 있는 경우가 많다.　　　　　　　① ② ③ ④ ⑤

171. 돈을 허비한 적이 없다.　　　　　　　　　　　　① ② ③ ④ ⑤

172. 흐린 날은 항상 우산을 가지고 나간다.　　　　　① ② ③ ④ ⑤

173. 조연상을 받은 배우보다 주연상을 받은 배우를 좋아한다.　① ② ③ ④ ⑤

174. 유행에 민감하다고 생각한다.　　　　　　　　　　① ② ③ ④ ⑤

175. 친구의 휴대폰 번호를 모두 외운다.　　　　　　　① ② ③ ④ ⑤

176. 환경이 변화되는 것에 구애받지 않는다.　　　　　① ② ③ ④ ⑤

177. 조직의 일원으로 별로 안 어울린다고 생각한다.　① ② ③ ④ ⑤

178. 외출시 문을 잠그었는지 몇 번을 확인하다.　　　① ② ③ ④ ⑤

179. 성공을 위해서는 어느 정도의 위험성을 감수해야 한다고 생각한다.　① ② ③ ④ ⑤

180. 남들이 이야기하는 것을 보면 자기에 대해 험담을 하고 있는 것 같다.　① ② ③ ④ ⑤

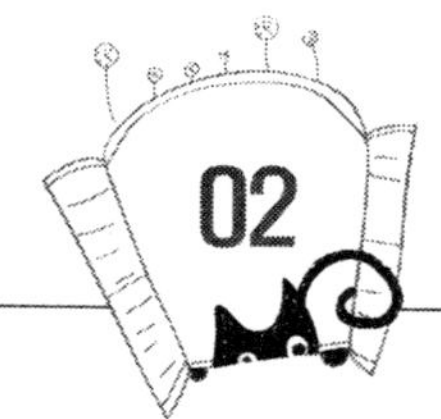

# 02 상황판단능력평가

**1** 당신은 분대장이다. 야간 주둔지 경계근무를 서고 있는데 후임병이 자꾸 졸고 있다.

이 상황에서 당신이 ⓐ 가장 할 것 같은 행동은 무엇입니까?

　　　　　　ⓑ 가장 하지 않을 것 같은 행동은 무엇입니까?

| | |
|---|---|
| ⓐ 가장 할 것 같은 행동 | (　　　) |
| ⓑ 가장 하지 않을 것 같은 행동 | (　　　) |

| 선 택 지 |
|---|
| ① 당장 일어나라고 소리를 질러 깨운다. |
| ② 그냥 피곤한가 보다 하고 내버려 둔다. |
| ③ 다리를 걸어 차 넘어 트려 깨운다. |
| ④ 일단은 내버려 두고 교대 후 잠을 재우지 않는다. |
| ⑤ 고양이 소리 등 무서운 동물 소리를 낸다. |
| ⑥ 흔들어 깨운 후 연애얘기 등 졸지 않도록 자꾸 말을 건다. |
| ⑦ 징계위원회에 회부한다. |

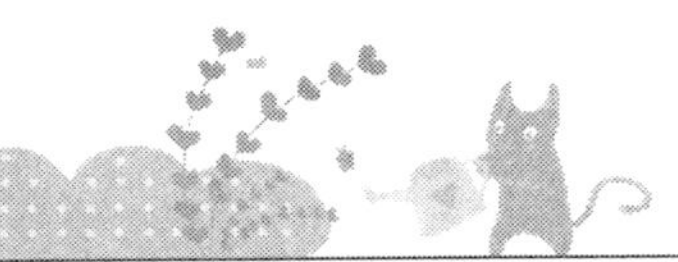

**2** 당신은 소대장이다. 4박 5일의 지긋지긋한 소대전술훈련을 마치고 복귀 행군 중 한 사병이 뱀에 물리게
되었다. 어느 누구도 어떠한 조치를 취해야 할지 몰라 안절부절 못하고 있다.

이 상황에서 당신이 ⓐ 가장 할 것 같은 행동은 무엇입니까?

　　　　　ⓑ 가장 하지 않을 것 같은 행동은 무엇입니까?

| | |
|---|---|
| ⓐ 가장 할 것 같은 행동 | (　　　　) |
| ⓑ 가장 하지 않을 것 같은 행동 | (　　　　) |

| 선　택　지 |
|---|
| ① 그냥 모른 척 한다. |
| ② 응급조치를 위해 군화 끈을 빼 물린 부위를 동여맨 뒤 독을 빨아낸다. |
| ③ 사수에게 업고 뛰라고 한다. |
| ④ 칼로 상처 부위를 짼 후 부축을 받아 복귀하라고 한다. |
| ⑤ 양 쪽으로 부축을 하게하고 계속 행군한다. |
| ⑥ 숨겨둔 소주를 부어 물린 부위를 소독한다. |
| ⑦ 그딴 걸로 안 죽는다고 기합을 준다. |

**3** 당신은 소대장이다. A상병이 정신교육 자료를 출력하기 위해 유일하게 인쇄가 되는 중대장 자리에 앉아 컴퓨터를 켜는데 갑자기 모니터가 꺼지고 다시는 켜지지 않는 것이 아닌가? 중대장은 자기 물건을 허락도 없이 만지는 것을 아주 싫어하는 사람으로 유명하다. 예전에도 중대장의 컴퓨터를 함부로 만졌다가 아침부터 모든 중대원들을 완전 군장을 하고 행정반에서 벌을 세웠다는 소문이 있다.

이 상황에서 당신이 ⓐ 가장 할 것 같은 행동은 무엇입니까?
　　　　　　ⓑ 가장 하지 않을 것 같은 행동은 무엇입니까?

| | |
|---|---|
| ⓐ 가장 할 것 같은 행동 | (　　　) |
| ⓑ 가장 하지 않을 것 같은 행동 | (　　　) |

| 선 택 지 |
|---|
| ① 모든 중대원들끼리 비밀로 하라고 한다. |
| ② 모르는 척 한다. |
| ③ 중대장에게 사실대로 보고를 한다. |
| ④ 미리 완전 군장을 하고 행정반 앞에 서 있게 한다. |
| ⑤ 중대장에게 컴퓨터를 켰는데 정전이 되었다고 한다. |
| ⑥ 중대장 대신 중대원들에게 기합을 주는 척을 한다. |
| ⑦ 중대장이 왔을 때 친절하게 컴퓨터를 켜주는 척하며 왜 안켜지지 한다. |

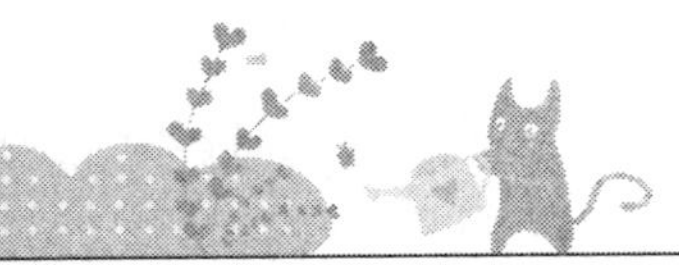

**4**  당신은 소대장이다. 그런데 당신의 부하가 변심한 여자친구 때문에 괴로워하고 있다.

이 상황에서 당신이 ⓐ 가장 할 것 같은 행동은 무엇입니까?

　　　　　　　　　ⓑ 가장 하지 않을 것 같은 행동은 무엇입니까?

| | |
|---|---|
| ⓐ 가장 할 것 같은 행동 | (　　　　) |
| ⓑ 가장 하지 않을 것 같은 행동 | (　　　　) |

| 선　택　지 |
|---|
| ① 모르는 척 한다. |
| ② 군기가 빠졌다고 하면서 얼차려 등을 실시한다. |
| ③ PX에 가서 술을 사주면서 이야기를 들어준다. |
| ④ 힘든 훈련에서 열외시켜 준다. |
| ⑤ 중대장에게 가서 조언을 구한다. |
| ⑥ 휴가나 외박 등 특혜를 준다. |
| ⑦ 부하의 여자 친구에게 연락하여 현재 부하의 힘든 상황을 이야기 해 준다. |

**5** 당신은 소대장이다. 대대장이 당신에게 군 관련 홍보물을 제작할 것을 지시했다. 그러나 홍보물과 관련한 제작비에 관한 언급이 없다.

이 상황에서 당신이 ⓐ 가장 할 것 같은 행동은 무엇입니까?

　　　　　ⓑ 가장 하지 않을 것 같은 행동은 무엇입니까?

| ⓐ 가장 할 것 같은 행동 | ( 　　 ) |
|---|---|
| ⓑ 가장 하지 않을 것 같은 행동 | ( 　　 ) |

| 선 택 지 |
|---|
| ① 그냥 사비로 홍보물을 제작한다. |
| ② 제작비를 줄 때까지 홍보물을 만들지 않는다. |
| ③ 홍보물을 만든 후 제작비를 청구한다. |
| ④ 제작비를 지원할 곳을 수소문하여 제작비를 지원받을 수 있도록 한다. |
| ⑤ 상관에게 정중하게 제작비에 관해 물어본다. |
| ⑥ 홍보물을 제작하고 제작비는 군으로 청구할 수 있게끔 한다. |
| ⑦ 다른 동료에게 상의해 본다. |

**6** 당신은 소대장이다. 그런데 우연히 당신의 부하들이 당신에 대한 험담을 하는 것을 듣게 되었다.
이 상황에서 당신이 ⓐ 가장 할 것 같은 행동은 무엇입니까?
ⓑ 가장 하지 않을 것 같은 행동은 무엇입니까?

| | |
|---|---|
| ⓐ 가장 할 것 같은 행동 | (　　　) |
| ⓑ 가장 하지 않을 것 같은 행동 | (　　　) |

| 선 택 지 |
|---|
| ① 모르는 척 한다. |
| ② 험담하는 부하들에게 얼차려를 시킨다. |
| ③ 험담하는 부하들에게 힘든 훈련을 지속적으로 시킨다. |
| ④ 부하들이 험담하는 내용을 경청하여 반성한다. |
| ⑤ 험담하는 부하들에게 주의를 기울여 내 편으로 만든다. |
| ⑥ 다른 소대 소대장들에게 조언을 구한다. |
| ⑦ 험담하는 부하들의 동료들에게 자신이 들은 내용을 우회적으로 알리면서 본인이 알고 있음을 알린다. |

**7** 당신은 소대장이다. 당신의 어머니가 편찮으시다고 병원에서 급히 호출이 왔다. 그런데 막상 병원으로 출발하려고 하는데, 군에서도 갑자기 중요한 일이 발생하게 되었다.

이 상황에서 당신이 ⓐ 가장 할 것 같은 행동은 무엇입니까?
　　　　　　　　　　ⓑ 가장 하지 않을 것 같은 행동은 무엇입니까?

| | |
|---|---|
| ⓐ 가장 할 것 같은 행동 | (　　　　) |
| ⓑ 가장 하지 않을 것 같은 행동 | (　　　　) |

| 선 택 지 |
|---|
| ① 군에 양해를 구하고 병원으로 간다. |
| ② 어머니는 지인들에게 부탁하고 군의 업무를 본다. |
| ③ 병원에 연락하여 어머니의 상태와 군의 업무를 비교 형량하여 경하다고 생각하는 일에 양해를 구한다. |
| ④ 무조건 군대로 간다. |
| ⑤ 영창 갈 것을 각오하고 병원으로 간다. |
| ⑥ 대대장에게 가서 자신의 상황을 말하고 휴가를 몇 번 반납할테니 지금 병원에 보내줄 것을 부탁한다. |
| ⑦ 자신의 현재 상황을 어머니에게 알리고 군으로 간다. |

**8**  어느 날부터 군대 내의 비품이 하나씩 사라지고 있다. 처음에는 그 정도가 미비하여 눈치챌 수 없었으나 점점 심해졌다. 부대원들이 모두 비품을 횡령하는 사람에 대해서 궁금해 하고 있을 때 당신의 부하가 비품을 횡령하는 것을 목격하게 되었다. 그런데 그 부하의 행동이 딸의 병원비 마련을 위한 것임을 알게 되었다.

이 상황에서 당신이 ⓐ 가장 할 것 같은 행동은 무엇입니까?

ⓑ 가장 하지 않을 것 같은 행동은 무엇입니까?

| | |
|---|---|
| ⓐ 가장 할 것 같은 행동 | (      ) |
| ⓑ 가장 하지 않을 것 같은 행동 | (      ) |

| 선 택 지 |
|---|
| ① 모르는 척 한다. |
| ② 상관에게 부하의 횡령 사실을 알린다. |
| ③ 부하를 돕기 위해 횡령을 쉽게 할 수 있도록 도와준다. |
| ④ 부하를 불러 횡령사실을 알고 있음을 말하고 횡령 행위를 멈출 것을 말한다. |
| ⑤ 비품관리자에게 물품이 사적으로 이용된다고 이야기하고 철저한 관리를 부탁한다. |
| ⑥ 동료들에게 부하의 딱한 사실을 알리고 작게나마 병원비를 마련해 준다. |
| ⑦ 부하의 횡령사실을 부하와 친한 동료에게 우회적으로 말한다. |

**9** 당신은 소대장이다. 새로운 소대에 배치되게 되었다. 그런데 당신의 소대원의 많은 수가 당신보다 나이가 많다.

이 상황에서 당신이 ⓐ 가장 할 것 같은 행동은 무엇입니까?
　　　　　　　　ⓑ 가장 하지 않을 것 같은 행동은 무엇입니까?

| | | |
|---|---|---|
| ⓐ 가장 할 것 같은 행동 | ( | ) |
| ⓑ 가장 하지 않을 것 같은 행동 | ( | ) |

| 선 택 지 |
|---|
| ① 현재 소대의 분위기를 최대한 존중한다. |
| ② 병장이나 분대장 혹은 내무실에서 가장 영향력이 센 사병을 휘어잡기 위해 노력한다. |
| ③ 명령에 불성실한 부하에겐 혹독한 훈련을 시킨다. |
| ④ 영향력이 가장 큰 사병들과 친해져서 부대 분위기를 빨리 파악하고 분위기를 화기애애하도록 만든다. |
| ⑤ 군대는 계급이므로 자신보다 나이가 많은 사병이라도 엄하게 대한다. |
| ⑥ 군대는 계급 사회이지만 자신보다 나이가 많은 사병에겐 인간적으로 존중한다. |
| ⑦ 선임 소대장에게 조언을 구한다. |

**10** 당신은 소대장이다. 내무반에서 병들(병장, 상병, 일병)간에 싸움이 일어났다.

이 상황에서 당신이 ⓐ 가장 할 것 같은 행동은 무엇입니까?
ⓑ 가장 하지 않을 것 같은 행동은 무엇입니까?

| | | |
|---|---|---|
| ⓐ 가장 할 것 같은 행동 | ( | ) |
| ⓑ 가장 하지 않을 것 같은 행동 | ( | ) |

| 선 택 지 |
|---|
| ① 모르는 척 한다. |
| ② 내무실 전체 사병들을 운동장에 집합시켜 얼차려를 시킨다. |
| ③ 병들을 불러 어떻게 된 일인지 상황을 파악한다. |
| ④ 이유 불문하고 군대는 계급이 우선이므로 일병에게 가장 엄한 처벌을 한다. |
| ⑤ 소대 내가 소란스러워진 것이므로 이유 불문하고 병장에게 가장 엄한 처벌을 한다. |
| ⑥ 싸움에 가담한 병들을 영창에 보낸다. |
| ⑦ 싸움에 가담한 병들을 불러 기합을 준 후 화해시킨다. |

**11** 당신은 소대장이다. 최근 들어 소대원들 및 부사관들이 현재 생활에 대하여 고충이 상당히 많은 것같이 보인다. 그런데 다른 소대장들은 자기 부하들의 고충을 아주 잘 해결해 주고 있다고 들었다. 소대 부사관 중 한 명이 고충이 너무 심하여 소원수리를 몇 번이나 했다고 한다.

이 상황에서 당신이 ⓐ 가장 할 것 같은 행동은 무엇입니까?
　　　　　　ⓑ 가장 하지 않을 것 같은 행동은 무엇입니까?

| | |
|---|---|
| ⓐ 가장 할 것 같은 행동 | (　　　　) |
| ⓑ 가장 하지 않을 것 같은 행동 | (　　　　) |

| 선 택 지 |
|---|
| ① 부사관들의 고충에 대해 그다지 고려하지 않는다. |
| ② 부사관들의 고충에 주의를 기울이고 완화시키기 위한 필수적인 조정을 실시하도록 한다. |
| ③ 지속적인 얼차려의 실시로 대부분의 고충을 없앨 수 있는지를 판단하여, 얼차려를 실시한다. |
| ④ 가장 빈번한 고충이 무엇인지를 판단하여 그 고충의 발생원인을 예방하는 대책을 강구하도록 한다. |
| ⑤ 중대장에게 보고하여 조언을 구한다. |
| ⑥ 대대장에게 보고하여 조언을 구한다. |
| ⑦ 다른 소대의 소대장들에게 조언을 구하고 그들과 똑같이 행동한다. |

**12** 당신은 부사관이다. 임관한 지 2년이 되어 3년의 연장근무 심사를 받게 되었는데 심사가 끝난 며칠 후 자가차량을 몰지 못하는 규정을 위반한 채 차량을 몰고 부대를 나서다가 대대장에게 적발되고 말았다.

이 상황에서 당신이 ⓐ 가장 할 것 같은 행동은 무엇입니까?
　　　　　　　　ⓑ 가장 하지 않을 것 같은 행동은 무엇입니까?

| | | |
|---|---|---|
| ⓐ 가장 할 것 같은 행동 | ( | ) |
| ⓑ 가장 하지 않을 것 같은 행동 | ( | ) |

| 선 택 지 |
|---|
| ① 내 차가 아니라고 주장한다. |
| ② 중대장이 급한 일을 시켜 어쩔 수 없다고 핑계를 댄다. |
| ③ 다른 소대 지휘관이 자가차량을 운전해도 묵인된다는 말을 했다고 전한다. |
| ④ 인사사고 등이 피해를 유발하지도 않았는데 뭐가 어떠냐고 따진다. |
| ⑤ 재빨리 그 자리를 떠나버린다. |
| ⑥ 자가차량을 운전하는 다른 부사관들의 이름을 다 불러준다. |
| ⑦ 잘못을 시인하고 인사사고 및 입원 등 부대결원의 발생 등이 나타나지 않도록 하겠다고 말을 하고 적법한 기간까지 차량을 운전하지 않겠다고 한다. |

**13** 당신은 소대장이다. 당신이 소대원들의 소지품을 검사하는 도중 전역이 한 달 정도 남은 병장에게서 닌텐도 게임기를 압수하였다. 그런데 동료 소대장이 그 병장을 불러 병장에게 직접 자기가 보는 앞에서 닌텐도 게임기를 발로 밟아 부수라고 명령하였다. 알고 보니 그 병장은 얼마 전 초소 근무 중 공포탄을 발사하는 실수를 저지른 장본인이었다. 주위의 다른 부사관과 소대장들은 모두 병장을 봐주지 말라는 분위기였다.

이 상황에서 당신이 ⓐ 가장 할 것 같은 행동은 무엇입니까?
ⓑ 가장 하지 않을 것 같은 행동은 무엇입니까?

| | |
|---|---|
| ⓐ 가장 할 것 같은 행동 | ( ) |
| ⓑ 가장 하지 않을 것 같은 행동 | ( ) |

<table>
<tr><th colspan="2" align="center">선 택 지</th></tr>
<tr><td>①</td><td>전역이 얼마 남지 않았으므로 봐주자고 한다.</td></tr>
<tr><td>②</td><td>닌텐도 게임기는 고가이므로 압수만 하도록 한다.</td></tr>
<tr><td>③</td><td>망치를 가져와 직접 게임기를 박살낸다.</td></tr>
<tr><td>④</td><td>반입불가물품을 외워보라고 한 후 게임기가 해당되는지를 확인한 후 압수하고 1주일 동안 일과 후 하루 2시간씩 군장을 돌라고 명령한다.</td></tr>
<tr><td>⑤</td><td>게임기를 압수한 후 영창을 보내버린다.</td></tr>
<tr><td>⑥</td><td>다른 소대원의 사기를 저하시키면 안되므로 그 자리에서 바로 얼차려를 실시한다.</td></tr>
<tr><td>⑦</td><td>그 자리에서 압수한 뒤 나중에 몰래 병장을 불러 잘 타이른 후 돌려주도록 한다.</td></tr>
</table>

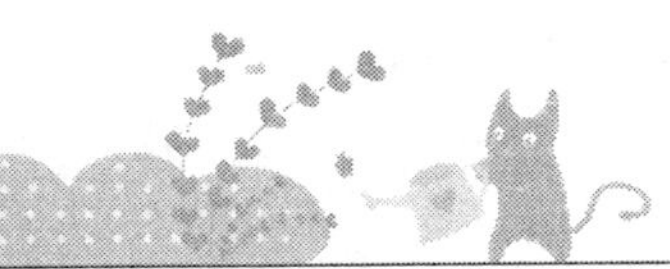

**14** 당신은 소대장이다. 모처럼 포상휴가를 얻어 지리산에 등반을 가게 되었다. 찌는 듯한 여름이었기 때문에 많이 지치고 힘든 등반이었다. 그런데 산 중턱쯤 다다랐을 때 더위에 지친 한 노인이 쓰러져 있는 것을 발견하게 되었다. 주변에는 당신 외엔 아무도 없으며, 휴대폰은 통화불능지역이다.

이 상황에서 당신이 ⓐ 가장 할 것 같은 행동은 무엇입니까?

ⓑ 가장 하지 않을 것 같은 행동은 무엇입니까?

| | |
|---|---|
| ⓐ 가장 할 것 같은 행동 | (     ) |
| ⓑ 가장 하지 않을 것 같은 행동 | (     ) |

| 선 택 지 |
|---|
| ① 모르는 척 하고 지나간다. |
| ② 다른 사람들이 올 때까지 기다리면서 관찰한다. |
| ③ 노인을 신속히 시원한 그늘로 옮기고 찬물을 마시게 한 후 마사지를 하면서 응급조치를 실시한다. |
| ④ 산을 내려와 다른 사람들에게 도움을 요청한다. |
| ⑤ 노인의 의식상태를 확인한 후 인공호흡을 실시한다. |
| ⑥ 휴대폰이 터지는 지역을 찾아 119에 신고한다. |
| ⑦ 노인의 가방을 조사하여 노인의 신원을 확인한다. |

**15** 당신은 부사관이다. 후임병과 함께 야간보초를 서고 있는데 초소 근처에 수상한 그림자가 나타났다. 아직 교대시간은 멀었으며, 대대장이나 중대장도 아닌 것 같았다. 수상한 그림자가 점점 다가왔고 당신의 소대원이 그를 불러세워 수하 및 관등성명을 요구하였으나 이에 불응하고 갑자기 도주를 하기 시작하였다.

이 상황에서 당신이 ⓐ 가장 할 것 같은 행동은 무엇입니까?
　　　　　　　　ⓑ 가장 하지 않을 것 같은 행동은 무엇입니까?

| | |
|---|---|
| ⓐ 가장 할 것 같은 행동 | (　　　) |
| ⓑ 가장 하지 않을 것 같은 행동 | (　　　) |

### 선 택 지

① 후임병한테 쫓아가서 잡아오라고 한다.

② 꼭 잡으리라 생각하며 재빨리 쫓아간다.

③ 아직 근무시간이므로 초소를 떠나지 말라고 명령한다.

④ 즉각적으로 중대장에게 보고를 한다.

⑤ 공포탄을 발사한다.

⑥ 일계급 특진을 위해 후임병에게 초소를 맡긴 후 필사적으로 수상한 사람을 잡는다.

⑦ 초소장에게 보고를 한 후 명령을 기다린다.

# 인성검사

- 인성검사라고 너무 만만하게 생각하고 느긋하게 풀면 시간이 부족할 수 있습니다. 인성검사는 정해진 정답이 없으며, 일관성 답변을 하는 것이 중요합니다. 비슷한 유형의 문제가 반복될 경우, 서로 다른 답변에 체크하지 않도록 주의해야 합니다.
- 인성검사는 솔직하게 임하는 것이 가장 중요하며, 간부로서의 군인정신을 파악하고 그 인재상에 맞는 답변을 하는 것도 한 가지 방법이 될 수 있습니다.

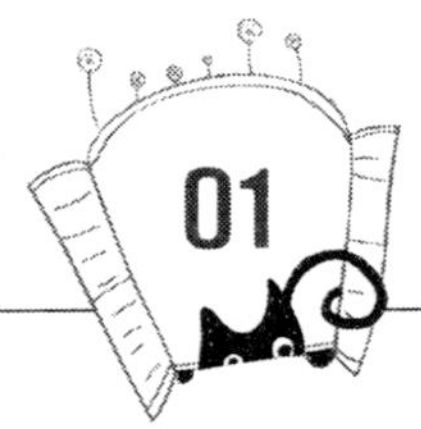

# 01 인성검사 개요

## ① 인성(성격)검사의 개념과 목적

인성(성격)이란 개인을 특징짓는 평범하고 일상적인 사회적 이미지, 즉 지속적이고 일관된 공적 성격(Public-personality)이며, 환경에 대응함으로써 선천적·후천적 요소의 상호작용으로 결정화된 심리적·사회적 특성 및 경향을 의미한다.

인성검사는 직무적성검사를 실시하는 대부분의 기관에서 병행하여 실시하고 있으며, 인성검사만 독자적으로 실시하는 기관도 있다.

군에서는 인성검사를 통하여 각 개인이 어떠한 성격 특성이 발달되어 있고, 어떤 특성이 얼마나 부족한지, 그것이 해당 직무의 특성 및 조직문화와 얼마나 맞는지를 알아보고 이에 적합한 인재를 선발하고자 한다. 또한 개인에게 적합한 직무 배분과 부족한 부분을 교육을 통해 보완하도록 할 수 있다.

인성검사의 측정요소는 검사방법에 따라 차이가 있다. 또한 각 기관들이 사용하고 있는 인성검사는 기존에 개발된 인성검사방법에 각 기관의 인재상을 적용하여 자신들에게 적합하게 재개발하여 사용하는 경우가 많다. 그러므로 군에서 요구하는 인재상을 파악하여 그에 따른 대비책을 준비하는 것이 바람직하다. 본서에서 제시된 인성검사는 크게 '특성'과 '유형'의 측면에서 측정하게 된다.

## ② 성격의 특성

### (1) 정서적 측면

정서적 측면은 평소 마음의 당연시하는 자세나 정신상태가 얼마나 안정하고 있는지 또는 불안정한지를 측정한다.

정서의 상태는 직무수행이나 대인관계와 관련하여 태도나 행동으로 드러난다. 그러므로, 정서적 측면을 측정하는 것에 의해, 장래 조직 내의 인간관계에 어느 정도 잘 적응할 수 있을까(또는 적응하지 못할까)를 예측하는 것이 가능하다.

그렇기 때문에, 정서적 측면의 결과는 채용시에 상당히 중시된다. 아무리 능력이 좋아도 장기적으로 조직 내의 인간관계에 잘 적응할 수 없다고 판단되는 인재는 기본적으로는 채용되지 않는다.

일반적으로 인성(성격)검사는 채용과는 관계없다고 생각하나 정서적으로 조직에 적응하지 못하는 인재는
채용단계에서 가려내지는 것을 유의하여야 한다.

① **민감성**(신경도) … 꼼꼼함, 섬세함, 성실함 등의 요소를 통해 일반적으로 신경질적인지 또는 자신의
존재를 위협받는다라는 불안을 갖기 쉬운지를 측정한다.

| 질문 | 그렇다 | 약간 그렇다 | 그저 그렇다 | 별로 그렇지 않다 | 그렇지 않다 |
|---|---|---|---|---|---|
| • 배려적이라고 생각한다.<br>• 어지러진 방에 있으면 불안하다.<br>• 실패 후에는 불안하다.<br>• 세세한 것까지 신경쓴다.<br>• 이유 없이 불안할 때가 있다. | | | | | |

▶**측정결과**

  ㉠ '그렇다'가 많은 경우(상처받기 쉬운 유형) : 사소한 일에 신경쓰고 다른 사람의 사소한 한마디 말에 상처를
받기 쉽다.

    • **면접관의 심리** : '동료들과 잘 지낼 수 있을까?', '실패할 때마다 위축되지 않을까?'

    • **면접대책** : 다소 신경질적이라도 능력을 발휘할 수 있다는 평가를 얻도록 한다. 주변과 충분한 의사소통이
가능하고, 결정한 것을 실행할 수 있다는 것을 보여주어야 한다.

  ㉡ '그렇지 않다'가 많은 경우(정신적으로 안정적인 유형) : 사소한 일에 신경쓰지 않고 금방 해결하며, 주위
사람의 말에 과민하게 반응하지 않는다.

    • **면접관의 심리** : '계약할 때 필요한 유형이고, 사고 발생에도 유연하게 대처할 수 있다.'

    • **면접대책** : 일반적으로 '민감성'의 측정치가 낮으면 플러스 평가를 받으므로 더욱 자신감 있는 모습을 보여
준다.

② **자책성**(과민도) … 자신을 비난하거나 책망하는 정도를 측정한다.

| 질문 | 그렇다 | 약간 그렇다 | 그저 그렇다 | 별로 그렇지 않다 | 그렇지 않다 |
|---|---|---|---|---|---|
| • 후회하는 일이 많다.<br>• 자신을 하찮은 존재로 생각하는 경우가 있다.<br>• 문제가 발생하면 자기의 탓이라고 생각한다.<br>• 무슨 일이든지 끙끙대며 진행하는 경향이 있다.<br>• 온순한 편이다. | | | | | |

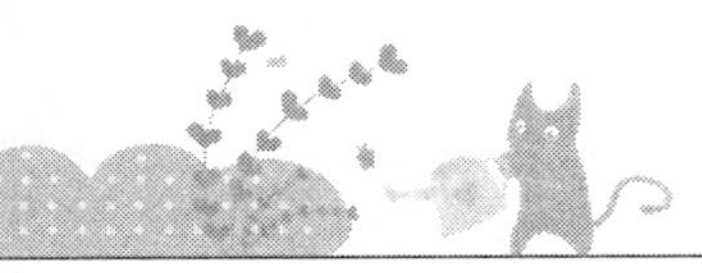



> ▶**측정결과**
>
> ㉠ '그렇다'가 많은 경우(자책하는 유형) : 비관적이고 후회하는 유형이다.
>   - **면접관의 심리** : '끙끙대며 괴로워하고, 일을 진행하지 못할 것 같다.'
>   - **면접대책** : 기분이 저조해도 항상 의욕을 가지고 생활하는 것과 책임감이 강하다는 것을 보여준다.
> ㉡ '그렇지 않다'가 많은 경우(낙천적인 유형) : 기분이 항상 밝은 편이다.
>   - **면접관의 심리** : '안정된 대인관계를 맺을 수 있고, 외부의 압력에도 흔들리지 않는다.'
>   - **면접대책** : 일반적으로 '자책성의 측정치가 낮으면 플러스 평가를 받으므로 자신감을 가지고 임한다.

③ **기분성**(불안도) ··· 기분의 굴곡이나 감정적인 면의 미숙함이 어느 정도인지를 측정하는 것이다.

| 질문 | 그렇다 | 약간 그렇다 | 그저 그렇다 | 별로 그렇지 않다 | 그렇지 않다 |
|---|---|---|---|---|---|
| • 다른 사람의 의견에 자신의 결정이 흔들리는 경우가 많다.<br>• 기분이 쉽게 변한다.<br>• 종종 후회한다.<br>• 다른 사람보다 의지가 약한 편이라고 생각한다.<br>• 금방 싫증을 내는 성격이라는 말을 자주 듣는다. | | | | | |

> ▶**측정결과**
>
> ㉠ '그렇다'가 많은 경우(감정의 기복이 많은 유형) : 의지력보다 기분에 따라 행동하기 쉽다.
>   - **면접관의 심리** : '감정적인 것에 약하며, 상황에 따라 생산성이 떨어지지 않을까?'
>   - **면접대책** : 주변 사람들과 항상 협조한다는 것을 강조하고 한결같은 상태로 일할 수 있다는 평가를 받도록 한다.
> ㉡ '그렇지 않다'가 많은 경우(감정의 기복이 적은 유형) : 감정의 기복이 없고, 안정적이다.
>   - **면접관의 심리** : '안정적으로 업무에 임할 수 있다.'
>   - **면접대책** : 기분성의 측정치가 낮으면 플러스 평가를 받으므로 자신감을 가지고 면접에 임한다.

④ **독자성**(개인도) ··· 주변에 대한 견해나 관심, 자신의 견해나 생각에 어느 정도의 속박감을 가지고 있는지를 측정한다.

| 질문 | 그렇다 | 약간 그렇다 | 그저 그렇다 | 별로 그렇지 않다 | 그렇지 않다 |
|---|---|---|---|---|---|
| • 창의적 사고방식을 가지고 있다.<br>• 융통성이 있는 편이다.<br>• 혼자 있는 편이 많은 사람과 있는 것보다 편하다.<br>• 개성적이라는 말을 듣는다.<br>• 교제는 번거로운 것이라고 생각하는 경우가 많다. | | | | | |

▶측정결과

　㉠ '그렇다'가 많은 경우 : 자기의 관점을 중요하게 생각하는 유형으로, 주위의 상황보다 자신의 느낌과 생각을 중시한다.
　　• 면접관의 심리 : '제멋대로 행동하지 않을까?'
　　• 면접대책 : 주위 사람과 협조하여 일을 진행할 수 있다는 것과 상식에 얽매이지 않는다는 인상을 심어준다.
　㉡ '그렇지 않다'가 많은 경우 : 상식적으로 행동하고 주변 사람의 시선에 신경을 쓴다.
　　• 면접관의 심리 : '다른 직원들과 협조하여 업무를 진행할 수 있겠다.'
　　• 면접대책 : 협조성이 요구되는 기업체에서는 플러스 평가를 받을 수 있다.

⑤ **자신감**(자존심도) ··· 자기 자신에 대해 얼마나 긍정적으로 평가하는지를 측정한다.

| 질문 | 그렇다 | 약간 그렇다 | 그저 그렇다 | 별로 그렇지 않다 | 그렇지 않다 |
|---|---|---|---|---|---|
| • 다른 사람보다 능력이 뛰어나다고 생각한다.<br>• 다소 반대의견이 있어도 나만의 생각으로 행동할 수 있다.<br>• 나는 다른 사람보다 기가 센 편이다.<br>• 동료가 나를 모욕해도 무시할 수 있다.<br>• 대개의 일을 목적한 대로 헤쳐나갈 수 있다고 생각한다. | | | | | |

▶측정결과

㉠ **'그렇다'가 많은 경우**: 자기 능력이나 외모 등에 자신감이 있고, 비판당하는 것을 좋아하지 않는다.

- **면접관의 심리**: '자만하여 지시에 잘 따를 수 있을까?'
- **면접대책**: 다른 사람의 조언을 잘 받아들이고, 겸허하게 반성하는 면이 있다는 것을 보여주고, 동료들과 잘 지내며 리더의 자질이 있다는 것을 강조한다.

㉡ **'그렇지 않다'가 많은 경우**: 자신감이 없고 다른 사람의 비판에 약하다.

- **면접관의 심리**: '패기가 부족하지 않을까?', '쉽게 좌절하지 않을까?'
- **면접대책**: 극도의 자신감 부족으로 평가되지는 않는다. 그러나 마음이 약한 면은 있지만 의욕적으로 일을 하겠다는 마음가짐을 보여준다.

⑥ **고양성**(분위기에 들뜨는 정도) … 자유분방함, 명랑함과 같이 감정(기분)의 높고 낮음의 정도를 측정한다.

| 질문 | 그렇다 | 약간 그렇다 | 그저 그렇다 | 별로 그렇지 않다 | 그렇지 않다 |
|---|---|---|---|---|---|
| • 침착하지 못한 편이다.<br>• 다른 사람보다 쉽게 우쭐해진다.<br>• 모든 사람이 아는 유명인사가 되고 싶다.<br>• 모임이나 집단에서 분위기를 이끄는 편이다.<br>• 취미 등이 오랫동안 지속되지 않는 편이다. | | | | | |

▶측정결과

㉠ **'그렇다'가 많은 경우**: 자극이나 변화가 있는 일상을 원하고 기분을 들뜨게 하는 사람과 친밀하게 지내는 경향이 강하다.

- **면접관의 심리**: '일을 진행하는 데 변덕스럽지 않을까?'
- **면접대책**: 밝은 태도는 플러스 평가를 받을 수 있지만, 착실한 업무능력이 요구되는 직종에서는 마이너스 평가가 될 수 있다. 따라서 자기조절이 가능하다는 것을 보여준다.

㉡ **'그렇지 않다'가 많은 경우**: 감정이 항상 일정하고, 속을 드러내 보이지 않는다.

- **면접관의 심리**: '안정적인 업무 태도를 기대할 수 있겠다.'
- **면접대책**: '고양성'의 낮음은 대체로 플러스 평가를 받을 수 있다. 그러나 '무엇을 생각하고 있는지 모르겠다' 등의 평을 듣지 않도록 주의한다.

⑦ **허위성(진위성)** … 필요 이상으로 자기를 좋게 보이려 하거나 기업체가 원하는 '이상형'에 맞춘 대답을 하고 있는지, 없는지를 측정한다.

| 질문 | 그렇다 | 약간 그렇다 | 그저 그렇다 | 별로 그렇지 않다 | 그렇지 않다 |
|---|---|---|---|---|---|
| • 약속을 깨뜨린 적이 한 번도 없다.<br>• 다른 사람을 부럽다고 생각해 본 적이 없다.<br>• 꾸지람을 들은 적이 없다.<br>• 사람을 미워한 적이 없다.<br>• 화를 낸 적이 한 번도 없다. | | | | | |

▶**측정결과**

　㉠ **'그렇다'가 많은 경우** : 실제의 자기와는 다른, 말하자면 원칙으로 해답할 가능성이 있다.
　　• **면접관의 심리** : '거짓을 말하고 있다.'
　　• **면접대책** : 조금이라도 좋게 보이려고 하는 '거짓말쟁이'로 평가될 수 있다. '거짓을 말하고 있다.'는 마음 따위가 전혀 없다해도 결과적으로는 정직하게 답하지 않는다는 것이 되어 버린다. '허위성'의 측정 질문은 구분되지 않고 다른 질문 중에 섞여 있다. 그러므로 모든 질문에 솔직하게 답하여야 한다. 또한 자기 자신과 너무 동떨어진 이미지로 답하면 좋은 결과를 얻지 못한다. 그리고 면접에서 '허위성'을 기본으로 한 질문을 받게 되므로 당황하거나 또다른 모순된 답변을 하게 된다. 겉치레를 하거나 무리한 욕심을 부리지 말고 '이런 사회인이 되고 싶다.'는 현재의 자신보다, 조금 성장한 자신을 표현하는 정도가 적당하다.
　㉡ **'그렇지 않다'가 많은 경우** : 냉정하고 정직하며, 외부의 압력과 스트레스에 강한 유형이다. '대쪽같음'의 이미지가 굳어지지 않도록 주의한다.

## (2) 행동적인 측면

행동적 측면은 인격 중에 특히 행동으로 드러나기 쉬운 측면을 측정한다. 사람의 행동 특징 자체에는 선도 악도 없으나, 일반적으로는 일의 내용에 의해 원하는 행동이 있다. 때문에 행동적 측면은 주로 직종과 깊은 관계가 있는데 자신의 행동 특성을 살려 적합한 직종을 선택한다면 플러스가 될 수 있다.
행동 특성에서 보여지는 특징은 면접장면에서도 드러나기 쉬운데 본서의 모의 TEST의 결과를 참고하여 자신의 태도, 행동이 면접관의 시선에 어떻게 비치는지를 점검하도록 한다.

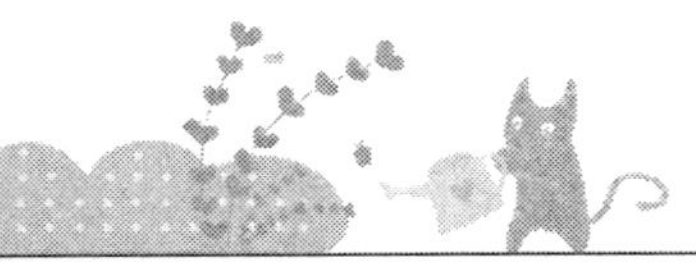

① **사회적 내향성** … 대인관계에서 나타나는 행동경향으로 '낯가림'을 측정한다.

| 질문 | 선택 |
|---|---|
| A : 파티에서는 사람을 소개받은 편이다.<br>B : 파티에서는 사람을 소개하는 편이다. | |
| A : 처음 보는 사람과는 즐거운 시간을 보내는 편이다.<br>B : 처음 보는 사람과는 어색하게 시간을 보내는 편이다. | |
| A : 친구가 적은 편이다.<br>B : 친구가 많은 편이다. | |
| A : 자신의 의견을 말하는 경우가 적다.<br>B : 자신의 의견을 말하는 경우가 많다. | |
| A : 사교적인 모임에 참석하는 것을 좋아하지 않는다.<br>B : 사교적인 모임에 항상 참석한다. | |

▶**측정결과**
　㉠ **'A'가 많은 경우** : 내성적이고 사람들과 접하는 것에 소극적이다. 자신의 의견을 말하지 않고 조심스러운 편이다.
　　• **면접관의 심리** : '소극적인데 동료와 잘 지낼 수 있을까?'
　　• **면접대책** : 대인관계를 맺는 것을 싫어하지 않고 의욕적으로 일을 할 수 있다는 것을 보여준다.
　㉡ **'B'가 많은 경우** : 사교적이고 자기의 생각을 명확하게 전달할 수 있다.
　　• **면접관의 심리** : '사교적이고 활동적인 것은 좋지만, 자기 주장이 너무 강하지 않을까?'
　　• **면접대책** : 협조성을 보여주고, 자기 주장이 너무 강하다는 인상을 주지 않도록 주의한다.

② **내성성(침착도)** … 자신의 행동과 일에 대해 침착하게 생각하는 정도를 측정한다.

| 질문 | 선택 |
|---|---|
| A : 시간이 걸려도 침착하게 생각하는 경우가 많다.<br>B : 짧은 시간에 결정을 하는 경우가 많다. | |
| A : 실패의 원인을 찾고 반성하는 편이다.<br>B : 실패를 해도 그다지(별로) 개의치 않는다. | |
| A : 결론이 도출되어도 몇 번 정도 생각을 바꾼다.<br>B : 결론이 도출되면 신속하게 행동으로 옮긴다. | |
| A : 여러 가지 생각하는 것이 능숙하다.<br>B : 여러 가지 일을 재빨리 능숙하게 처리하는 데 익숙하다. | |
| A : 여러 가지 측면에서 사물을 검토한다.<br>B : 행동한 후 생각을 한다. | |

③ **신체활동성** … 몸을 움직이는 것을 좋아하는가를 측정한다.

| 질문 | 선택 |
|---|---|
| A : 민첩하게 활동하는 편이다.<br>B : 준비행동이 없는 편이다.<br><br>A : 일을 척척 해치우는 편이다.<br>B : 일을 더디게 처리하는 편이다.<br><br>A : 활발하다는 말을 듣는다.<br>B : 얌전하다는 말을 듣는다.<br><br>A : 몸을 움직이는 것을 좋아한다.<br>B : 가만히 있는 것을 좋아한다.<br><br>A : 스포츠를 하는 것을 즐긴다.<br>B : 스포츠를 보는 것을 좋아한다. |  |

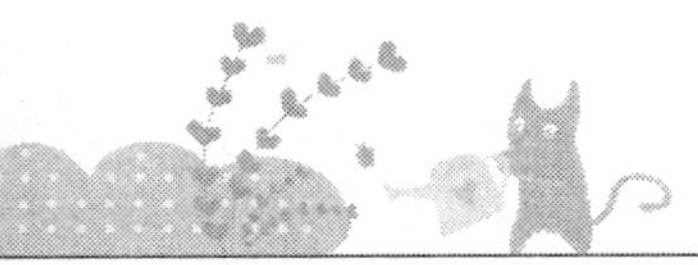

④ **지속성(노력성)** … 무슨 일이든 포기하지 않고 끈기 있게 하려는 정도를 측정한다.

| 질문 | 선택 |
|---|---|
| A : 일단 시작한 일은 시간이 걸려도 끝까지 마무리한다.<br>B : 일을 하다 어려움에 부딪히면 단념한다. | |
| A : 끈질긴 편이다.<br>B : 바로 단념하는 편이다. | |
| A : 인내가 강하다는 말을 듣는다.<br>B : 금방 싫증을 낸다는 말을 듣는다. | |
| A : 집념이 깊은 편이다.<br>B : 담백한 편이다. | |
| A : 한 가지 일에 구애되는 것이 좋다고 생각한다.<br>B : 간단하게 체념하는 것이 좋다고 생각한다. | |

▶**측정결과**

㉠ '**A**'가 많은 경우 : 시작한 것은 어려움이 있어도 포기하지 않고 인내심이 높다.
- **면접관의 심리** : '한 가지의 일에 너무 구애되고, 업무의 진행이 원활할까?'
- **면접대책** : 인내력이 있는 것은 플러스 평가를 받을 수 있지만 집착이 강해 보이기도 한다.

㉡ '**B**'가 많은 경우 : 뒤끝이 없고 조그만 실패로 일을 포기하기 쉽다.
- **면접관의 심리** : '질리는 경향이 있고, 일을 정확히 끝낼 수 있을까?'
- **면접대책** : 지속적인 노력으로 성공했던 사례를 준비하도록 한다.

⑤ **신중성(주의성)** … 자신이 처한 주변상황을 즉시 파악하고 자신의 행동이 어떤 영향을 미치는지를 측정한다.

| 질문 | 선택 |
|---|---|
| A : 여러 가지로 생각하면서 완벽하게 준비하는 편이다.<br>B : 행동할 때부터 임기응변적인 대응을 하는 편이다. | |
| A : 신중해서 타이밍을 놓치는 편이다.<br>B : 준비 부족으로 실패하는 편이다. | |
| A : 자신은 어떤 일에도 신중히 대응하는 편이다.<br>B : 순간적인 충동으로 활동하는 편이다. | |
| A : 시험을 볼 때 끝날 때까지 재검토하는 편이다.<br>B : 시험을 볼 때 한 번에 모든 것을 마치는 편이다. | |
| A : 일에 대해 계획표를 만들어 실행한다.<br>B : 일에 대한 계획표 없이 진행한다. | |

## (3) 의욕적인 측면

의욕적인 측면은 의욕의 정도, 활동력의 유무 등을 측정한다. 여기서의 의욕이란 우리들이 보통 말하고 사용하는 '하려는 의지'와는 조금 뉘앙스가 다르다. '하려는 의지'란 그 때의 환경이나 기분에 따라 변화하는 것이지만, 여기에서는 조금 더 변화하기 어려운 특징, 말하자면 정신적 에너지의 양으로 측정하는 것이다.

의욕적 측면은 행동적 측면과는 다르고, 전반적으로 어느 정도 점수가 높은 쪽을 선호한다. 모의검사의 의욕적 측면의 결과가 낮다면, 평소 일에 몰두할 때 조금 의욕 있는 자세를 가지고 서서히 개선하도록 노력해야 한다.

① 달성의욕 … 목적의식을 가지고 높은 이상을 가지고 있는지를 측정한다.

| 질문 | 선택 |
|---|---|
| A : 경쟁심이 강한 편이다.<br>B : 경쟁심이 약한 편이다. | |
| A : 어떤 한 분야에서 제1인자가 되고 싶다고 생각한다.<br>B : 어느 분야에서든 성실하게 임무를 진행하고 싶다고 생각한다. | |
| A : 규모가 큰 일을 해보고 싶다.<br>B : 맡은 일에 충실히 임하고 싶다. | |
| A : 아무리 노력해도 실패한 것은 아무런 도움이 되지 않는다.<br>B : 가령 실패했을 지라도 나름대로의 노력이 있었으므로 괜찮다. | |
| A : 높은 목표를 설정하여 수행하는 것이 의욕적이다.<br>B : 실현 가능한 정도의 목표를 설정하는 것이 의욕적이다. | |

> ▶측정결과
>
> ㉠ 'A'가 많은 경우 : 큰 목표와 높은 이상을 가지고 승부욕이 강한 편이다.
> - 면접관의 심리 : '열심히 일을 해줄 것 같은 유형이다.'
> - 면접대책 : 달성의욕이 높다는 것은 어떤 직종이라도 플러스 평가가 된다.
> ㉡ 'B'가 많은 경우 : 현재의 생활을 소중하게 여기고 비약적인 발전을 위해 기를 쓰지 않는다.
> - 면접관의 심리 : '외부의 압력에 약하고, 기획입안 등을 하기 어려울 것이다.'
> - 면접대책 : 일을 통하여 하고 싶은 것들을 구체적으로 어필한다.

② **활동의욕** … 자신에게 잠재된 에너지의 크기로, 정신적인 측면의 활동력이라 할 수 있다.

| 질문 | 선택 |
|---|---|
| A : 하고 싶은 일을 실행으로 옮기는 편이다.<br>B : 하고 싶은 일을 좀처럼 실행할 수 없는 편이다. | |
| A : 어려운 문제를 해결해 가는 것이 좋다.<br>B : 어려운 문제를 해결하는 것을 잘하지 못한다. | |
| A : 일반적으로 결단이 빠른 편이다.<br>B : 일반적으로 결단이 느린 편이다. | |
| A : 곤란한 상황에도 도전하는 편이다.<br>B : 사물의 본질을 깊게 관찰하는 편이다. | |
| A : 시원시원하다는 말을 잘 듣는다.<br>B : 꼼꼼하다는 말을 잘 듣는다. | |

> ▶측정결과
>
> ㉠ 'A'가 많은 경우 : 꾸물거리는 것을 싫어하고 재빠르게 결단해서 행동하는 타입이다.
> - 면접관의 심리 : '일을 처리하는 솜씨가 좋고, 일을 척척 진행할 수 있을 것 같다.'
> - 면접대책 : 활동의욕이 높은 것은 플러스 평가가 된다. 사교성이나 활동성이 강하다는 인상을 준다.
> ㉡ 'B'가 많은 경우 : 안전하고 확실한 방법을 모색하고 차분하게 시간을 아껴서 일에 임하는 타입이다.
> - 면접관의 심리 : '재빨리 행동을 못하고, 일의 처리속도가 느린 것이 아닐까?'
> - 면접대책 : 활동성이 있는 것을 좋아하고 움직임이 더디다는 인상을 주지 않도록 한다.

 **성격의 유형**

## (1) 인성검사유형의 4가지 척도

정서적인 측면, 행동적인 측면, 의욕적인 측면의 요소들은 성격 특성이라는 관점에서 제시된 것들로 각 개인의 장·단점을 파악하는 데 유용하다. 그러나 전체적인 개인의 인성을 이해하는 데는 한계가 있다. 성격의 유형은 개인의 '성격적인 특색'을 가리키는 것으로, 사회인으로서 적합한지, 아닌지를 말하는 관점과는 관계가 없다. 따라서 채용의 합격 여부에는 사용되지 않는 경우가 많으며, 입사 후의 적정 부서 배치의 자료가 되는 편이라 생각하면 된다. 그러나 채용과 관계가 없다고 해서 아무런 준비도 필요없는 것은 아니다. 자신을 아는 것은 면접 대책의 밑거름이 되므로 모의검사 결과를 충분히 활용하도록 하여야 한다.

본서에서는 4개의 척도를 사용하여 기본적으로 16개의 패턴으로 성격의 유형을 분류하고 있다. 각 개인의 성격이 어떤 유형인지 재빨리 파악하기 위해 사용되며, '적성'에 맞는지, 맞지 않는지의 관점에 활용된다.

- 흥미·관심의 방향 : 내향형 ←──────→ 외향형
- 사물에 대한 견해 : 직관형 ←──────→ 감각형
- 판단하는 방법 : 감정형 ←──────→ 사고형
- 환경에 대한 접근방법 : 지각형 ←──────→ 판단형

## (2) 성격유형

① **흥미·관심의 방향**(내향⇋외향) … 흥미·관심의 방향이 자신의 내면에 있는지, 주위환경 등 외면에 향하는 지를 가리키는 척도이다.

| 질문 | 선택 |
|---|---|
| A : 내성적인 성격인 편이다.<br>B : 개방적인 성격인 편이다. | |
| A : 항상 신중하게 생각을 하는 편이다.<br>B : 바로 행동에 착수하는 편이다. | |
| A : 수수하고 조심스러운 편이다.<br>B : 자기표현력이 강한 편이다. | |
| A : 다른 사람과 함께 있으면 침착하지 않다.<br>B : 혼자서 있으면 침착하지 않다. | |

▶**측정결과**
  ㉠ **'A'가 많은 경우(내향)** : 관심의 방향이 자기 내면에 있으며, 조용하고 낯을 가리는 유형이다. 행동력은 부족하나 집중력이 뛰어나고 신중하고 꼼꼼하다.
  ㉡ **'B'가 많은 경우(외향)** : 관심의 방향이 외부환경에 있으며, 사교적이고 활동적인 유형이다. 꼼꼼함이 부족하여 대충하는 경향이 있으나 행동력이 있다.

② **일(사물)을 보는 방법(직감↹감각)** … 일(사물)을 보는 법이 직감적으로 형식에 얽매이는지, 감각적으로 상식적인지를 가리키는 척도이다.

| 질문 | 선택 |
|---|---|
| A : 현실주의적인 편이다.<br>B : 상상력이 풍부한 편이다. | |
| A : 정형적인 방법으로 일을 처리하는 것을 좋아한다.<br>B : 만들어진 방법에 변화가 있는 것을 좋아한다. | |
| A : 경험에서 가장 적합한 방법으로 선택한다.<br>B : 지금까지 없었던 새로운 방법을 개척하는 것을 좋아한다. | |
| A : 성실하다는 말을 듣는다.<br>B : 호기심이 강하다는 말을 듣는다. | |

▶**측정결과**
  ㉠ **'A'가 많은 경우(감각)** : 현실적이고 경험주의적이며 보수적인 유형이다.
  ㉡ **'B'가 많은 경우(직관)** : 새로운 주제를 좋아하며, 독자적인 시각을 가진 유형이다.

③ **판단하는 방법(감정↹사고)** … 일을 감정적으로 판단하는지, 논리적으로 판단하는지를 가리키는 척도이다.

| 질문 | 선택 |
|---|---|
| A : 인간관계를 중시하는 편이다.<br>B : 일의 내용을 중시하는 편이다. | |
| A : 결론을 자기의 신념과 감정에서 이끌어내는 편이다.<br>B : 결론을 논리적 사고에 의거하여 내리는 편이다. | |
| A : 다른 사람보다 동정적이고 눈물이 많은 편이다.<br>B : 다른 사람보다 이성적이고 냉정하게 대응하는 편이다. | |
| A : 머리로는 이해해도 심정상 받아들일 수 없을 때가 있다.<br>B : 마음은 알지만 받아들일 수 없을 때가 있다. | |



▶측정결과

　㉠ 'A'가 많은 경우(감정) : 일을 판단할 때 마음·감정을 중요하게 여기는 유형이다. 감정이 풍부하고 친절하나 엄격함이 부족하고 우유부단하며, 합리성이 부족하다.

　㉡ 'B'가 많은 경우(사고) : 일을 판단할 때 논리성을 중요하게 여기는 유형이다. 이성적이고 합리적이나 타인에 대한 배려가 부족하다.

④ **환경에 대한 접근방법** … 주변상황에 어떻게 접근하는지, 그 판단기준을 어디에 두는지를 측정한다.

| 질문 | 선택 |
|---|---|
| A : 사전에 계획을 세우지 않고 행동한다.<br>B : 반드시 계획을 세우고 그것에 의거해서 행동한다. | |
| A : 자유롭게 행동하는 것을 좋아한다.<br>B : 조직적으로 행동하는 것을 좋아한다. | |
| A : 조직성이나 관습에 속박당하지 않는다.<br>B : 조직성이나 관습을 중요하게 여긴다. | |
| A : 계획 없이 낭비가 심한 편이다.<br>B : 예산을 세워 물건을 구입하는 편이다. | |

▶측정결과

　㉠ 'A'가 많은 경우(지각) : 일의 변화에 융통성을 가지고 유연하게 대응하는 유형이다. 낙관적이며 질서보다는 자유를 좋아하나 임기응변식의 대응으로 무계획적인 인상을 줄 수 있다.

　㉡ 'B'가 많은 경우(판단) : 일의 진행시 계획을 세워서 실행하는 유형이다. 순차적으로 진행하는 일을 좋아하고 끈기가 있으나 변화에 대해 적절하게 대응하지 못하는 경향이 있다.

**(3) 성격유형의 판정**

성격유형은 합격 여부의 판정보다는 배치를 위한 자료로써 이용된다. 즉, 기업은 입사시험단계에서 입사 후에도 사용할 수 있는 정보를 입수하고 있다는 것이다. 성격검사에서는 어느 척도가 얼마나 고득점이었는지에 주시하고 각각의 측면에서 반드시 하나씩 고르고 편성한다. 편성은 모두 16가지가 되나 각각의 측면을 더 세분하면 200가지 이상의 유형이 나온다.

여기에서는 16가지 편성을 제시한다. 성격검사에 어떤 정보가 게재되어 있는지를 이해하면서 자기의 성격유형을 파악하기 위한 실마리로 활용하도록 한다.

① 내향 – 직관 – 감정 – 지각(TYPE A)

관심이 내면에 향하고 조용하고 소극적이다. 사물에 대한 견해는 새로운 것에 대해 호기심이 강하고, 독창적이다. 감정은 좋아하는 것과 싫어하는 것의 판단이 확실하고, 감정이 풍부하고 따뜻한 느낌이 있는 반면, 합리성이 부족한 경향이 있다. 환경에 접근하는 방법은 순응적이고 상황의 변화에 대해 유연하게 대응하는 것을 잘한다.

② 내향 – 직관 – 감정 – 사고(TYPE B)

관심이 내면으로 향하고 조용하고 쑥쓰러움을 잘 타는 편이다. 사물을 보는 관점은 독창적이며, 자기 나름대로 궁리하며 생각하는 일이 많다. 좋고 싫음으로 판단하는 경향이 강하고 타인에게는 친절한 반면, 우유부단하기 쉬운 편이다. 환경 변화에 대해 유연하게 대응하는 것을 잘한다.

③ 내향 – 직관 – 사고 – 지각(TYPE C)

관심이 내면으로 향하고 얌전하고 교제범위가 좁다. 사물을 보는 관점은 독창적이며, 현실에서 먼 추상적인 것을 생각하기를 좋아한다. 논리적으로 생각하고 판단하는 경향이 강하고 이성적이지만, 남의 감정에 대해서는 무반응인 경향이 있다. 환경의 변화에 순응적이고 융통성 있게 임기응변으로 대응할 수가 있다.

④ 내향 – 직관 – 사고 – 판단(TYPE D)

관심이 내면으로 향하고 주의깊고 신중하게 행동을 한다. 사물을 보는 관점은 독창적이며 논리를 좋아해서 이치를 따지는 경향이 있다. 논리적으로 생각하고 판단하는 경향이 강하고, 객관적이지만 상대방의 마음에 대한 배려가 부족한 경향이 있다. 환경에 대해서는 순응하는 것보다 대응하며, 한 번 정한 것은 끈질기게 행동하려 한다.

⑤ 내향 – 감각 – 감정 – 지각(TYPE E)

관심이 내면으로 향하고 조용하며 소극적이다. 사물을 보는 관점은 상식적이고 그대로의 것을 좋아하는 경향이 있다. 좋음과 싫음으로 판단하는 경향이 강하고 타인에 대해서 동정심이 많은 반면, 엄격한 면이 부족한 경향이 있다. 환경에 대해서는 순응적이고, 예측할 수 없다해도 태연하게 행동하는 경향이 있다.

⑥ 내향 - 감각 - 감정 - 판단(TYPE F)

관심이 내면으로 향하고 얌전하며 쑥쓰러움을 많이 탄다. 사물을 보는 관점은 상식적이고 논리적으로 생각하는 것보다도 경험을 중요시하는 경향이 있다. 좋고 싫음으로 판단하는 경향이 강하고 사람이 좋은 반면, 개인적 취향이나 소원에 영향을 받는 일이 많은 경향이 있다. 환경에 대해서는 영향을 받지 않고, 자기 페이스 대로 꾸준히 성취하는 일을 잘한다.

⑦ 내향 - 감각 - 사고 - 지각(TYPE G)

관심이 내면으로 향하고 얌전하고 교제범위가 좁다. 사물을 보는 관점은 상식적인 동시에 실천적이며, 틀에 박힌 형식을 좋아한다. 논리적으로 판단하는 경향이 강하고 침착하지만 사람에 대해서는 엄격하여 차가운 인상을 주는 일이 많다. 환경에 대해서 순응적이고, 계획적으로 행동하지 않으며 자유로운 행동을 좋아하는 경향이 있다.

⑧ 내향 - 감각 - 사고 - 판단(TYPE H)

관심이 내면으로 향하고 주의 깊고 신중하게 행동을 한다. 사물을 보는 관점이 상식적이고 새롭고 경험하지 못한 일에 대응을 잘 하지 못한다. 논리적으로 생각하고 판단하는 경향이 강하고, 공평하지만 상대방의 감정에 대해 배려가 부족할 때가 있다. 환경에 대해서는 작용하는 편이고, 질서 있게 행동하는 것을 좋아한다.

⑨ 외향 - 직관 - 감정 - 지각(TYPE I)

관심이 외향으로 향하고 밝고 활동적이며 교제범위가 넓다. 사물을 보는 관점은 독창적이고 호기심이 강하며 새로운 것을 생각하는 것을 좋아한다. 좋음 싫음으로 판단하는 경향이 강하다. 사람은 좋은 반면 개인적 취향이나 소원에 영향을 받는 일이 많은 편이다.

⑩ 외향 - 직관 - 감정 - 판단(TYPE J)

관심이 외향으로 향하고 개방적이며 누구와도 쉽게 친해질 수 있다. 사물을 보는 관점은 독창적이고 자기 나름대로 궁리하고 생각하는 면이 많다. 좋음과 싫음으로 판단하는 경향이 강하고, 타인에 대해 동정적이기 쉽고 엄격함이 부족한 경향이 있다. 환경에 대해서는 작용하는 편이고 질서 있는 행동을 하는 것을 좋아한다.

⑪ 외향 - 직관 - 사고 - 지각(TYPE K)

관심이 외향으로 향하고 태도가 분명하며 활동적이다. 사물을 보는 관점은 독창적이고 현실과 거리가 있는 추상적인 것을 생각하는 것을 좋아한다. 논리적으로 생각하고 판단하는 경향이 강하고, 공평하지만 상대에 대한 배려가 부족할 때가 있다.

⑫ 외향 - 직관 - 사고 - 판단(TYPE L)

관심이 외향으로 향하고 밝고 명랑한 성격이며 사교적인 것을 좋아한다. 사물을 보는 관점은 독창적이고 논리적인 것을 좋아하기 때문에 이치를 따지는 경향이 있다. 논리적으로 생각하고 판단하는 경향이 강하고 침착성이 뛰어나지만 사람에 대해서 엄격하고 차가운 인상을 주는 경우가 많다. 환경에 대해 작용하는 편이고 계획을 세우고 착실하게 실행하는 것을 좋아한다.

⑬ **외향 – 감각 – 감정 – 지각(TYPE M)**

관심이 외향으로 향하고 밝고 활동적이고 교제범위가 넓다. 사물을 보는 관점은 상식적이고 종래대로 있는 것을 좋아한다. 보수적인 경향이 있고 좋아함과 싫어함으로 판단하는 경향이 강하며 타인에게는 친절한 반면, 우유부단한 경우가 많다. 환경에 대해 순응적이고, 융통성이 있고 임기응변으로 대응할 가능성이 높다.

⑭ **외향 – 감각 – 감정 – 판단(TYPE N)**

관심이 외향으로 향하고 개방적이며 누구와도 쉽게 대면할 수 있다. 사물을 보는 관점은 상식적이고 논리적으로 생각하기보다는 경험을 중시하는 편이다. 좋아함과 싫어함으로 판단하는 경향이 강하고 감정이 풍부하며 따뜻한 느낌이 있는 반면에 합리성이 부족한 경우가 많다. 환경에 대해서 작용하는 편이고, 한 번 결정한 것은 끈질기게 실행하려고 한다.

⑮ **외향 – 감각 – 사고 – 지각(TYPE O)**

관심이 외향으로 향하고 시원한 태도이며 활동적이다. 사물을 보는 관점이 상식적이며 동시에 실천적이고 명백한 형식을 좋아하는 경향이 있다. 논리적으로 생각하고 판단하는 경향이 강하고, 객관적이지만 상대 마음에 대해 배려가 부족한 경향이 있다.

⑯ **외향 – 감각 – 사고 – 판단(TYPE P)**

관심이 외향으로 향하고 밝고 명랑하며 사교적인 것을 좋아한다. 사물을 보는 관점은 상식적이고 경험하지 못한 새로운 것에 대응을 잘 하지 못한다. 논리적으로 생각하고 판단하는 경향이 강하고 이성적이지만 사람의 감정에 무심한 경향이 있다. 환경에 대해서는 작용하는 편이고, 자기 페이스대로 꾸준히 성취하는 것을 잘한다.


## ④ 인성검사의 대책

### (1) 미리 알아두어야 할 점

① **출제문항 수** … 인성검사의 출제문항 수는 특별히 정해진 것이 아니며 각 기관의 기준에 따라 달라질 수 있다. 보통 350문항 이상에서 600문항까지 출제된다고 예상하면 된다.

② 출제형식

㉠ '예' 아니면 '아니오'의 형식

> 다음 문항을 읽고 자신에게 해당되는지 안 되는지를 판단하여 해당될 경우 '예'를, 해당되지 않을 경우 '아니오'를 고르시오.

| 질문 | 예 | 아니오 |
| --- | --- | --- |
| 1. 자신의 생각이나 의견은 좀처럼 변하지 않는다. | ○ | |
| 2. 구입한 후 끝까지 읽지 않은 책이 많다. | | ○ |

> 다음 문항에 대해서 평소에 자신이 생각하고 있는 것이나 행동하고 있는 것에 ○표를 하시오.

| 질문 | 그렇다 | 약간 그렇다 | 그저 그렇다 | 별로 그렇지 않다 | 그렇지 않다 |
| --- | --- | --- | --- | --- | --- |
| 1. 시간에 쫓기는 것이 싫다. | | ○ | | | |
| 2. 여행가기 전에 계획을 세운다 | | | ○ | | |

㉡ A와 B의 선택형식

> A와 B에 주어진 문장을 읽고 자신에게 해당되는 것을 고르시오.

| 질문 | 선택 |
| --- | --- |
| A : 걱정거리가 있어서 잠을 못 잘 때가 있다. | ( ○ ) |
| B : 걱정거리가 있어도 잠을 잘 잔다. | ( ) |

## (2) 임하는 자세

① 솔직하게 있는 그대로 표현한다 … 인성검사는 평범한 일상생활 내용들을 다룬 짧은 문장과 어떤 대상이나 일에 대한 선로를 선택하는 문장으로 구성되었으므로 평소에 자신이 생각한 바를 너무 골똘히 생각하지 말고 문제를 보는 순간 떠오른 것을 표현한다.

② 모든 문제를 신속하게 대답한다 … 인성검사는 시간 제한이 없는 것이 원칙이지만 기업체들은 일정한 시간 제한을 두고 있다. 인성검사는 개인의 성격과 자질을 알아보기 위한 검사이기 때문에 정답이 없다. 다만, 기업체에서 바람직하게 생각하거나 기대되는 결과가 있을 뿐이다. 따라서 시간에 쫓겨서 대충 대답을 하는 것은 바람직하지 못하다.

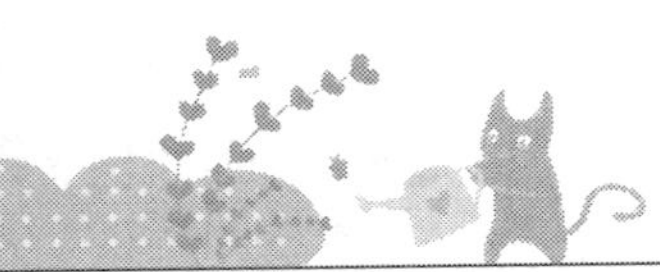

## (3) 공략비법

### 일관성 있는 답변이 중요하다

구직자 중에는 기업이 원하는 인재상, 직무에 요구되는 역량에 이미지를 맞추어 놓고 인위적인 답을 표시하며 검사를 실시하는 경우가 있다. 하지만 대부분의 인성검사에서는 허위성 척도를 두고 있다. 따라서 지나치게 좋은 성격을 생각해 답하다 보면 오히려 일관성 없는 답을 했다는 것이 드러난다. 대부분의 인성검사는 비슷한 뜻의 다른 질문들이 여러 개 숨어 있다. 하지만 질문들은 특별한 규칙 없이 제시되고 제한된 시간에 비해 많은 질문에 답해야 하므로 이를 간파하여 정확히 답변하기란 어려운 일이다. 따라서 비슷한 의미의 다른 질문에 일정한 대답을 하기란 불가능하다고 할 수 있다. 따라서 솔직하게 답변하는 것이 중요하다. 하지만 만약 자신의 생각과 다르거나 답을 하기 애매한 질문이 많은 경우 시간을 지체하기보다 시험을 보는 중 미리 표시를 해두고 다시 비슷한 문제가 나왔을 때 일관되게 체크하는 것도 하나의 요령이다.

### 극단적인 답은 피하자

극단적인 성향을 가진 구직자는 채용과정에서 배제되는 것이 일반적이다. 주의할 것은 너무 좋은 쪽의 경우도 마찬가지라는 것이다. 인성검사는 딱히 정해진 답이 있는 것이 아니며 반영도에 따라 다르게 나타나기 때문에 점수가 아닌 등급으로 나타나는 경우가 많다. 따라서 점수가 높은 것이 무조건 좋은 평가를 받는 것도, 점수가 낮은 것이 나쁜 평가를 받는 것이 아니다. 오히려 극단적인 성향을 가진 사람은 배제된다. 예를 들어 '적극성'을 표시하는 척도의 점수가 매우 높은 경우 오히려 조직원들 사이의 화합을 방해하고 자기방식대로 업무를 처리할 우려가 있다는 평가를 받을 수 있어 반드시 높은 점수가 합격을 보장해 주는 것은 아님을 염두에 두어야 한다.

### '대체로' '가끔' 등의 수식어

'대체로' '종종' '가끔' '항상' '대개' 등의 수식어는 대부분의 인성검사에서 자주 등장한다. 이러한 수식어가 붙은 질문을 접했을 때 구직자들은 조금 고민하게 된다. 하지만 아직 답해야 할 질문들이 많음을 염두에 두자. 다만, 앞에서 '가끔' '때때로'라는 수식어가 붙은 질문이 나온다면 뒤에는 '항상' '대체로'의 수식어가 붙은 내용은 똑같은 질문이 이어지는 경우가 많다. 따라서 자주 사용되는 수식어를 적절히 구분할 줄 알아야 한다.

인성검사의 질문에는 허구성 척도를 측정하기 위한 질문이 숨어있음을 유념해야 한다. 예를 들어 '나는 지금까지 거짓말을 한 적이 없다.' '나는 한 번도 화를 낸 적이 없다.' '나는 남을 헐뜯거나 비난한 적이 한 번도 없다.' 이러한 질문이 있다고 하자. 상식적으로 보통 누구나 태어나서 한번은 거짓말을 한 경험은 있을 것이며 화를 낸 경우도 있을 것이다. 또한 대부분의 구직자가 자신을 좋은 인상으로 포장하는 것도 자연스러운 일이다. 따라서 허구성을 측정하는 질문에 다소 거짓으로 '그렇다'라고 답하는 것은 전혀 문제가 되지 않는다. 하지만 지나치게 좋은 성격을 염두에 두고 허구성을 측정하는 질문에 전부 '그렇다'고 대답을 한다면 허구성 척도의 득점이 극단적으로 높아지며 이는 검사항목전체에서 구직자의 성격이나 특성이 반영되지 않았음을 나타내 불성실한 답변으로 신뢰성이 의심받게 되는 것이다.

다시 한 번 인성검사의 문항은 각 개인의 특성을 알아보고자 하는 것으로 절대적으로 옳거나 틀린 답이 없으므로 결과를 지나치게 의식하여 솔직하게 응답하지 않으면 과장 반응으로 분류될 수 있음을 기억하자.

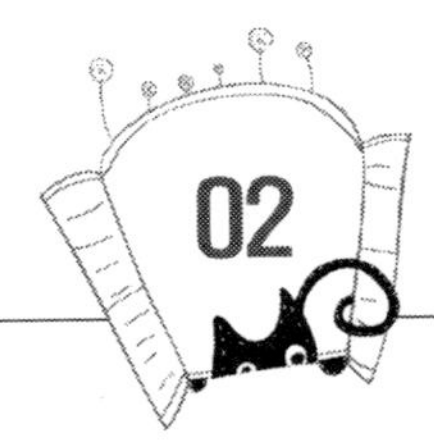

# 02 인성검사 예시

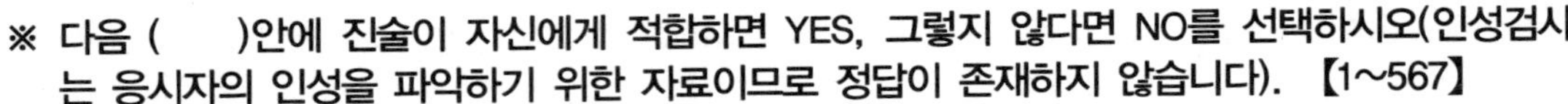

※ 다음 (    )안에 진술이 자신에게 적합하면 YES, 그렇지 않다면 NO를 선택하시오(인성검사
　는 응시자의 인성을 파악하기 위한 자료이므로 정답이 존재하지 않습니다). 【1~567】

YES　NO

1. 사람들이 붐비는 도시보다 한적한 시골이 좋다. ·······( 　 )( 　 )
2. 전자기기를 잘 다루지 못하는 편이다. ·······( 　 )( 　 )
3. 인생에 대해 깊이 생각해 본 적이 없다. ·······( 　 )( 　 )
4. 혼자서 식당에 들어가는 것은 전혀 두려운 일이 아니다. ·······( 　 )( 　 )
5. 남녀 사이의 연애에서 중요한 것은 돈이다. ·······( 　 )( 　 )
6. 걸음걸이가 빠른 편이다. ·······( 　 )( 　 )
7. 육류보다 채소류를 더 좋아한다. ·······( 　 )( 　 )
8. 소곤소곤 이야기하는 것을 보면 자기에 대해 험담하고 있는 것으로 생각된다. ···( 　 )( 　 )
9. 여럿이 어울리는 자리에서 이야기를 주도하는 편이다. ·······( 　 )( 　 )
10. 집에 머무는 시간보다 밖에서 활동하는 시간이 더 많은 편이다. ·······( 　 )( 　 )
11. 무엇인가 창조해내는 작업을 좋아한다. ·······( 　 )( 　 )
12. 자존심이 강하다고 생각한다. ·······( 　 )( 　 )
13. 금방 흥분하는 성격이다. ·······( 　 )( 　 )
14. 거짓말을 한 적이 많다. ·······( 　 )( 　 )
15. 신경질적인 편이다. ·······( 　 )( 　 )
16. 끙끙대며 고민하는 타입이다. ·······( 　 )( 　 )
17. 자신이 맡은 일에 반드시 책임을 지는 편이다. ·······( 　 )( 　 )
18. 누군가와 마주하는 것보다 통화로 이야기하는 것이 더 편하다. ·······( 　 )( 　 )
19. 운동신경이 뛰어난 편이다. ·······( 　 )( 　 )
20. 생각나는 대로 말해버리는 편이다. ·······( 　 )( 　 )
21. 싫어하는 사람이 없다. ·······( 　 )( 　 )
22. 학창시절 국·영·수보다는 예체능 과목을 더 좋아했다. ·······( 　 )( 　 )
23. 쓸데없는 고생을 하는 일이 많다. ·······( 　 )( 　 )

YES  NO

24. 자주 생각이 바뀌는 편이다. ……………………………………………………( )( )

25. 갈등은 대화로 해결한다. ………………………………………………………( )( )

26. 내 방식대로 일을 한다. ………………………………………………………( )( )

27. 영화를 보고 운 적이 많다. ……………………………………………………( )( )

28. 어떤 것에 대해서도 화낸 적이 없다. …………………………………………( )( )

29. 좀처럼 아픈 적이 없다. ………………………………………………………( )( )

30. 자신은 도움이 안 되는 사람이라고 생각한다. ………………………………( )( )

31. 어떤 일이든 쉽게 싫증을 내는 편이다. ………………………………………( )( )

32. 개성적인 사람이라고 생각한다. ………………………………………………( )( )

33. 자기주장이 강한 편이다. ………………………………………………………( )( )

34. 뒤숭숭하다는 말을 들은 적이 있다. …………………………………………( )( )

35. 인터넷 사용이 아주 능숙하다. …………………………………………………( )( )

36. 사람들과 관계 맺는 것을 보면 잘하지 못한다. ………………………………( )( )

37. 사고방식이 독특하다. …………………………………………………………( )( )

38. 대중교통보다는 걷는 것을 더 선호한다. ……………………………………( )( )

39. 끈기가 있는 편이다. ……………………………………………………………( )( )

40. 신중한 편이라고 생각한다. ……………………………………………………( )( )

41. 인생의 목표는 큰 것이 좋다. …………………………………………………( )( )

42. 어떤 일이라도 바로 시작하는 타입이다. ……………………………………( )( )

43. 낯가림을 하는 편이다. …………………………………………………………( )( )

44. 생각하고 나서 행동하는 편이다. ………………………………………………( )( )

45. 쉬는 날은 밖으로 나가는 경우가 많다. ………………………………………( )( )

46. 시작한 일은 반드시 완성시킨다. ………………………………………………( )( )

47. 면밀한 계획을 세운 여행을 좋아한다. ………………………………………( )( )

48. 야망이 있는 편이라고 생각한다. ………………………………………………( )( )

49. 활동력이 있는 편이다. …………………………………………………………( )( )

50. 많은 사람들과 왁자지껄하게 식사하는 것을 좋아하지 않는다. ……………( )( )

51. 장기적인 계획을 세우는 것을 꺼려한다. ……………………………………( )( )

YES  NO

52. 자기 일이 아닌 이상 무심한 편이다. ······················································(   )(   )

53. 하나의 취미에 열중하는 타입이다. ······················································(   )(   )

54. 스스로 모임에서 회장에 어울린다고 생각한다. ·································(   )(   )

55. 입신출세의 성공이야기를 좋아한다. ····················································(   )(   )

56. 어떠한 일도 의욕을 가지고 임하는 편이다. ·····································(   )(   )

57. 학급에서는 존재가 희미했다. ······························································(   )(   )

58. 항상 무언가를 생각하고 있다. ······························································(   )(   )

59. 스포츠는 보는 것보다 하는 게 좋다. ·················································(   )(   )

60. 문제 상황을 바르게 인식하고 현실적이고 객관적으로 대처한다. ·····(   )(   )

61. 흐린 날은 반드시 우산을 가지고 간다. ·············································(   )(   )

62. 여러 명보다 1 : 1로 대화하는 것을 선호한다. ·································(   )(   )

63. 공격하는 타입이라고 생각한다. ··························································(   )(   )

64. 리드를 받는 편이다. ············································································(   )(   )

65. 너무 신중해서 기회를 놓친 적이 있다. ·············································(   )(   )

66. 시원시원하게 움직이는 타입이다. ······················································(   )(   )

67. 야근을 해서라도 업무를 끝낸다. ························································(   )(   )

68. 누군가를 방문할 때는 반드시 사전에 확인한다. ·······························(   )(   )

69. 아무리 노력해도 결과가 따르지 않는다면 의미가 없다. ···················(   )(   )

70. 솔직하고 타인에 대해 개방적이다. ····················································(   )(   )

71. 유행에 둔감하다고 생각한다. ······························································(   )(   )

72. 정해진 대로 움직이는 것은 시시하다. ···············································(   )(   )

73. 꿈을 계속 가지고 있고 싶다. ······························································(   )(   )

74. 질서보다 자유를 중요시하는 편이다. ·················································(   )(   )

75. 혼자서 취미에 몰두하는 것을 좋아한다. ···········································(   )(   )

76. 직관적으로 판단하는 편이다. ······························································(   )(   )

77. 영화나 드라마를 보며 등장인물의 감정에 이입된다. ·······················(   )(   )

78. 시대의 흐름에 역행해서라도 자신을 관철하고 싶다. ·······················(   )(   )

79. 다른 사람의 소문에 관심이 없다. ······················································(   )(   )

80. 창조적인 편이다. ……………………………………………………………( 　)( 　)

81. 비교적 눈물이 많은 편이다. …………………………………………………( 　)( 　)

82. 융통성이 있다고 생각한다. ……………………………………………………( 　)( 　)

83. 친구의 휴대전화 번호를 잘 모른다. …………………………………………( 　)( 　)

84. 스스로 고안하는 것을 좋아한다. ……………………………………………( 　)( 　)

85. 정이 두터운 사람으로 남고 싶다. ……………………………………………( 　)( 　)

86. 새로 나온 전자제품의 사용방법을 익히는 데 오래 걸린다. …………………( 　)( 　)

87. 세상의 일에 별로 관심이 없다. ………………………………………………( 　)( 　)

88. 변화를 추구하는 편이다. ………………………………………………………( 　)( 　)

89. 업무는 인간관계로 선택한다. …………………………………………………( 　)( 　)

90. 환경이 변하는 것에 구애되지 않는다. ………………………………………( 　)( 　)

91. 다른 사람들에게 첫인상이 좋다는 이야기를 자주 듣는다. …………………( 　)( 　)

92. 인생은 살 가치가 없다고 생각한다. …………………………………………( 　)( 　)

93. 의지가 약한 편이다. ……………………………………………………………( 　)( 　)

94. 다른 사람이 하는 일에 별로 관심이 없다. …………………………………( 　)( 　)

95. 자주 넘어지거나 다치는 편이다. ……………………………………………( 　)( 　)

96. 심심한 것을 못 참는다. ………………………………………………………( 　)( 　)

97. 다른 사람을 욕한 적이 한 번도 없다. ………………………………………( 　)( 　)

98. 몸이 아프더라도 병원에 잘 가지 않는 편이다. ……………………………( 　)( 　)

99. 금방 낙심하는 편이다. …………………………………………………………( 　)( 　)

100. 평소 말이 빠른 편이다. ………………………………………………………( 　)( 　)

101. 어려운 일은 되도록 피하는 게 좋다. ………………………………………( 　)( 　)

102. 다른 사람이 내 의견에 간섭하는 것이 싫다. ………………………………( 　)( 　)

103. 낙천적인 편이다. ………………………………………………………………( 　)( 　)

104. 남을 돕다가 오해를 산 적이 있다. …………………………………………( 　)( 　)

105. 모든 일에 준비성이 철저한 편이다. …………………………………………( 　)( 　)

106. 상냥하다는 말을 들은 적이 있다. ……………………………………………( 　)( 　)

107. 맑은 날보다 흐린 날을 더 좋아한다. ………………………………………( 　)( 　)

YES　NO

108. 많은 친구들을 만나는 것보다 단 둘이 만나는 것이 더 좋다. ·····( 　)( 　)

109. 평소에 불평불만이 많은 편이다. ·····( 　)( 　)

110. 가끔 나도 모르게 엉뚱한 행동을 하는 때가 있다. ·····( 　)( 　)

111. 생리현상을 잘 참지 못하는 편이다. ·····( 　)( 　)

112. 다른 사람을 기다리는 경우가 많다. ·····( 　)( 　)

113. 술자리나 모임에 억지로 참여하는 경우가 많다. ·····( 　)( 　)

114. 결혼과 연애는 별개라고 생각한다. ·····( 　)( 　)

115. 노후에 대해 걱정이 될 때가 많다. ·····( 　)( 　)

116. 잃어버린 물건은 쉽게 찾는 편이다. ·····( 　)( 　)

117. 비교적 쉽게 감격하는 편이다. ·····( 　)( 　)

118. 어떤 것에 대해서는 불만을 가진 적이 없다. ·····( 　)( 　)

119. 걱정으로 밤에 못 잘 때가 많다. ·····( 　)( 　)

120. 자주 후회하는 편이다. ·····( 　)( 　)

121. 쉽게 학습하지만 쉽게 잊어버린다. ·····( 　)( 　)

122. 낮보다 밤에 일하는 것이 좋다. ·····( 　)( 　)

123. 많은 사람 앞에서도 긴장하지 않는다. ·····( 　)( 　)

124. 상대방에게 감정 표현을 하기가 어렵게 느껴진다. ·····( 　)( 　)

125. 인생을 포기하는 마음을 가진 적이 한 번도 없다. ·····( 　)( 　)

126. 규칙에 대해 드러나게 반발하기보다 속으로 반발한다. ·····( 　)( 　)

127. 자신의 언행에 대해 자주 반성한다. ·····( 　)( 　)

128. 활동범위가 좁아 늘 가던 곳만 고집한다. ·····( 　)( 　)

129. 나는 끈기가 다소 부족하다. ·····( 　)( 　)

130. 좋다고 생각하더라도 좀 더 검토하고 나서 실행한다. ·····( 　)( 　)

131. 위대한 인물이 되고 싶다. ·····( 　)( 　)

132. 한 번에 많은 일을 떠맡아도 힘들지 않다. ·····( 　)( 　)

133. 사람과 약속은 부담스럽다. ·····( 　)( 　)

134. 질문을 받으면 충분히 생각하고 나서 대답하는 편이다. ·····( 　)( 　)

135. 머리를 쓰는 것보다 땀을 흘리는 일이 좋다. ·····( 　)( 　)

136. 결정한 것에는 철저히 구속받는다. ·····································( 　)( 　)
137. 아무리 바쁘더라도 자기관리를 위한 운동을 꼭 한다. ··············( 　)( 　)
138. 이왕 할 거라면 일등이 되고 싶다. ·····································( 　)( 　)
139. 과감하게 도전하는 타입이다. ··········································( 　)( 　)
140. 자신은 사교적이 아니라고 생각한다. ·································( 　)( 　)
141. 무심코 도리에 대해서 말하고 싶어진다. ····························( 　)( 　)
142. 목소리가 큰 편이다. ···················································( 　)( 　)
143. 단념하기보다 실패하는 것이 낫다고 생각한다. ·····················( 　)( 　)
144. 예상하지 못한 일은 하고 싶지 않다. ·································( 　)( 　)
145. 파란만장하더라도 성공하는 인생을 살고 싶다. ·····················( 　)( 　)
146. 활기찬 편이라고 생각한다. ············································( 　)( 　)
147. 자신의 성격으로 고민한 적이 있다. ···································( 　)( 　)
148. 무심코 사람들을 평가 한다. ···········································( 　)( 　)
149. 때때로 성급하다고 생각한다. ··········································( 　)( 　)
150. 자신은 꾸준히 노력하는 타입이라고 생각한다. ·····················( 　)( 　)
151. 터무니없는 생각이라도 메모한다. ·····································( 　)( 　)
152. 리더십이 있는 사람이 되고 싶다. ·····································( 　)( 　)
153. 열정적인 사람이라고 생각한다. ·······································( 　)( 　)
154. 다른 사람 앞에서 이야기를 하는 것이 조심스럽다. ··················( 　)( 　)
155. 세심하기보다 통찰력이 있는 편이다. ·································( 　)( 　)
156. 엉덩이가 가벼운 편이다. ··············································( 　)( 　)
157. 여러 가지로 구애받는 것을 견디지 못한다. ·························( 　)( 　)
158. 돌다리도 두들겨 보고 건너는 쪽이 좋다. ····························( 　)( 　)
159. 자신에게는 권력욕이 있다. ············································( 　)( 　)
160. 자신의 능력보다 과중한 업무를 할당받으면 기쁘다. ················( 　)( 　)
161. 사색적인 사람이라고 생각한다. ·······································( 　)( 　)
162. 비교적 개혁적이다. ····················································( 　)( 　)
163. 좋고 싫음으로 정할 때가 많다. ········································( 　)( 　)

YES　NO

164. 전통에 얽매인 습관은 버리는 것이 적절하다. ·····················( 　)( 　)

165. 교제 범위가 좁은 편이다. ·······································( 　)( 　)

166. 발상의 전환을 할 수 있는 타입이라고 생각한다. ···············( 　)( 　)

167. 주관적인 판단으로 실수한 적이 있다. ···························( 　)( 　)

168. 현실적이고 실용적인 면을 추구한다. ···························( 　)( 　)

169. 타고난 능력에 의존하는 편이다. ·······························( 　)( 　)

170. 다른 사람을 의식하여 외모에 신경을 쓴다. ·····················( 　)( 　)

171. 마음이 담겨 있으면 선물은 아무 것이나 좋다. ···················( 　)( 　)

172. 여행은 내 마음대로 하는 것이 좋다. ···························( 　)( 　)

173. 추상적인 일에 관심이 있는 편이다. ···························( 　)( 　)

174. 큰일을 먼저 결정하고 세세한 일을 나중에 결정하는 편이다. ·······( 　)( 　)

175. 괴로워하는 사람을 보면 답답하다. ···························( 　)( 　)

176. 자신의 가치기준을 알아주는 사람은 아무도 없다. ···············( 　)( 　)

177. 인간성이 없는 사람과는 함께 일할 수 없다. ·····················( 　)( 　)

178. 상상력이 풍부한 편이라고 생각한다. ···························( 　)( 　)

179. 의리, 인정이 두터운 상사를 만나고 싶다. ·····················( 　)( 　)

180. 인생은 앞날을 알 수 없어 재미있다. ···························( 　)( 　)

181. 조직에서 분위기 메이커다. ···································( 　)( 　)

182. 반성하는 시간에 차라리 실수를 만회할 방법을 구상한다. ·········( 　)( 　)

183. 늘 하던 방식대로 일을 처리해야 마음이 편하다. ·················( 　)( 　)

184. 쉽게 이룰 수 있는 일에는 흥미를 느끼지 못한다. ···············( 　)( 　)

185. 좋다고 생각하면 바로 행동한다. ·······························( 　)( 　)

186. 후배들은 무섭게 가르쳐야 따라온다. ···························( 　)( 　)

187. 한 번에 많은 일을 떠맡는 것이 부담스럽다. ·····················( 　)( 　)

188. 능력 없는 상사라도 진급을 위해 아부할 수 있다. ···············( 　)( 　)

189. 질문을 받으면 그때의 느낌으로 대답하는 편이다. ···············( 　)( 　)

190. 땀을 흘리는 것보다 머리를 쓰는 일이 좋다. ·····················( 　)( 　)

191. 단체 규칙에 그다지 구속받지 않는다. ···························( 　)( 　)

192. 물건을 자주 잃어버리는 편이다. ·····················································( )( )

193. 불만이 생기면 즉시 말해야 한다. ·····················································( )( )

194. 안전한 방법을 고르는 타입이다. ·····················································( )( )

195. 사교성이 많은 사람을 보면 부럽다. ·················································( )( )

196. 성격이 급한 편이다. ·········································································( )( )

197. 갑자기 중요한 프로젝트가 생기면 혼자서라도 야근할 수 있다. ···········( )( )

198. 내 인생에 절대로 포기하는 경우는 없다. ·········································( )( )

199. 예상하지 못한 일도 해보고 싶다. ·····················································( )( )

200. 평범하고 평온하게 행복한 인생을 살고 싶다. ···································( )( )

201. 상사의 부정을 눈감아 줄 수 있다. ···················································( )( )

202. 자신은 소극적이라고 생각하지 않는다. ············································( )( )

203. 이것저것 평하는 것이 싫다. ·····························································( )( )

204. 자신은 꼼꼼한 편이라고 생각한다. ···················································( )( )

205. 꾸준히 노력하는 것을 잘 하지 못한다. ·············································( )( )

206. 내일의 계획이 이미 머릿속에 계획되어 있다. ···································( )( )

207. 협동성이 있는 사람이 되고 싶다. ·····················································( )( )

208. 동료보다 돋보이고 싶다. ·································································( )( )

209. 다른 사람 앞에서 이야기를 잘한다. ·················································( )( )

210. 실행력이 있는 편이다. ·····································································( )( )

211. 계획을 세워야만 실천할 수 있다. ·····················································( )( )

212. 누구라도 나에게 싫은 소리를 하는 것은 듣기 싫다. ··························( )( )

213. 생각으로 끝나는 일이 많다. ·····························································( )( )

214. 피곤하더라도 웃으며 일하는 편이다. ···············································( )( )

215. 과중한 업무를 할당받으면 포기해버린다. ·········································( )( )

216. 상사가 지시한 일이 부당하면 업무를 하더라도 불만을 토로한다. ·······( )( )

217. 또래에 비해 보수적이다. ·································································( )( )

218. 자신에게 손해인지 이익인지를 생각하여 결정할 때가 많다. ···············( )( )

219. 전통적인 방식이 가장 좋은 방식이라고 생각한다. ····························( )( )

YES  NO

220. 때로는 친구들이 너무 많아 부담스럽다. ·····················································( )( )
221. 상식적인 판단을 할 수 있는 타입이라고 생각한다. ·························· ( )( )
222. 너무 객관적이라는 평가를 받는다. ·····················································( )( )
223. 안정적인 방법보다는 위험성이 높더라도 높은 이익을 추구한다. ··········( )( )
224. 타인의 아이디어를 도용하여 내 아이디어처럼 꾸민 적이 있다. ············( )( )
225. 조직에서 돋보이기 위해 준비하는 것이 있다. ···································( )( )
226. 선물은 상대방에게 필요한 것을 사줘야 한다. ···································( )( )
227. 나무보다 숲을 보는 것에 소질이 있다. ·············································( )( )
228. 때때로 자신을 지나치게 비하하기도 한다. ········································( )( )
229. 조직에서 있는 듯 없는 듯한 존재이다. ·············································( )( )
230. 다른 일을 제쳐두고 한 가지 일에 몰두한 적이 있다. ························( )( )
231. 가끔 다음 날 지장이 생길 만큼 술을 마신다. ···································( )( )
232. 같은 또래보다 개방적이다. ······························································( )( )
233. 사실 돈이면 안 될 것이 없다고 생각한다. ········································( )( )
234. 능력이 없더라도 공평하고 공적인 상사를 만나고 싶다. ·····················( )( )
235. 사람들이 자신을 비웃는다고 종종 여긴다. ········································( )( )
236. 내가 먼저 적극적으로 사람들과 관계를 맺는다. ·······························( )( )
237. 모임을 스스로 만들기보다 이끌려가는 것이 편하다. ·························( )( )
238. 몸을 움직이는 것을 좋아하지 않는다. ··············································( )( )
239. 꾸준한 취미를 갖고 있다. ································································( )( )
240. 때때로 나는 경솔한 편이라고 생각한다. ···········································( )( )
241. 때로는 목표를 세우는 것이 무의미하다고 생각한다. ·························( )( )
242. 어떠한 일을 시작하는데 많은 시간이 걸린다. ···································( )( )
243. 초면인 사람과도 바로 친해질 수 있다. ·············································( )( )
244. 일단 행동하고 나서 생각하는 편이다. ··············································( )( )
245. 여러 가지 일 중에서 쉬운 일을 먼저 시작하는 편이다. ····················( )( )
246. 마무리를 짓지 못해 포기하는 경우가 많다. ······································( )( )
247. 여행은 계획 없이 떠나는 것을 좋아한다. ·········································( )( )
248. 욕심이 없는 편이라고 생각한다. ······················································( )( )

YES   NO

249. 성급한 결정으로 후회한 적이 있다. ····································(   )(   )
250. 많은 사람들과 왁자지껄하게 식사하는 것을 좋아한다. ·················(   )(   )
251. 상대방의 잘못을 쉽게 용서하지 못한다. ······························(   )(   )
252. 주위 사람이 상처받는 것을 고려해 발언을 자제할 때가 있다. ·········(   )(   )
253. 자존심이 강한 편이다. ··············································(   )(   )
254. 생각 없이 함부로 말하는 사람을 보면 불편하다. ·····················(   )(   )
255. 다른 사람 앞에 내세울 만한 특기가 서너 개 정도 있다. ··············(   )(   )
256. 거짓말을 한 적이 한 번도 없다. ····································(   )(   )
257. 경쟁사라도 많은 연봉을 주면 옮길 수 있다. ·························(   )(   )
258. 자신은 충분히 신뢰할 만한 사람이라고 생각한다. ···················(   )(   )
259. 좋고 싫음이 얼굴에 분명히 드러난다. ·······························(   )(   )
260. 다른 사람에게 욕을 한 적이 한 번도 없다. ·························(   )(   )
261. 친구에게 먼저 연락을 하는 경우가 드물다. ·························(   )(   )
262. 밥보다는 빵을 더 좋아한다. ········································(   )(   )
263. 누군가에게 쫓기는 꿈을 종종 꾼다. ·································(   )(   )
264. 삶은 고난의 연속이라고 생각한다. ··································(   )(   )
265. 쉽게 화를 낸다는 말을 듣는다. ·····································(   )(   )
266. 지난 과거를 돌이켜 보면 괴로운 적이 많았다. ·······················(   )(   )
267. 토론에서 진 적이 한 번도 없다. ····································(   )(   )
268. 나보다 나이가 많은 사람을 대하는 것이 불편하다. ···················(   )(   )
269. 의심이 많은 편이다. ················································(   )(   )
270. 주변 사람이 자기 험담을 하고 있다고 생각할 때가 있다. ·············(   )(   )
271. 이론만 내세우는 사람이라는 평가를 받는다. ·························(   )(   )
272. 실패보다 성공을 먼저 생각한다. ····································(   )(   )
273. 자신에 대한 자부심이 강한 편이다. ·································(   )(   )
274. 다른 사람들의 장점을 잘 보는 편이다. ······························(   )(   )
275. 주위에 괜찮은 사람이 거의 없다. ···································(   )(   )
276. 법에도 융통성이 필요하다고 생각한다. ······························(   )(   )
277. 쓰레기를 길에 버린 적이 없다. ·····································(   )(   )

278. 차가 없으면 빨간 신호라도 횡단보도를 건넌다. ……………………………( )( )

279. 평소 식사를 급하게 하는 편이다. ………………………………………( )( )

280. 동료와의 경쟁심으로 불법을 저지른 적이 있다. ……………………( )( )

281. 자신을 배신한 사람에게는 반드시 복수한다. …………………………( )( )

292. 오히려 고된 일을 헤쳐 나가는데 자신이 있다. ………………………( )( )

293. 착한 사람이라는 말을 들을 때가 많다. …………………………………( )( )

294. 업무적인 능력으로 칭찬 받을 때가 자주 있다. ………………………( )( )

295. 개성적인 사람이라는 말을 자주 듣는다. …………………………………( )( )

296. 누구와도 편하게 대화할 수 있다. …………………………………………( )( )

297. 나보다 나이가 많은 사람들하고도 격의 없이 지낸다. ………………( )( )

298. 사물의 근원과 배경에 대해 관심이 많다. …………………………………( )( )

299. 쉬는 것보다 일하는 것이 편하다. …………………………………………( )( )

300. 계획하는 시간에 직접 행동하는 것이 효율적이다. …………………( )( )

301. 높은 수익이 안정보다 중요하다. ……………………………………………( )( )

302. 지나치게 꼼꼼하게 검토하다가 시기를 놓친 경험이 있다. …………( )( )

303. 이성보다 감성이 풍부하다. ……………………………………………………( )( )

304. 약속한 일을 어기는 경우가 종종 있다. …………………………………( )( )

305. 생각했다고 해서 꼭 행동으로 옮기는 것은 아니다. …………………( )( )

306. 목표 달성을 위해서 타인을 이용한 적이 있다. ………………………( )( )

307. 적은 친구랑 깊게 사귀는 편이다. …………………………………………( )( )

308. 경쟁에서 절대로 지고 싶지 않다. …………………………………………( )( )

309. 내일해도 되는 일을 오늘 안에 끝내는 편이다. ………………………( )( )

310. 정확하게 한 가지만 선택해야 하는 결정은 어렵다. …………………( )( )

311. 시작하기 전에 정보를 수집하고 계획하는 시간이 더 많다. ………( )( )

312. 복잡하게 오래 생각하기보다 일단 해나가며 수정하는 것이 좋다. ……( )( )

313. 나를 다른 사람과 비교하는 경우가 많다. …………………………………( )( )

314. 개인주의적 성향이 강하여 사적인 시간을 중요하게 생각한다. ……( )( )

315. 논리정연하게 말을 하는 편이다. ……………………………………………( )( )

316. 어떤 일을 하다 문제에 부딪히면 스스로 해결하는 편이다. ………( )( )

317. 업무나 과제에 대한 끝맺음이 확실하다. ·······························( 　)( 　)

318. 남의 의견에 순종적이며 지시받는 것이 편안하다. ···············( 　)( 　)

319. 부지런한 편이다. ······································································( 　)( 　)

320. 뻔한 이야기나 서론이 긴 것을 참기 어렵다. ·······················( 　)( 　)

321. 창의적인 생각을 잘 하지만 실천은 부족하다. ·····················( 　)( 　)

322. 막판에 몰아서 일을 처리하는 경우가 종종 있다. ···············( 　)( 　)

323. 나는 의견을 말하기에 앞서 신중히 생각하는 편이다. ·········( 　)( 　)

324. 선입견이 강한 편이다. ····························································( 　)( 　)

325. 돌발적이고 긴급한 상황에서도 쉽게 당황하지 않는다. ·······( 　)( 　)

326. 새로운 친구를 사귀는 것보다 현재의 친구들을 유지하는 것이 좋다. ···········( 　)( 　)

327. 글보다 말로 하는 것이 편할 때가 있다. ······························( 　)( 　)

328. 혼자 조용히 일하는 경우가 능률이 오른다. ·························( 　)( 　)

329. 불의를 보더라도 참는 편이다. ················································( 　)( 　)

330. 기회는 쟁취하는 사람의 것이라고 생각한다. ·······················( 　)( 　)

331. 사람을 설득하는 것에 다소 어려움을 겪는다. ·····················( 　)( 　)

332. 착실한 노력의 이야기를 좋아한다. ········································( 　)( 　)

333. 어떠한 일에도 의욕이 임하는 편이다. ··································( 　)( 　)

334. 학급에서는 존재가 두드러졌다. ··············································( 　)( 　)

335. 아무것도 생각하지 않을 때가 많다. ······································( 　)( 　)

336. 스포츠는 하는 것보다는 보는 게 좋다. ································( 　)( 　)

337. '좀 더 노력하시오'라는 말을 듣는 편이다. ···························( 　)( 　)

338. 비가 오지 않으면 우산을 가지고 가지 않는다. ···················( 　)( 　)

339. 1인자보다는 조력자의 역할을 좋아한다. ·······························( 　)( 　)

340. 의리를 지키는 타입이다. ··························································( 　)( 　)

341. 리드를 하는 편이다. ·······························································( 　)( 　)

342. 신중함이 부족해서 후회한 적이 있다. ··································( 　)( 　)

343. 여유 있게 대비하는 타입이다. ················································( 　)( 　)

344. 업무가 진행 중이라도 야근을 하지 않는다. ·························( 　)( 　)

345. 생각날 때 방문하므로 부재중일 때가 있다. ·························( 　)( 　)

YES　NO

346. 노력하는 과정이 중요하고 결과는 중요하지 않다. ·······················( 　)( 　)

347. 무리해서 행동할 필요는 없다. ·······················( 　)( 　)

348. 종교보다 자기 스스로의 신념을 더 중요하게 생각한다. ·······················( 　)( 　)

349. 정해진 대로 움직이는 편이 안심된다. ·······················( 　)( 　)

350. 현실을 직시하는 편이다. ·······················( 　)( 　)

351. 자유보다 질서를 중요시하는 편이다. ·······················( 　)( 　)

352. 모두와 잡담하는 것을 좋아한다. ·······················( 　)( 　)

353. 경험에 비추어 판단하는 편이다. ·······················( 　)( 　)

354. 영화나 드라마는 각본의 완성도나 화면구성에 주목한다. ·······················( 　)( 　)

355. 시대의 흐름 속에서 자신을 살게 하고 싶다. ·······················( 　)( 　)

356. 다른 사람의 소문에 관심이 많은 편이다. ·······················( 　)( 　)

357. 실무적인 편이다. ·······················( 　)( 　)

358. 비교적 냉정한 편이다. ·······················( 　)( 　)

359. 협조성이 있다고 생각한다. ·······················( 　)( 　)

360. 오랜 기간 사귄 친한 친구가 많은 편이다. ·······················( 　)( 　)

361. 정해진 순서에 따르는 것을 좋아한다. ·······················( 　)( 　)

362. 이성적인 사람으로 남고 싶다. ·······················( 　)( 　)

363. 평소 조바심을 느끼는 경우가 종종 있다. ·······················( 　)( 　)

364. 세상의 일에 관심이 많다. ·······················( 　)( 　)

365. 안정을 추구하는 편이다. ·······················( 　)( 　)

366. 업무는 내용으로 선택한다. ·······················( 　)( 　)

367. 되도록 환경은 변하지 않는 것이 좋다. ·······················( 　)( 　)

368. 밝은 성격이다. ·······················( 　)( 　)

369. 별로 반성하지 않는다. ·······················( 　)( 　)

370. 자신을 시원시원한 사람이라고 생각한다. ·······················( 　)( 　)

371. 활동범위가 비교적 넓은 편이다. ·······················( 　)( 　)

372. 좋은 사람이 되고 싶다. ·······················( 　)( 　)

373. 사람과 만날 약속은 즐겁다. ·······················( 　)( 　)

374. 이미 결정된 것이라도 그다지 구속받지 않는다. ·······················( 　)( 　)

375. 공과 사는 확실히 구분해야 된다고 생각한다. ································( )( )

376. 지위에 어울리면 된다. ································( )( )

377. 도리는 상관없다. ································( )( )

378. '참 착하네요'라는 말을 자주 듣는다. ································( )( )

379. 단념이 중요하다고 생각한다. ································( )( )

380. 누구도 예상하지 못한 일을 해보고 싶다. ································( )( )

381. 평소 몹시 귀찮아하는 편이라고 생각한다. ································( )( )

382. 특별히 소극적이라고 생각하지 않는다. ································( )( )

383. 자신은 성급하지 않다고 생각한다. ································( )( )

384. 내일의 계획은 머릿속에 기억한다. ································( )( )

385. 엉덩이가 무거운 편이다. ································( )( )

386. 특별히 구애받는 것이 없다. ································( )( )

387. 돌다리는 두들겨 보지 않고 건너도 된다. ································( )( )

388. 활동적인 사람이라고 생각한다. ································( )( )

389. 비교적 보수적이다. ································( )( )

390. 전통을 견실히 지키는 것이 적절하다. ································( )( )

391. 교제 범위가 넓은 편이다. ································( )( )

392. 너무 객관적이어서 실패하는 경우가 종종 있다. ································( )( )

393. 내가 누구의 팬인지 주변의 사람들이 안다. ································( )( )

394. 가능성보다 현실이다. ································( )( )

395. 그 사람에게 필요한 것을 선물하고 싶다. ································( )( )

396. 여행은 계획적으로 하는 것이 좋다. ································( )( )

397. 구체적인 일에 관심이 있는 편이다. ································( )( )

398. 일은 착실히 하는 편이다. ································( )( )

399. 괴로워하는 사람을 보면 우선 이유를 생각한다. ································( )( )

400. 가치 기준은 자신의 밖에 있다고 생각한다. ································( )( )

401. 밝고 개방적인 편이다. ································( )( )

402. 현실 인식을 잘하는 편이라고 생각한다. ································( )( )

403. 시시해도 계획적인 인생이 좋다. ································( )( )

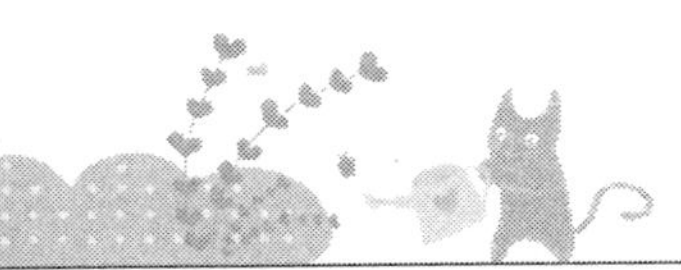

YES　NO

404. 특정 인물이나 집단에서라면 가볍게 대화할 수 있다. ……………………( 　)( 　)

405. 사물에 대해 가볍게 생각하는 경향이 있다. ………………………………( 　)( 　)

406. 계획을 정확하게 세워서 행동하는 것을 못한다. …………………………( 　)( 　)

407. 주변의 일을 여유 있게 해결한다. ……………………………………………( 　)( 　)

408. 생각한 일은 반드시 행동으로 옮긴다. ………………………………………( 　)( 　)

409. 목표 달성에 별로 구애받지 않는다. …………………………………………( 　)( 　)

410. 경쟁하는 것을 좋아하지 않는다. ……………………………………………( 　)( 　)

411. 정해진 친구만 교제한다. ………………………………………………………( 　)( 　)

412. 활발한 사람이라는 말을 듣는 편이다. ………………………………………( 　)( 　)

413. 자주 기회를 놓치는 편이다. …………………………………………………( 　)( 　)

414. 단념하는 것이 필요할 때도 있다. ……………………………………………( 　)( 　)

415. 학창시절 체육수업을 못했다. …………………………………………………( 　)( 　)

416. 결과보다 과정이 중요하다. ……………………………………………………( 　)( 　)

417. 자기 능력의 범위 내에서 정확히 일을 하고 싶다. ………………………( 　)( 　)

418. 새로운 사람을 만날 때는 용기가 필요하다. ………………………………( 　)( 　)

419. 차분하고 사려 깊은 사람을 동경한다. ………………………………………( 　)( 　)

420. 글을 쓸 때 미리 내용을 결정하고 나서 쓴다. ……………………………( 　)( 　)

421. 여러 가지 일을 경험하고 싶다. ………………………………………………( 　)( 　)

422. 스트레스를 해소하기 위해 집에서 조용히 지낸다. ………………………( 　)( 　)

423. 기한 내에 끝내지 못하는 일이 있다. ………………………………………( 　)( 　)

424. 무리한 도전을 할 필요는 없다고 생각한다. ………………………………( 　)( 　)

425. 남의 앞에 나서는 것을 잘 하지 못하는 편이다. …………………………( 　)( 　)

426. 납득이 안 되면 행동이 안 된다. ……………………………………………( 　)( 　)

427. 약속시간에 여유 없이 도착하는 편이다. ……………………………………( 　)( 　)

428. 유연히 대응하는 편이다. ………………………………………………………( 　)( 　)

429. 휴일에는 집 안에서 편안하게 있을 때가 많다. ……………………………( 　)( 　)

430. 위험성을 무릅쓰면서 성공하고 싶다고 생각하지 않는다. ………………( 　)( 　)

431. '누군가 도와주지 않을까'라고 생각하는 편이다. …………………………( 　)( 　)

432. 친구가 적은 편이다. ……………………………………………………………( 　)( 　)

433. 결론이 나도 여러 번 생각을 하는 편이다. ·······························( )( )
434. 앞으로의 일이 걱정되어도 어쩔 수 없다. ·························( )( )
435. 같은 일을 계속해서 잘 하지 못한다. ·····························( )( )
436. 움직이지 않고 많은 생각을 하는 것이 즐겁다. ···············( )( )
437. 오늘 하지 않아도 되는 일은 내일 하는 편이다. ···············( )( )
438. 체험을 중요하게 여기는 편이다. ·································( )( )
439. 도리를 판별하는 사람을 좋아한다. ·······························( )( )
440. 갑작스런 상황에 유연하게 대처하는 편이다. ···················( )( )
441. 예의범절을 중요시한다. ···············································( )( )
442. 쉬는 날은 외출하고 싶다. ············································( )( )
443. 생각날 때 물건을 산다. ···············································( )( )
444. 이성적인 사람이 되고 싶다고 생각한다. ························( )( )
445. 초면인 사람을 만나는 일은 잘 하지 못한다. ···················( )( )
446. 재미있는 것을 추구하는 경향이 있다. ···························( )( )
447. 어려움에 처해 있는 사람을 보면 원인을 생각한다. ···········( )( )
448. 돈이 없으면 걱정이 된다. ············································( )( )
449. 한 가지 일에 매달리는 편이다. ····································( )( )
450. 연구는 이론체계를 만들어 내는 데 의의가 있다. ··············( )( )
451. 규칙을 벗어나서까지 사람을 돕고 싶지 않다. ·················( )( )
452. 일부러 위험에 접근하는 것은 어리석다고 생각한다. ··········( )( )
453. 남의 주목을 받고 싶어 하는 편이다. ···························( )( )
454. 소극적인 편이라고 생각한다. ·······································( )( )
455. 무심코 평론가가 되어 버린다. ·······································( )( )
456. 성격이 차분한 편이다. ···············································( )( )
457. 비밀을 금방 말해버리는 편이다. ···································( )( )
458. 금방 싫증을 내는 편이다. ············································( )( )
459. 자주 덤벙대는 타입이다. ·············································( )( )
460. 인생의 목표는 작은 것에서부터 시작하는 것이 좋다. ·········( )( )
461. 말보다 행동이 앞서는 편이다. ·······································( )( )

462. 다른 사람과 만날 약속이 자주 부담이 되곤 한다. ·····················(    )(    )

463. 다양한 취미를 가지고 있다. ·····················(    )(    )

464. '참 잘했네요!'라는 말을 종종 듣는다. ·····················(    )(    )

465. 날씨가 흐리더라도 우산을 챙기지 않는다. ·····················(    )(    )

466. 삶이 주는 사소한 즐거움에 만족하는 편이다. ·····················(    )(    )

467. 누군가를 방문할 때 사전에 연락 없이 불쑥 찾아가는 편이다. ·····················(    )(    )

468. 무조건 행동해야 한다. ·····················(    )(    )

469. 상사에게 너무 순종하면 손해다. ·····················(    )(    )

470. 주변에 능력 없는 사람들을 보면 답답하다. ·····················(    )(    )

471. 계획 없는 여행을 좋아한다. ·····················(    )(    )

472. 완성되기 전에 포기하는 경우가 많다. ·····················(    )(    )

473. 사소한 욕심이 많은 편이다. ·····················(    )(    )

474. 무슨 일도 좀처럼 시작하지 못한다. ·····················(    )(    )

475. 인생의 목표는 손이 닿을 정도면 된다. ·····················(    )(    )

476. 무언가에 쉽게 질리는 편이다. ·····················(    )(    )

477. 보수적인 면을 추구한다. ·····················(    )(    )

478. 인생의 앞날을 알 수 없어 재미있다고 생각한다. ·····················(    )(    )

479. 일은 대담하게 하는 편이다. ·····················(    )(    )

480. 전통에 구애되는 것은 버리는 것이 적절하다. ·····················(    )(    )

481. 내일의 계획이라도 메모한다. ·····················(    )(    )

482. 단념하면 끝이라고 생각한다. ·····················(    )(    )

483. 자신에 대한 타인의 평가에 스트레스를 받는다. ·····················(    )(    )

484. 독서량이 적은 편이다. ·····················(    )(    )

485. 사소하지만 남들이 보다 뛰어난 점이 있다. ·····················(    )(    )

486. 토론을 하여 진 적이 한 번도 없다. ·····················(    )(    )

487. 모든 인간은 이기적이라고 생각한다. ·····················(    )(    )

488. 시간이 아까워 분 단위로 나누어 쓴다. ·····················(    )(    )

489. 사람에게 위로 받는 것은 어리석은 일이다. ·····················(    )(    )

490. 인생 목표달성을 위하여 지금도 노력하고 있다. ·····················(    )(    )

491. 자신을 다른 사람들보다 뛰어나다고 생각한다. ···········································( 　)( 　)
492. 처음 만나는 사람과 금방 친해질 수 있다. ···········································( 　)( 　)
493. 문장은 미리 내용을 결정하고 나서 쓴다. ···········································( 　)( 　)
494. 기회가 있으면 꼭 얻는 편이다. ·······························································( 　)( 　)
495. 어렸을 적에 체육을 좋아했다. ·······························································( 　)( 　)
496. 점점 더 높은 능력이 요구되는 일을 하고 싶다. ·······························( 　)( 　)
497. 한 우물만 파고 싶다. ···············································································( 　)( 　)
498. 일단 무엇이든지 도전하는 편이다. ·······················································( 　)( 　)
499. 모르는 것이 있어도 행동하면서 생각한다. ···········································( 　)( 　)
500. 약속시간에 여유를 갖고 조금 일찍 나가는 편이다. ···························( 　)( 　)
501. '내가 안하면 누가 할 것인가!'라고 생각하는 편이다. ·······················( 　)( 　)
502. 계획한 일을 행동으로 옮기지 못하면 왠지 찜찜하다. ·······················( 　)( 　)
503. 경우에 따라서는 상사에게 화를 낼 수도 있다. ···································( 　)( 　)
504. 아직 구체적인 인생 목표가 없다. ···························································( 　)( 　)
505. 이성을 사귀는 주요 기준은 외모다. ·······················································( 　)( 　)
506. 최선을 다해 좋은 결과를 얻은 적이 많다. ···········································( 　)( 　)
507. 나쁜 일을 해도 죄의식을 느끼지 않는 편이다. ···································( 　)( 　)
508. 주변 사람의 대소사에 관심이 많다. ·······················································( 　)( 　)
509. 일은 절대로 즐거운 놀이가 될 수 없다. ···············································( 　)( 　)
510. 어떤 경우라도 시간을 지키기 위해 노력한다. ·······································( 　)( 　)
511. 거리낌 없이 마음을 나눌 수 있는 상대가 있다. ·································( 　)( 　)
512. 실속 없이 시간을 보내는 자신에게 화가 난다. ···································( 　)( 　)
513. 자기계발을 위하여 하는 것이 많다. ·······················································( 　)( 　)
514. 불합격도 좋은 경험이라고 생각한다. ·······················································( 　)( 　)
515. 사회봉사활동에 관심이 많다. ·······························································( 　)( 　)
516. 자신을 공개적으로 망신주려는 사람이 있다. ·········································( 　)( 　)
517. 어디서든 일처리를 잘하다는 평을 주로 듣는다. ···································( 　)( 　)
518. 돈 많고 잘생긴 친구가 부럽다. ·······························································( 　)( 　)
519. 철저히 분석하여 가능성 있는 일만 착수한다. ·······································( 　)( 　)

YES　NO

520. 작은 경험이지만 성공한 적이 많다. ·······························( 　)( 　)
521. 경쟁에서 뒤처지지 않기 위해 노력하고 있다. ·················( 　)( 　)
522. 세상에는 사랑보다 미움과 증오가 많다. ·······················( 　)( 　)
523. 전공과 관련된 인생의 장기목표가 있다. ·······················( 　)( 　)
524. 서로에게 발전적인 만남을 가지고 싶다. ·······················( 　)( 　)
525. 다수의 청중 앞에 선 경험이 많다. ·······························( 　)( 　)
526. 억울한 일이 있어도 해명하지 않는 편이다. ·····················( 　)( 　)
527. 이유 없이 불안함을 느낀 적은 없다. ···························( 　)( 　)
528. 자신의 현재 모습에 비교적 만족한다. ···························( 　)( 　)
529. 살아오는 동안 크게 잘못한 적이 없다. ·························( 　)( 　)
530. 불가능해 보여도 필요하다면 도전해 본다. ·····················( 　)( 　)
531. 자신이 냉철한 편이라고 생각한다. ·····························( 　)( 　)
532. 특별히 관심을 가지고 배우는 분야가 있다. ·····················( 　)( 　)
533. 가끔 자신의 삶이 무미건조하게 느껴진다. ·····················( 　)( 　)
534. 조직의 불합리한 관행은 고쳐져야 한다. ·······················( 　)( 　)
535. 뉴스의 대형사고 소식을 접하면 안타깝다. ·····················( 　)( 　)
536. 중요한 일은 밤을 새워서 준비한다. ···························( 　)( 　)
537. 자신을 험담하는 사람이 없다고 생각한다. ·····················( 　)( 　)
538. 자신의 노력이 부족해 아쉬움이 많이 남는다. ···················( 　)( 　)
539. 시간 약속을 지키지 못하면 스트레스를 받는다. ·················( 　)( 　)
540. 불가능해 보이는 일은 시작하지 않는다. ·······················( 　)( 　)
541. 하고 싶은 말은 반드시 하는 편이다. ···························( 　)( 　)
542. 타인의 생명을 위해 목숨을 내놓을 수 있다. ···················( 　)( 　)
543. 특별히 열정을 가지고 하는 일이 있다. ·························( 　)( 　)
544. 남보다 경쟁력을 갖추고 있다고 생각한다. ·····················( 　)( 　)
545. 상사가 불법적인 일을 지시해도 행할 것이다. ···················( 　)( 　)
546. 공부든, 일이든 즐기면서 하는 편이다. ·························( 　)( 　)
547. 모임에서 사람들을 리드한 경험이 많지 않다. ···················( 　)( 　)
548. 쉽게 흥분하는 경향이 있다. ···································( 　)( 　)

YES　NO

549. 이성 교제시 중요한 것은 내적인 아름다움이다. ·······················( 　)( 　)

550. 자신의 잘못을 자주 반성하는 편이다. ·······························( 　)( 　)

551. 남의 불행을 보면 가슴 아프다. ·································( 　)( 　)

552. 힘든 일도 즐겁게 할 수 있다고 생각한다. ·······················( 　)( 　)

553. 성공보다 중요한 게 도전이라고 생각한다. ·······················( 　)( 　)

554. 세상은 기쁨보다 아픔이 많은 곳이다. ···························( 　)( 　)

555. 좋지 않은 말은 직접적으로 하지 않는다. ·······················( 　)( 　)

556. 실패한 경험이 많다. ···········································( 　)( 　)

557. 멋진 이성을 사귀는 친구가 매우 부럽다. ·······················( 　)( 　)

558. 주변 사람들 중에서는 자신이 뛰어난 편이다. ···················( 　)( 　)

559. 자신이 항상 최선을 다했다고 생각한다. ·······················( 　)( 　)

560. 적절한 경쟁은 삶의 활력소다. ·································( 　)( 　)

561. 시간 약속을 어기는 사람을 싫어한다. ···························( 　)( 　)

562. 감정이 얼굴에 잘 드러나지 않는다. ·····························( 　)( 　)

563. 새로운 지식을 얻는 것은 즐거운 일이다. ·······················( 　)( 　)

564. 자신이 매우 바쁜 삶을 살고 있다고 생각한다. ···················( 　)( 　)

565. 타인의 불행에 무감각한 편이다. ·······························( 　)( 　)

566. 아끼고 사랑하는 사람이 있다. ·································( 　)( 　)

567. 자신의 감정을 조절하는 능력이 뛰어나다. ·······················( 　)( 　)

# 공무원 기출문제집

## 서원각 기출문제집으로 시험 출제경향 파악하자!

**▲ 기출문제 정복하기**

전 직렬 공통 필수과목
일반행정직
사회복지직
교육행정직

**▲ 최근 3개년 기출문제**

필수과목/행정직
교육행정직/사회복지직

**▲ 최근 5개년 기출문제**

국어/영어/한국사/사회
행정법총론/행정학개론
교육학개론

**▲ 최근 10개년 기출문제**

국어/영어/한국사/사회
행정법총론/행정학개론
교육학개론

**▲ 문제만 담았다!**

영어/한국사/사회
행정법총론/행정학개론
교육학개론

**▲ 해설만 담았다!**

국어/영어/한국사/사회
행정법총론/행정학개론
교육학개론

**▲ 기출문제 정복하기**

9급 건축직/7급 건축직/
기계직

**▲ 서울시 공무원**

필수과목 기출문제 정복하기

네이버 카페 검색창에서 **공무공부**를 검색하셔서 네이버 카페 공무공부에 가입하시면 각종 시험 정보를 보실 수 있습니다.

# 상식키우기

## 서원각과 함께하는 상식키우기!

▲ 공사공단 일반상식

▲ 시사일반상식

▲ MAC을 짚어 주는
시사일반상식

▼ **공사/시사 일반상식**

정치·법률, 경제·경영, 사회·노동,
과학·기술, 지리·환경, 세계사·철학,
문학·한자, 매스컴, 문화·예술·스포츠
관련 상식을 중요한 것만 모아 수록하였다.

▲ 공기업/공공기관 채용
빈출 일반상식

▼ **공기업/공공기관 채용 시리즈**

공기업과 공공기관 채용시험에 나올 법한 상식만을 모았다!
정치·법률, 경제·경영, 사회·노동, 과학·기술, 지리·환경,
세계사·철학, 문학·한자, 매스컴, 문화·예술·스포츠 관련 상식을
중요한 것만 모아 수록하였다. 또한 한국사의 기출유형문제를
정리하여 포함하였다.

**빈출 일반상식** – 중요 시사상식 및 빈출용어 수록
**간추린 일반상식** – 출제가 예상되는 문제와 해설 수록

▲ 경제용어사전

▲ 부동산용어사전

▼ **한눈에 쏙! 시리즈**

**경제용어사전** – 단기간에 완성하는 경제용어 및 금융상식
**시사용어사전** – 시사용어 및 시사 상식을 한눈에 쏙
**부동산용어사전** – 부동산과 관련된 핵심 용어를 쉽고 간결하게 정리